下册
影印版

大上海都市计划

ㄉㄚ ㄕㄤ ㄏㄞ ㄉㄨ ㄕ ㄐㄧ ㄏㄨㄚ

GREATER SHANGHAI PLAN

(ORIGINAL EDITION)

上海市城市规划设计研究院　编
Shanghai Urban Planning & Design Research Institute

同濟大學出版社
TONGJI UNIVERSITY PRESS

下册
影印版

大上海都市计划

ㄉㄚ ㄕㄤ ㄏㄞ ㄉㄨ ㄕ ㄐㄧ ㄏㄨㄚ

GREATER SHANGHAI PLAN

(ORIGINAL EDITION)

目录

上　册
大上海都市计划整编版

编者的话 ---------- 14
序言 ---------- 22

第一编　大上海都市计划初稿、二稿、三稿

引言 ---------- 002
第一章　总论 ---------- 006
第二章　历史 ---------- 010
第三章　地理 ---------- 014
第四章　基本原则 ---------- 016
第五章　人口 ---------- 018
第六章　土地使用与区划 ---------- 028
第一节　目标与原则 ---------- 029
第二节　目前状况 ---------- 030
第三节　工业应向郊区迁移 ---------- 031
第四节　土地使用标准 ---------- 032
第五节　规划范围 ---------- 044
第六节　各种土地使用的相互关系 ---------- 045
第七节　土地段分和积极的土地政策 ---------- 046
第八节　本市区划问题的两个因子 ---------- 048
第九节　绿地带 ---------- 049
第十节　新的分区 ---------- 052
第十一节　中区之土地使用 ---------- 058
第十二节　住宅区 ---------- 059
第十三节　工业地区 ---------- 060
第十四节　新的土地使用及区划规则 ---------- 061
第十五节　新区划划分法令 ---------- 062
第七章　道路交通 ---------- 064
第一节　交通计划概论 ---------- 065
第二节　港口 ---------- 070
第三节　铁路 ---------- 082
第四节　公路及道路系统 ---------- 090
第五节　地方水运 ---------- 103
第六节　飞机场 ---------- 105
第八章　公用事业 ---------- 108

第九章　公共卫生 110
第十章　文化 114
讨论及书后 116

第二编　大上海都市计划研究报告

专题一　上海市建成区暂行区划计划说明 122
专题二　上海市闸北西区重建计划说明 134
专题三　上海市区铁路计划初步研究报告 142
专题四　上海港口计划初步研究报告 148
专题五　上海市绿地系统计划初步研究报告 154
专题六　上海市建成区干路系统计划说明书 168
专题七　上海市工厂设厂地址规则草案 182
专题八　上海市建成区营建区划规则草案 186
专题九　上海市处理建成区内非工厂区已设工厂办法草案 192
专题十　上海市处理建成区内非工厂区已设工厂办法草案修正本 196

第三编　大上海都市计划会议记录初集、二集

弁言 200
上海市都市计划委员会会议记录 202
上海市都市计划委员会组织规程 203
上海市都市计划委员会组织名单 204
上海市都市计划委员会组织表 205
委员会成立大会暨第一次会议 206
委员会第二次会议 217
上海市都市计划委员会秘书处处务会议记录 238
上海市都市计划委员会委员名单 239
秘书处第一次处务会议 240
秘书处第二次处务会议 242
秘书处第三次处务会议 244
秘书处第四次处务会议 245
秘书处第五次处务会议 248
秘书处第六次处务会议 249
秘书处第七次处务会议 252
秘书处第八次处务会议 254
秘书处第九次处务会议 257
秘书处第十次处务会议 259
秘书处第十一次处务会议 261
秘书处第十二次处务会议 264
秘书处第十三次处务会议 266
秘书处第十四次处务会议 268
秘书处第十五次处务会议 269
秘书处第十六次处务会议 271
秘书处第十七次处务会议 275

秘书处第十八次处务会议 …… 280
秘书处第十九次处务会议 …… 285
秘书处第二十次处务会议 …… 290
秘书处第二十一次处务会议 …… 293
秘书处第二十二次处务会议 …… 296
秘书处第二十三次处务会议 …… 299
秘书处临时处务会议 …… 307
秘书处业务检讨会议 …… 309
上海市都市计划委员会秘书处联席会议记录 …… 312
秘书处第一次联席会议 …… 313
秘书处第二次联席会议 …… 319
秘书处第三次联席会议 …… 324
秘书处第四次联席会议 …… 328
秘书处第五次联席会议 …… 337
秘书处第六次联席会议 …… 341
秘书处第七次联席会议 …… 343
秘书处第八次联席会议 …… 346
上海市都市计划委员会秘书处技术委员会会议记录 …… 350
技术委员会简章 …… 351
秘书处技术委员会委员名单 …… 352
秘书处技术委员会第一次会议 …… 353
秘书处技术委员会第二次会议 …… 355
秘书处技术委员会第三次会议 …… 359
秘书处技术委员会第四次会议 …… 360
秘书处技术委员会第五次会议 …… 362
秘书处技术委员会第六次会议 …… 363
秘书处技术委员会第七次会议 …… 365
秘书处技术委员会第八次会议 …… 368
秘书处技术委员会第九次会议 …… 371
秘书处技术委员会第十次会议 …… 372
秘书处技术委员会座谈会 …… 373
上海市都市计划委员会各组会议记录 …… 376
上海市都市计划之基本原则草案 …… 377
土地组第一次会议 …… 379
交通组第一次会议 …… 381
交通组第二次会议 …… 384
交通组第三次会议 …… 391
区划组第一次会议 …… 395
房屋组第一次会议 …… 400
房屋组第二次会议 …… 402
卫生组第一次会议 …… 403
卫生组第二次会议 …… 405
公用组第一次会议 …… 408
财务组第一次会议 …… 414
上海市都市计划委员会闸北西区计划委员会会议记录 …… 416
闸北西区计划委员会组织规程 …… 417
闸北西区计划委员会办事细则 …… 418
闸北西区计划委员会委员名单 …… 419
闸北西区计划委员会第一次会议 …… 420

闸北西区计划委员会第二次会议 422
闸北西区计划委员会第三次会议 424
闸北西区计划委员会第四次会议 426
闸北西区计划委员会第五次会议 429
闸北西区计划委员会第六次会议 431
闸北西区计划委员会第七次会议 432
闸北西区计划委员会第八次会议 434
闸北西区计划委员会第九次会议 436
闸北西区拆除铁丝网及整理路线座谈会 437
闸北西区计划营建问题座谈会 439

附录

附录一 “大上海都市计划”编制背景简介 444
附录二 “大上海都市计划”编制大事记 461
附录三 会议记录年表 463
附录四 上海市都市计划相关人员名单 466
附录五 主要人物及小传 467
附录六 道路名称对照表 475
附录七 名词索引 480
附录八 表格索引 490
附录九 图片索引 492
附录十 参考文献 493

后记 494

下 册
大上海都市计划影印版

上海市都市计划委员会报告记录汇订本 一

大上海都市计划总图草案报告书 三
大上海都市计划总图草案报告书(二稿) 四五
上海市都市计划委员会会议记录初集 一九五
上海市都市计划委员会会议记录二集 三一九

上海市都市计划总图三稿初期草案说明 四八五

上海市都市計劃委員會報告紀錄彙訂本

民國三十五年十二月

上海市都市計劃委員會編印

大上海都市計劃總圖草案報告書

吳國楨題

序

溯自抗戰勝利，上海市政府於三十四年九月復員，秩序初定，百廢待舉，整理固不容少緩，建設尤關重要，遂由各局進行恢復工作，以爲應急措施，兼由工務局負責籌辦都市計劃工作，以樹通盤久遠之大計。

是年十月，工務局邀集本市市政及工程專家，舉行技術座談，集思廣益，奠立始基，三十五年一月，改組爲技術顧問委員會，充實研究機構，分工合作，連續商討，同年三月，籌備事宜，漸告就緒，爰更成立都市計劃小組，積極推動設計工作，同年六月，大上海區域計劃總圖草案，暨上海市土地使用及幹路系統計劃總圖草案，初稿擬成，以立本市都市計劃之範疇，事屬草創，其間因調查事項之繁賾，統計數字之不足，參攷資料之殘缺，重要設備之未全，設計工作，自難遽躋於盡善盡美之域，蓋無待言，顧以三月光陰，有此初步收穫，非賴在事人員殫心竭力，共策進行，曷克臻此，主其事者爲名建築師陸謙受，暨都市計劃專家鮑立克兩君，及工務局延聘之建築師工程師六人。陸君現任中國建築師學會理事長，鮑立克君爲聖約翰大學教授。

本年八月，本市都市計劃委員會正式成立，委員二十餘人，除市府各局局長爲當然委員外，並聘請本市工商金融政法技術專家爲委員，由吳市長兼任主任委員，祖康以委員兼任執行秘書，設秘書處，分會務設計兩組，由姚君世濂陸君謙受分掌組務，八月二十四日，舉行第一次大會，開始確立綱領決定政策之工作，十一月七日，召開第二次大會，當由祖康先囑設計組就所擬總圖草案，參考六月以後歷屆會議之結論，編撰大上海都市計劃總圖草案初稿報告書，以供提會討論之需，且便社會人士對於本市都市計劃獲得具體而有系統之認識，以惠予充分之宣導，茲以各方索閱者多，用特商承　吳兼主任委員，付諸剞劂，且爲略述經過梗概，並附在事人員名錄，以誌設計諸君之辛勞，兼以謝計劃委員會各委員及參加諸君協助之盛意。中華民國三十五年十二月趙祖康序於上海市工務局。

大上海都市計劃總圖草案初稿報告書

目次

序

附圖

一 大上海區域計劃總圖初稿

二 上海市土地使用總圖初稿

三 上海市幹路系統總圖初稿

第一章 總論

第一節 都市計劃之目標

第二節 都市計劃之方法

第三節 總圖之意義

第四節 工作之難題

第二章 歷史

第一節 上海歷代之沿革

第二節 上海發展之簡史

第三章 地理

第一節 大上海區域之概況

第二節 上海市地理上之位置

第四章 計劃基本原則

第一節 總則

第二節 人口

目次

第三節　經濟
第四節　土地
第五節　交通
第五章　人口
第六章　土地使用
第一節　土地使用概論
第二節　土地
第三節　區域計劃
第四節　建議方案
第七章　交通
第一節　交通計劃概論
第二節　港口
第三節　鐵路
第四節　公路及道路系統
第五節　地方性水上交通
第六節　飛機場
第八章　公用事業
第九章　公共衛生
第十章　文化
附錄
一　上海市都市計劃委員會委員名錄
二　上海市工務局技術顧問委員會都市計劃小組研究會人員名錄
三　上海市都市計劃總圖草案初稿工作人員名錄

大上海區域計劃總圖初稿

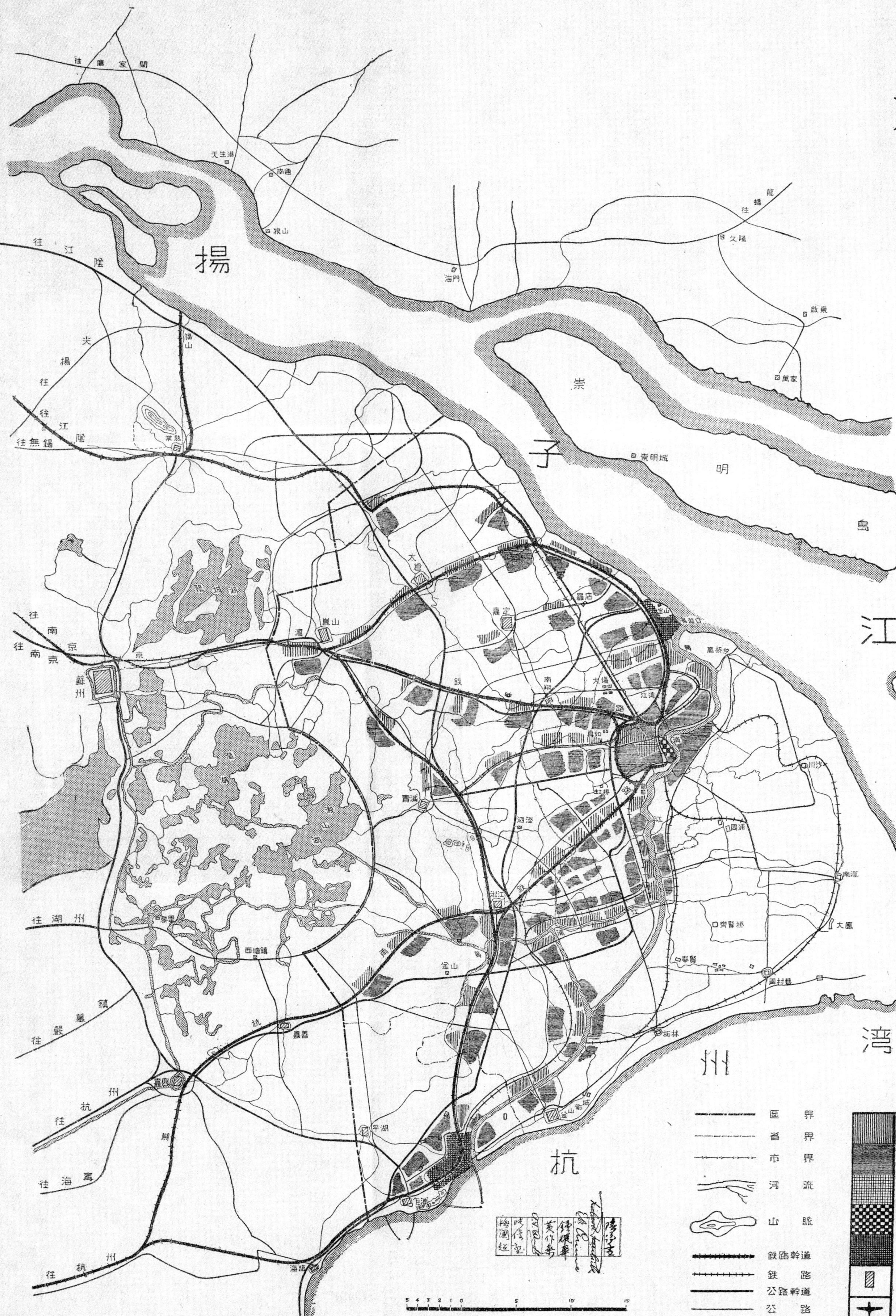

上海市土地使用總圖初稿

中華民國卅五年七月

上海市幹路系統總圖初稿
中華民國卅五年七月
鉄路幹線
鉄路
國幹道
幹道
輔助幹道
河道
客車站
貨車站
飛機場
渡口
比例尺
公尺
500 0 1000 2000 3000 4000 5000
揚子江

第一章　總論

第一節　都市計劃之目標

都市計劃，以其基本概念及工作性質而言，實爲一種科學與藝術之綜合，包括自然與社會科學，工程學，建築學及美學等在內，其計劃範圍，有屬於物質者，有屬於精神者，而目標則均一致，目標爲何，則又可分爲二。

一、使都市居民各得安居樂業。

二、使居民之生活及文化水準得以提高。

根據上開目標，都市計劃，乃藉科學之方法，及藝術之腕手，以尋求最適合於個別社會集團之生活方式所需條件，在與各種天然及其他因子配合之下，將全部機構及環境加以周詳之設計，並努力促其實現，然則都市計劃者，實以改進人類生活爲目標，而以計劃供應最適宜之機構及環境爲方法者也。

第二節　都市計劃之方法

都市計劃，既爲一種科學與藝術之綜合，故其所用方法，亦同此性質，方法爲何，曰調查統計，曰全盤設計，曰分期實施，是爲都市計劃之三部曲，其起迄過程，缺一不可，調查統計者，利用科學方法，將過去及現在之一切與都市建設有關材料，收集研究，並加整理，使成各種有系統及有目的之事實記錄，以爲將來計劃之基礎者也，全盤設計者，根據實地調查所得之材料，而確定都市發展之趨向及範圍，又依照優良生活方式之需要，而規定各種設計之標準，並利用以往及其他都市之經驗，而決定各種方法之取捨，所謂以都市爲一整個有機體，進而作全盤之計劃者也，分期實施者，根據已定計劃，配合都市實際發展情形，隨機應變，因時制宜，以釐訂工作推進步驟，並用各種方法，以求計劃之分期實現者也，如上所述，此項程序，首尾相應，彼此關連，其逐層進展，按步就班，莫容混亂，否則本末不分，因果倒置，欲其成功，實求魚而緣木也。

然而此種因素，雖形複雜，仍屬都市本身範圍，棄取選擇之權，操之在我，故處理尚易，惟都市計劃之全部因子，絕不止此，都市計劃，應以國策爲歸依，此項原則，實至明顯，然而國策與都市計劃之間，應有區域計劃爲之聯繫，方得一氣呵成，完成整個國家發展之程序，是以歐美各國，莫不先有國家計劃，及區域計劃，然後以都市計劃爲國家計劃發展之單位，意在此也，國家政策爲何，區域計劃爲何，凡此問題，均非地方政府所能解答，蓋權限所在，莫容越俎代庖，此種外在因子，遂爲都市計劃之先決條件。

第三節　總圖之意義

何謂總圖，總者全部之謂，含有限制及指示之義，是以都市計劃總圖者，乃為規定及指示都市全部發展之圖也，計劃總圖，所以別於計劃詳圖者，乃在前者之作用，只在規定其發展之範圍，及指示其發展之途徑，而後者則為根據上項方針，進而詳擬實施方案者也，都市之發展，猶之船行大海，必須有一確定航綫，方不至觸礁失事，總圖者，航綫圖也，詳圖者，船長所發之號令也，由此可知總圖之設計，一方面須含相當彈性，以適應時代進展所生之變化，不能過於呆板，致有削趾就履之弊，同時又須有確定之輪廓，以容納都市之發展，使人口之增加，與工商業之進步，得有機能性之整個配合，因而提高人民生活水準，是以都市計劃之總圖，每過相當年數，必須根據實際情形，重予攷訂，俾適應用，非如一般人所想像，以為此項計劃，一經公佈，即成永久不變者，蓋都市計劃總圖之設計，必須走在時代之前，否則明日黃花，失去總圖之意義矣。

第四節　工作之難題

同人等在開始工作之初，即以種種條件之不足，而感莫大之困難，上而所謂國家計劃及區域計劃，尚未經政府明令公佈，下而至本市之各項基本統計工作，亦多未辦理，能獲之資料，非欠完備，即已過時，或不可靠，苟欲澈底解決，從頭做起，則經費時間，兩不容許，用是設計工作，幾至無法進行，惟以工務局趙局長祖康之誠懇囑託，勉以時機寶貴，稍縱即逝，而行從念起，事在人為，又謂應付非常之局面，應有非常之方法，同人等既深感趙局長提倡都市計劃之熱心，又以協助市政建設，為每個市民之天職，乃不度德量力，黽勉從事，三月以來，殫思竭慮，以尋求進行之方法，第一步，先將本市歷史之沿革及發展之過程，詳加研究，以檢討過去，第二步，繼將本市目前狀況，如人口之分佈，交通之系統，與乎各項市政之利弊，加以分析，所以攷察現在，第三步，又將以上二步工作所得之結果，參考近代都市計劃之趨勢，進而配合本市之天然條件，以及政治，經濟，社會及人文因子之要素，訂為本市都市計劃總圖應用之主要基本原則若干條，所以計劃將來，並在進行本市計劃之前，先行計劃附近區域之發展，從而將本市土地使用及交通系統計劃總圖，依次完成，其詳細情形，當加說明於后，至此項計劃，在目前階段，雖稍嫌草率，但同人等認為一切在原則上之措施，規模可稱略備，苟能假以時日，當可逐漸發展完善，關於此點，非敢敝帚自珍，而為同人等所稍能自信者也。

第二章　歷史

第一節　上海歷代之沿革

上海一地，東濱大海，古代寂寂無聞，大概爲卑鄙漁鹽之區，未見重要，攷縣志，謂向屬吳郡，隸揚州，至梁天監間，（公曆五〇二至五一九年）置信義郡，上海乃爲信義之南郡云，大同初，（約公曆五三五年）析信義地，置崐山縣，上海乃屬崐山，隸蘇州，隋一度劃入常熟境內，唐天寶十年，（公曆七五一年）析崐山，海鹽，嘉興三縣地，置華亭縣，上海遂爲華亭之東北海，其後迭經更易，至宋時屬秀州，隸兩浙路，熙寧七年，設市舶提舉司，及榷貨場，是謂上海鎮，又謂受福亭，在市舶司西北，乃上海名稱之肇始，元至元二十九年，（公曆一二九六年）析華亭縣之長人，（今南匯等地）高昌，（今川沙）北亭，新江，海隅，（均今青浦等地）等五鄉，立上海縣，屬松江府，轄境東至海，南至華亭，（今至松江奉賢等地）西至崐山，北至嘉定，南北四十八里，東西一百里，似爲今市境之一部份，及青浦川沙南匯三縣土地之總和，其面積約三倍於今日，可謂廣矣。

此後至明萬歷元年，（公曆一五七三年）析上海縣西境之新江，北亭，海隅三鄉，立青浦縣，是爲析分之始，清雍正四年，（公曆一七二六年）析縣之東南濱海長人鄉之一部，爲南匯縣，至嘉慶十五年，（公曆一八一〇年）又析東境高昌鄉濱海十五圖，爲川沙縣，於是上海縣境日蹙，無復當年形勢矣，道光二十二年，（公曆一八四二年）根據江寧條約，闢上海爲五商埠之一，自此海禁大開，商業日繁，英租界，美租界，法租界，相繼成立，惟上海縣屬仍舊，至民國十五年，淞滬商埠督辦公署成立，所轄區域，除上海縣之外，益以寶山縣屬之吳淞，江灣，殷行，彭浦，真如，高橋等區，至民國十六年，國民政府，乃立上海爲特別市，更益以大場，楊行，七寶之一部，及華莊，周浦，陳行等區，直屬中央，民國十九年，國民政府公佈組織法，改上海爲市，直屬行政院，轄境則仍舊貫焉。

民國二十六年八月，日寇啓釁，滬戰以興，上海市在我全體軍民壯烈抵抗之後，終於淪陷，惟租界以外力所在，仍獲苟存，至三十年十二月，珍珠港事件發生，太平洋風濤湧起，於是上海市之全部，盡入敵手，至三十四年八月，日寇戰敗乞降，黑暗孤島，乃得光明重見，同年九月，市府既經正式接收成立，前此分崩離析之局面，乃得復定於一，租界名辭，遂成過去，溯自鴉片戰爭以來，人事滄桑，已歷百有餘歲矣。

第二節　上海市發展之簡史

道光二十二年，（公曆一八四二年）江寧條約簽訂，上海列爲開放五商埠之一，翌年九月，清廷正式核准和約，劃英租界於洋涇浜北岸，東自外灘，西至今河南路，北至今北京路，佔地八三〇畝，道光二十八年十一月，（公曆一八四四年）劃美租界於吳淞江北岸，卽今之北區，同時英租界擴充至今西藏路，增地二八二〇畝，翊年，（公曆一八四九年）劃法租界於洋涇浜南岸之城北區，爲城廂九區之一，西沿八仙橋，北至愛多亞路，東臨外灘，南迄城廂，爲地九八六畝，咸豐十一年，（公曆一八六一年）又擴充至方浜路城北及東浦一帶，拓地一三八畝，同治二年，（公曆一八六三年）改英美租界爲各國公共租界，光緒十九年，（公曆一八九三年）繼續擴張至楊樹浦，光緒二十六年，（公曆一九〇〇年）又推展至引翔區南境，計七八五六畝，此外又包括新閘區中一大部份，西迄靜安寺延平路一帶，共一九二三三畝，至是公共租界，乃拓展至最大範圍，而越界築路之區，尚未估算入內也，同年，法租界亦以競爭所在，力事擴充，乃至新閘區之南境，卽今呂班路一帶，爲地九〇九畝，民國三年，法租界又加擴充，西達海格路，南迄肇嘉路，佔地逾一三〇〇一畝，法租界之地形，至是而定。

民國四年後，公共租界工部局，又自定範圍，越界築路，北至虹口公園，西迄蘇州河沿鐵路至滬西一帶，東達復興島，路長共八〇二公里。

在行政方面，英美法等國，既以上海爲遠東商業發展之要點，乃大事經營，不遺餘力，並利用不平等條約之掩護，樹立管理機構，以確定其統治與經濟之勢力，咸豐四年，（公曆一八五四年）英美法聯合組織之工務局成立，開始推動建設工作，同治元年，（公曆一八六二年）法人退出工務局，自行組織管理機構，翌年，英美租界合併，範圍益廣，聲勢益大，工務局改稱工部局，統籌稅務警務等庶政，由此取得最基本之行政權利，租界之特殊地位，於是形成，孔子曰，唯名與器，不可以假人，以清廷之昏聵，又安知影響所及，乃至百歲以後哉。

詳考自公曆一八四三年以來，上海之物質建設，逐年推進，實有可觀，茲將較爲重要各項，分別開錄如左：

交通方面：招商局　同治十一年（一八七二年）成立，（商營後官商合辦）。

淞滬鐵路　一八七六年首次局部通車，後以肇禍傷人，羣情憤慨，由政府收買，至光緒二十三年，（公曆一八九七年）再行設軌通車。

滬寧鐵路　光緒二十九年，（一九〇三年）通車（外款自辦）。

滬嘉鐵路　宣統元年，（一九〇九年）通車（蘇省鐵路公司）民國三年，收歸國有，改名滬杭甬鐵路。

滬寧滬杭兩路　民國五年接軌，是年北站落成。

公共租界電車　宣統元年（一九〇八年）開行。

法租界電車　同年開行。

航空　始於民國十年，（一九二一年）通北平經天津。

港口　河道局，一九〇五年成立，展開改良港口業務，於一九一二年改組爲濬浦局。

郵電方面：文報局　光緒四年（一八七八年）成立。

郵政局　光緒二十二年，（一八九六年）脫離海關獨立，三十一年分別與法英德訂立郵約。

電報　大北公司　丹麥人設於一八七一年，通日本及西伯利亞，一八八二年改爲國營。

津滬綫　光緒六年，（一八八〇年）由大北公司代辦，光緒八年，改爲官督商辦，南北各綫接通。

外綫　光緒七年，（一八八一年）通報。

萬國電報局　民國十年加入。

無綫電報　民國四年創設。

電話　一八八一年開始裝設，（大北公司）。

水電方面：自來水　公共租界光緒九年（一八八三年）裝設。

法租界，光緒二十一年（一八九五年）裝設。

內地自來水廠，光緒二十八年（一九〇二年）裝設。

煤氣　公共租界，同治三年（一八六四年）裝設。（英商）

法租界，同治五年（一八六六年）裝設。

電力　法租界法商電力公司　光緒八年（一八八二年）成立。

英商電力公司　同年成立。

華商電氣公司　光緒三十三年（一九〇七年）成立。

閘北水電公司　宣統二年（一九一〇年）成立。

浦東電氣公司　民國八年成立。

民國紀元以後，因內亂頻仍：富有階級多避地上海，以求保障，租界之發展，乃愈見繁榮，竟爲世界十大都市之一矣。

民國十八年，上海市政府劃引翔江北吳淞以南，及東面沿江一帶爲市中心區，本迎頭趕上之精神，作偉大規模之建設，歷年成績斐然可觀，市政府，運動場，體育館，博物館，及市立醫院等，相繼完成，又建設虬江碼頭，以爲發展港口業務之根據，凡此種種，皆爲國人計劃建設之開端，惜以戰事關係，未達原定目標，惟其奮鬥進取之精神，實屬難能可貴也。

總觀上海市全部發展歷史，以天時地利人材三項條件之優越，益以國內財富之集中，故其進展神速，規模廣大，徒以過往行政系統上之畸形狀態，造成鼎足局面，針鋒相對，合作爲難，一切建設：缺乏整個計劃，以收全部發展之效，時至今日，此項障礙，藉八年抗戰及千萬人流血犧牲之代價，盡予消除：百年來在外力分割下之上海，終復完整，以本市在國際上之地位而論，自應把握時機，周詳計劃，以謀本市之全面發展，實爲當前之急務也。

第三章　地理

第一節　大上海區域之概況

本計劃之大上海區域，屬於長江三角洲地域之一部，包括江蘇之南，浙江之東，其界綫爲北面及東面均沿長江出口，南面濱海，西面從橫涇南行經崐山及濱湖地帶而至乍浦，面積總計六五三八平方公里，以其在全國經濟地理上之重要，特爲說明如次。

大江東流，江陰以下，以沖積作用，海水遺留而成湖泊，本區湖沼，亦爲此種遺跡，本區爲沖積平原，地勢平坦，河流縱錯，遍地分佈，一舟可達，黃浦江橫貫其中，造成上海市東方大港之地位，蘇州河直通蘇州，接連運河水道，與內河貨運打成一片，鐵路有京滬滬杭兩路，公路除京滬滬杭兩幹道外，尙有其他支綫分佈聯繫，是以交通便利，爲全國冠，本區附近區域，雨量充足，土壤肥沃，自昔爲漁米富庶之鄉，桑蠶棉花，亦極重要，常熟蘇州，爲江蘇產米之中心，南通及上海附近，棉產豐富，江南農家，雖以種稻爲主，但冬季亦種小麥與蔬菜，至太湖區域，又爲國內最重要之蠶桑地域也。

第二節　上海市地理上之位置

上海市面對太平洋，扼長江入海之咽喉，在交通方面，四通八達，爲全國運輸之樞紐，長江爲世界通航最大河流之一，其流域面積，達二百萬平方公里，包括人口二億以上，幾及全國人口之半，本市以地理上之優越，全域之精華，供其取用，進出貨物，供其吞吐，其爲重要，成因有自，非偶然也，本市位置在北緯三十一度十五分，東經一二一度廿九分，跨黃浦江與長江合流要點，因浦江橫貫而有浦東浦西之別，城市之地，沿江約八海里，本市居我國東海岸綫之中心，與西歐東美之航程相等，而天然狀況，適使成一深水港，卽以長江口之高潮而言，亦恆在深度九公尺以上也，黃浦江在長江之右岸，自江口至張家塘共長三十九公里，岸綫距離自三三〇公尺至八八五公尺，最低潮時亦有三〇五公尺至七三〇公尺之寬，但以七、三一公尺（二四英尺）之深水航道計算，其江面平均寬度，僅及二六〇公尺。

浦水含泥滓，大汎時佔百萬分之五百，以河流沖積關係，航行水道，須予經常疏浚，方能維持需要深度。

本市每年平均溫度爲攝氏表十五、一二度，以七月份爲最高，平均三六、八一度，以一月份爲最低，平均零下六、八一度，全年最高溫度，達三九、四〇度，最低溫度，爲零下十二、一度。

本市附近雨量，平均每年爲一一四二公厘，雨季從六月至九月，期內雨量，約佔全數百分之五十。

本市風向，由四月至八月爲東南，由九月至三月，風向移動，從東北以至西北，故長年平均計算，應爲在北與東北東之間，本市亦偶受颶風中心之襲擊但幸次數不多，平均每隔十年一次，否則損失不堪設想，因本市颶風過境之最高速率，每小時爲一〇七公里也

第四章　計劃基本原則

第一節　總則

一、大上海區域，以其地理上之位置，應爲全國最重要港埠之所在。
二、本市一切計劃，應爲區域發展之一部，並與國策關連。
三、針對國家在工業化過程之逐步長成，應有實施全面計劃發展之必要。
四、本計劃以適應現代社會及經濟之條件，進而調整本市之結構。

第二節　人口

五、全國人口之增加，及鄉村人口之流入都市，爲國家在工業化過程所產生之主要人口動向。
六、本計劃之設計，以用良好生活標準，容納本市將來人口爲原則。
七、人口之數量，繫於政治社會及經濟之背景。
八、本計劃應考慮區域人口，與本市人口之關係。

第三節　經濟

九、本市主要上爲一港埠都市，但以其在國內外交通上所處地位之優越，亦將爲全國最大工商業中心之一。
十、本市之經濟建設，應以推行有計劃之港口發展，及調整區域內工商業之分佈完成之。
十一、本市工業之發展，以包括大部份輕工業，一小部份重工業，及其所需之有關工業爲原則。

第四節　土地

十二、本計劃以援用國家土地政策，爲實施之推動。
十三、本市市界，應以整個區域與都市之配合及有機發展爲目標，加以重劃。
十四、人口密度，應受社會經濟及人文各因子之限制。
十五、本計劃在各階段之實施，以執行徵用土地爲原則。
十六、現行土地之劃分，應加整理重劃，以求更經濟之利用。

十七、市政府應以領導地位，參加本市土地發展之活動。
十八、土地區劃之設計，以規定土地之使用爲原則。
十九、每區之發展，須有規定之程度。
二十、居住地點，應與工作娛樂及在生活上所需其他地點，保持機能性之關係。
二十一、區劃單位之大小，應以其在經濟上是否適宜決定之。
二十二、工業分類，以其自身之需要，及對公共福利之是否相宜爲標準。

第五節　交通

二十三、水陸空三方運輸，在交通系統上應取密切聯繫，並應先行計劃港口之需要。
二十四、港口設備，應予現代化，並集中於區域內適宜地點，以利高效率之運用，沿岸舊式碼頭及倉庫等項，應分期廢除。
港口之業務，應予專業化，使在區域內有專業港口之設立。
二十五、土地使用，應與交通系統互相配合，藉以減除不需要之交通。
二十六、聯繫各區之交通路綫，以計劃在各區邊緣通過爲原則。
二十七、地方交通及長途交通，在整個交通系統上應有機能性之聯繫。
二十八、道路系統之設計，以功能使用爲目標。
二十九、客運與貨運及長短程運輸，應分別設站。
三十、客運總站，應接近行政區域及商業中心區，並須有適宜及充份之進出路綫。
三十一、公用交通工具，以各區之天然條件及經濟需要決定之。

第五章　人口

人口問題，爲研究都市計劃之基本項目，其關係至爲重要，都市之設計，最先受地理及地形之限制，其次則爲人口問題，都市人口，將有若干，能容若干，及應爲若干，凡此種種必須解答，設計工作，方得進行。

根據同人等多方研究之結果，以爲本市人口，在未來之五十年內，將達一千五百萬之數字，以本市現行市界而論，最多只能容納七百萬人之譜，過剩人口，只得以衞星市鎮方式，向附近區域發展。

此項人口數字，驟看之下，雖屬驚人，然實非同人等所敢武斷，或企圖造成此超級都市之結果，數字之來源，蓋爲研究本市各種因子之結論，應予特別聲明，以免引起一般誤會，循至影響本市都市計劃之推行者也。

詳考影響都市人口消長之因子，共有三項，即政治，經濟，及交通是也，此數項因子，又能互相影響，且需經過相當時間之發展，才能發生作用，循是人口之估計，更形複雜矣，同人等在研究之初期，曾將自一八八五年至一九三五年之人口增加數字，用複利公式計算：求得平均每年增加率，再以一九四六年人口數字爲始點，應用上開增加率求得曲綫，而推知本市在公曆二〇〇〇年之人口，約爲一千五百萬之數字，此外同人等更旁徵博攷，引用歐美各國先例，並有種種理由，認爲上開估計，祗偏於少，而就大體而言，實屬比較準確之數字，足資爲計劃之根據，其理由如下。

(一)在國家工業化之過程，根據歐美國家之經驗，均有人口激增之現象，其增加數量，在歐洲爲四倍，在美洲爲八倍，我國之工業化政策，既爲政府已定方針，則人口之增加，乃爲必然之結果，雖以國情不同，容有出入，然此亦純屬程度上之問題，其爲增加，蓋無疑義者也。

(二)我國人口之平均自然增加率，雖因缺乏全國性之統計，難以確定，但根據孫本文教授之統計，以國內十六省之農村人口而論，其平均自然增加率爲每千人口一一、八，現應用此率計算，而以中國年鑑第七期所發表民國三十三年全國之人口數字，(四億六千五百萬)爲基數，推算在公曆二〇〇〇年時之全國人口，將達九億之數，歐美各國，在工業化之過程，鄉村人口，流向都市，其比例約爲二十與八十之比，以我國國情而論：恐難到達此數、惟四十與六十之比例：似可稱爲保守之估計，根據上開民國三十三年之全國人口數字，而以目前農村與都市人口之比例(再依照孫教授之估計，約爲七二與二八之比)，計算，則農村人口，爲三億三千五百萬人，都市人口，爲一億三千萬人，假定我國工業化之程序，能在五十年內完成，則在公曆二〇〇〇年時，照農村四十與都市六十之比例計算，農村人口，將爲三億六千萬人，都市人口，伍億四千萬人，此項計算，可證明我國都市人口，在未來之五十年內，將平均增加四、一六倍，如以本市四百萬之人口計算，則約爲一千七百萬之數。

(三)從人口年齡分組之研究，而知我國人口百分之七十五，均在年齡四十以下，百分之四十人口，均屬自十五至四十之繁殖年齡，由此可知以全國人口之年齡而論，我國乃爲一青年國家，其繁殖力之強大，將爲人口增加之要素。

(四)醫藥及公共衛生之進步，亦為人口增加之原因，我國藥醫及公共衛生程度，雖較幼稚，然經各方之努力，近年已有長足進步，則將來人口增加，實意中事也。

(五)由經濟地理上之觀點而言，本市以其優越之地位，亦為人口增加之因子，長江流域之廣大區域，包含全國人口半數以上，均受本市經濟之影響，以較之倫敦紐約，其腹地之大，實有過之無不及也。

根據上文所述，本市之人口，在未來五十年內，將有急激上漲之趨勢，似無疑義，雖有人以為在工業化之過程中，將有一部份人口，由沿海流入內地，並引證美國殖民之經驗，但此項抵消本市人口增加之趨勢，並不重要，蓋前經提出，影響人口發展之因子，為政治經濟及交通三項，本市以其在經濟及交通上所佔之優越地位，其人口之增加，實屬無法阻止之力量，惟以有計劃之發展而言，應設法使其進展程度，不致過速，以免無法應付，因而產生不良之後果也。

第六章　土地使用

第一節　土地使用概論

甲、引言

詳考本市計劃之主要目的，乃為造就最適宜之環境，及配合一切必要設施，俾全體市民，均能享受合理標準之生活，而在居處，工作及遊憩上各得其所者也。然欲達到此項目的，必先有充裕之土地，再依使用性質，分別區劃，以求根本解決目前之擁擠與混亂，其最低限度，應符下列條件。

一、保留充份土地，以供市民居住，工作，遊憩及交通各項之需要。

二、將整個都市之面積妥為區劃，使個別地區，各在功能上保持密切聯繫。

三、全市各級單位之發展，須為組織完備之獨立單位，各就其個性與功能設計之。

乙、本市之現狀

本市以過去行政系統之分野，所有設施，類皆各行其是，缺少整個計劃，故就目前本市之組織而言，實不足符現代都市之條件。茲列舉其缺點數端如下：

一、本市以工商業及交通線之集中，造成人口過度擠擁之現象，一切發展，幾全部結集於中區狹小地域之內，抗戰時南市閘北，破壞甚烈，由是集中情形，更趨嚴重，人口密度竟達每平方公里二十萬人以上之驚人數字。

二、本市中區三百萬人口之集中，從未經配合為有機性之發展，循是一般狀況，複雜凌亂，毫無秩序可言。

三、本市土地區劃，未見有效推行，用是工商業及住宅之建築，紛然雜陳，隨處可睹，而園林綠地，幾等於零。（平均每一市民所有綠地，不足二平方市尺，）加以道路系統之凌亂無章，運輸工具之新舊混合，遂致今日本市交通之擁擠，無可救藥。

四、由於已往建築之漫無計劃，本市一般房屋之型式，在質量兩方面，均已無法適應優良生活之條件，及作有效之管理。

五、本市既無我國舊式城市在風景及藝術上之優點，又乏現代新式都市在建設及科學上之進步，實可稱為世界最不優良都市之一者也。

丙、土地使用之標準

本總圖之設計，內含兩種標準，一為適當之人口密度，一為合理之土地使用，茲再分別說明如下：

一、人口密度，同人等對於本市人口之密度，建議採取下開標準。

子、本市全體平均人口密度，應為每平方公里一萬人。

丑、各區之口人密度，將各有不同，以中心區爲最高，逐步向外遞降，即以中心區而言，其人口密度，亦應稍有出入，約在每平方公里一萬人至一萬五千人之間。

寅、新市區內之人口密度，又類分爲緊湊發展標準，（每平方公里一萬人）半散開發展標準，（每平方公里七千五百人，）及散開發展標準，（每平方公里五千人，）三種。

卯、衞星市鎮之人口密度，亦照上條規定。蓋衞星市鎮，本爲都市分子，其發展方向初無二致也。

二、土地使用，同人等對本市土地之使用，經長期之討論，暫爲規定如左。

子、住宅地，佔面積百分之四十，包括道路商店、學校、及其他集體設施所需面積在內。

丑、工業地，佔面積百分之二十。

寅、綠地，佔面積百分之三十二，包括林蔭大道，運動場所，各項社會福利設備及農作生產地在內。

卯、主要街道及交通路綫，佔面積百分之八。

丁、各種土地使用之關係。

土地使用，既經劃定，又須注意其相互之關係，而以生活之便利上所需條件爲根據，舉例如下。

一、居處與工作地點之距離，須在半小時步程以內，使市民日常之往返，無須利用機械或公用交通工具，藉以減少全市大量之交通，此項辦法，可使市民生活費用節省，及工業生產成本降低，對於經濟交通，均有裨益。

二、學生每日上課之路程，須在十五分鐘步程以內，且使無須穿越交通要道，以免危險。

三、各小單位內，須設有糧食及日用品之供應商店，且均在步程十五分鐘之內。

四、在市區及綠地帶內，須有市民遊憩場所及設備，且均在步程三十分鐘之內。

五、各單位之行政機構所在地，須在離住宅區四十五分鐘步程之內。

六、工業區與住宅區之相對位置，應以避免工業之囂鬧煤烟及不良氣味等之妨害居住安寧爲原則。

七、土地使用性質不同之地區，其相對位置，須使交通路綫，不致穿過其他地區，所謂現代交通繞越系統，以防止擁擠爲對象也。

第二節　土地政策

甲、土地之劃分。

同人等研究本市目前狀況之結果，認爲一般居住環境不良之成因，實緣土地劃分初無計劃所致，故欲改造本市爲一現代化之新型都市，須在法律上產生一種土地劃分之新制度，始克有濟。

詳攷本市土地劃分之欠妥，原因至爲顯明，蓋市區土地過去多爲農田，其形狀自不適於都市之發展，且以我國遺產制度，每使土地分成各種畸形小塊，欲加經濟之利用，事實上殆不可能。則本市土地之應加整理重劃，不言可喻。同人等茲建議由市府呈請中央照下開辦各點，厘訂法規，以爲整理本市土地之根據。

一、規定所有縣市之土地，在適當時期加以重劃。

二、土地重劃之方針，應以土地之經濟使用爲原則。

三、規定土地重劃之實施辦法，對於地主之法益，固須保障，但應以不妨礙公共之利益爲前提，使不致因小失大。

乙、積極之土地政策。

本市土地多屬私有，而公產極少，故欲實施疏散及擴充之計劃，非賴私有地主之合作不爲功，蓋適宜於都市發展之土地，每易成投機者角逐之目標，則實施計劃之經費，勢必增加甚大。針對此項情形，同人等認爲市府須採取積極之土地政策，以資直接領導本市土地發展之活動，並以獲取本市土地百分之二十以上之所有權爲對象，則一切發展，當能依照計劃，順利進行，而牽窒障礙，得減至最低限度。

第三節　區域計劃

甲、都市之範圍。

關於本市未來之人口，同人等曾加論列，其結果爲在五十年內將達一千五百萬之數字。根據前述之人口密度及土地使用標準，則現市界內絕難容納。以本市全部面積八九三平方公里而論，能供建設用者約爲八百平方公里，但浦東土地之使用，須加適當之限制。故本市人口，實應以七百萬爲最高數字，否則一切標準，將無法維持在水平綫上，與計劃原意，背道而馳矣。

乙、區域之發展。

如上所述，對於本市將來人口增加之處理，應從區域計劃入手，乃爲顯淺之事實，然區域之發展，又以區域內各單位之密切聯繫，及有機發展爲前提，此同人等所以認爲區域內之各城市單位，最少應在交通系統，土地使用及土地經濟之種種計劃上，有一共同之政策，以免重複工作，抵消力量，循至鈎心鬥角，爭取攘奪，而有礙整個發展之成功者也。由是觀之，則區域內各主管當局，對於全區域發展之方針，必須步驟一致，默契和諧，實爲基本條件。

丙、區劃之機構。

同人等對於區域計劃之各項問題，曾予深長攷慮，茲建議實施方案兩種，以資採納。

一、根據本市將來發展之需要，請中央將附近區域，劃爲本市擴充範圍。

二、在中央指導之下，設一區域計劃機構，其管轄地區，包括區域總圖之全部面積在內。

同人等並認為市府應立即推動此項工作，不容稍緩，如必待市境人口過剩，始予進行，則時機易逝，駟馬難追，大好計劃，恐將無法實現，不亦惜哉。

第四節　建議方案

同人等在進行計劃之際，曾受本市環境兩種不同因子之影響，即過度發展之市區，及未經發展之郊區是也。

一、本市現有四百萬以上之人口，此項人口四分之三，完全集中於中區，八十平方公里之內，此項事實，即說明人口百分之七十五，集中於土地百分之九、六，而在另一方面，人口百分之二十五，分佈於土地百分之九〇、四，此項畸形之發展，必須加以改正，而疏散政策，乃為必要。

二、本市土地百分之九〇以上仍屬農業地帶，故目前人口之疏散，實較容易，否則在無計劃發展之後，其困難將日益擴大。至現有市區，當可逐步重建，使與新市區之發展工作，一併舉行。不特目前過剩人口，得有出路，且將來新工業之發展，亦能有備無患，未雨綢繆，允為上策。

甲、綠地帶。

現市區中心之綠地，其面積之小，無以復加，為求補救此項缺點，使能滿足新標準之需要，而同時又不致負擔龐大之費用起見，同人等建議，即行計劃一綠地帶，以包圍現市區中心，其寬度從二、五公里起點不等，此綠地帶之作用，既可將新市區與舊市區隔離，避免無限制之帶形發展，另一方面又可保持低廉之地價，以減輕建設經費，至綠地帶內。又可做公園，運動場，及農業生產之用，此綠地帶向全區域作輻射形之擴充，所有林蔭大道，人行道，及自行車道等均屬焉。

乙、新地區之行政及社會組織。

本計劃總圖，明示本市之疏散政策及其結果，並非為造成無數之小單位，散佈全區，而為一整個有系統之組織，乃以都市生活之標準為根據者也。本計劃內。每市區單位，為一完整之單位，具有工商業住宅，及遊憩各種使用地區，其組織如下。

一、「小單位」乃本市計劃之最小社會單位，小單位之人口。以能維持一小學校為限。照本市市民年齡統計，人口總數百分之十二均屬小學年齡。（六歲至十二歲）六年級之小學，每級以學生四十人計算，能容學生二百四十名，如連家屬在內，應構成約二千人口之單位。但照市府統計，目前學齡兒童入學僅為全數三分之二，將來水準提高，學齡兒童，全部入學，故應預為準備，本市小單位之人口，將以四千為限。

二、「中級單位」，實際上小單位之性能，雖為獨立，但亦需有相當程度之集團設施，如商店及市民遊憩設備，照西方各國情形，須有三千至五千之人口，始可維持，我國一般民眾之生活方式不同，故人口數字，須達一萬二千至一萬六千左右，才能適應經濟條件，中級單位由數小單位組成之，內有商店中心，及市民遊憩之設備，與人口數量配合。

三、「市鎮單位」，根據前述標準，凡居民每因生活需要所到各地，應在三十分鐘步程之內，由此而須有市鎮單位之設立，每一市鎮單位，可由十至十二中級單位組成之。人口平均爲十六萬至十八萬，在總圖內，此種市鎮單位之地位，均經確定，工業地與住宅地區均有綠地隔離。其最低寬度爲五百公尺，此項辦法，乃爲保障住宅地區不受由工業所產生之各種不良影響而設。同時市區之交通幹路亦可從綠地帶內通過，藉以減少障礙。

四、「市區單位」，在市鎮單位以上之較大單位爲市區單位，每一市區單位應由三個以上之市鎮單位組成之，人口約爲五十萬至一百萬。此種單位內，應有各種普通行政機關，中學校，特種商店，百貨商店及戲園等項設備，而就行政之觀點而言，應與現在機構同一階級，但仍受市政府之管轄，市區單位，均有大量綠地爲個別及與市中心區之隔離。

五、「市區本部」，由各市區單位組成之。

丙、大上海區域。

大上海區域，爲本計劃內最大之單位，包括市區本部，以及所有衛星市鎮單位在內，由此可知每一單位，均須負擔其在全區內行政與生活上之主要功能，但以全區之行政與社會活動而言，則其中心之所在地，自仍以現市區之核心爲宜也。本計劃除能利用物質之機構而求每一市民與集體之社會，均能享受一種優良及有組織之生活外，尚有一大優點，即區域之交通系統是也。此項交通系統，可解決都市交通之擁擠，而不致引起龐大之費用，蓋因日常之交通範圍，將大部限于市鎮單位，更少超過市區單位之外，由此道路幹綫之最大交通量，得以消除，或大量減輕。同時又以港口設備之疏散，所有過境交通，區域交通，及地方貨運交通等項，均不許通過住宅及工商業各地區。此項計劃，對于本市經常費用之節省，大有俾益，因市區單位之道路，在數量與寬度方面，均可縮至最低限度也。

丁、住宅地區

同人等在設計之初，深知目前國內一般住宅之標準，實與國外不同，因而在住宅地區內，擬有各種不同之標準，此種標準之形成，實以下列各項原則爲根據。(一)家庭入息，(二)家庭大小，(三)土地使用之控制，與社會組織之發展等項，同人等認爲我國在工業化之過程中，人民生活水準，將被提高，由此可減少與歐美標準之差度，故本計劃保持相當之伸縮性，以爲應付將來發展之準備，蓋總圖之設計，實以將來之需要爲依據，而不斤斤於應付目前之局面者也。

土地之分類使用，在開始建設之際，即須嚴厲執行，同人等認爲將來工業與居住地區之性質，既有嚴格之規定，則在新市區內，更不應在工廠或工業地區內，再有各種居住之設備，以免重蹈過去錯誤。

戊、工業地區。

工業地區之設計，應考慮將來本市各項工業發展之可能性，工業之發展，有賴其對於原料之接近者，有賴於交通之工具或地形條件者，例如造船工業，須有沿河之基地及寬闊之河道是也，在本市區內之工業甚少靠附近區域原料之供應者，即以棉織及麵粉工業而論，其基本需要，仍以交通之便利，較區域內之棉麥生產爲重要，故大部份現在及將來之工業，實以交通之便利，廣大之市場，與勞工之源量各種條件爲根據，但除造船與棉織工業，在本市有根深蒂固之基礎外，恐難再有其他重工業，而大部份之工業，將爲各種消費品之生產，而主要物品之生產，將佔極少部份，由此又可決定本市各工業地區內外交通之性質，工業地區，須保鐵路公路與水道之交通，但在各區內其質素將不一律，此種趨勢，將使一部分之工業自成專業化，而專業化之進展之程度而俱深，故在每一市鎮單位與市區單位內之工業地區，將爲社會安全之一種危險，且其危險性又將與我國工業化之進展之程度而俱深，故在每一市鎮單位，與市區單位內之工業地區，應有種類不同之工業，以避免在非常時期所發生全部失業之危險，蓋工業計劃，應在每區之經濟及生產條件上，取得平衡，以爲人口集團平衡發展之基礎者也。

己、綠地帶及農業地帶之利用。

本計劃總圖，以取得農作生產之發展爲目標之一，總圖內所保留之綠地帶，除園林佈置，體育場所，及其他遊憩地點外，尚有農作用地包括在內，使土地得爲經濟之使用，以本市範圍之大，食物供應問題，隨之而生，其癥結不在鄰近各省食物供應之不足，而在一般易壞食物，應在附近區域生產，否則將有種種難題，難以解決，就一般情形而論，在本市區內之青綠地，及環繞本市外圍之青綠地帶，通常有二至三公里之寬度，此項地帶，可作高度農業之發展，包括米糧菜蔬家畜農場與園藝等項，以上皆爲農作之企業，利潤至高，同時亦以接近市區爲有利，至在市區內之綠地則可發展爲花圃及菓園之用，而家畜農場，則以在市區範圍之外爲宜，但亦以不能超過十五公里之距離爲限制，就此而言，浦東一帶，如作此項發展，實屬最爲有利，沿浦江如有寬度十五公里之農作地帶，足以供應本市大部所需，浦東地域所以不宜作爲工業或港口發展之用，於此更可證明，在目前農業發展情形之下，本市人口所需之菜蔬農品，須由一萬平方公里之農作地供應之，蓋以一平方公里之出產，可供七一〇人全年之所需，平均計算，每人約需二畝面積，如以七百萬人口計算，則所需之農作地，應爲一萬平方公里也，全部大上海區域面積之總和，只爲六千六百平方公里，其中又有一部作爲都市之用，由此可知本市之供應，須仰給於本區以外之地域，但如將本市各市區單位間之綠地帶加以利用，同時又採用溫室種植之方法，其生產力量，實可抵於上開所需之全部面積，以溫室種植方法所需之面積，僅爲一八八平方公里，平均計算約爲每人二四〇平方英尺，以本市全面積八百餘平方公里而言，其中百分之四十均爲綠地，其面積之總和，將在三二〇平方公里左右，尚有百餘平方公里之餘地，作爲其他用途。

庚、中區之土地使用

本計劃總圖擬將現有市區之土地使用，加以調整，目前市區中心，大部屬於商業地帶，另有商店地帶，則由商業中心而至靜安寺之附近，在南面又包括林森路在內，大部份工業均集中於蘇州河之北岸，尚有其他另星發展，在楊樹浦及南市江邊一帶，沿蘇州河楊樹浦及南市一帶，又有倉庫設備，除跑馬廳外，本市區內綠地極少，至其他之公園設備，又均微不足道，在前法租界與浦江之中，尚有一大部土地未經發展，而以整個市區之發展而言，尚未到達中山路及沿鐵路綫各地，南市及閘北兩區，在抗戰時期，曾受廣大破壞，尙未開始重建工作，同人等雖因種種資料之缺乏，未能將土地使用及區劃各項詳細辦法，加以研究，但就土地使用之觀念而論，則本計劃之各項建議，均爲有極大之可能性者，茲特分別說明如下。

一、擴大現有之商業中心區，而包括南市之一部份，此項計劃，旣可補救目前之擁擠情形，又可爲將來商業擴充之準備，及推進南市復興之工作，實一舉三得之計也，本區內之建築，可能高至十五層，但以能滿足將來關於通風，光綫，及停車場之規定爲限，本區在西面，以沿西藏路之南北幹路爲界。

二、廢除楊樹浦及南市各地現有之港口，倉庫，工業設備等項，而改爲住宅或商業之用，此種廢除工作，須爲逐步推行，並實施限制改建或擴充現有倉庫及工廠之辦法，但同人等認爲如將現有港口設備，疏散至其他地點，則倉庫等項，將自動隨同遷移，實爲事半功倍之辦法，至此等倉庫建築，均已陳舊過時，無可足惜之餘地矣，本區建築高度，應以八層爲限，仍須滿足其他管理規則之需要。

三、建立一全市性之商店中心區，以南京路靜安寺林森路及西藏路爲界，區內可有一部份爲住宅或其他用途，至主要建築，則爲百貨商店，特種商店，電影院，及劇場等項。本區建築高度，應以八層爲限，車輛停放規則，及停放場所之設備，在本區內均屬非常重要，而須加以注意者，至本區將來之發展，亦將至一定限度而止，蓋其他新市區內，均有地方性之商店設備，中區商店中心，實只爲較大之需要而設者也。

四、在目前蘇州河大環形與本計劃所建議開闢之直線運河當中之地區，均保留爲中區工業之用，但只以非基本工業爲限，至基本工業，則須移至其他工業地區。

五、行政區應在圖示卽現跑馬廳之地位，作爲此種用度之土地面積，並不甚大，其餘面積，除公園以外，尙可利用爲其他公共之活動。

六、中區其餘土地，均應留作住宅之用，住宅種類不一，可爲公寓，建築，里弄房屋，及獨立式之住宅等項，本區房屋之高度限制應爲八層，但須注意各小單位之人口密度應不得超過規定標準，而本區內之小單位，則以輔助幹路所包圍之面積爲界。

七、本計劃總圖，曾作改良空地與建成區比例之嘗試，同人等認爲百分之卅二空地比例，須過若干年後，方能達到，故建議維持目前空地面積，而採用逐漸推廣之政策，又將現有之空地，加以聯繫，使成區內之綠地系統，其大小及寬度，不須一律，並由此進而設計本市之園林系統，至於其他應有綠地之餘數，則由市區外圍之綠地帶補足之。

關於土地使用與區劃之詳細設計，則須俟搜集相當資料之後，方能再作進行焉。

第七章　交通

第一節　交通計劃概論

甲、引言

就歷史之觀點而言，人類活動之分工，爲都市形成之因素，在每一社會之歷史過程，產生各項職業，或爲生產，或爲服務，均逐漸趨向專門化，是爲都市組織之開始。

但都市社會之存在，實已說明交通系統之形成，其程度與技術之進步爲正比例，都市交通所影響之範圍，通常爲決定其基本生產之因子，本市影響所及，從太平洋東岸以至蘇彝士運河及國境之西部，僅長江流域，卽有二億五千餘萬之人口，仰賴於本市之供應，如以紐約爲比較，則全美進出口貨物運輸之經由該市者，只佔百分之五十，所供應之人口總數，祇達六千五百餘萬，如我國工業化之程度，能及美國標準，則本市之運輸量，將爲紐約之三倍半，至國內交通將來之進展，尙未估計入內，而此種因素之可能增加市本運輸量，乃爲必然事實也。

如上所述，本市之爲世界上最重要交通中心之一，殆無疑義，如我國之技術水準，能追及歐美各國，則本市在交通上之稱雄世界，實有可能，蓋以本市地理上位置之優越，其供應人口，實遠較紐約或倫敦爲衆。

由此可知本市之計劃，實非地方性之問題，而爲有全國及國際之重要性者，故此項交通計劃，應在其他經濟需要之前，實爲都市計劃中罕有之例。

但凡大都市之交通，其性質均極複雜，苟乏組織，則擁擠乃爲必然結果，如本市仍照前此凌亂發展，則擁擠情形，行將變本加厲，故整個有系統之交通計劃，乃爲當前之急需，總圖內所示之交通系統，乃同人等爲適應將來之需要，並將各項交通問題，詳予分析研究之結果，其最先引起注意者，厥爲交通之成因，交通之成因有二，卽貨運與客運是也，在歐美各國，貨運量與客運量爲四與一之比，以本市之情形而論，自稍有不同，但以總圖之設計，係爲適應將來之進展，同人等故認此項先例，可資採用。

乙、貨運

貨運之設計，應分爲四大類，其功能及起迄點各有不同，故在方法及路線上，均須分別處理如下。

一、商業過境貨物。
二、農產品，（食物）
三、原料及燃料。
四、製成品及半成品。

一、商業過境貨物　此種運輸只往來於終點各站，貨物到達港口，即轉裝其他船隻，或鐵路，或運貨汽車，如出口貨物，則用相反程序，故本計劃之港口設備，均有直接鐵路及公路之聯繫，而較大之港口，更需特種之終點站及調車站也。

倉庫至碼頭間之良好鐵路聯繫，亦爲必要條件，但目前本市貨物，在倉庫長期堆積之辦法，實應予以廢除，現代商業之需要，爲使貨物之轉運，迅速完成，而當中無須再用其他交通工具及人力工作，此本計劃所以擬將各水陸運輸終點站加以調整，及建議港口設備之完全機械化者也。

運輸路線，須予妥爲設計，使與建成區內之交通線不致混合，此種全國性而非地方性之交通，在可能範圍之內，實應與地方交通系統隔離。

二、農作品　此種運輸，可有不同方法，大宗批發貨品，多用水運，其中一小部份或用鐵路，此項運輸，將因本市農產地帶擴展之需要而加重，故須設法使農作地與批發市場取得聯繫，將來貨運汽車之應用，恐愈趨重要，尤以此種易壞貨物之運輸爲然，故特種之公路及鐵路，與小型之航運終點站，須與批發市場接近。

以本市範圍之大，應有各種專業批發市場之設立，如肉食，雞，鴨，蛋，蔬菜，及水產等是也，此種專業市場，爲全日交通之中心，故以設於建成區之外圍爲宜，且須使附近區域，易於到達，批發市場分配工作所產生之交通，多在黎明之前，但設計時須注意此種交通，使勿與清晨離家工作之客運混合，乃爲至要。

三、原料及燃料　此種運輸，對工業區只生運輸終點之關係，此種貨物之運輸線，以其來源及終點之距離而定，遠距離之貨物，皆由船隻運輸，而止於港口，區域間之供應品，類皆集中鐵路終點站，或內河航運及沿海航運之終點，至鄰近地域之原料，則多用貨運汽車，由公路輸送，由此可見原料之來源，能決定運輸之方法，而間接影響及運輸站或地方交通之路線也，此種貨運所產生之大量交通，必須設法誘導，而避免通過一切住宅商業及娛樂地區，而使之分裂及引起交通之擁擠，在市區內，此種交通，須特設路線處理，使與居民日常向工作地點往返之路線，不致混合。

四、製成品及半成品　工業之原料及燃料，須從其來源運至應用地區，但製成品運輸之流動方向，則適得其反。

基本工業製成品大部份運往外埠，故多用鐵路與航運終點站，通常均利用運輸原料之交通線。

非基本工業之製成品專供市內消耗、故其運輸線遍達全市，此種運輸，應專用貨運汽車，在道路系統之設計上，應用一種繞越路線網，使貨運在目的地之外，不至通過其他建成區。

半製成品之運輸，可有兩種不同之方向，其運至外埠者，須先至水陸各終點站，從而利用原料運輸路線，如半成品須在本市加工完成者，其造成之交通動向，與非基本工業同，此種貨物，在各工業區往來流動，其計劃要點，亦復一致。

丙、客運

客運可分爲三種。

一、過境交通。
二、區域交通。
三、地方交通。

一、過境交通，常與郵政運輸並行，其交通量雖較地方交通爲少，但在集中地點如水陸各終點站等，亦能產生大量之交通，因客運與郵運之速度，至關重要，故其一切聯繫上之需要，亦與貨站相同，其路線須與貨運路線平行，並應組成一繞越路線系統，以免擁塞，而增加速度。

二、區域交通，爲最短之遠程交通，可用鐵路及公路各綫解決，此種交通，包括一大部份遊覽交通，尤以星期假日等爲甚，故不獨在運輸工具上須予攷慮，並應會同主管當局，爲各種遊覽程序之設計。

三、地方交通，爲運量最大之交通，如計劃不善，可予居民以種種不便，在設計上須予詳爲分析研究者，計有下開各項。

一、與工作地區來往之交通。
二、與學校地區來往之交通。
三、與商店地區來往之交通。
四、與遊樂地區來往之交通。

此四項者，實爲造成現代都市主要交通之因子，所有交通之擁塞，皆由於上述之一項或數項，雜以貨運交通所造成之結果。

地方客運交通之計劃，應有三項目標。

一、縮短各起迄地點間之距離，藉以減少造成交通之主因，而使機械運輸爲不需要。
二、儘量分隔貨物與人口之流動。
三、在市區鐵路，公共汽車，及電車各路綫上，配置充分之地方小站，使乘客無須在數主要點上集中。

丁、地方運輸

1　地方性之水道運輸系統。

本市區域內河道頗多，可爲地方及區域間貨運之主要工具，據各方之經驗，對於一般貨運，尤以體積龐大而時間因子又屬次要者，以水道運輸較鐵道爲適宜，我國享有此種天然水道交通系統，自古以來，已加應用，大上海區域據長江之出口，實處水道運輸樞紐之地位，故在工業地區，水道運輸之速度及力量，不宜估計過低，蓋以此種天然資產，實爲其他各國（如德國在第一次大戰以後）須付極大之代價而取得者也。

2　小河道之整理及農田水利。

同人等在計劃之初，認爲本市之河道，負有兩種不同使命，一爲交通，一爲農田水利，而後者在產米區域，更爲重要，在將來進步情形之下，此兩種使命，須各用式樣及構造不同之水道，加以完成，現有一部份之水道，在每年中局部枯竭，或因淤積過甚，而致無法利用，此種情形，須為設法改善，或另闢新水道，而與現有水道連合應用。

3 地方運輸

本市因為交通及工商業之中心，故人口增加，範圍擴大，乃為必然之結果，此種形勢，造成本市兩種不同之交通問題，即地方運輸及市區交通是也。

長途及地方之運輸，固偶可使用同一路線，然此兩種不同之問題，須為分別處理，方得解決。

本總圖內曾以規定土地使用之區劃方法，而將地方性之交通量減至最低限度，至長途運輸。則可用下開辦法處理。

一、保留廣大地域，以為港口設備，貨運公路站及鐵路站等項需要之準備。

二、增加交通設備，如鐵路改鋪雙軌，及增加專業港口，以為海洋，沿海，及內河各種船隻，乃至漁業，燃料，食糧及冷藏品等項運輸之應用。

三、交通終點站及交通線之機械化，藉以增加其容量，而無須擴大其範圍。

戊、區域計劃之引用

本市將來交通及運輸上之問題，實應由區域觀點，而謀解決，苟仍以本市之市界為對象，則最後必致產生不良結果，一如前此倫敦或紐約所陷之錯誤，或更有甚焉，本計劃總圖引用區域計劃，以本市為全區內最重要之交通中心，即所謂全國最重要之港口區域，從而設計交通系統，實為根本解決之辦法也。

第二節　港口

甲、港口概論

本市所以存在之理由，即以其為我國海岸最良之港口，上海區域之地位，無論對於海洋，沿海，或內河之航運，皆為非常便利，故本市之交通系統，應以港口需要，為最重要之因子，其須審慎計劃，以為將來發展之準備，實不言可喻也。詳考港口之優劣，其繫於天然之條件者有三；

一、船隻停泊地點，及水深度之適宜。

二、接連優良之內地交通系統。

三、適宜之氣候條件，如冬不冰結，夏無颶風，及高低潮位相差不大等項。

我國沿岸之其他港口，在上述條件中，雖或有其中之一二條優於本市，然總括而論，則本市皆優於現在任何港口，其理由如下。

一、本市處我國東海岸線之中點，與世界各國之航線聯繫，

二、本市港口，水深度達九公尺以上，爲優良之深水港。

三、本市之腹地，面積最廣，人口最多，且有良好之天然交通路線，運輸費用，可極低廉。

四、本市港口，全年不虞冰結，冬季亦可使用。

五、本市高低潮水位相差甚少。

六、本市受颶風之影響，亦不太大。

雖然時代進展，科學進步，人文物質之建設。亦應隨時代之巨輪轉動，方不落伍，本市港口雖有種種優點，但爲應付將來發展之局面，如輪船載重及速度之增加，及國際貿易之進展等項，尚須加以進一步之研究，而作及時之準備者也。

乙、大上海區域內築港之可能方式。

大上海區域之港口，能有航線多條，現浦江沿岸之各碼頭，雖可由長江口經神灘到達，但吃水二十呎以上之船隻，其航道卽需經常疏濬，方得通行，惟吳淞附近，水深河廣，實內河港之理想位置。

浦東半島之外圍，在東北及東南，皆有沙灘，故充其量只能供淺水漁船使用，惟在西南鄰近乍浦之處，水深達七十呎以上，進出便利，爲區域中海洋船港之最佳地點，對於郵件，旅客，以及各種貨物之運輸，尤爲適宜，查港口由點而面之發展，已爲現代都市計劃原理之一，故本市之港口問題，其最有效之解決方案，卽爲將港口設備，分置於區域內適當地點，如乍浦吳淞等地，至於漁業，燃料，食糧，及冷藏品等各專業碼頭，則可沿黃浦江及圖示新運河之一帶，分別發展。

丙、浦東築港問題。

同人等對於浦東築港問題，曾作愼重之攷慮，認爲此項計劃，非惟費用過高，且對於目前本市建成區之擁擠情形，將使更加嚴重。

查本計劃基本原則之一，爲港口設備之機械化，及與鐵路公路之直接連繫，浦東旣無腹地，則勢必賴橋樑或隧道與浦西之鐵路公路連接，如多築橋道，則費用浩大，及在構造上發生障礙，如數量不足，則由港口而至全市兩岸之交通，必集中數主要點上，在將來黃浦西岸之全面發展時，此大量之交通，勢必經過建成區域，非惟與都市計劃原則全相抵觸，且使浦西之新舊市區，永蒙其害。

總圖內之浦東地區，除沿江一帶有住宅區之發展外，其餘皆列爲農作地，因浦東在地理位置上，與本市中心僅一江之隔，至宜發展爲一農作地帶，以供應本市所需之肉食，菜蔬，及鷄蛋牛乳等日常食品，而爲最經濟有利之措施，在浦東發展之住宅區與市區之聯繫，暫可不需橋樑或隧道，如用現代新式輪渡，已足資應付，對於建設費用，亦可節省。

建築橋樑之問題，除增加交通之集中外，尚有其他缺點，如高橋之引道位置，將使沿岸地區之車輛，繞道而行，至感不便，卽引道之本身，亦必呈擁擠現象也。

丁、漁業碼頭

上海之有漁業中心，由來已久，以前十六鋪之魚類批發市場，及近年成立之漁市場，卽爲漁業碼頭之一種，我國沿海捕魚船隻，行動遲緩，將來必須全部機械化，方能發展，就現代捕魚艦隊之功能而論，漁業港應居適當地位，俾漁船往來迅速，既可減少時間上之損失，又能將船隻充分利用，如在浦東半島至乍浦區域之海岸線上，設一漁業專港，當較浦江現有之設備爲優越矣。

以華中腹地之廣，其足以維持本市大規模機械捕魚之設備，實屬毫無疑問，然若欲達到使大量低價水產供應內地需要之目的，則大規模冷藏運輸之設備，實爲先決條件。

同人等建議在金山衛附近設一漁業港，以供應長江三角洲及整個長江流域之需要，除交通設備外，幷有冷藏倉庫設備，藉此將全年需要之供應，加以調劑，現中央對我國漁業之機械化，首先倡導，故同人等之建議，或亦爲時代之需要也。

戊、黃浦江通連乍浦之運河

爲連繫區域內各港口而使合併爲一有機性之系統起見，同人等認爲由乍浦至黃浦江開築運河，實屬必要，其接連地點，以在黃浦江之灣曲成直角處爲最適宜，新運河能予大上海港埠區域以兩條通海出路，同時又增加一運費低廉載量極高之水道，此外並能有利於區域工業之發展，因運河開築後，兩岸土地水運交通之便利，可造成優良之工業基地。

新運河對於本市疏散之政策，交大有補益，由此產生之工業及住宅地區，使疏散政策之推行，得有各種之便利，而沿岸土地之增值，實足補償開築之費用而有餘也。

己、自由港問題

自由港之設立，多因比隣國家，缺少良好港口，故藉此獲得運輸業務，以我國之地理形勢而言，本市設自由港之可能性甚少，然本問題純屬政治經濟問題，繫乎國家政策，大上海區域倘認爲有自由港之需要，則同人等建議在乍浦設置，因黃浦兩岸接連市區，實無法防範走私及杜絕流弊也。

第三節　鐵路

甲、貨運

在以大上海區域爲中心之交通系統內，航業及港口設備，雖屬重要，而陸地運輸，亦不能忽視，長江流域各要點，固能用船隻直達，而全區域面積遼闊，水路運輸，不能負全部之責任，長江各支流僅能通航五十噸重之船隻，卽使用拖輪辦法，運量亦不過三四百噸，而以現代新式火車之進步，一列車之運量，可達六千噸之數字，將來我國鐵路改善，對於時間因素重要之貨運，當愈趨重，要且能與水運抗衡，至與公路之比較，則單軌鐵路之量運，可超過三四條重要公路，乃爲不可否認之事實也。

1 新路線

大上海地區，現僅有京滬滬杭兩鐵路線，故其在經濟上之效力，不能與歐美各國相提並論，同人等爲對付將來交通之發達，認爲應配合全部交通流動之趨勢，而計劃一有機性之鐵路網，總圖內所增設之各重要直達線，即以此爲目標，爲本區之經濟發展，及使生產事業，更得平均分配起見，此項實施，實爲必要。

同人等在本計劃內特別規定由水運終點站至內地之路線，使其繞越現有市區中心，例如吳淞至蘇州，乍浦至杭州，及乍浦至蘇州各線等，此種新設路線，均爲雙軌，以達高量運輸之目的，此外另一新線，由吳淞經常熟江陰而達鎮江，故本市及附近區域所需之米糧肉類及農業品，均可由各線供應，浦東鐵路系統，亦擬加延長，經由南匯大團奉賢而連接乍浦金山松江之新線，浦東另一新線，爲由上南鐵路三林起點，與黃浦江及新運河平行至拓林附近，連接南匯奉賢之新線。

2車站

在都市計劃中，鐵路車站之位置，實爲困難之問題，貨站及調車站，以其功能而論，實應疏散，但每以市區空地之缺乏，難以推行，循至貨物進出，須經較遠距離，時間金錢，兩俱損失，本計劃中每一市鎮單位，或衛星市鎮，均設有貨運站，面積照每十五萬人二十公頃計算，所有貨站與地方及區域之交通線，均有適當聯繫，每一市區單位，設一調查站，且皆設於工業地區之旁，以便各工廠添築岔道，在吳淞及乍浦兩主要航運站附近，設置主要貨運站，以利貨物迅速之轉運，專業碼頭中，如龍華之煤業碼頭，亦備有較大貨站，而處理此笨重之貨物，此外同人等認爲尚需設主要之貨運終點站兩處，一在京滬線之南翔，一在松江，又在岷山計劃一總貨車場，以便集中編配所有貨車，但經由杭州者除外。

乙、客運

以我國幅圓之大，旅客空運，雖甚適宜，惟鐵路運量，實遠非空運所能及，據其他國家經驗，在五百英里內之鐵路運輸，較空運爲經濟便利，如採用雙軌線與新式信號及優良之機頭，則此有利限度，可擴至八九百英里，即使將來空運發達，而以鐵路爲航空線之預備線，亦甚有價值也。

區劃間之交通，曾經同人等之特別注意，茲建議開闢鐵路新線如左：

第一線，由上海至青浦，以應付往來太湖國立公園之交通，

第二線，由上海至閔行，再經松江而接連滬杭線。

第三線，由乍浦與新運河並行，連貫各工業地帶，至松江而與滬杭線連接，。

客運站　本計劃內主要之客運總站有三，一在上海北站現址，一在吳淞，一在乍浦，而另一次要總站，則爲前此被毀之南站，但其位置稍向西移，並利用城區高速鐵道，與北站連接。

各市區單位，均有地方性之鐵路車站，與地方貨運站大致相同，在原則上每市區單位，應有一地方性之遠程鐵路車站，而每一市鎮單位，則有一市鎮鐵路車站，在建成區內，此種市鎮鐵路車站之距離，約自二至二、五公里。

丙，市鎮鐵路

1　路線

市鎮鐵路網，由環形線兩條與向各方之輻射線所織成，內環約與中山路連接及平行，各輻射線之起點，始自北站附近，經吳淞，瀏河，崐山，松江，乍浦，而返至上海在南站附近，與內環連接，

都市之大量客運，當以電氣化之市鎮鐵路系統為最有效，單軌線單方之運輸量，每小時可達八萬人，至其他交通工具，路面電車線，每小時一萬三千五百人，公共汽車線，七千五百人，三行汽車道、四千一百人。

外環路線及輻射路線，可連接大部份衛星市鎮，而使公路交通減至最低限度，蓋鐵路之速度實較公路為大也。

2　路基高度

現代都市交通之組織，絕不容兩主要交通線之平交，本市舊有鐵路與道路之交點，全屬平交，不但有阻交通，且有阻市區之發展，同人等建議在原則上將所有平交點加以廢除，故市內鐵路與道路系統之路基，應各在不同高度。

低行或高架鐵路線，為兩種可能辦法，因尚無費用比較之數字，總圖中對於市內鐵路，只能暫作高架路線之假定，蓋以本市地質及地下水線之關係，地下鐵路，或低行鐵路之建築，造價必高。

至於新鐵路線種類之最後選擇，同人等認為應由兩路管理局在技術及經濟之可能性上，先作詳盡之研究，再為決定。

3　鐵路之電氣化

同人等認為市內鐵路，須予全部電氣化，至京滬滬杭及其他新線，亦應電氣化至相當地點。

另一辦法，為使現有之鐵路線止於區域之外圍，由此接連一全部電氣化之地方運輸系統，此計劃之經濟可能性，頗有研究價值。

第四節　公路及幹路系統

甲，區域公路

交通幹線系統總圖內，有區域公路多條，均為直通路線系統之設計，使達迅速安全之目的，茲特分別說明如左：

公路第(1)號，由吳淞港經蘊藻浜，南翔，松江，而達乍浦，此線實為乍浦之海洋港，與吳淞之內河港之聯繫，使兩港間之客貨運輸，轉運迅速

本線全程，繞越所有市鎮中心。

公路第(2)號，由乍浦經松江而達崐山。

公路第(3)號，由上海經崑山，蘇州，而達南京。

公路第(4)號，由上海經吳淞，浮橋，而至常熟。

公路第(5)號，由上海經青浦而達本計劃所建議之太湖區域國立公園，其末段為一帶形之林蔭大道，祇作客運之用。

公路第(6)號，由乍浦經松江，太倉，福山，而達江陰，此線爲本區之農作地帶環形公路線，同時將福山及江陰等地之農業港，與本市連繫。

此外更有其他較小之路線多條，且有一部份爲利用原有之公路線，但須全部加寬整理，並特別注意繞越各市鎭之設計，至各公路之用途，應以一部份爲農作物及原料或製成品之運輸。

乙　環路

本計劃總圖內，有一環繞本市之主要環形幹道，以現有之中山路爲基礎，從而發展放寬，並避免全程之平交點，在本線之北段，須稍加調整，以增加交通之速度及安全。

丙、幹路

中區以西藏路爲南北之幹路，與上開中山環路連接，並將擴大之商業區，與原有之住宅區完全隔離，所有幹路，均須避免與任何道路之平交點，中區之東西幹路，起自中山東路與蘇州河之交點，與蘇州河並行，西達中山西路，並與將來虹橋區之幹路連接，幹路及環路與輔助幹路之交點，平均相隔兩公里，幹路間之交通，將由聯繫路線接通之。

丁、輔助幹道

本市中區，由一新型之輔助幹路系統，分成段落，每段落在商業區約爲寬四百公尺，長八百公尺，在住宅區約爲寬六百公尺，長一千公尺，愈近環路、則段落亦隨同加大，此種輔助幹路，將爲本市現有各區之主要交通線，其交點爲等高，但以旋轉廣場聯繫之，與輔助幹路平行者，尙有一種聯繫路線，其功能爲引導每段落之交通，至各輔助幹道之交點，在住宅區域每一段落內，交通量當不甚大，故能用較狹之道路，其組織，亦可不受輔助幹路位置之限制。

戊、新市區單位之公路及街道系統

新市區單位內之公路及街道系統，係爲應用近代土地使用原則，並配合本市特別需要之實施方案也，此項組織，可將日常交通，納諸條理，且能大加減少，如上文所述之客運交通四大分類，不但均可縮至半小時步程之內，而行人及自行車之交通，亦易導至一定方向，使與其他交通相遇之機會，減至最少程度，此項辦法，可使市鎭中心，避免大量之交通，同時又不致在其他地點，產生另一擁擠，而使不經濟之道路建築費用得以節省。

另一方面，在各新市區單位內之土地使用及區劃之設計上，將使過境交通，在駛離輻射幹線而侵入建成區域時，必致引起時間損失，藉此間接限制過境交通之通過建成區域，一切公路，均與交通之性質及起迄地點，作有效之配合，藉以誘導所有交通，儘量利用公路，而使各新市區單位內之工商業及住宅等地區之街道，祇須負擔地方上所需之貨運交通，因而得爲最經濟之設計。

居民每日往來工作地點之步行路徑及自行車道，均應另爲設計，使與街道系統隔離，而一般之行人交通，亦可加以利用，此項辦法，可使交通量及道路之寬度減低，蓋以行人與車輛之交通，由此得以大部隔離，以目前一般市民對於交通規則常識之缺乏，實爲有利之辦法也。

如上所述，本計劃之市鎮單位，可分爲數中級單位，每一中級單位，又分爲若干小單位，故在交通之設計上，必使中級單位與小單位不受主要交通路線之分割，而此項路線所通過之地區，應以市鎮單位爲限，在中級單位及小單位內之街道寬度，將以能容兩車並行爲最高標準，且在道路上亦得停放車輛，至道路之詳細設計，則仍有待於進一步之研究也。

第五節　地方水運

在上文中，同人等曾將地方水道對於本市交通之重要性，提請注意，現再稍予論列，查地方水道，對於工商業所需之原料及燃料，以及製成品與半製成品之運輸，均極經濟，已爲盡人所知，本市現有水道數量至大，亟應加以改善利用，惜同人等目前對於本市各水道調查統計之資料，尙未有獲，只能在原則上規定此項水道，將爲本市交通系統內之一主要部份，而蘇州河及蘊藻浜兩水道，須予大量改善而已。

同人等在水道交通方面，玆建議如下。

一、目前蘇州河之彎曲過多，耗費運輸時間，至爲不便，應在北面工業地帶，自麥根路至曹家渡加開直線運河，以便船隻直接通過，至原有彎曲之處，仍可作起卸碼頭之用。

二、蘊藻浜應照圖示加以改善，並利用現有一部份之浜道。

三、浦東與浦西之輪渡，須即開行，使浦東得以發展爲住宅及農作地區，此種輪渡設備，除客運外，並須能作汽車，貨車，及貨物之運輸。

同人等玆再建議下開各條，爲將來水道計劃之原則。

一、所有工業地區內之河浜，應利用爲運輸原料及燃料至各工廠之交通線，同時並將製成品及半製成品運至各終點站，以便轉運。

二、能作區域交通之河道，須予放寬或取直，使最低限度，能通行六百噸之船隻，此項改善，及隨後養護之費用，以其所產生之經濟效能而言，實至爲值得。

三、凡對於地方及區域之交通，或農田灌溉各方面均無大用之河道，須予填塞，藉以改進環境衛生。

第六節　飛機場

空運問題，在本市將日趨重要，以本市內外交通範圍之廣，且必發展爲我國東海線上主要之空運站，空運之性質，大部將爲客運，貨運則以郵件或其他貴重物品爲限，在美國貨物空運之費用，爲鐵路運輸費之十二倍，航空客運，對於一部份以時間因子較費用爲重要之乘客，業已取得相當地位，故即以在國內交通而言，其發展之可能性亦屬甚大，至本市將來苟能發展而成國際遠洋航空中心之一，則空運前途更不可限量矣。

在都市計劃中之空運問題，僅屬機場範圍部份，包括機場附近建築高度之限制，及機場用地之保留，目前在美國各機場之滑翔角度，規定為一比十五至一比四十，而照歐洲之標準，則在機場兩英里半徑以內房屋建築之高度，均受限制。

根據以往經驗，客貨上下之集中，及機場面積之不足，實為空運站擁擠之兩大原因，飛機容量日增，跑道亦隨之加長，美國新建之愛德屋機場，因鑒於紐約拉瓜地亞機場之擁擠狀態，其保留之面積，竟達長九英里寬五英里之大，本市原有機場，已無法作合乎國際標準之發展，故計劃總圖內對於現有之龍華江灣兩機場，只加以維持或稍予擴充而為市區之降落場所，以外並建議在乍浦附近設立一大規模之空運站，為遠洋空運之根據地，並與港口鐵路及公路各總站取得連繫，此項建設，須預留廣大空地，以適應國際之標準，至龍華江灣兩機場，又可作為乍浦總站之供應站，而江灣機場，因與吳淞港口接近，對於外洋與內河航運乘客之連繫，亦有其特殊之價值焉。

第八章　公用事業

公用事業與計劃總圖之關係，以公共交通系統爲最密切，在本計劃內，曾予仔細之攷慮，至其他公用事業，如給水，電氣，電話，電報，煤氣，及消防組織等項，皆留待將來計劃詳圖之階段，會同專家，妥爲設計，玆先將初步研究所得，分別報告如左。

一、公共交通

本計劃總圖，曾在土地之使用上，與交通系統互相配合，藉以減除不需要之交通，此項處置，實爲本計劃之特點，此外同人等更主張水陸空三方運輸，在交通系統上密切聯繫，並應先行計劃港口之需要，以適應近代交通爭取時間，節省人力物力，並求全系統高效率運用之原則，又主張地方交通及長途交通，應有機能性之聯繫，使內外交通，打成一片，隨意所往，無所不宜，至客運與貨運，則分別設站，以便各就性能處理，而公用交通工具，則以各區之天然條件及經濟需要爲決定之因子，其最佳之選擇，雖尚未加研究確定，但以各種條件而言，其可能性實屬不止一類也。

二、給水

在本市有給水設備之區域內，居民共六十餘萬戶，而用水戶僅六萬戶，雖戶之大小，未有統計，然此比例實有加檢討之必要，以爲將來計劃之參攷，本市過去發展，集中於數十平方公里之內，現既採用疏散政策，則將來給水，自以多設小型水廠爲較經濟適宜之辦法，惟離江愈遠，水源問題，隨之發生，更應及時注意，以謀解決。

三、消防設備

消防設備，與給水系統直接發生關係，故應合併討論，查歐美各城市之消防設備，有與給水系統相連者，亦有自成一系，單獨運用者，此兩種辦法，各有利弊，惟消防獨立系統，可以避免給水區之壓力減低，且以消防用水，毋庸精細處理，可省費用，實有加以考慮之價值也。

四、電氣

本市各電廠，系統不一，設備陳舊，容量總計不過十五萬瓩，本市既爲全國最大都市，而將來人口之增加，及工商業之發達，在國家工業化之過程，又將突飛猛進，本市整個之電氣供應，似有重新計劃之必要，以國防關係而言，則電源宜多，且應平均分佈，以免受集中破壞之危險，至將來宜昌水力發電成功，自是一番局面，但以目前輸電之技術而言，似尚不致影響及本市之電氣供應也。

五、煤氣

煤氣能利用副產品，確甚經濟，然以其污濁及含有危險成份，歐美各新都市，多攷慮以電氣代之，本市現有煤氣公司二家，用戶僅一萬九千餘戶，每日產量共十二萬立方公尺，以本市煤源之缺乏，及將來進展情形而論，煤氣之應用，將來是否可作大規模之發展，實堪爲進一步之研究也。

六、通訊設備

電報，電話，及郵政三項，雖屬公用範圍，但與目前計劃總圖之關係尚輕，同人等容當再作詳細之研究，但將來趨勢，必在各區單位內爲個別有機之發展，殆無疑義者也。

總括上文所述，公用事業之計劃，必須保持相當彈性，過去經驗所示，因科學之進步，人類生活方式，隨之不同，公用事業爲適應人類生活之需要，故亦須不時改進，方能完成其應負之使命，由是可知公用事業，一方面固須滿足現在之需要，然亦不能不顧及將來各種發展之可能，而作適當之準備也。

第九章　公共衛生

公共衛生建設，直接影響市民健康，其有關於整個社會活動之效能，實至密切，而在現代都市計劃中，佔一非常重要之地位者也，在現階段之計劃總圖，自難將一切有關公共衛生之建設，詳爲設計，以初步報告之性質而言，亦只能將較爲重要各點，提請注意，以備參攷，並爲將來討論之張本而已。

都市計劃，以改進人民生活水準爲最終之目標，但以言生活，則健康爲先決條件，未有身體衰弱而能談生機之活躍者，是猶衣食足然後禮義興。

同人等於設計之初，卽以本市之公共衛生建設，爲主要對象之一，其影響全部之計劃，實至重大，誠以東方病夫之誚、至今未獲超雪，而弱肉強食之世界，且將變本加厲，觸目驚心，良有以也。

公共衛生問題，自可由計劃方面予以局部解決，但澈底之成功，則仍有賴於管理之得當，由此可知行政方面之配合，在計劃實施之際，實爲必要。

區劃工作，固以避免雜亂無章之發展爲目標，然就公共衛生之觀點而言，亦爲針對不良生活環境而起，在本計劃內，住宅地帶與工業地帶，完全隔離，所以避免煤烟及臭味之影響，而以本市之最頻風向爲根據，本市風向，冬季由東北至西北，夏季則爲東南，故在可能範圍之內，住宅地點，以在工業之南爲主，其或因各種關係，未能照此處理，則兩地之間，必以綠地爲緩衝地帶，其寬度以半公里爲最低限度，此項辦法，旣可完成工業隔離之目標，且對於環境問題，有莫大補助，而工業之排洩，更得便利處理之機會，至住宅區內日常生活所需之各項作坊，亦可集中處理之。

本市另一病源，卽爲人口密集，據調查中區一帶，有三百萬之人口，集中於約七十五平方公里之地面，而事實上局部人口之密度，如老閘新成各區，竟有達每平方公里二十萬人以上者，一宅之內，或僅有三數小室，而住戶竟達十餘之數，據三十五年八月份市府民政處之統計，全市出生人數三七六〇人，死亡人數三三一〇人，爲前者百分之九十，老閘區出生十四人，死亡四十七人，比例爲一與三之比。此種數字，雖屬片段之比較，未能代表全市情形，而密集程度與死亡率之關係，已得充分證明，本計劃所以嚴格規定各區人口密度，實緣於此，苟能切實推行，則上開弊端，當可消除於無形矣。

同人等在總圖內，爲將來市民之居住及工作地點計劃，其環境優美，空氣清解，陽光充足，而全市園林系統之設計，更針對市民游憩及運動之需要，使黃童白叟，以生以養，各樂其樂，仰受大自然之惠賜，而獲健康生活之享用焉。

本計劃在現階段中，僅能顧及上述各點，至其他設施，在將來詳細計劃中，應予考慮者，則不止此，茲特例舉數端，以供研討。

(一)衛生中心——以實際之需要，在每一小單位或聯合數單位而設一衛生中心，以管理及指導居民飲食起居之各項衛生問題，並爲此項問題諮詢之所，又應不時舉辦公開講演，以灌輸衛生及治療常識爲目標，此外並宜有健身房運動場及游泳池等設備。

(二)醫院——每中級單位須設一公立醫院，其大小以需要而定，下例標準，可作參攷。

美國，每一三七人有一病床。

英國，每一五四人有一病床。

上海市衛生當局所規定每千人一病床之標準，固屬易辦，然在人民衛生水準低落之我國，人床之比例，應較英美爲高，公共醫院之組織，一切應以市民之福利爲前提，俾全體市民，均能享其應有權利。

(三)衛生試驗所——須與醫院相輔設立，以便檢查工作，及飲食物品管理之執行。

(四)污水排洩與廢物處理——本市多數房屋，尚無衛生設備，每晨有六百輛之人力糞車，往來路上，廢物處理方法，亦極原始，將來應推行每一住宅最低限度，須有水廁設備之條例，廢物之處理，亦應採用科學方法，以免有礙衛生。

(五)公共廁所——本市公共廁所，質量兩缺，應予改善，並爲嚴格管理，以維持公共衛生標準。

(六)水道清潔之管理——本市水道，多爲穢物蓄中之處，其影響市民衛生，不言可喻，將來對於水道清潔之問題，實應詳爲攷慮，以求合理之解决。

(七)其他一切有關社會福利之設備，如孤老院，托兒所，職業介紹所，市民福利中心等等，同人等均曾顧及，在將來詳細計劃內，當予分別配合設計，茲不贅及。

如上所述，同人等對於公共衛生之政策，乃爲注重預防方面，以冀消除疾病於無形，使全體市民，同臻壽康之域者也。

第十章　文化

在本計劃現階段內，所表示之文化設備，雖甚簡略，然同人等在設計時，並未一刻有忘本市在中國文化上所負之使命，而在在予以深長之攷慮，江浙兩省，自昔爲人文淵藪，其文化程度，恆在一般水準之上，海禁開後，歐風東漸，更成中西文化交流之中心，此項地位，就將來情形觀察，將見愈形鞏固，允宜利用時機，樹立模範，以爲全國之倡導者也。

同人等認爲本市之文化設備，應有嶄新之措施，以適應現代人類進步之思想，其目的在使居民得以種種便利，與全部文化發生直接關係，在優良環境之下，可收潛移默化之效，所謂不識不知，順帝之則，不加勉強做作，而得進步於無形者也，其方法爲何，即以本市各小單位爲出發點，在每小單位內佈置文化設備，成爲一種小型之文化中心，復聯合數個單位之力量，以維持一較大之中心，由此逐步推廣，而成一全市性之文化中心之辦法也，凡此各級之文化中心，其組織在一有系統機構之下，互相連繫，通力合作，並無界限之分，此項辦法，不特可以集中全市文化建設之力量，以爲市民造福，且可避免虛耗，而使此種力量高度效率化，例如圖書館之書籍，博物館之古物，與美術館之美術作品等項，均可互相通用，或巡迴展覽，以收普遍利用之效果。

文化中心之地位，以便利居民之應用爲原則，尤以隣近綠地爲宜，所以脫離煩雜之環境，其有利於自修之思索及研究工作，實非鮮淺，如能以各地學校爲中心，從而分佈其他設備，形成居民文化活動之集團，當更爲理想矣，同人等建議以江灣一帶，爲本市文化中心區，以其地點適宜，環境優美，且已有相當設備，如圖書館博物館運動場等，足爲發展之基礎也。

學校之分佈，當以居民之家庭組織決定之，又應與居住地點聯繫，使孩童上課便利，並可避免幹路交通之危險，至運動場所，更應具備。

戲劇及音樂爲高尚娛樂，且有教育功能，將來各區單位之設計，應予特別注意，妥爲設備，其大小及性質，當各隨實際需要而定之。

至圖書館，博物館，美術館，科學館，民衆教育館，水族館，動物園，及植物園等等，在都市文化建設上，均各有功能，而佔重要之位置者，同人等將在各區詳細設計時，會同專家分別計劃之。

同人等在此項報告之餘，更希望本市之文化設備，將以嶄新之姿態出現，得而完成其服務全體市民之使命，非如過去一般之概念，以各項文化建築，爲一種誇大空虛之表現，循至金玉其外，敗絮其中，因陳腐化，耗力傷財，而於實際推動文化之工作，反一無所補，現代人之文化表現，不在於帝皇之殿，英雄之墓，紀功之碑，而在日常生活，隨時隨地，如交易之市，製造之廠，蓄水之壩，渡河之橋，乃至農場園囿，平民住宅等項，均爲現代人文化精神表現之資料，其與往昔不同之處，乃朝氣與暮氣之分，及朽腐與生機之別也。

一、上海市都市計劃委員會委員名單

市長兼主任委員	吳國楨	
當然委員兼執行秘書	趙祖康	上海市工務局局長
聘任委員	李慶麐	立法委員
	吳蘊初	天廚味精廠總經理
	黃伯樵	中國紡織機器製造公司總經理
	陳伯莊	京滬區鐵路管理局局長
	汪禧成	行政院工程計劃團主任工程司
	施孔懷	上海濬浦局副局長
	薛次莘	南京市政府秘書長
	關頌聲	建築師
	范文照	建築師
	陸謙受	建築師
	李馥蓀	上海浙江實業銀行總經理
	盧樹森	中央大學建築科主任教授
	梅貽琳	上海醫學院主任醫師
	趙棣華	交通銀行總經理
	奚玉書	會計師
	王志莘	上海新華銀行總經理
	徐國懋	上海金城銀行經理
	錢乃信	上海市政府主任參事
當然委員	何德奎	上海市政府秘書長
	祝平	上海市地政局局長
	趙曾珏	上海市公用局局長

顧毓琇　上海市教育局局長
張　維　上海市衛生局局長
谷春帆　上海市財政局局長
宣鐵吾　上海市警察局局長
吳開先　上海市社會局局長

二、上海市工務局技術顧問委員會都市計劃小組研究會人名錄

姚世濂
陸謙受
鮑立克
施孔懷
侯或華
吳之翰
莊　俊
盧賓侯
吳錦慶

三、上海市都市計劃總圖草案初稿工作人員名錄

陸謙受
鮑立克
甘少明
張俊堃
黃作燊
白蘭德
鍾耀華
梅國超

二稿

民國三十七年二月

上海市都市計劃委員會編印

大上海都市計劃總圖草案報告書

吳國楨題

序

上海市都市計劃，於三十五年六月完成計劃總圖草案初稿，是年十二月，其報告書刊以問世，三十六年五月，二稿及報告書復經都市計劃委員會秘書處設計組同人製訂竣事，由委員會呈請市政府送經市參議會大會討論審查，並指示修改原則若干項，其鄭重可知也。

本市都市計劃，我人從事愈久，而愈覺其艱難。國家大局未定，地方財力竭蹶，雖有計劃，不易即付實施，其難一也；市民謀生未遑，不願侈言建設一談計劃，即以為不急之務，其難二也；近代前進的都市計劃，常具有嶄新的社會政策、土地政策、交通政策等意義在內，值此干戈遍地，市廛蕭條之際，本市能否推行，要在視各方之決心與毅力而定，其難三也。但自計劃二稿脫稿以來，我人在確認「理想與事實兼顧」「全局從小處着手」，為推進計劃之兩大原則下，多方研究，繼續工作，卒於最近完成一、全市工廠設廠地址之規定，二、建成區營建區劃之擬訂，三、建成區幹綫道路系統之規劃等等，先後送請市參議會審核，而市政府與市參議會亦以計劃漸趨具體實際為喜，蓋計劃同人，已能於艱難環境之中，獨闢一捷徑矣。

溯自三十六年五月至於今，一年有半，計劃進展，由總圖(Master Plan)而分圖(Detail Plan)，由整體而各別，益信二稿報告書中所建議各點，大體上當可與今後上海建設之方針，相去不遠，於是計劃同人，咸以援初稿報告書之例為言，請付剞劂，余雖深韙之，顧於重讀一過之後，竊願有揭以與當代專家暨本會同仁商榷者，約舉數則如左：

一、都市計劃首重人口之推斷，固已，我國今後全國都市總人口之有增無減，亦當為必然之事實，但工業化發達後，都市數亦將大增，是其每一都市人口之增加率，是否如本報告書所論者，似尚須續加研究，此應請計劃同人及國內外人口專家注意者。

二、都市計劃，須有積極的土地政策，本報告書當三致意焉，其所論市政府應獲得市郊土地百分之二十至二十五之所有權云云，根據國父平均地權之遺教，與國民黨中全會市地市有之決議，證諸往日德人在我青島之開闢，邇來荷人在其本國鹿特丹之復興，似尚不無可取，而斷非書生鑿空之談，惟究應如何實施，方可推行無阻，則尚有待於專家之研究。

三、都市計劃採用有機體的分散(Organic Decentralization)之原理，亦為本計劃及報告書所注意者，以自然建設(Physical Development)加影響於社會建設與經濟建設，本為吾都市計劃者所最期望之企圖，但此理想的自然建設，務需與現行及所計劃之社會組織及經濟組織得到相當的配合，否則此建設將不能成功；英國花園市，至今僅有 Letchworth，Welwyn 等數處，可資借鑑，我國現行保甲制度，如能加以改善，當可與都市計劃「鄰里單位」之組織相配合，余在去年六六工程師節申報紀念專刊上，嘗論及此點，玆以為倘更詳為分析，可得四個方面如下：

(一)基層社會組織——用直系小家庭制度(採潘光旦李樹青等之說)。

(二)基層經濟組織——似可儘量用工廠機器工業，而一部份則用家庭機器工業。

(三)基層政治組織——用改良的保甲與保國民學校等制度。

（四）基層自然建設組織——用「鄰里單位」及「段分管制」(Subdivision Control) 制度。

以上四個方面，如能完全互相配合，則都市文化當可繁榮滋長，發揚光大而無疑，余故深望本報告書中土地區劃一章所論者，能得當世社會學家、地方行政專家、與夫本市民政人員，懇切之指示。

四、本報告書所提出一個新的道路系統，在我國尚屬剏論，其說是否可取，余在「工程報導」上嘗為文論之，道路系統及區劃制度(Zoning)，為都市建設之兩大要務，不論有否都市計劃，均為近代都市勢所必辦之事，否則道路交通，漫無系統，工廠住宅，凌亂雜居，街道擁塞，市肆櫛比，衛生消防，均受威脅，市民生活環境之不安與惡劣，將不堪聞問矣。惟此新的道路系統，應如何使市民了解，應如何分期實施，應如何籌集財源，其辦法妥訂之重要，初不減於理論之研究，是則又屬道路與市政工程師之分內事也。

上列四則而外，他若港口與鐵路計劃，對於本市發展之重要，不待煩言，其事已不純屬於都市計劃範圍，現正由計劃委員會與各方商討之中，故本報告書亦語焉而不詳。要之，二稿之作，雖較初稿為具體為充實，但計劃同人，咸以為尚待修訂補充，而願以「三稿」為其定稿，至於本報告書訛謬疎漏之多，計劃同人，固自知其不能免也。

再若都市計劃學名辭之尚未建立，本報告書於撰述時屢受其困，想讀者當同余此感，而最大之缺憾，在乎意義相近之字，輒混淆而不明，例如 Region, District, Area, Zone 等字，均可譯為「區」或「區域」或「地區」；Transportation, Communication, Transit, Traffic 等字均可譯為「交通」，甚矣，我科學國名辭之貧乏也。本報告書中於是有數辭不得不從剏立者，如 Zoning 譯為「區劃」，Sub-division 譯為「段分」，Nighborhood Unit 譯為「鄰里單位」等是，但亦有未經推敲暫擬譯名者，甚或有前後譯名不一致者，以限於時間，未能一一糾訂，尚望讀者指正。

參預計劃總圖二稿者，為陸謙受建築師，鮑立克教授暨甘少明白蘭德黃作燊鄭觀宣王大閎陸筱丹鍾耀華程世撫張俊堃諸君。而報告書之起草，則以鮑立克教授之力為獨多，稿成後半年餘，陸筱丹君復為之整理。至工務局同仁中協助最力者，設計處長姚君世濂也。

茲以得吳兼主任委員之許可，本報告書付刊有日，因序其緣起，並略抒所感，當世明達，幸垂教焉。中華民國三十七年二月趙祖康序於上海市工務局。

說明

去年十二月我們把大上海都市計劃總圖初稿報告發表之後。工作就集中在總圖二稿的進行。經過五個月來的工作。在各種困難情形之下。終於把二稿完成了。在這二稿內，做了許多改進的工作，和初稿比較，自問是有着顯著的進步的。

這二稿報告書。是從初稿的報告書發展而來的，所以在閱讀的時候，最好能一同參考。

我們這次只把幾個主要的問題，特別提出討論，並將進一步研究所得的結果，具體地報告。至於許多關於原則上或理論上的引據，凡在初稿曾經提到的，都不重複申述。

都市計劃是一樁何等重大的工作，歐美各國都在拿全副力量來應付。以我們這幾個人些微的力量，在目前這種局面之下，曾加上一點物質的設備都沒有，能說不是螳臂當車嗎？我們惟一的希望，就是借着這一點些微的力量，來引起全體市民的注意，從而產生更大的力量。民衆的力量是偉大無比的，要是民衆需要都市計劃，都市計劃一定能夠成功。

所以這一個上海市都市計劃總圖的二稿，與其說是一種工作的完成，無寧說是一種工作的開始。其實，時代的巨輪，從來沒有打住過，人類的進化，也從來沒有停止過，但我們是不是能夠和人家並駕齊驅，或者老是跟着後頭跑呢？這就要看我們的選擇和努力了！

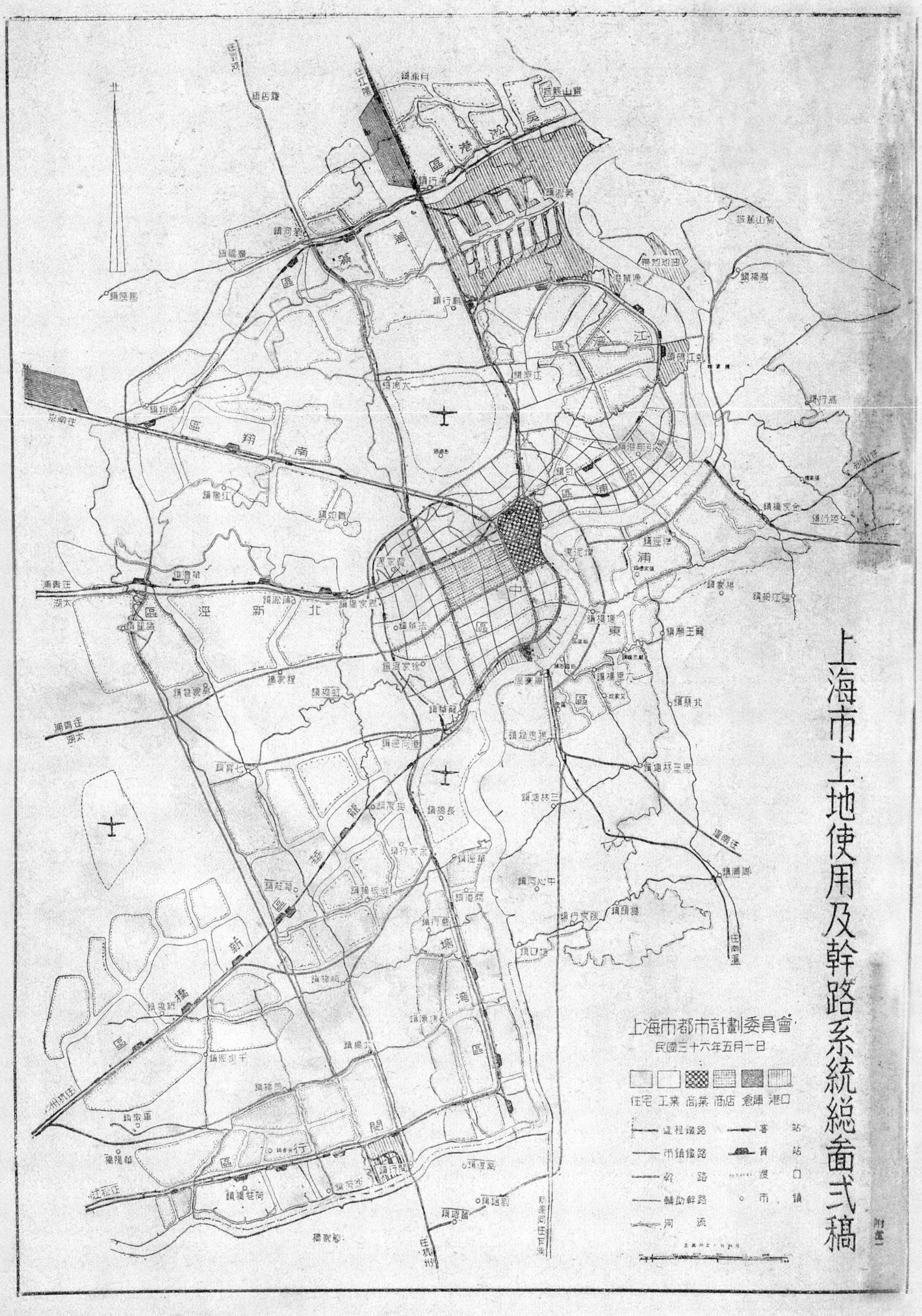
上海市土地使用及幹路系統總圖式稿
上海市都市計劃委員會
民國三十六年五月一日
住宅 工業 商業 商店 倉庫 港口
遠程鐵路
市鎮鐵路
幹路
輔助幹路
河流
客站
貨站
市鎮

附圖一

大上海都市計劃總圖草案二稿報告書

目　錄

序

說明

第一章　人口問題……(一)

一、將來人口增加抑或減少

二、人口增加的程度

三、本市可能容納的人口

四、過剩人口的處理

附表九張

附圖一張

第二章　土地區劃……(一〇)

一、目前狀況

二、工業應向郊區遷移

三、土地使用標準

四、上海市範圍

五、各種土地的相互關係

六、土地段分和積極的土地政策

七、上海區劃問題的兩個因子

八、綠地帶

九、新的分區

(一)鄰里單位(二)中級單位(三)市鎮單位(四)市區單位(五)大上海地區(六)大上海區域

十、住宅區
十一、工業地區
十二、新的土地使用及區劃規則
附表四張
附圖一張
第三章　上海市新道路系統的計劃……（二四）
一、新道路系統的計劃
二、次幹道系統
三、地方道路
四、停車場及客貨總站
附表三張
附圖二張
第四章　港埠……（三六）
一、建議上的海港埠
二、漁業港
三、浦東設置碼頭問題
四、吳淞計劃港區
第五章　其他交通系統……（四四）
一、地方性水道交通系統
二、鐵路貨運
（一）新路綫（二）車站（三）市內鐵路（四）客站（五）高架鐵路綫
三、飛機場
附表一張

第一章　人口問題

研究都市計劃，首先要顧到自然環境的限制，其次是人口問題，這都是都市計劃中的基本項目。沒有土地，當然根本不會有都市，但僅有土地，沒有人口，也就不成爲都市。所以要談都市計劃，非先把人口問題解決不可。這裏所謂人口，當然不能以目前的人口數字爲依據，因爲一個都市，時刻在生長之中，我們必須考慮到它將來發展的趨勢和限度，纔好及時準備。根據現在的情形來推測將來的結果，在科學上雖然不是沒有辦法，但這不過是一種預測，實際的情形，其所用的方法，亦有優劣精粗之別，往往因外來因子的影響，常發生很大的差別，所以研究得到的結論，仍須隨時加以適當的調整。這個基本觀念，我們必預先充分了解。

人口預測，是一門相當複雜的科學，許多人口學者，對於同一問題，常常提供不同的答案。一個都市在發展過程中，人口的變遷，受着不同因子的支配，從而產生各種現象，假使用曲綫表現出來，更進而研究這一曲綫的典型和特點，所預測的數字，便有了根據，不至過於渺茫。但這祇是預測方法的一種而已，全部方法，卻並不如此簡單。支配人口消長的因子，依照陳達氏之「人口問題」一書內的說法，共有六種：

（一）自然環境（二）人種生活力（三）政治與文化（四）天然富源的利用（五）民風（六）人口狀態

我們曾把這些因子，再加分析歸納，而成下列系統：

甲、自然的勢力：（一）地理的位置（二）氣候（三）物產及富源（四）人種繁殖及適應力（五）人口狀況

乙、人爲的勢力：（一）政治（二）經濟（三）交通（四）文化

這些因子，固然能單獨發生作用，但同時又能互相影響，且須經過相當時間，纔可看到這種影響的結果，由此可知人口的估計，確是一樁複雜的工作。

現在根據這些理論，試來解答本市將來人口的問題，卽是我們對於本市將來的人口，究竟應該怎樣處理，纔能解決？

一個答案的出發點，往往就是問題的本身，所以這裏有幾個問題，得首先提出來討論的。

（一）本市將來的人口，是增加抑或減少？

（二）人口消長的情形，可能發展到什麼程度？

（三）依照目前的市界，最多能容納多少人口？

（四）假如人口是過剩的，我們應該怎樣來處理？

一、將來人口增加抑或減少？

一個都市人口消長的趨勢，最簡單的方法可以從它每年的出生率與死亡率的差額和流入與流出人數的比例求得答案。從這方面的

第一表

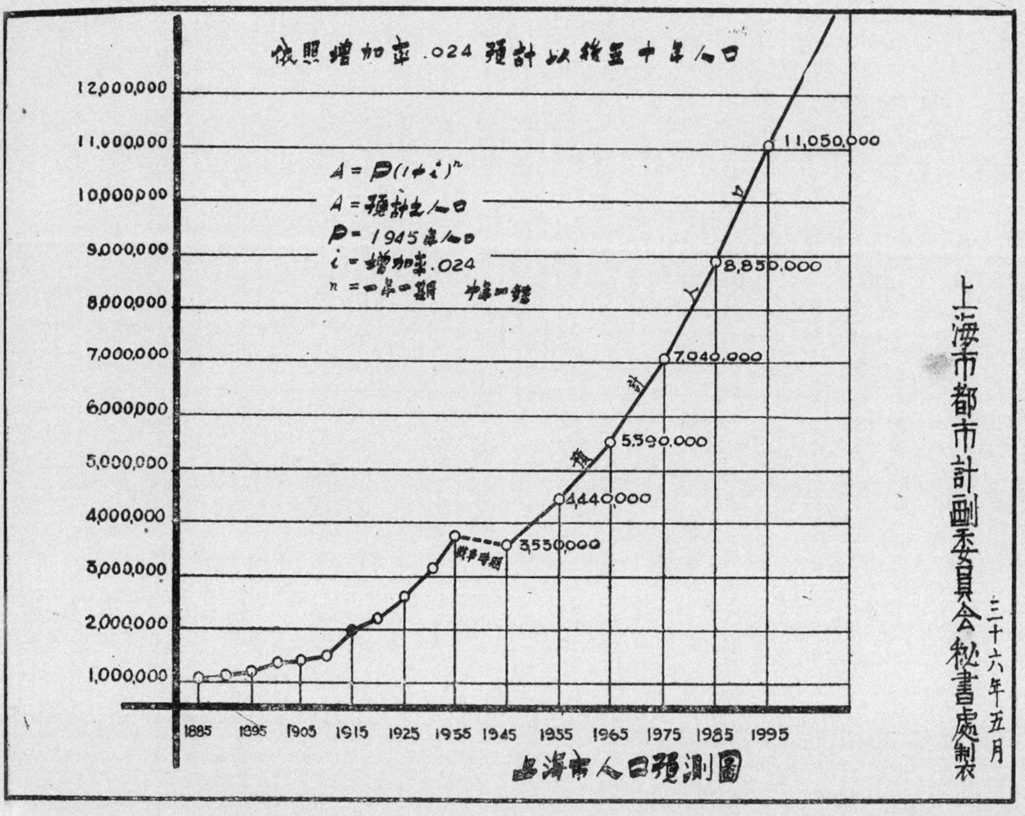

研究，曾把自一八八五年至一九四六年本市人口消長的情形，繪成曲綫，（參看第一表）人口增加的趨勢，就很容易看出。

以外我們就應該研究到影響人口消長的其他因子了。

第一、中國正在走上工業化大路的起點，政府也曾一再聲明有推行工業化政策的决心。事實上工業化的問題，已成爲我國圖存於這世界惟一的辦法了。歐美許多國家，在工業化的程度上，都在我們之前，我們可以從他們的經驗對于人口問題得到啟示。根據研究的結果，歐美各國在工業化發展的過程中，都有人口激增的現象；其增加數量，在歐洲爲四倍，在美洲爲八倍，而且增加的人數的分布，大都集中在都市，由此類推，本市將來的人口，無疑地只有增加的可能。

人口爲何會集中在都市呢？這當然是一個複雜的問題，但最重要的因子，還是屬於經濟方面的。由於都市生活的高度集中化，加速了經濟上的進步，從而給予每個居民較大自由發展的機會，這對於雄心進取的人們的吸引力極大，而工業化之所以能使都市人口增加，亦可由此得到解釋。

第二、從經濟學和地理學的解釋，因爲有交通的便利的條件，商業纔集中在地面上幾個據點，發展成都市的型式，上海市面對太平洋，位在長江入海的咽喉，所處地理上的地位是優越的。

本市在水陸空三方面的交通，都是非常便利，不特在國內堪稱全國運輸的樞紐，即使在世界的交通路線上，也佔着一個所謂「鑰匙」的位置。

同時長江，是我國最大產業之一，全部流域面積超過二百萬平方公里，幾乎容納了全國人口之半，即就目前狀況而論，五六千噸的船隻，可以溯江上行六百英里而達漢口；將來三峽水庫計劃完成後，萬噸巨輪，可由上海直航重慶，那時長江的經濟價值，將較前增加十倍。本市商業的發達和人口增加的程度，也必因長江航運發達，而更急速增加。

第三、人口繁殖力的盛衰，也是人口消長的一個因子。人口繁殖的力量，可以從人口年齡組的分配看出來。我們研究本市人口年齡分配的結果，發現十五歲以下的人口佔全數的28.6%，十五歲至五十歲的人口佔全數的60.9%；五十歲以上的人口佔全數的10.5%，（參看第二表）。人口學專家宋德伯氏將人口年齡的分配分為三類（參看第三表），而本市及中國的人口年齡分配顯屬於進步類，未來的人口自然是要增加的。

第四、公共衛生及醫藥的進步，對於人口發展，有兩種不同的影響。

（一）因為人口壽命的延長，老年人的數字增加，年齡組的比例隨同發生變化，人口的平均年齡逐漸趨向老大。

（二）因為兒童死亡率的減少，人口增加的速度自然加大，青年人的數量也必隨之增加。

這兩種影響，雖使家庭人口的組織和狀況，發生變化，但整個人口的增加，乃是必然的結果。

根據上文討論的結果，我們也許可以肯定地說，上海市將來人口是「一定增加」的。

第二表

上海市人口年齡組分配之百分率與各國比較表

年齡組	上海市	中國	美國	英國	印度	日本	法國	德國
15以下	28.6	35.0	31.2	27.5	39.1	26.5	22.8	23.0
15—50	60.9	52.0	51.2	53.4	49.5	65.8	48.0	56.9
50以上	10.5	13.0	17.6	19.1	11.4	7.7	25.2	20.1
資料來源	上海市公務統計報告(36年10月份)	許仕廉調查所得(30年)	U.S.Bureau of Census (1930)	Thompson (1931)	Cesnus of India (1921)	日本戶部報告(1925)	Thompson (1931)	Prof. Paulick

二、人口增加的程度

本市的人口，今後增加的程度，究竟怎樣呢？首先引起我們注意的，便是它天然的增加率，也就是出生超出死亡人數的比例，本市

第三表

宋德伯(Sundbärg)常態年齡分配表			
年齡組	進步類	停滯類	退步類
0—14	40	33	20
15—49	50	50	50
50—	10	17	30
合計	100	100	100

人口的天然增加率以前沒有完全和可靠的統計數字可作根據，可是根據金陵大學卜凱教授的統計，在一九二九至一九三一年全國每千人口之天然增加率爲一一•二，(見 Land Utilization in China)，同時據中央大學孫本文教授的統計爲一一•八，(見中國年鑑第七期)如果我們考慮到將來增加的情形，拿一二•〇的數字作計算的標準，也許較爲適當。應用這一個增加率計算的結果，本市將來的人口在二十五年內，可增至六百七十萬，在五十年內，可增至九百六十萬。但從我們研究本市過去人口發展的情形，人口的增減，並非全繫於天然增加率之大小，例如在每次內戰發生或四鄉不靖的時候，許多人都來上海避難，人口於是急激上長，這是受政治因素的影響，與天然增加率無關，又如農村經濟情況不佳，上海工業發達，農民都改了業到本市來謀生，這是受經濟因素的影響，和天然增加率也無關。其實這並不是單單上海市有此現象，在歐美各國許多都市，如戰前的柏林，自一九二五年以來，就是全靠外面流入人口來維持它經常增加的數字，有人以爲上海市過去人口的繁榮，全是因政治特殊的結果，這種畸形，現在已經除去，故以爲今後本市人口只有減少的可能，而不會增加，並且拿太平天國事變平復後，本市人口急激下降，造成經濟恐慌的先例來證明，這種見解，當然不是無理由的，但照我們的意見，這只是一種片面的看法，因爲影響人口消長的因子，根據上文所述，有九種之多，政治的因子，不過是其中之一部份罷了。我們曾經指出，人口所以集中於都市的原因，最重要的，還是屬於經濟一方面，而經濟之繁榮，又以工商兩業之發達爲基礎，我們也曾經說過，歐美各國在工業化的過程，人口均有激增的現象，現在讓我們對於這個重要問題再來一次比較精細的研究。

首先我們得擴充研究對象的範圍。近百年來，除歐美各國外，遠東的蘇聯、日本、澳洲、紐西蘭等國家，也無不推行工業化政策，在他們的情形，既和我們比較接近，他們的經驗，當然更可以作爲我們參考。我們先看蘇聯的情形，在第四表內，我們把蘇聯的人口，在工業化過程中之增加及分配情形表示出來，在一九零零年它的全國人口總數爲壹億零九百六十萬，農村人口爲九千五百五十萬，都市一千四百一十萬，到一九三九年，在這短短的三十九年當中，全國人口增加了56.6%，而最值得注意的，便是農村人口只增加 20%，都市人口卻幾乎增加到 400%，假如我們再把他們的都市人口增加的過程加

第四表

蘇聯人口在工業化過程之增加及分配情形

人數：單位壹百萬人　指數：基數100.0

年份	全國人口		農村人口		都市人口	
	人數	指數	人數	指數	人數	指數
1900	109.6	100.0	95.5	100.0	14.1	100.0
1910	130.4	119.0	111.8	117.0	18.6	132.0
1914	139.9	127.6	119.5	125.0	20.4	144.6
1917	141.1	128.7	113.3	118.5	27.8	197.0
1920	134.3	122.8	114.2	119.5	20.1	142.6
1922	131.7	120.0	110.5	116.0	21.2	150.0
1926	147.0	134.3	120.7	126.3	26.3	186.5
1929	154.3	141.0	126.7	132.8	27.6	196.0
1933	165.7	151.0	125.4	131.5	40.3	286.0
1939	170.5	155.6	114.6	120.0	55.9	297.0

資料來源：
1. Lond Utilizotion in China By J. L. Buck
2. Populationand Utilization By K. G. Pelzer

以研究，更可給我們一個深刻的印象，即自一九零零年開始，以至一九二二年爲止，蘇聯都市的人口，只增加了50%，但自一九二六年第一個五年計劃實施後，便以驚人的速率，扶搖直上而達上述的高峯，在一九三九年，蘇聯人口的分配爲農村67.2%，都市32.8%（參看第五表）。這個比例，雖較英美落後，但我們要知道蘇聯的工業化，尙未到達完成的階段，隨着工業進展的程度，他們的都市人口，很可能還有驚人的增加。

其次，我們根據第六表的數字研究近隣日本人口的情形，從一九零九年以至一九三九年這三十年的工業化期內，日本全國的人口，增加了34%，和蘇聯的情形，沒有多大差別，這是値得我們注意的，在第七表內，可以看到日本人口的分配，在一九一五年農村人口佔50.4%，都市人口佔49.6%，差不多勢均力敵，但在一九三五年農村人口下降至35.5%，都市人口却增加至64.5%，便形成一面倒的趨勢。

第八表和第九表，都是表示着歐洲和美洲各國在工業化過程中人口激增的現象，從一七五零年至一九三零年，歐洲的人口，一共增加了四倍，而美洲的人口，却增加了八倍。分開來看，英國增加了七倍，法國增加二•三倍，德國四•二倍，意大利三•五倍，美國二三〇倍，加拿大二〇〇倍，中美二•七倍，南美七倍，澳洲及海洋洲九•五倍，這些數字，都是共同表示着這一個定律的必然性。

英國方面，亦有同樣情形，據一九四零年著名的

第五表

蘇聯人口在工業化過程農村與都市人口比例變遷表

數字：人口百分率

年份	農村人口	都市人口
1900	87.2	12.8
1910	85.7	14.3
1914	85.4	14.6
1917	86.4	13.6
1920	85.0	15.0
1922	83.8	16.2
1926	82.1	17.9
1929	82.1	17.9
1933	75.7	24.3
1939	67.2	32.8

資料來源：1.Lond Utilization in China By J. L. Buck
2.Population and Land Utilization By K. G. Pelzer

第六表

日本人口在工業化過程之增加情形

人口數字：單位壹百萬　人口指數：基數100.0　出生率：每千人口

年份	人口數字	人口指數	出生率
1909—1913	50.2	100.0	34.7
1925—1929	61.5	122.5	33.5
1930—1934	66.3	132.0	31.6
1935	69.3	137.9	31.6
1936	70.3	139.9	29.9
1937	71.3	141.9	30.7
1938	72.2	143.8	26.7
1939	72.9	145.1	—

資料來源：Population and Land Utilization By Karl G.Palzer

第七表

太平洋區域近年農村與都市人口比例表

數字：人口百分率

國別	1910—1911		1920—1921		1930—1931		後期		
	農村	都市	農村	都市	農村	都市	農村	都市	年份
日本	50.4	49.6	48.4	51.6	39.9	60.1	35.5	64.5	1935
蘇聯	85.7	14.3	84.2	15.8	79.4	20.6	67.2	32.8	1939
澳洲	51.3	48.7	37.3	62.7			36.2	63.8	1933
紐西蘭	49.4	50.6	43.6	56.4			40.4	59.6	1936
加拿大	54.6	45.4	50.5	49.5					
美國	54.2	45.8	48.6	51.4					

資料來源：Population and Land Utilization By Kare G. Pelzer

「巴羅」報告內所載，英國都市的人口單單在七個工業大城內，已經佔了全國人口71.3%，其餘小城市及農村的人口只佔28.7%。

從上述所有工業先進國家的經驗，我們實在用不着懷疑上海市將來人口的趨勢了，且可以利用他們的經驗，進而預測我們的結果（Land Utilization in China），如果我們認為將來醫藥和公共衛生的進步，足為人口增加的因素，而採用上述孫氏所估較高的全國人口自然增加率數字一一•八作為計算的根據，再依中國年鑑第七期所發表民國三十三年全國人口數字（四億六千五百萬）為基數，來推算在公歷二零零零年時之全國人口，可得九億之數。關於農村與都市人口的比例，依據國情，設為五十年後擬訂一個比較適中的四十與六十之比例，則在公歷二零零零年的時候，農村人口，應為三億六千萬，都市人口應為五億四千萬；至於目前農村與都市人口的比例，照第十一表內所示，採用七十二與二十八的比例，加以計算，則農村人口應為三億三千五百萬，都市人口應為一億三千萬；由此可知在將來的五十年內，我國的都市人口，將平均增加四•一六倍，再以民國三十五年上海市人口三百七十六萬作為基數，則本市在五十年後的人口將達一千五百萬的數字，用同樣方法計算在二十五年後的人口，應為七百萬左右。

三、上海可能容納的人口

目前本市的市界，照行政院的規定，應該包括三十四個行政區，面積共為八百九十三平方公里。各區雖則現在還未全部接收，且將來或尚有其他的問題，可是我們不妨暫時拿做計算的根據。這八百九十三平方公里，是包括河道等項面積在內的，實際上能應用的土地，最多不過八百平方公里，假定我們在浦東再保留着相當地畝，作為農作地帶，而以全市平均人口密度每平方公里一萬人的數字計算，則本市最高的人口容量，應為七百萬人。

第八表

歐洲各國人口在工業化過程之增加情形
人口數字：單位一百萬　指數：基數100.0

國別	1750年	1800年	1900年	1930年	每國指數
英國及愛爾蘭	7.5	15	41	52	693
法國	18	27	39	42	234
德國	16	24	53	67	418
意大利	12	18	36	42	350
總計	53.5	84	169	203	——
總指數	100.0	157.0	315.8	380.0	——

第九表

美洲各國人口在工業化過程之增加情形

國別	1800年	1925年	每國指數
美國	5.0	114.0	2300
加拿大	0.5	10.0	2000
中美	14.5	40.0	276
南美	10.0	70.0	700
澳洲及海洋洲	1.0	9.5	950
總計	31.0	243 0	——
總指數	100.0	800.0	——

第十表

國內近年農村與都市人口比較表
數字：人口百分率

	地域	農村人口	都市人口	數字來源
1	江蘇省	71.2	28.8	1932年立法院統計局
2	全國平均	73.3	26.7	同上
3	全國平均	72.0	28.0	孫本文教授
4	全國平均	75.0	25.0	1932年Land Utilizaton in China
5	全國平均	79.0	21.0	1929—1933年Land Util'zation in China
6	全國平均	74.8	25.2	第二項至第五項之平均數

四、過剩人口的處理

這問題的答案，比較簡單，我們都知道一個都市不能無限制的膨大發展下去，否則我們將要遭遇到嚴重的困難，倫敦紐約目前擁擠的情形，實在足資我們警惕，我們預測將來的人口，可達到一千五百萬，而本市最高容量祇爲七百萬，那麼這些剩餘人口，應當怎樣處理呢？惟一的辦法，只有把這些人口疏散，分佈在我們市界之外，造成所謂「衛星市鎮」來解決，這些「衛星市鎮」在功能上，每個都是一個獨立的單位，但仍以本市作爲它們經濟及文化的中心，這種辦法，倫敦已在實行，但這牽連到整個的區域計劃問題，不在本章討論範圍之內。

第二章　土地區劃

本會所提供的計劃總圖，最主要的目標，是使本市市民能有舒適的生活，這就是說，使能在一個很適當和衛生的環境中生活和工作，並且給市民每天有各種很合理娛樂的機會。顯然，這些最低的條件，是要有足夠可用的土地，而且能夠將這片土地，劃分成各個有確切功能的區域，爲居住、工作、娛樂等，方纔能夠達到我們的目標。

第一、我們要有充足的居住、工作、娛樂和運輸的土地面積。

第二、要算出一個城市的主要用途所需的土地面積是比較容易的事。可是以本市這樣大的城市，就得有很大的土地面積，作爲居住工作和娛樂之用，而且這土地面積，還需要再度的劃分和佈置，務求地盡其用。

第三、有了充分的土地面積，各個區域，都要在功能上能夠相互配合，所以計劃總圖，應表示都市中所需各種工業、交通、居住、店鋪、商業、娛樂等的地區。

第四、各鄉村和市鎮，均應爲一個單獨的組織單位，如果沒有組織，則使都市單位失卻效用，故總圖必需依照市鎮的大小和性質來決定宅各部份間的組織系統。

一、目前狀況

目前本市的情形，在計劃方面來說，都不是良好的，過去上海區域內三個行政機構，各自爲政，所以在組織方面來說，並不是一個完整的城市。主要的缺點是：

一、現在的市區中心人口過多，工業和交通都很擁擠，以前畸形的政區界限，造成能利用作爲市區的面積太小，所以形成在鬧區的人口密度過高的現象，甚至於有些地方，竟達每平方公里二十四萬人。

二、三百萬人口密集在一塊沒有機靈性配合的區域之內，而祇集中在全部土地十分之一的地面上。

三、目前本市土地，並沒有按照功能上來分區，所以工廠、住宅、倉庫、和交通、都與商業及店鋪混雜。而綠地面積，就簡直是等於零，這現象使車輛都擁塞在陳舊的道路上。

四、過去缺乏計劃的建造房屋，造成現在居住不能安適的情形，良好的管理無法實現。

五、本市不能算是世界上優美的城市之一，因爲既無中國古老城市的風致，又無現代都市所應有的舒適和生活上的便利。

二、工業應向郊區遷移

因此總圖的計劃，必須達到以下所述的幾個目標：

第一、劃分土地使用，這是一直到目前，都是混雜不分的，應即行制定中區的新的土地使用法規，和交通行車規章。

第二、目前擁擠在中區和各主要區域裏的人口，應予疏散。

第三、在分配新的土地使用以減低人口密度時，應同時注意有充裕的土地和綠地面積。

第四、建成區中建築執照，是根據建築物面積及基地面積的比例核發，依各種不同的建築物而異，此種比例，大都陳舊，不再適用，應依照現代都市計劃的要求修訂，而建成區中的土地使用分區，和人口密度的規則，都應符合上海和全國性的社會經濟背景爲原則。

美國目前的都市計劃原理及實施，是儘可能範圍，使每個區域人口，疏散在一萬五千至二萬五千人之間，而且常祗有三四千人的區域，在美國這種趨勢，是可能的，因爲是配合着工業的遷移，一面復經過相當時期的經驗，以及人民均使用汽車作爲代步工具的緣故。

過去五十年中，世界各大都市，均有將工業遠離城市中心向城市四周發展的趨勢，一八八五年在紐約市中工作的工業區工人，有75.6%，一九零九年降低到67.5%，一九三九年只剩了60.4%，從一九八九年到一九三七年，紐約市內的工人數目增加了35.3%，而周圍的十七個鄉鎮卻增加了100%。(節譯自Economic states of The New York Region-1944, Regional Planning Association)，這一種在美國和歐洲已實行或部份實行的工業和人口疏散情形，我們在以後五十年中，也可能達到的。工業化的過程中，是要生產、設備、運輸、和人口都要集中到相當的程度，可是這並不是要造成一個和歐美各國在各階段一樣的老式城市。我們的計劃，是要設法達到他們在社會發展的過程中，每一個階段的理想地步。因此最顯著的差別，就在必需實行相當的疏散，而計劃中的新居民區人數，卻不是一千或是一萬，卻在五十萬以上。要希望我國工業化成功，工業區務必具有公共私人公用以及所有工業企業發展所需要的設施。即電力、煤氣、水、溝渠、交通、公共衛生和教育的設施。

依目前和最近將來的情形而論，單靠小的或不大的人羣集團，是不能供應這些設施的，因爲自來水廠、電力廠、溝渠系統、公用、交通等事業，是需要有較大的人羣集團投資，才能供給這些使城市生活更爲舒適的設施。

疏散的辦法，在本市是不能採用歐美各國所用的辦法的，總圖計劃將新市區分佈在現有城市的周圍，而用綠地帶將之分隔。這些新市區都是工業區。吳淞則是以港口收入，和運輸的經營，來維持那一區居民的生計。這樣，我們上面所說的將工業遠離市區的計劃，才能夠實現。同時要各個地方區域有一切建設工業所需的設施工人，可以住在附近，並且交通迅速，則投資工業者當然會逐漸的移到計劃的地區了。

三、土地使用標準

影響總圖計劃有二個標準：(一)適當的人口密度。(二)各種土地使用的關係。

本會對於人口密度問題有下列的建議：

(一)黃浦西岸總平均人口密度是每平方公里一萬人，西岸總面積六三〇平方公里，容納人口六，三〇〇，〇〇〇人。

（二）三十五年十二月計劃總圖初稿報告中建議人口密度爲：

密集發展每平方公里	一〇，〇〇〇人
半開展發展每平方公里	七，五〇〇人
開展發展每平方公里	五，〇〇〇人

根據我們繼續研究的結果，初稿所建議的三種人口密度，似乎失之過小，對於五十年內的上海發展並不適用。故暫定爲總平均密度每平方公里一萬人的數字。

（三）經長時期之考慮，並暫採納左列的相對土地面積使用標準：

住宅百分之四十（包括住宅區的道路、人行道、商店、學校、及其他社團生活的設備）。

工業百分之二十。

綠地面積百分之三十二（包括道路、人行道、運動場醫院、學校等）。

次幹道及主要交通綫百分之八。

照這個土地使用比例，用每平方公里一萬人的總平均密度，得到住宅區的淨密度如下：

$$\frac{(1\text{公里})^2\times 10{,}000\text{人/平方公里}}{0.4\ \text{平方公里}}=25{,}000\text{人/平方公里}$$

再假定綠地和道路面積的分配在住宅區的內外各爲一半，爲增加這一半綠地和道路的面積（等於總面積百分之二十），平均密度便可以減低到每方公里一六，六六六人。住宅面積中，如其將幹道的百分之三面積減去不計，密度又須略加矯正，所以住宅區中的平均密度爲每平方公里一萬七千五百人，即每公頃一七五人，或每英畝七〇八人。現且與英國，美國規定的標準作一比較如下：

$$\frac{1\times 10{,}000}{0.4+0.2-0.03}=17{,}500\text{人}$$

照英美的規定，我們所得到的數字，當然是很高的密度，但在本市設計計劃中，我們不能認爲這不過是一個較低的中等密度，這是因爲我國在社會上地理上的條件與英美不同的緣故：

（一）英美規定的密度標準是依據英美每戶的平均人數，在他們的大城市社會中，每戶平均人數是三·二至三·五，上海每戶平均人數是五·三五，所以我們的鄰里單位中的住宅單位，比他們少，依每英畝七四·八人推算，英美每英畝要住二十至二十二戶。而我們只要住一三·二戶，如此在同等面積中，我們的住宅可以比他們少百分之三十五，這是我們同英美情形，一個主要不同之點。

第二表是本市和美國不同條件之下，住宅區人口密度之比較，第二欄是依照美國鄰里單位區劃標準的一種評定，第四欄是依本市總圖二稿對於上海土地使用區劃的建議標準（詳記下文）。茲再將最近倫敦都市計劃規定的標準列下，以資比較：

第一表

上海與美國人口總密度淨密度標準比較表

66.6 % 住宅　33.3 % 綠地

標準 上海擬定	標準 美國	每公頃人數 鄰里單位總平均	每公頃人數 住宅基地淨密度	每公頃家數 鄰里單位總平均 上海—5.35	每公頃家數 鄰里單位總平均 美國—3.5	每公頃家數 住宅基地淨密度 上海—5.35	每公頃家數 住宅基地淨密度 美國—3.5
低密度	低密度	25	37.5	4.7	7.1	7.0	10.7
		50	75.0	9.3	14.3	14.0	21.4
		75	112.5	13.9	21.4	21.0	32.1
	中密度	100	150.0	18.6	28.6	28.0	42.9
		125	187.5	23.3	35.7	35.0	53.6
中密度		150	225.0	27.9	42.9	42.1	64.9
	高密度	175	262.5	32.6	50.0	49.1	75.0
		200	300.0	37.2	57.1	56.1	85.7
		225	337.5	41.9	64.3	63.1	96.4
高密度	特高密度	250	375.0	46.5	71.4	70.0	107.2
		275	412.5	51.3	78.6	77.0	118.0
		300	450.0	55.9	85.7	84.0	128.7
		325	487.5	60.5	92.9	91.0	139.4
特高密度	過高密度	350	525.0	65.2	100.0	98.0	150.0
		375	562.5	69.8	107.1	105.0	160.8
		400	600.0	74.5	114.3	112.1	171.5
		425	637.5	79.5	121.4	119.2	182.3
過高密度		450	675.0	84.1	128.6	126.2	193.0
		475	712.5	88.8	135.7	133.2	203.8
		500	750.0	93.5	142.8	140.2	214.5

	每英畝人數	每公頃人數
裏圈	二〇〇	四九七
中圈	一三六	三三六
外圈	一〇〇	二四七

（二）本市的住宅單位，無論在大小方面，沿路長度方面，或分佈方面，都與英美有不同的標準。照英美標準每一個獨家房屋需要九六〇至一、一〇〇方呎，Duelley Committee 的住宅設計報告，規定最低限度爲九〇〇方呎，英國皇家建築師協會的報告中，建議最低限度爲九五〇方呎。上海工人及普通人的住宅，遠較此標準爲低，固然我們希望能認眞設法提高這個水準，追及英美的標準，然而這不是數十年中所能辦到的，另一方面提高住宅標準，需要整個生活水準的提高，所以，爲二十五年或五十年中的設計，我們採取比英美標準較小的住宅單位——弄堂房子或公寓，這又是影響住宅區人口密度的一個因子。

（三）地理上的因子，可以影響住宅區的設計，近代的區劃，除了人口密度及其他因子之外，還要包括陽光問題，一個房屋的陽光，與基地所在的緯度，房屋的方向，和與對面房屋的距離，都有關係，在這一方面，上海的條件，卽優於倫敦紐約等大都市，上海可用較高的人口密度，仍然得到充份的陽光，各城市所在的緯度（北緯）如下：

倫敦	51°度（相當於黑龍江省最北呼瑪爾河）．
紐約	40°40'
北平	40°
上海	31°15'
廣州	23°23'

在北回歸綫以北位置較以南的城市，在全年中任何一日，任何時間，太陽高度比位置較北的城市爲高，倫敦在冬至日，中午太陽升到地平綫上十一度，紐約北平升到二十六度半，上海升到三十五度，廣州升到四十五度，所以上海房屋單位，經過有計劃的發展，人口密度雖較倫敦紐約爲高，而仍能受到等量的陽光。

四、上海市範圍

第一章中所述本市人口在五十年內可能增加至一千五百萬人左右，在二十年內則爲七百萬人。本市可用的土地面積僅約八百平方公里，所以照合理的土地使用比例和人口密度，現有市區至多僅容納七百萬人口，也就是我們所預測的二十五年內的數字。如果超出這個數字，本市仍舊會發展成水準以下的城市，而將無法應付市民工作和居住的需要的。過剩人口同工業一定要向市區以外疏散——所謂衛星市鎭的佈置。照理應開頭就作有計劃的區域發展，但本會工作，既限以上海市界爲對象，在這方面，暫不能作更進一步之討論。惟有使本計劃的內容，能充分和合理地利用現有市區範圍而已。

五、各種土地使用的相互關係

假使我們規定每一塊土地的使用性質，則各個相同或不同性質的土地相互間的關係，可以根本影響每一個市民的生活，甚至每一個社會的生活和都市區域中的集團生活。故下列各基本條件，實爲獲得一個健全城市計劃的必需條件。

（一）由住宅到工作地點的路程減低到半小時的步行距離，以減少機械的運輸，因此可以減少車輛交通量，節省工人的車資，間接減低生產品的成本。

（二）孩童每日自住宅至學校的步行所需時間，最多爲十五分鐘。

（三）鄰里單位內離住宅不超過十分鐘步行距離範圍內，應設立食物燃料等的日用品店舖。

（四）城市及綠地帶內設置之娛樂地區，須離住宅不超過半小時的步行距離。

（五）各地方行政機關和中央的附屬機關，應該在離住宅區不超過四十五分鐘步行距離以內。

（六）工業區和住宅區之佈置，應儘量避免工業區的鬧聲、煤烟、臭味、或其他有害事物的騷擾，侵入住宅區。

（七）土地使用不同的各個地區，必有適當的配合佈置，使在各區起始或終了的交通，不致和其他各區交通發生擠擁，而儘可能用繞道方法以避免擁擠。

六、土地段分和積極的土地政策

如果要實現上列各項原則及新的城市型式，卽應實行一個新的土地段分辦法。過去沒有土地段分的整理，使各不同性質的區域，如工廠、工場、倉庫、與住宅區互相分裂和混雜，可以說是上海居住情形惡劣之主因，也是現在上海許多其他惡劣現象的根源。

城市核心四周的土地，通常如農業地帶，而農業土地的段分，與都市區域的段分，自各有不同的需要。農業土地往往根據析產或交易的需要而段分的。所以顯示一種非常不規則和偶然性的型式。這種型式的土地，要用來發展都市，當然是不可能的。故欲使都市發展必先實行土地整理，將全市土地加以重劃，以滿足現代的要求。但我國祇有鐵路和公路等對於土地徵用的辦法。現在市政府從使有權獲得全部道路所需的土地，其與我們所謂的土地段分的目的，仍然無關，因爲除道路以外，大部土地的段分現狀，仍不能改變，非但不足以適應都市的使用計劃，而且可能引致高昂的費用。如果能在適當的時機，實行土地重劃，整理段分，方可避免此類浪費。所以本會建議可由市政府申請中央，頒布一新法律，以實行農業土地之段分，凡農業土地用爲城市發展者，在其時機成熟時，由市長或參議會加以決定施行重劃。

根據其他各國實施的經驗，經重劃後地主所得到的土地，雖然比原有的少，但土地却因此大大增值。故對於地主的權益實在是有利而無弊的。

目前情形，本市土地大部分是私有的，市政府僅在建成區內有小部份的土地，郊區的市有土地更少。爲實現總圖計劃中的發展，市府勢必依靠私有土地，因此適用爲城市發展有用的土地，很容易成爲投機者的對象。可是一方面爲了實現計劃，市府不得不從這些地主尤其是投機家的手中，獲得所需土地，市府支出便要增加，也就是加重每一市民的負担。所以除了土地國有之外，能由政府宣佈積極性的地方土地政策，實屬必要。

過去歐洲各城市，都經歷過執行城市擴展計劃的重大困難，私有土地和私人利益對於新地區的發展，往往成爲無法克制的阻礙。我們要預防這種障礙，必須施行積極的土地政策，最好由市政府獲得現有城市四郊百分之二十至百分之二十五的土地所有權。這樣，市府就可以控制地價而抵制土地投機者的操縱，然後由法律賦予市政府執行土地重劃和規定土地使用人口密度的權力。都市計劃方易於實現。故本會竭誠希望市政府能採取步驟而實現這個政策。

七、本市區劃問題的兩個因子

本市的總圖計劃，受到二個因子的影響，那就是擁擠的城市，和未經發展的郊區。

第一、本市現有人口四百多萬，其中三百萬人集中在八十六平方公里的建成區內，換言之，卽百分之七十五的人口，集中在百分之九•六的可用土地上面。而百分之二十五的人口，却散佈在百分之九〇•四的面積上。所以中區的人口密度高達每平方公里十餘萬人，甚至於二十餘萬人。故一方面中區的人口應當加以疏散，而人口稀少的土地應加以利用，作爲未來城市的發展地區。

第二、事實上全市土地面積的百分之九十沒有發展爲城市之用，僅作農耕，以供本市的消耗，故使現有疏散計劃增加實現的可能性。但本市的建成區，正向江灣、閘北、滬西、南市等方向擴展，如聽任其自然發展下去，將來勢必同中區今日一樣的雜亂，而感到整理的棘手。

上述爲了解决上海城市發展的兩大因子，我們纔擬定了下面的區劃計劃。

八、綠地帶

爲防止中區的無限制擴展和保持平衡，本會擬定了一個綠地帶環繞着現在的建成區，宅的寬度由半公里至二•五公里。這個環狀綠地帶，有分隔核心和新市區的功用，而且還可以防止市區帶狀的發展，另一方面宅可以使土地價格持維較低的水準。綠地帶中應包括公園、運動場等地、以及大量的園藝地和農場等，並與分隔各新市區的綠地相連，在這些綠地中，可以儘量發展農業。

九、新的分區

總圖計劃在求城市的疏散，這種疏散並不是使各鄰里單位平均分布全市，而是基於都市生活有組織地分佈。所以土地區劃的設計，完全依照市區標準，而非依照郊區標準，每一分區都是一個完整的單位，內中包括工業、居住、商業、娛樂等地帶，一切組織是根據下列原則而來的。

新地區——前面已經說過，本市的總圖計劃，在重建舊市分散成長中的人口，促成工業的進展，和運輸問題的解決等等。爲要解決各問題，以適合於現代的需要，並考慮到本市原有的地理環境，是否適宜於工業區的位置以後，我們將未來的城市分爲十二個市區單位。現有的楊樹浦和江灣爲將來各該地區的中心。其餘的地區現在大部爲農業地，但是北新涇、蕴藻、浦東三地區，有決定性的工業

第二表　各計劃區的面積人口

（鄰里單位爲市內最小的社會單位）

區域	總面積 方公里	住宅地面積 方公里	工業地面積 方公里	港口 方公里	商業 方公里	商店 方公里	區內綠地 方公里	人口（每方公里25000人）	工作人口（60%）
吳淞	66.24	24.92	4.80	22.08			14.44	600,000	360,000
江灣	23.04	12.62	6.00				5.42	315,000	190,000
中區	95.78	36.00	7.00	4.80	4.80	6.7	3.20	900,000	540,000
楊樹浦	95.78	12.28	6.50				12.50	307,000	184,000
浦東	49.12	36.62					11.98	915,000	550,000
蕴藻	56.00	29.14	14.88				8.32	725,000	435,000
南翔	44.00	23.36	12.32				12.02	533,000	320,000
北新涇	60.00	31.84	16.14				11.74	795,000	478,000
龍華	56.60	30.46	14.40				15.16	760,000	455,000
新橋	66.40	32.48	17.76				10.82	814,000	488,000
塘灣	42.40	20.72	8.62				11.16	517,000	311,000
閔行	48.00	23.72	13.12	3.00				586,000	352,000
合計	607.58	314.16	121.54	29.88	4.80	6.7	116.76	7,761,0 00	4,663,000

註：未包括農業地

大上海區域組合示意圖

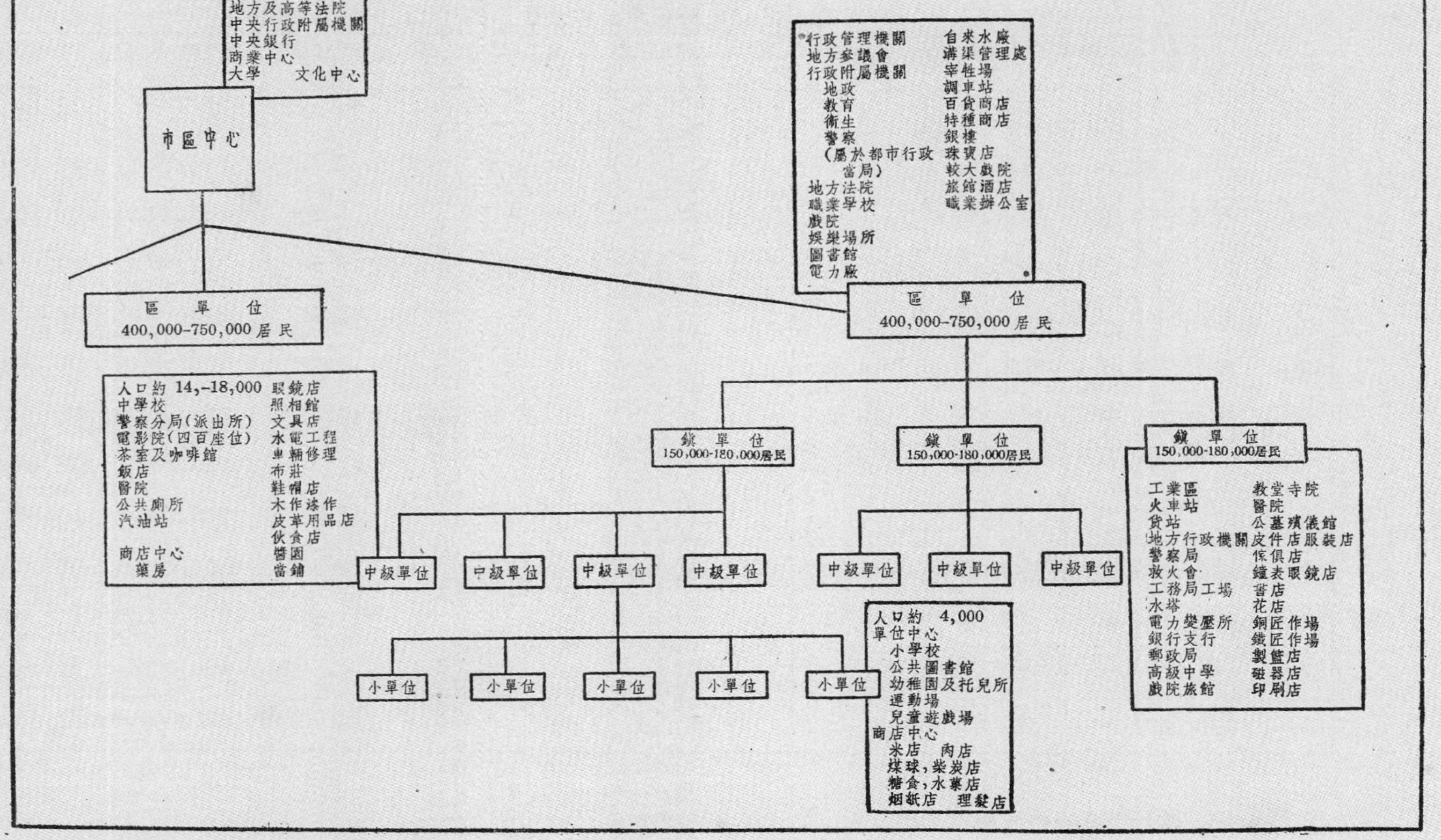
行政管理中心
參議會
地方及高等法院
中央行政附屬機關
中央銀行
商業中心
大學　文化中心
市區中心
區單位
400,000-750,000居民
區單位
400,000-750,000居民
行政管理機關
地方參議會
行政附屬機關
地政
教育
衛生
警察
(屬於都市行政當局)
地方法院
職業學校
戲院
娛樂場所
圖書館
電力廠
自來水廠
溝渠管理處
宰牲場
調車站
百貨商店
特種商店
銀樓
珠寶店
較大戲院
旅館酒店
職業辦公室
人口約 14,-18,000
中學校
警察分局(派出所)
電影院(四百座位)
茶室及咖啡館
飯店
醫院
公共廁所
汽油站
商店中心
藥房
眼鏡店
照相館
文具店
水電工程
車輛修理
布莊
鞋帽店
木作漆作
皮革用品店
伙食店
醬園
當鋪
鎮單位
150,000-180,000居民
鎮單位
150,000-180,000居民
鎮單位
150,000-180,000居民
工業區
火車站
貨站
地方行政機關
警察局
救火會
工務局工場
水塔
電力變壓所
銀行支行
郵政局
高級中學
戲院旅館
教堂寺院
醫院
公墓殯儀館
皮件店服裝店
傢俱店
鐘表眼鏡店
書店
花店
銅匠作場
鐵匠作場
製鞋店
磁器店
印刷店
中級單位
中級單位
中級單位
中級單位
中級單位
中級單位
中級單位
小單位
小單位
小單位
小單位
小單位
人口約 4,000
單位中心
小學校
公共圖書館
幼稚園及托兒所
運動場
兒童遊戲場
商店中心
米店　肉店
煤球，柴炭店
糧食，水菓店
烟紙店　理髮店

發展趨勢來代替現在的農村經濟。擬定各地區積面的大小，相對的土地使用和人口數可參看表二。

各地區是由鄰里單位、中級單位、市鎮單位、分級組合而成的。茲再對於各級單位的計劃條件說明如下：

（一）鄰里單位——鄰里單位是都市計劃中的最小設計組織。在每單位中，須設立一初級小學，以本市情形而論，三年之內小學適齡兒童絕對不會全數就學的。他們要佔全市人口約百分之十二。一個完全小學各級都開雙班，每班四十人，計全校可有學生四百八十名，即足夠一個四千人口鄰里單位的需要了。小學校設在鄰里單位的社交中心之內。此外，並設備足夠的遊憩綠地，運動場和幼稚園游戲場以供居民集體的活動。日用品的供應商店，亦應和學校一樣，設在鄰里單位內最便利的中心點。

（二）中級單位——中級單位之發展，視交通及道路的設計而定，在擬定地區次幹道所容納的交通量，要比鄰里單位裏產生出來的爲多。次幹道同時是各個中級單位或鄰區與中級單位的分界綫。除掉少數幾點之外，次幹道的通道甚少，又將行車路綫分開，使行人不能隨意橫越。於是由次幹道環繞而成的井形地區中，包括有好幾個鄰里單位，合成爲一中級單位，人口在一萬四千至一萬八千之間。爲了非必要時避免穿越幹路起見，中級單位所應有的商店和日常用品供應處以及教育衛生等設施，當遠較鄰里單位爲多。中級單位之中央，應有初級中學和電影院醫院各一所，及充分的商店。

（三）市鎮單位——總圖裏已曾明白地指出市鎮單位在各區域間之地位。工業區和住宅必需用寬度自二百至五百公尺的綠地來隔離。工業區所必有的煩囂限制了都市區域交通幹路的地位。

各市鎮單位都有綠地帶將之分開，一面再直透入都市內部，這是五十年來都市計劃者所認爲必要的條件。但這樣規模的綠地帶，必須及早施行，在城市成型之後，就難於辦到了。

按照我們的計劃，居民自住所起，無論到他們的工作地點、市政辦公處、戲院、和中級單位裏的學校醫院等處，步程須不超過三十分鐘，因此市鎮單位可能有十個至十二個中級單位，人口在十六萬至十八萬左右。在這一級單位中，應有銀行、郵局、汽車公司、警察局、消防處、和戲院、旅館、餐館等，餘如頗具規模的皮貨店傢具店，和眼鏡店也要設立。

（四）市區單位——市區單位由好幾個市鎮單位組織而成，人口介乎五十萬至一百萬之間。我們上文所述新的十二個分區，就是計劃中的本市的市區單位，這單位中，就行政觀點而言，要自成核心，比現有的區公所地位，更具獨立的能力而仍聽命於市政府和市參議會。就設備而言，要有各式商店和金融、教育、衛生、公用、及各種社會活動的必要配合。計劃這些單位的動機，就是要把居民的行動儘量以步行爲主，除非要到區域以外的地方，才利用機動交通工具。各個市區單位，均由寬大林區隔離，同時也即可作爲耕作之用。

（五）大上海地域包括在現行市界範圍之全部地區、在總圖裏可以看得到。

（六）大上海區域

將來自四鄉集中到本市來的人口爲數必衆、非未雨綢繆留空了居住和工作地位，勢難保持土地使用和人口密度比率的平衡，本計劃中所估算七百萬人口以外的住民，仍然可以在大上海市範圍之內來容納，容納的地區，就是周圍的區域內，所以各區有計劃的發展，是不可或缺的，不過也不必進行過早，如果不是受到毫無計劃發展擾亂影響的話。

本計劃的第二次草案針對大上海地區範圍而定，此外尚未遑論及，但是整個區域的計劃，不宜於過緩，則是毫無疑義的。

大上海區域是計劃中的最大單位，包括衛星市鎮在內，所以每個單位都要能夠滿足宅行政上和社會活動上的各項要素，行政和社交中心，自然也要留在這區域裏面，除了健全的個人和社會性的組織之外，總圖還具有區域交通系統的長處，很經濟地獲得和防止交通擁擠問題的答案。事實上只要多數橫越的交通，不用穿過市鎮單位，不透入市區幹道，則幹路的交通，自能舒暢無阻。

由於集中的港口設備，遠離建築過量的市鎮單位，橫越交通，區域交通，和本地貨物運輸，不至於透過住宅區工業區和商業區，市鎮單位的道路，可以變小，則市府築路經費也可大為節省了。

十、住宅區

本會鑒於我國目前國民生活之標準與歐美各國不同，故住宅區之標準，亦因之而異，所取標準係按下列原則而定：

（一）家庭收入。

（二）家庭之人口房屋及地產之大小。

（三）土地使用限制社會集團生長及其他因素。但本會認為在中國工業化過程中，人民生活水準必因而提高，故將來若干年後我國與歐美各國之生活水準，相差亦不至太遠。故總圖計劃富有相當彈性，而其設計不但顧及目前亦且考慮將來之需要，土地使用段分，應絕對在開始時即遵照執行，尤以工業與住宅區應絕對嚴格劃分。

十一、工業地區

工業地區之段分，應顧及本市原有各種工業之特性，例如工業有賴他地原料之供給，或賴交通之便利，或因自然之地利（如造船廠之需設河傍），惟本市幾無一種工業其原料可由本市近地供給者。卽如棉紗及麵粉工業而論，亦不賴本市近地之棉麥出產品，惟利用本市交通之便利耳。

普通以為現代工業，能就其近地供給原料，乃為其主要發展原因，實屬謬誤。鑛業雖多近其出產地設立，然大部份製造工業，大多採用製成原料。

故本市現有或將來工業之發達，惟恃本市交通之便利，市場之流暢，及技工之供應，除造船及紡織工業外，本市無所謂重工業。由是可決定本市內各工業區往來之交通工具，各工業區雖皆有鐵路公路、及水道交通之設備，但其性能，則各有不同，因此某種工業區將有其特殊之專門性，而需專門技術居民毗連而居，惟在我國工業日益發達中，此種專門性質地區，於整個社會及與其鄰近之住宅區將有不利之處。故在每區及每鎮中之工業，應儘量使其多類化，以避免緊急時期中，有全區失業之慮。在每區工業設計，應本乎經濟平衡爲原則，使能在住宅區間，造成各個平衡之社會集團。

十二、新的土地使用及區劃規則

在我國法律上，對土地之使用及區劃，尚無明文規定。這使整個計劃總圖，難於付諸實現。以前上海建築規則，皆參照英、美、法各國舊法規而訂定，實未顧到本市的實際情形，結果產生陋巷及擁擠交通不便等種種惡果。

根據歐西各國近三十年來之研究，以爲促使都市計劃之實現，必須採取新的計劃及新的建築法規，以及實施方法。建築地及農業地之劃分，乃都市發展之基本條件，否則陋巷小弄畸形發展，及荒廢土地仍將不免。

每區域之段分，須參酌社會情形及地主的利益而定。本會應有執行段分之權力，規定各中級單位及鄰里單位之人口密度，對於各個單位土地的使用，亦應預爲訂定一初步之計劃；對於學校、道路、空地、商店、及各種社交集團之需要，亦應詳加考慮。此初步的土地的使用計劃，將在某一時期內公開徵得各地主及社會人士之同意。但爲因計劃於需要，而地主不能同意時，則由市長或參議會決定之，或由內政部加以決定。

當此計劃一經各方同意決定後，地主即能向市工務局申請執照，於指定區域，建造房屋，而執照之頒發，應依各區劃法令使行之。

十三、新區劃劃分法令

以前區劃法令，對於人口密度方面，並無限制，祇對每一地段上之建屋數量高度及其使用，加以管制。惟最近已即對於邊道天井及簷高等等的最少尺寸，亦加以限制。這種只是對於地權的規定，但如此下去，就會促成土地及房屋的投機性，同時人口密度逐漸增加，陋弄的形成，而失去了社會目的。

對於現在執照的核發，及建屋數量的限制，本會建議應當注意下列數點：

（一）鄰里單位的總人口密度。

（二）住宅區的淨人口密度。

（三）日光照度。

上述第一表是表示一鄰里單位內住宅區總人口密度所造成的淨人口密度，但住宅區淨人口密度，常比一完全鄰里單位的密度高，那是因爲由於社交上的便利，使公寓及里弄房屋集中發展，例如運動場、學校、幼稚園、及各種社交上的事業，都需要一集中的發展。但這種高增的密度，可利用鄰里單位內的空地來平衡。

日光照度，乃用於限制過於密度房屋的發展，以及防止狹弄的產生。

日光照度標準，是至少每個房屋平均每天有六小時的日光照度。房屋的設計，通常是使臥室起居室等主要的房向陽間，而廚房樓梯等次要部份背陽。每所里弄房屋，得有一個輔助臥室，公寓裏的餐廳，如不與起居室分開，則可以背陽。

日光照度標準，對於一單式房屋，一定要在每年中最日短的一天，可能有四小時的照度。本市在每年十二月廿二日太陽的傾斜度，是$\delta=23°27'$。日光照度以日光能直接到達室內，而不將對屋陰影遮住為限。（見圖）

H—對面建築物的高度（由本屋底層量起）

α—照度角

ε—距離單位與對屋相比一公尺之高度

$\alpha=\sin\alpha$

β=方位角，$\cos\beta=\dfrac{\sin\delta+\sin\alpha\times\sin\varphi}{\cos\alpha\cdot\cos\varphi}$

δ=十二月廿二日的傾斜度$=23°27'$

φ=上海緯度$=31°30'$

C=時角，每小時15°（自上午9時至中午12時）$=45°$

附圖表示各種太陽高度與方位角所成的角度及其所需兩屋間的距

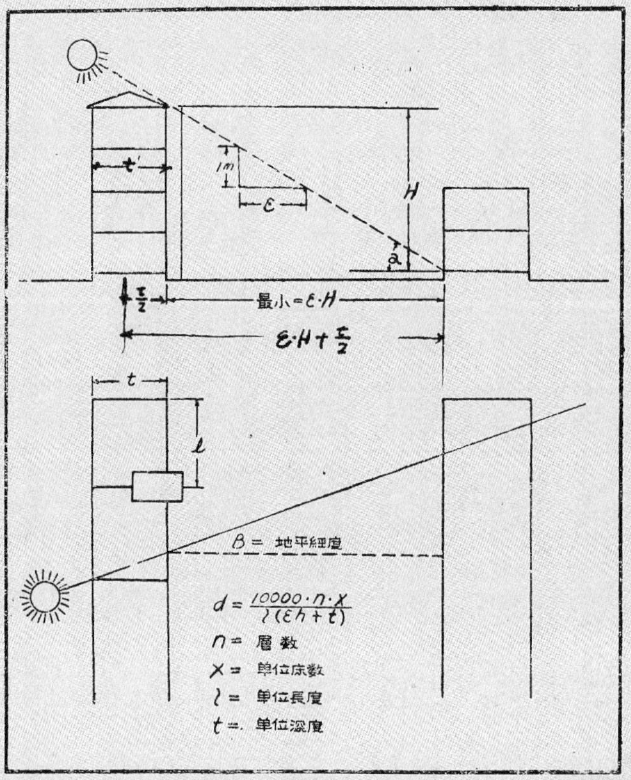

離，此數得乘一製成陰影的對屋高度，則每一居住地帶的人口淨密度，可用下式計算之：

$$d=\frac{10000nx}{l(\varepsilon\cdot h+t)}$$ 每公頃人數

x＝每一房屋人數

n＝層數

l＝兩屋間之距離

h＝屋高（由底層量起）

t＝屋深

如為斜屋面而產生陰影其角度高於1者其密度之公式為：

$$d=\frac{10000nx}{t(\varepsilon\cdot n+t/2)}$$ 每公頃人數

第　四　表

上海市 ε 之數值

δ 23°27′ φ 31°30′	12^{00}	11^{30}	11^{00}	10^{30}	10^{00}	9^{30}	9^{00}
T	0°00′	7°30′	15°00′	22°30′	30°00′	37°30′	45°00′
Sin α	0.57429	0.56760	0.54764	0.51472	0.46948	0.41265	0.34519
α	35°3′0″	34°35′0″	33°12′19″	30°58′43″	28°0′2″	24°22′18″	20°11′36″
Log Cos β	0	$\bar{1}$.995357	$\bar{1}$.981771	$\bar{1}$.960126	$\bar{1}$.931681	$\bar{1}$.897627	$\bar{1}$.858942
β	00°0′0	8°21′48″	16°29′5′	24°10′42′	31°18′8″	37°48′32′	43°43′28′
45°-β	45°0′0″	36°38′12′	28°30′55′	20°49′18′	13°41′52′	7°11′8″	1°16′32″

$$\varepsilon,\text{南向}=\frac{\text{Cos }\beta}{\text{Tan}\alpha}$$

Log Cos β	0	1.995357	1.981771	1.960126	1.931681	1.897627	1.858942
Log Tan α	$\bar{1}$.846033	$\bar{1}$.838487	$\bar{1}$.815918	$\bar{1}$.778407	$\bar{1}$.725684	$\bar{1}$.656121	$\bar{1}$.565607
ε，南　向	1.4255	1.4354	1.4650	1.5196	1.6069	1.7438	1.9649

$$\varepsilon,\text{東南向}=\frac{\text{Co}\,(45^{0}-\beta)}{\text{Tan}\alpha}$$

Log Cos(45°-β)	$\bar{1}$.849485	$\bar{1}$.904410	$\bar{1}$.943836	$\bar{1}$.970669	$\bar{1}$.987469	$\bar{1}$.996576	$\bar{1}$.999892
Log Tan α	$\bar{1}$.846033	$\bar{1}$.838487	$\bar{1}$.815918	$\bar{1}$.778407	$\bar{1}$.725684	$\bar{1}$.656121	$\bar{1}$.565607
東　南　向	1.0080	1.1639	1.3425	1.5569	1.8272	2.1901	2.7182

$$\varepsilon,\text{東向}=\frac{\text{Sin }\beta}{\text{Tan }\alpha}$$

Log Sin β	$-\infty$	1.162713	1.452951	1.612337	1.715630	1.787535	1.839536
Log Tan α	$\bar{1}$.846033	$\bar{1}$.838487	$\bar{1}$.815918	$\bar{1}$.778407	$\bar{1}$.725684	$\bar{1}$.656121	$\bar{1}$.565607
ε，東　向	0	0.2110	0.4335	0.6822	0.9771	1.3533	1.8746

每公頃人口密度可與第四表對照之。

第三章　上海市新道路系統的計劃

試觀察美國較大的城市在辦公時間的前後，交通常常會擁擠，這種現象，大都發生在商業區及其附近地帶，那是因爲美國的私人汽車實在太多了，在一九零零年美國每萬人口只有汽車壹輛，但在一九四零年每萬人口就有二千零七十三輛，在一九四七年曾增至二千八百九十輛，這當然是要加重市區道路運量的負荷，據統計在人口五十萬以上的較大城市，每天在辦公時間，往來於商業地帶的人們，其中70%是用私人汽車的，我們人口和車輛的比例，與美國相較自然是望塵莫及，本市登記的汽車總數約爲二萬二千輛，包括貨車軍用車和公共汽車在內，平均計算，每一百八十人只有汽車一輛，而在美國則爲每三・五人一輛，照理說，我們的交通是不會這樣的擁擠的，因爲在美國或在歐洲之任何一個大都市，假若人口和車輛的比例，和我們一樣的話，交通是絕不會擁擠的。

但在本市，特別是中區和中區附近，在辦公時間前後的交通都是擁擠不堪，所以我們只能想到本市的交通擁擠定有其他原因，據我們研究這些原因，實在多年前早已存在，要加消除，是可能引起經濟上的大問題的，其實這種擁擠的存在，就足以證明我們的運輸系統有了毛病，我們分析本市交通擁擠的原因有下列數種：

一、駕駛人技術之不良及不守規則。

二、道路系統之不善與交叉點設計之惡劣。

三、各種車輛速度之差異。

四、土地使用計劃之不妥。

現在分別來加討論

（一）在馬路上駕駛人恣口謾罵和路人吵架的事情，實在太多了，現在一般人都公認爲誰能在上海開車就能在世界上任何一處開車，有許多外國人在本國內都是開車的好手，但在上海卻只得自甘藏拙。交通的擁擠，無疑地至少有一部分是屬於駕駛人的技術不良和不守規則所致，至於軍用車，人力車，三輪車的駕駛人之不守規則，那更隨地可見，故速度降低和發生意外，乃爲當然的結果。

（二）一般歐美城市的道路系統，本來是爲着車馬的交通而設計，但本市的道路系統卻以更原始的交通工具爲對象，目前中區內尚有很多街道寬度，祇能容納人力車輛的通過，更談不到馬車或其他較大的車輛了，中區內的南京路北京路和四川路等，雖都曾局部放寬，但我們惟一的幹路中正路，還是近年的產品，而這一條由洋涇浜填塞而成的惟一幹路，反是本市最壞的交通路綫之一，原因是在於它路綫之盤曲和交叉點太多，乃至無法管制，以前放寬的道路，到現在大都失却效用了，因爲這都是隨意和局部的放寬，結果留下了很多的「瓶頸」，特別是在道路的首尾部份，而一條路綫的容量，是絕對不能通過它最狹的部份的，何況一條路而有好幾個這樣的障礙，但中區交通擁擠的原因，尚不止此，實際上現在道路系統排列之不當，乃爲大部原因，整個中區現在只有八個出口，這八個出口，當然是要容納所有其他道路的交通容量的，東面的黃浦江，既成了我們的天然屏障，因此中區的交通，也只能向其他三方面發展

第一圖　中區道路出入口現狀

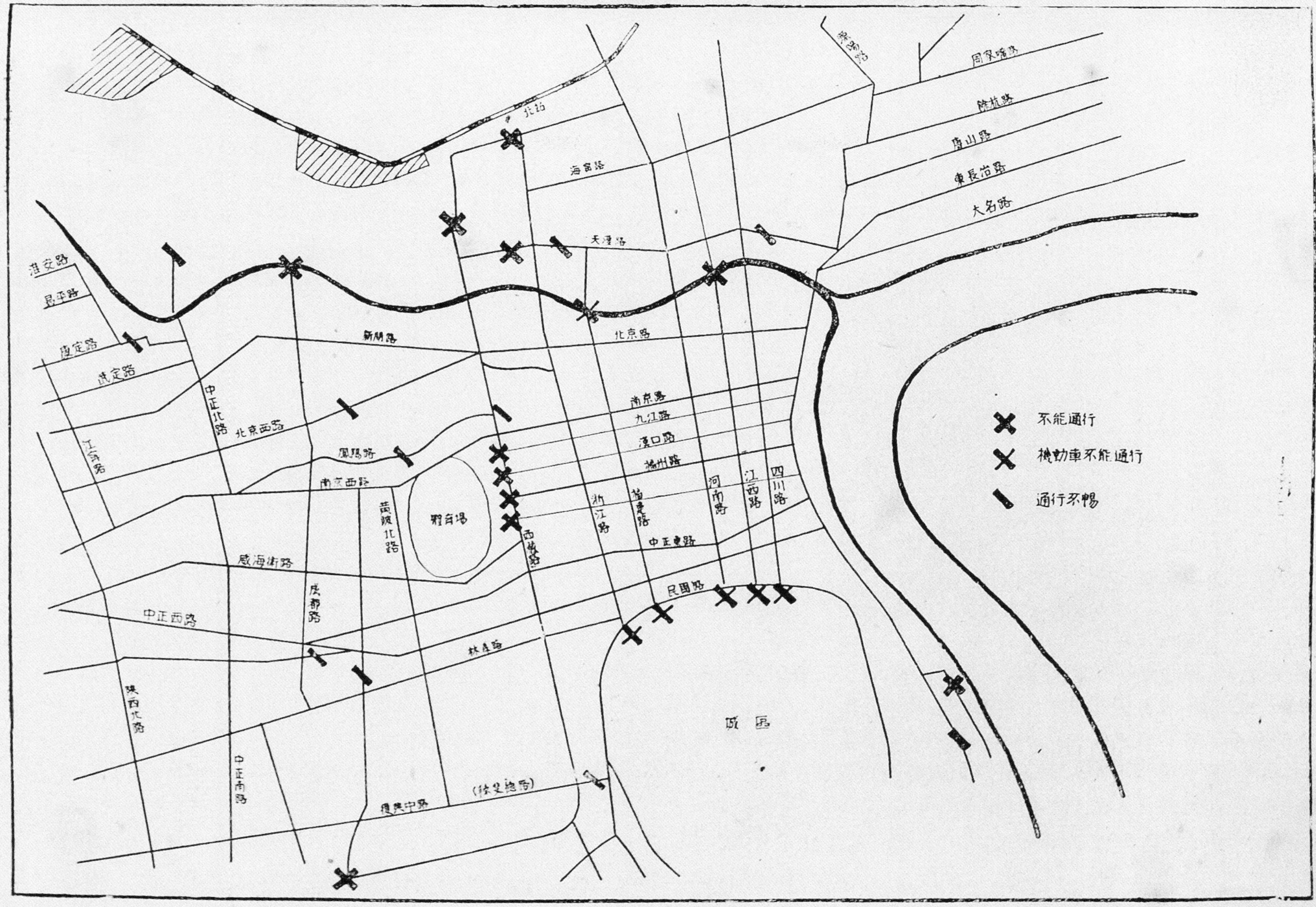

，在西藏路的西面，是跑馬廳，把九江路、漢口路、福州路阻塞住，而廣東路之西段，又過於狹窄，不能負起交通道路的責任；向西面的出路，是我們最重要的出路，一共只有四條，那就是中正路、威海衛路、南京路和北京路，可是它們的性能，都非常有限，譬如北京路全路上，就有很多狹隘的段落，因此北京路的交通，老是擁擠不堪，我們最壞的出路，是南方的出路，實際上所有間於西藏路和外灘一段中的南北向路綫，到達了中正路後，大都受阻於各種建築物，河南路雖能繼續通過，但寬度太狹，而且到南市，便再也不能前進了，南市道路的布置，亦是南面交通的一個大障礙，結果就是在中區那二十來條現有的道路當中，祇有八條可以通到隣近區域，當然這種情形巳經夠壞了，可是尚不足產生目前中區交通擁擠的主要原因，而是來自所有工業區碼頭及倉庫區的大量客貨運輸必須通過中區所致。

目前的中區道路系統交叉點之太多，也是道路排置時的主要錯誤，交通的障礙，大多是由於車輛的被迫與其他車輛混合或橫過其他車輛的車道，或駛離交通主流而發生困難所致，交通的流通，乃不斷受阻停頓。有效的交通管制，是要將這些困難情形，儘量減少，如要從根本方面，求得一個答案，這不祇顧到目前，還要顧到將來可能增加的大量交通要求。

上面曾說過，本市祇有機動車輛二萬二千輛，其他的車輛卻遠較此數爲多，這種現象是在外國同樣大小的都市所沒有的，經常行駛於本市道路上的二十五萬輛機動車（包括公共汽車、電車、無軌電車在內）在全數內不到十分之一，其餘十分之九以上是用人力行駛，倘若按照車輛的速度來分類，可得到十二種速度不同及交通性能各異的車輛，可是這還不能算是我們的交通動態的眞相，因爲即使同屬一類的汽車人力車三輪車脚踏車或其他車輛，也不會經常按着各個應有速度來行駛的，實際上在本市道路的行車道上我們要至少可以假定有十八種不同速度的車輛，這種速度的差異，當然是要由整個交通系統來吸收，吸收得慢，就會發生擁擠，快了又會發生意外的。

影響交通方向和容量的因素，除了道路本身之外，還有現行的土地使用方法和區劃法規。一個建築物的高度平均到達了八層而土地使用到達了十分之八九的商業區，它的交通量比較一個只有單幢房屋，而人口密度很低的住宅單位，自然要大得多，這是顯而易見的事實。

同時關於各種土地使用區域的相對關係，對於道路的大小進出道路的限制，和直通幹路的方向，都有着莫大影響，但到目前爲止，可惜我們還不曾注意到它的重要性，結果目前來往港口設備的交通，還是都要從中區通過。

目前從虬江碼頭以至南市一帶的沿江碼頭設備，後面只有一條沿楊樹浦路百老匯路，而至外灘的平行路綫，在沿外灘的一段，同時又是堤岸碼頭停車場，內河及沿海輪船貨物的起卸地點，海關檢查所，及旅客行李上落的站頭，此外尚有兩個電車站和兩個公共汽車站，連同所有港口及工業區的運輸都在這裏經過，這種情形，擁擠的情形就不問可知了，就目前的狀況說來，所有本市的主要工業地區的來往交通或工業地區與港口及鐵路終站的交通，都得經過中區，這裏所謂上海的主要工業地區共有六處之多。

一、在楊樹浦一帶與碼頭倉庫混合。

二、匯山區的北面。

三、新閘路以北沿蘇州河大轉灣部份。

四、前法租界的南部。

五、南市的南面邊緣。

六、滬西一帶與住宅區混合，如愚園路、凱旋路、安和寺路等處。

因爲工業地區港口設備和鉄路終站各處的交通是一個都市最主要的交通動脈，所以根據上文，我們能說，目前全市大部份的交通，均須通過中區，從蘇州河至南市也得穿重往來於中區及滬西一部分的交通。

因爲本市大部份的工業規模，都不很大，這些小型工業，大都利用人力車三輪車塌車，甚至於用人工扛抬，作運輸原料和貨物的工具，這種運輸複雜情形，實在是我們交通困難主要原因之一，因此交通的擁擠，意外事件的發生，乃爲不可避免的結果，美國每年有十二萬人死於車輪之下，本市的交通肇禍事件，最近亦有增加的趨勢，雖然我們目前的交通量還不能和美國相比，可是因爲車輛種類複雜和其他地方交通的特殊情形，意外事件之會繼續增加，實屬毫無疑問的了。

第一表

各月份失事交通次數表

卅五年

月份	次數
正月	516
二月	438
三月	561
四月	554
五月	615
六月	665
七月	679
八月	671
九月	526
十月	647
十一月	629
十二月	682
總計	7,183

卅六年

月份	次數
正月	617
二月	570
三月	652
四月	602

第　二　表

公用局車輛登記表(卅六年四月二十二日)

甲　機動車

類　別	數　量
軍用汽車	2,091
軍用卡車	1,956
軍用摩托車	105
自備汽車	8,173
自備卡車	3,259
出租汽車	1,010
出租卡車	2,790
摩托自行車	2,443
吉普車	1,161
領有試車照會汽車	202
領有試車照會摩托自行車	18
小　計	23,208

乙　公共車輛

類　別	
市公共汽車	128
法商公共汽車	32
法商電車	90
法商無軌電車	32
英商電車	194
英商無軌電車	79
小　計	555

甲乙兩項合計……23,763輛

丙　非機動車

類　別	數　量
自備包車	6,286
自備三輪	5,201
自備馬車	17
營業馬車	63
營業黃包車	15,618
營業三輪車	9,715
送貨車	7,378
脚踏車	149,557
膠輪塌車	10,175
鉄輪塌車	15,602
馬拖塌車	15
獨輪車	711
改裝單位三輪車	4,925
糞車	2,142
小　計	226,236

第三表

肇事車輛類別表（民國三十五年）

1. 車輛類別	2. 肇事次數	3. 死 人	4. 傷 人	5.財產損失估計
自備車輛	2,026	29	478	
卡車	1,476	71	481	
電車	1,460	21	187	
三輪車	1,055	6	366	
脚踏車	1,004	24	556	
黄包車	611	2	230	
軍車	2,029	66	572	
塌車	424	3	192	
公共汽車	376	1	83	
出租汽車	125	4	80	
無軌電車	192	1	36	
摩托自行車	153	2	111	
火車	1	5	38	
其他	119	2	81	
總 計	7,183	237	3,491	

第二、項因有關車輛各自報告關係 實際上較 7,183 次爲少

第三、四兩項則爲實數

資料均由上海市警察局交通組所供給

一、新道路系統的計劃

從上文可以知本市交通性質的特殊情形，不能全部用管理的方法可能解決改善的，因此雖在目前汽車的數量尙不太多時候，已經發生交通擁擠的情形了，過去都市計劃家，對於這種交通擁擠的弊病，都用加寬現有道路的辦法來補救，但現在大家都公認加寬道路的功效很是有限，而且只能救濟一時，並不是澈底的辦法，從歐美各國的經驗，用加寬道路來增加交通量，往往不能達到預期的效果，在本市這種情形，一定更爲顯著普遍。道路加寬將使兩旁房屋的門面重行建築，而使許多產業受到損失，本市近年來最重要的道路放寬，可算是南京路在西藏路與馬霍路當中一段，但到現在，已經失去效用，因爲增加的寬度，都給停放車輛佔去餘下的行車道，只能在每方向通過一行汽車，這種加寬，不特無益，而且有害，因爲道路加寬之後，行人橫越道路的時候，走上一段廣闊而没有保障的距離，容易發生危險，同時增加較小車輛互相撞撞的機會。

用放寬的辦法來處理交通負荷過重的道路的最大缺點，還是由於它的費用浩大，而所得結果，在交通容量及速度方面，幾乎都等於零，充其量也不過是細微的改善而已。所以根要本除去這種錯覺，和這種認爲可以利用局部放寬道路的辦法而增加交通容量及速度的心理。本會建議兩種新型的道路，來根本解決交通問題，這兩種道路，是有着不可分離的關係的，它們的應用，不特可使交通的速度超過目前的標準，同時又能夠增加交通的容量，比較單單放寬道路的辦法，高出多倍，實爲目前乃至於在五十年內的交通之惟一有效，而最合乎經濟的辦法，這兩種新型的道路就是：

一、直通幹路或簡稱幹路。

二、次幹路。

這兩種幹路的設計，以增加交通的容量和速率爲目的，所以只能應用爲市民集體運輸貨物運輸和私人汽車之用，關於高速度市民集體運輸的工具，可用公共汽車或市鎮鐵路，動力可採用柴油或電力，這種新幹路又有下列各種功能：

一、在寬度較小和維持費用較低情形之下，一股的運輸功能較同等或寬度較大之普通路爲高。

二、購地築路費用可能比較一般加寬道路的費用爲低。

三、能經常保持原設計的交通容量。

四、能使交通速度增加意外減少，又因各危險部位之消除，而達最高之安全程度。

五、能將各主要起迄點之交通加以組織吸收。

本市以地下水位太高，低層幹路之建築費，及經常維持費均嫌過高，爲解決交點問題，高架幹路，似爲惟一經濟的辦法。這個幹路系統可能完全不受緩行交通的影響，而使各種車輛以最經濟的速度行駛。

幹路上的市內鐵路和汽車道，完全隔離，市內鐵路擬用雙軌，汽車道則以每方向雙車道爲限，幹路的總寬度除交叉點及進出路旁外

第二圖　中區計劃道路

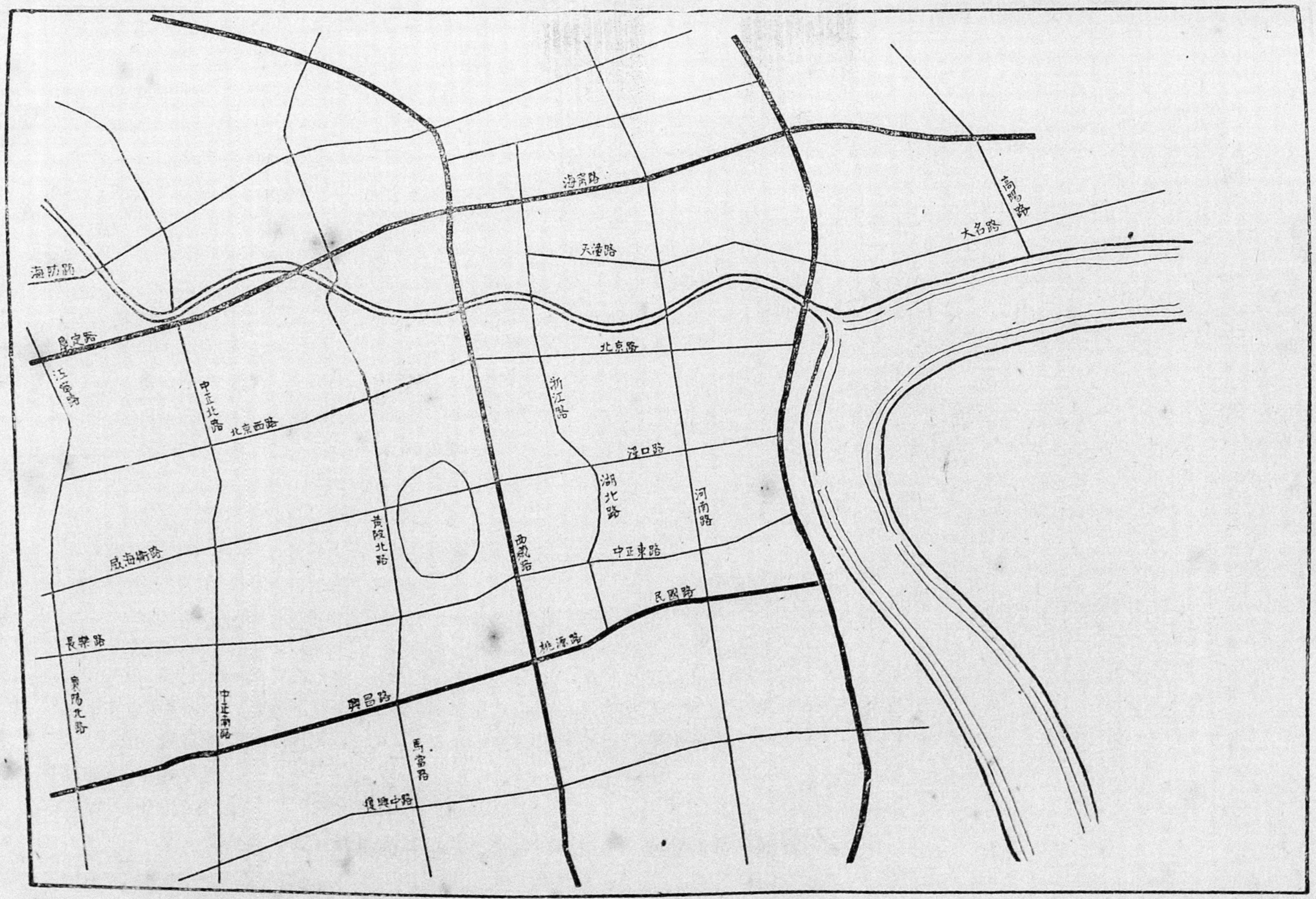
海防路
江寧路
中正北路
北京西路
威海衛路
長樂路
襄陽北路
中正南路
黃陂北路
馬當路
復興中路
西藏路
浙江路
湖北路
中正東路
北京路
漢口路
河南路
天潼路
海寧路
大名路
高陽路
民國路

大約為二十三公尺。

建議之直通幹路：

一、由吳淞港起點經虬江碼頭、楊樹浦、北站、而至北新涇區。

二、由前法租界外灘起點，經南市環龍路、復興路、虹橋路、而達青浦。

三、由吳淞為起點經江灣、虹口、外灘、南市、南站、龍華、而達新橋、塘灣、閔行各地區。

四、由肇嘉浜起點經善鐘路、普陀路、而達蘊藻浜。

五、由南站起點，經西藏路北站而至大場。

六、繞越路綫

（甲）由吳淞港經中山路而達新橋。

（乙）由吳淞港及蘊藻浜經大場、北新涇及新橋區之外圍而達閔行。

所有直達路綫之設計均以下開各點為根據：

一、使全市主要交通的流動均由直達幹路系統吸收。

二、使各新市區與中區之交通迅速便利，而中區同時又可作為客貨轉運的中心。

三、使中區內現有擁擠不堪之商業區得以減除過境交通之通過。

這一個直達幹路系統之設計用意，在吸收公共運輸和工業貨運，不像一般美國城市的道路系統，是專為私人汽車通過市區增加速度而設，我們的私人汽車究屬有限，且我們預計將來也不會達到美國的情形，專為它們來修路，似乎並不合理。

現再將各條幹路的功能分別如下說明：

吳淞虹橋直通幹路的作用，是為將中區主要工業地與港口和鉄路貨站連繫；肇嘉浜蘊藻浜直通幹路，為將南面的煤運及糧運港與蘊藻浜和普陀區的工業地連繫；至於吳淞閔行直通幹路可將南面工業地區，與吳淞港口啣接；南市青浦直通幹路，為上海至太湖區域之林蔭大道，沿途繞越各工業地區。林蔭大道本為市民遊樂而設，貨運及貨車均不許通過。全部直達幹路系統，在中區內互相啣接，以便各區間客貨的轉運，在建成區內此種幹路，均為高架構造，且與市鎮鉄路系統配合，而成集體運輸之主要工具，長途汽車交通，在可能範圍之內，都可利用這個幹路系統的道路。

建成區內幹路是高架的構造，所以不致與其他道路平交進出，幹道均用匝道連接，藉與輔助幹路系統聯絡。

這種道路設備和改進，可使車輛行駛的安全性達到最高程度，即車輛速率在每小時九十至一百公里之高速行駛，也不致於發生危險，幹路與幹路或與市鎮鉄路的交點，也是採用立體式結構分隔的。

二、次幹路系統

上面所建議的幹路系統目的，是把大上海各新市區和現在的核心與整個區域內的道路交通聯繫起來，而輔助幹路則爲市區內的主要交通道路。次幹路的功能，是獨立的，祇在幾個主要點上得以通達幹路，所以次幹路與幹路在功用上是完全不同的。

車輛在次幹路上行駛，較幹路車輛行駛的距離較短，速率較低，幹路上只准行駛機動車輛，其餘的車輛和行人的交通，則由次幹道來負担，我國工業目前尚未臻發達期間，小型的工廠和作場以至陸路運輸之人力車輛，都在無法禁止之列，爲增加次幹路交通的速率起見，應規定機動車中的公共汽車、私人汽車、貨車和其他低速率的車的行駛路綫，並在某種地區還要劃定脚踏車的行車道，而且規定在高速行車道上，不得任意停車，公共汽車亦須在指定地點停車，次幹路系統的設計是以下面各點爲目標：

（一）將機動車與非機動車分隔藉以增加交通的効能和容量。

（二）選擇修築有限數量的新路綫比大量放寬原有道路爲經濟。

（三）維持設計的交通容量必要時可以增加改良。

（四）能使交通運輸速度較一般放寬的道路爲高，因此使行駛之便利，使駕駛人易於遵守規章，從而減少車輛肇事的可能。

（五）配合土地使用計劃，成爲各個中級單位的分界綫。

次幹路的交點，在市內車輛繁密的區域，都用環形廣場，私人汽車的停靠和與其他地點的聯繫，只准在慢車道，或聯繫路上行走，各區的次要支路，只能接至聯繫路，所有快車路綫，是限制入口，而且應有特別引進道設計，否則只能在環形廣場，或其他交叉點通過。全部次幹路系統，成爲一個柵形的交通網，在中區內，雖然大多是方形，但到新市區就分爲幾種形狀了，中區和新市區的次幹路，就是各區內中級單位的界綫，此種設計，實有避免過境交通通過的效用。

三、地方道路

有了幹路和次幹路，其餘的道路重要性就可減低，而爲地方路地方性交通的起迄點，旣在組成中級單位內的各個小單位，內所以並不需要很寬的道路，在住宅區內每方向有三公尺寬的車道，已經足够應用，商業和商店區內則需要四車道。

四、停車場及客貨終站

交通的本質，並不限於行動的車輛，因此交通問題，無論屬於航運鉄路或道路，都不能只以增加應用工具的數量或容量來解决的，交通綫內的停車終站問題，實與整個交通的暢通有密切的關係，許多時間上的損失，都是虛耗在不良的停車終站上，照我們傳統的觀念，道路往往同時是行車道和停車站，可是在汽車應用日趨重要的國家內，已經特設有公路或道路停車站，本市內似乎還沒有人注意到這點，反而利用主要交通的道路來作公共汽車或電車停站的趨勢。本市自光復以來，外灘一帶增加不少電車和公共汽車的終站，在抗戰以前却沒有這種現象，所以一般而論，目前本市的道路，不獨是作爲車輛行駛之用，而且兼作車輛停放地點，沿道路各處都可作爲人貨起卸站，甚至作爲工作地點，有許多汽車行或小型工廠，都利用公家的道路作爲堆放材料或工作場所，這種情形，對於交通，當然很有阻礙，而以較爲繁忙的道路，爲甚如威海衛路北京路和北京西路上都是如此。

所以我們要規定，在所有直通幹路上，不許停車上落或停放車輛，連次幹道上也不許停放車輛，祇可在連繫路上或行車邊道上停車上落，甚至於地方路上狹小的段落，也不許停放車輛，因此我們便得在全市各地特別是中區的商業和商店地帶佈置適當的停車場所，或停車設備。中區各主要道路，則絕對禁止停車，以免減低道路運載的容量，假如能夠切實執行這路外停車的規定，中區內很多道路都可不用加寬，由此可見這個辦法實在是最經濟和最易施行來解決交通擁擠問題的辦法了。道路的加寬，要有多年的時間，纔可以完成，但利用新型多層式的汽車庫來輔助路外停車的推行，則是一件輕而易舉的工作，估計最多不過兩年便可以完成，這種辦法之解決停車問題的價值，是比較有永久性的，而道路的加寬，只是頭痛醫頭的辦法，因爲數年之後，加寬的道路又嫌太狹了，所以在中區車輛停放的問題，可有兩種解決的辦法，一爲設停車場，一爲建築新式巨型多層式的停車庫，這兩種設備的地點，都要事先研究，作適當的分配，中區一帶空地很少，現在的空地又多已另有別用，市府對於此項重要設備，似應即予計劃辦理。

從中區地價而論，露天停車場的設備，實太不經濟，因爲每輛汽車所佔的停放面積，平均約合三十一平方公尺，照最近的統計，每日停放中區的車輛，約有四千輛之多，假使要推行路外停車的規定，我們便得準備好一二四，〇〇〇平方公尺的地位，合二〇七市畝的面積，就地價計算起來，實在是很大的數字，倘若採用車庫的辦法，以八層高度計算，則每輛汽車所佔的地及面積，可以減爲四．五平方公尺，只合露天車場需要七分之一，由地價所省下的費用，可以用到建築費上，所以並不困難。此外，當然要顧到在這四千輛汽車之外，還有十倍以上的人力車和三輪車等等，每日在辦公時間內集中中區一帶，它們的停放地點，也得要有相當準備，但如將來公共交通設備改進，以後這些車輛自然大加減少，而工業發達，汽車的應用至少也會把他們一部份淘汰掉。

在各種會議上常常有人建議應該在建築法規內規定中區各項建築，須有自備停車場所，本會認爲這種辦法，不能無限制的普遍施行，因爲它會引起構造上的各項問題，對於小型的商店增加了很大的經濟負担，似乎並不十分合理，停車場所的管理及經常費用都很大，惟有採用多層式的車庫，容量在四百輛至六百輛之間，方能符合經濟原則。

從有組織之交通觀點看來，這種車庫，應視爲私人汽車的站頭，而這些站頭，有計劃的佈置，對於中區的交通管理將有良好的影響。

第一、可避免道路因放車輛而發生的擁擠。

第二、每日與中區交通車輛方向實數，均應有準確紀錄，對於目前和將來道路容量的設計能予極大幫助。

根據以上面的觀察，多層式車庫的建築，對於中區內停車問題實爲最經濟和最適宜的答案，這一點無論在土地的應用上，或管理費用上，都可以證明的，這種設備都應該由市府負責辦理，停車所收費用，以能應付投資利息，和經常維持費用爲原則，當然對於較大的辦公建築或旅館商店等，都可以鼓勵他們自備顧客停車地位，作爲招徠營業的工具。至於經營車庫的業務，假如是有商業上的價值，利之所在，自然有人投資辦理的。

在未來的數年內，可以預測本市的汽車數量，必定增加很多，交通擁擠，和車輛停放的問題，更將日趨嚴重，市府似應把握時機，預謀解決的辦法。在上文曾經指出推行路外停車的政策，實爲解決目前交通最易施行的方案，假如能夠與車庫建築分頭進行，則收效之速，指日可待。在住宅區內因爲人口密度較低，停車問題當不致於發生困難。至於多層式的公寓建築，自應責令自備停車地位，供住客及來賓之用。小型住宅要有車房設備，但住宅區內之各鄰里單位則應有公共小停車場的設備，而任意隨地停車的習慣，必須絕對加以禁止，交通情形，才能有改善的希望。

第四章　港埠

由於上海地位的重要，及其逐漸發展的關係，已成爲我國最佳之商港，自從一八六五年起，上海港口的業務，已逐漸的開展，在七十年之內（一九六五年至一九三三年），船泊噸位從二百萬噸增加到三千九百萬噸，可見國內外的船舶運輸業務和商業在這期間差不多增加到二十倍之多（見一九三六年上海市濬浦局報告一內統計圖），自一九三七年九一八事變後，本市亦受重大影響，噸位銳減，苟在此次戰後，即急起直追，因戰事所受的破壞損失，在短期間內，即可修復布置完竣，圖中自一九一四年至一九一八年及一九二五年至一九二七年雖短期間內，暫有貿易額下降之處，但是整個貿易的趨勢，是向上繁榮的，例如自一九一八年至一九二四年之間貿易噸位增至一千六百萬噸，故除去一九二八年至一九三三年間普遍的不景氣外，如在正常商業狀態中，進出口貿易的增加，至一九五零年當可達到每年四千五百萬至五千萬噸的數字。一九二六年至一九三三年間船隻進入上海港口者，在一千五百萬至一千九百萬噸之間。（一九三一年建最高點）在一九三五年爲一七，〇一三，四〇二噸。

一九三五年實際船舶進出上海港口的數目列如下表：

歸入「一般規定」者計：

海洋船及沿海船	一〇，六八四
內河船	四，〇三二
帆船（西式）	六三二
汽船	一，一三八
小計	一六，四八六艘

歸入「內河汽艇航行規則」者計：

汽船	三〇，八四八
民船	七七，四二〇
小計	一〇八，二六八艘
總計	一二四，七五四艘

約計平均每日三四〇艘。

上海雖然有這樣多的輪船進出，可是港口設備方面，卻沒有多大改進和值得特別提出討論的地方，而就戰前和目前的設備情形而論，可以說是對於整個國家的經濟發展，有相當的阻礙，本市內的種種交通問題，與港口的如何佈置關係最大，所以在總圖內，建議在港口方面應有一種新的佈置和更動，即是一種新的設施和佈置。

我國沿海各處雖有很多的地方能夠和內地通達，可是上海區域，在各方面的便利而論，却比其它各地更具備最優良卓越的條件，我國沿海各處，關於地理、地質、氣候和築港的可能性，都得詳細研究。東北沿海一帶，比較有其優點，惟無內陸之聯絡，可是在該處一帶的港口，將無法供應華中一帶，而且和長江流域各地的距離，將較取道沿海運輸爲遠。鴨綠江以南的港口如牛莊、營口、雖稱爲國際商港，可是却有冬令結冰的阻礙，自此以下，北方祇有秦皇島港口，冬令無結冰之患，但是北方沿海各省如河北、山東、江蘇和浙江以北諸港，在地質上來說，都是冲積區域，沙洲滿佈，船舶進入困難，在此種情形，所有港口航道，祇能通過沙洲隨河道而行，例如牛莊之在遼河，大沽天津之在海河，上海之在長江，及杭州之在杭州灣，均係如此；此外航道并須經常疏濬挖導，使達到一定深度，俾海洋船或沿海船得以航行。我國南方海岸，大部爲花崗岩層，祇能停泊較小船隻，爲海軍或地方性和省方貿易之用，可是多數經常爲颶風和高潮所襲擊，例如上海附近最高潮爲五英尺，而沿廈門福州間最高潮竟達十六英尺之多。

在上海築港，雖然並不是一個最適宜的地點，可是一般而論，却是我國沿海岸平均最好的一個地點，可能爲主要的港埠，其優點如下：

（一）和內地交通最爲經濟，並且合乎自然的條件，因爲有廣大之腹地面積。

（二）終年暢通無冰結之患。

（三）維持養護費用較小（濬挖等用）。

（四）潮水漲落之差較小。

（五）無南方沿岸颶風之弊。

此種天然的特徵加以近代技術的應用，補足各種設施缺陷，則無疑可使上海港口成爲我國沿海最適宜的港口地位。

國父曾主張我國在北方、南方、中部、沿海應建築三個大港，這個計劃，如果完成，對於整個國民經濟，當極爲有利，而且可以分散各區的運輸，使工業交通和人口有普遍的分布，但這個計劃的實現，頗有極大的阻力，因爲各個大港，大部要靠鐵路來運輸，大量貨物的運輸，却不能夠和沿海和內河的航運來競爭，如果要實現這個計劃，必定要另行設計，修築大量運河，由港口以聯絡各處，正如德國之運河通流滿佈歐洲中部各處，所以爲整個利益計，應提早發展沿海中部各個可能發達的港埠，以減少及避免將來各種困難。

上海港口的開始發展，是在外灘一帶，初時祇偶有帆船停靠，在一八五零年前後，這種辦法，尚爲適當，可是這種發展，却形成一個極嚴重的錯誤，因爲起初這種碼頭，祇沿黃浦江外灘一帶，後來却發展到對江浦東去了，這種成因，是由於浦東的地價較低，而一般上海的工價，又極廉的緣故，可是低廉的人工，却阻礙了利用新式機械作裝卸貨物的工具。

由於本市商場屬於投機不穩定的性質，搬運伕人工的低廉，和過去主持者之無明智及領導能力等種種原因，除了在吳淞龍華兩處由鐵路自設的碼頭外，其他所有的碼頭，都沒有鐵路來啣接，結果一切上下貨物，都用人工，連最普通簡單的運輸工具如駁船卡車等，都沒法採用，回想一九三一年三千八百萬噸的貿易數字，沒有鐵路的轉運，居然能夠應付過去，不能不歎爲奇蹟。一九三七年以前上海港口，可以說差不多沒有一切裝卸的機械設備，而已有的，却在戰時為敵人搬去，所以目前一些設備，都蕩然無存了，公用局和濬浦局尚沒有關於這一方面設備的統計。

可是在戰前的設備，也是少得可憐，現在且將一九三六年的設備列表如下：

港口總噸數	一七，〇一三，四〇二
大起重機	六
固定鶴頭機	九
移動鶴頭機	二七
浮動鶴頭機	二十
駁船	一〇
運煤棧	一
運粮棧	

試和鹿脫丹港口的設備比較一下，他們有港口噸位二千五百萬噸，却採用三百個鶴頭機和八十五個浮動鶴頭機，又如開灤煤礦公司在上海有送煤機一座，鹿脫丹却有三十個以上的送煤機，和其它各種新式專門運卸礦物木材與類廢鉄的特種機械。

上表所列上海港口的機械設備，並且不是全部作為港口貨物裝卸之用的，例如能供裝卸貨物的十噸鶴頭機，僅招商局的一座，其餘的浮動鶴頭機，則為建築公司或濬浦局所有，戰後這種情形更形困難，因為祇有很少的機械可資利用，而人力工資又大為增加，所以在目前全國最重要港口—上海—沒有鐵路和機械設備來運輸大量物資，而談全國的工業化，豈非奢望？上海可以說是世界上最落伍的港口了，這可以說是因為它過去的歷史和政治的背景，而有此畸形的發展，世界各大工業港口配備的設施，是以對外貿易為鵠的，可是上海却是一個傾銷外洋商貨的港口而已，外商運送外貨來華和華商合作圖利，其目的大部屬於投機性的，這和世界其它大港之目的為商業交換物資，迅速易貨的情形完全不同。

所以在本質上來說，上海並沒有一個眞正的港口，祇是大部份中外商人自行建造有數的幾個老式的互不相關的內河碼頭而已。結果因為整個商業是投機性的關係，大家都投資於倉庫，却對碼頭的設備不顧及了。

我們又要提到上海交通擁擠的一個最大原因，就是因為黃浦江兩岸都滿佈着倉庫，當初這種碼頭倉庫的佈置，根本沒有想到運輸道路之是否適當，以及其它交通之能否配合，我們知道世界其他大港的倉棧庫房都是集中在港口一隅的，而本市則城中區分佈的倉庫，在商業中心區，蘇州河虹口楊樹浦過去之法租界和南市一帶，甚至在滬西一帶亦有倉棧的存在，可見全市碼頭倉庫間無計劃的佈置，貨物往返運輸，祇有增加全市擁擠的現象。

浦東沿岸的倉棧，亦係增加市內交通擁擠的主因，因為對江的貨物，全部都得運回這邊，增加不必要的運輸耗費，且使江面河道交通來往阻礙。

上海港口更有一大缺點，卽是吃水比較深的輪船，祗能在黃浦江口停泊，無法駛入，裝卸貨物，全靠潛水艇接駁，費時耗工，莫此爲甚。

比較差強人意的，還是上海港口的疏濬和修船的工作，濬浦局擁有相當數量新式的機械配備，經常濬挖，以維持最大吃水二十呎的深度，所以如果工作照常進行，則不難回復戰前規定的航道深度標準。

所以歸納目前港口一般缺點情形約略如下：

（一）岸線利用的錯誤

（二）碼頭不足和無新式裝卸設備

（三）倉庫地點之散亂和不適當

（四）無各種運輸上的配合（無公路鐵路之聯絡）

如果上海要名符其實的成爲我國主要港口的話，如果尙沒有水道知公路系統聯絡，則必定要計劃設計這一類的水道和公路，以資溝通。

一、建議之上海港埠

首先應說明的，就是一般人認爲港口不過是大河口的一點的觀念，已經是陳舊之見了，近代各方面的發展，已使港埠成爲一個廣大的區域了，區域中包括不少的港口，互相在功能上，有配合關連的作用，而得裝卸儲運各項業務集中分散之利。

這種集中分散港埠的辦法，在我國工業發展的時期，實爲必要這，可以從歐洲的Dntch Port Region和North German Port Region以及南美洲的 La Plata Port Region 可見其一般。

上海港埠的計劃問題，雖屬於地方性，可是它的功能和效率，却影響全部長江流域的經濟狀態，所以這個問題還得要有全國和區域性的計劃來決定。

從上海港口起船隻，可以通達外埠，和其他的口岸，黃浦江口亦可停船隻，但船隻吃水在二十呎以上深度的航道，則須經常濬挖，在浦東半島的北面東面和東南角外尖，全部爲沙洲滿佈，至多能容小漁船駛入，祗有西南部較深，可停泊船隻，例如乍浦則靠岸有七十呎的水深，本會認此爲全區中卸運客運貨運最佳的航運終點。

現代都市計劃的設計原則，都採用分散辦法，以減少大量房屋交通的集中，解決上海區港口的問題，似乎應當把港口設備，分佈在區域間的乍浦和吳淞，特種港則設在南站附近，以運送煤斤，其他各港，則如在總圖及區域圖中所示，所在總圖初稿中曾經建議在閔行乍浦之間開一條長約二十英里的運河藉水道以貫通聯絡吳淞以及其他各個大小特種港。

總圖二稿，亦係根據初稿的同一區域圖而規劃，同時亦假定將來有運河連接至乍浦各部份屬於大上海市區範圍以內的，比較有詳細的建議，而對於將來之如何發展則幷無任何成見。

總圖二稿建議的港口：

（一）吳淞附近及沿蘊藻浜

（二）江灣及龍華之間

（三）閔行附近

（四）高橋區之油港

上述的港口，當可以接替過去黃浦江兩岸的倉棧，主要的港口，應設在吳淞附近，以為海洋船隻接連之中心，利用新式機械設備，減少裝卸貨物接駁的時間至最低限度，而直接減低運輸費用。

擬築在吳淞附近的港口，在不久將成為內河沿岸及外埠船隻運輸之用，據估計可容納每年四千萬噸貨物的轉運，包括船隻及船隻和鐵路公路間的轉運，但如超過這個噸位限度，則多餘的噸位，將不停泊於這個港口，而由乍浦及其他港口來容納，這些港口，是本會深信不久就可能與建的。

至於所擬定在吳淞附近之位置，無疑是可以避免現在上海港口所有的缺點，所以這個港口地位的選擇，配合鄰近各區妥善計劃，使大量車輛集中運輸，而不致使鄰近之工業區住宅區之交通擁塞，這港口是為一般貨物之用來設計，然而小量的設備，亦可運用專門的技術來管理大量的貨物，例如高橋的油港，和在龍華的煤斤港，及木材港，還有在南市工廠區附近的一個港口，專為裝卸穀物之用。

上述所有港口設施，除現有的河道聯繫以外，還有主要鐵路及公路的聯繫，此種良好的存儲貨物的設備，固定的及浮動的起重機運貨機及其他節省時力的設備等等，凡可節省轉運費用及時間的工具，都在必備之列。

目前上海港口缺點中最壞一點，是不能容納重噸位的裝載汽油或煤斤的船隻，這些船，祗好到門司或香港去卸貨，但在計劃中港口的設施，應該可以負起這個任務。

二、漁業港

上海歷來是一個漁業中心，十六浦的老魚市場，和楊樹浦的新魚市場，都是漁船聚集的地方。

各漁船利用人力風力推動，行動上不免遲緩，在揚子江及黃浦江中，糜費時間不少，如改用機械化漁隊（用輪船或柴油船附帶拖船），漁港亦必須有另一種設置，用機械裝備的漁船，漁港中的掉轉時期必須縮至最短，方能收到充份效能，所以在浦東半島海岸，設置漁港比較現在浦江內設備好得多，此外機械裝備的捕魚艦隊，因有廣大的供應區，大量供給內地需要，故需有冷藏設備裝置之水上及鐵路運輸設備，所以如應用機械裝備漁船其他的條件，也必須具備。

本會建議在金山附設漁港，以供給長江三角洲，且供應整個長江流域的需要，因為可以利用這裏所有接聯乍浦港的一切交通設備，漁港中不特有各種運輸裝置，並且將有充份的冷藏設備，以保藏過剩季節期的魚鮮。

中央已覺得漁業機械化設計的重要，爲着將來的可能發展，所以建議設立一個重要性超出上海區域的漁港。

總圖二稿建議一個比較近期的漁港，接近吳淞港區，這個漁港位在現有設備的下游，漁船掉轉期可以縮短，而有張華浜鐵路的運輸便利，在整個區域建設未完成以前，這個漁港實居首要的地位。

三、浦東設置碼頭問題

本會接到很多關於浦東設港的建議，可是經過詳細審愼的考慮，我們認爲這些建議，一方面未必經濟，一方面則有加重建成區擁擠的危險，所以特別在此提出討論。

現代化的需要港口，必須有充分的機械，設備，港口和鐵路公路等交通工具，一定要有直接的連繫的路線，如果在浦東設港，一定要賴橋樑隧道，以與浦西聯繫，沿浦江上建築橋樑隧道，祇能建造有限幾座。而和浦東港口的交通勢必集中在這有限的幾點，同時浦東各處聚積的交通，亦勢必集中到這有數的幾個橋樑隧道的入口，渡江之後，又要穿過建成區，這在現代計劃中，可以說違反了每一個原則。

如果造橋的話，橋面需要高出高水位一九〇英呎，公路用百分之三的坡度，要六千三百呎的引橋長度，鐵路則需四萬八千呎的引橋，這種龐大的障礙物，將成上海市永久的遺憾。

隧道亦有過份集中交通的弊病，而在出入口，亦要很長的引道。黃浦江下作隧道，至少要在作水面八十呎以下，如果用百分之三的坡度的話，則引道長度需要二千七百呎，浦西方面，實無入口的適當地點，如果隧道築在外灘江底出口，勢必要設在鬧市中心，港口所帶來的大量交通，都導入中區，中區交通問題，亦無從設法解決了。

這個問題，本會設計組會同各個國外技術團體研究討論，而所得的意見，大致相同，一律主張避免橋樑隧道的修築。

浦東設港之後，一切發展，都要另趨一個方向，在本計劃中，浦東佔了很重要的地位，因爲供應上的近便市區所需要的大量牛乳鷄蛋菜蔬，以及其他易壞食物必須賴浦東的供應。

建議的浦東住宅區，約可有七十萬人，和浦西的交通，並不需要橋樑隧道來聯接，行人及汽車用輪船載渡，足可應付，假定七十萬人口中，只有百分之四十工作（主婦除外），而祇有三分之二的工作人到浦西工作的話，則每日渡江工作的人，不過十八萬人現在的輪渡民渡每日已能載客四萬餘人，省去橋樑隧道可以節省一大筆市政支出，同時可以避免交通的集中。

橋樑隧道不僅會有集中交通的作用，而且能增加實際的「車里」交通量，因爲渡口的交通，必須先繞道引道的入口，既不經濟又加重擁擠。

活動橋亦有缺點，浦東設港渡江，交通諒必增加，活動橋無法應付，對於一般交通不能連續通過，亦時有不便，而交通數量復不能多，且有集中交通的弊病，對於水上交通亦時常阻礙，但如果多築隧道，費用浩大，少築則一般渡江旅客仍可就用輪渡過江，比較便利，因爲不需繞道引道入口通過也。

目前的浦東，除沿江數段之外，全部是農業地，在大都市附近，保持些鄉村發展，於都市於鄉村是兩蒙其益的，農業地帶，不僅能夠供應市區所需要的新鮮食物，並且能夠阻止都市的過份膨脹，而農村因爲接近都市，亦可以得到低價的供電，及其他便利，生活水準可以提高。

浦東住宅區，非但能夠襄助中區人口的疏散，同時亦可以疏散中區的交通。

總之一般人認爲造橋越江，浦東一帶便能同外灘一樣的繁榮，外灘過去的畸形的發展，已經鑄成大錯，成爲今日都市計劃中最大的難題，怎麽能爲了少數人的利益，而使浦東再陷外灘的覆轍呢？

四、吳淞計劃港區

時常聽到說黃浦江兩岸，應當儘量利用，到了不敷用的時候，再考慮吳淞築港的問題，在目下戰後國家經濟枯竭的時期，這種說法，不但動聽，並且覺得非常合理，可是影響所及，亦許不是將來任何數量的金錢所能矯正補償的，因爲上海港口的地位，不僅能夠影響全區域交通系統的佈置，並且足以影響到整個城市發展的型態，沿河的碼頭，如果再發展下去，不僅加重市內交通的擁擠，並且將來道路系統，亦將發展到另外一個定型，很多建築物亦無法適應新港口的需要，所以在戰後百廢待舉的時期，應當把握住這個時機，立刻集中力量，發展吳淞的新港區，對於陳腐的沿河發展，只好作過渡時期的應用，但不應再作無謂的投資，糜費公帑，增加後患。

還有一種主張說，現在沿浦碼頭有十公里長，倘使經過整理及裝置機械設備，亦足可應付將來所有的船隻和裝卸噸位，這個建議亦有很多的流弊，第一提高沿岸碼頭，勢必建築環形鐵路，這條沿江的鐵路，將來阻礙全市的發展，遺患無窮，在另一方面，這許多的碼頭是代表無數的私人利益，散處在數十公里的江岸，在效能上管理上來說，都成了極嚴重的問題。

濬浦局每年最大的支出，是用在疏浚長江口及黃浦江的航道以及沿江的碼頭，以保持航道的深度，及沿江碼頭的使用。

本計劃建議將上海港口設備集中在幾個固定地點，則可不再用沿江駁岸碼頭及江心浮筒，以停泊船隻了，吳淞附近在低潮時，江面寬度約爲二千呎，上游的江面寬度，則並不一律，可是二十呎深的航道，大都有一千多呎的寬度，浦江內航道，在淺灘處，經常能保持二十六呎之水深，江面寬約四百呎（參閱浚浦局1936年報告），如其吳淞港區計劃實行後，黃浦江航行吳淞至乍浦沿江各碼頭的船隻，如有寬約五六百呎深二十八呎的航道，即可以應付，如此則將來浦江航道養護問題，與現在迥乎不同，過去一直需要維持相當寬的深水航道，（包括浮筒停泊地位沿江碼頭等），將來只須維持一個較窄的航道，過去四十年內浚浦局（包括其前身）治理浦江航道，非常成功，浦江航道改窄，可以同時裁灣取直，將來淤積減少，疏浚工作自可減輕。

將來浦江兩岸，可以拓闢新土地，這對於計劃的實現，當有不少補益，中區尤可收到最大的效果。

浦江改窄，還可以收到其他的效果，工程起始時，水位當然加高，但是航道亦可以自然加深，將來無須疏浚，自能找到新的平衡，以上海區域全部是沖積土層的關係，我們覺得一定有把握，而從浦江含沙量之高，同潮水影響的範圍來看浦江改窄工程，利用導堤同丁字堤來完成，應屬輕而易舉之事。

此項工程，必須與通達乍浦的運河同時進行，工程開始時，浦江水位增高，護岸堤之建造不能避免，但是同時鑿通乍浦的運河，則有宣洩浦江水流的作用，浦江接連新運河地方之上游，另有一條水道接通二個河道，這樣可以減少以前治河所遭遇到的淤積問題。

同時浦江改窄，更可以將河道改直，用一條直線接通董家渡至第五段，這在浦西方面，可以增加八·五平方公里的土地，較商業中心區大兩倍。

第五章　其他交通系統

一、地方性水道交通系統

我國很多地方，可以利用無數的小河道，作爲區域性或地方性的貨物運輸，上海地區，過去一向如此，在鐵路公路空運發達的今日，仍要賴水道作大量的貨運，因爲我國中部南部河道特別多，所以各城市間，及地方性的運輸系統，亦與歐美不同。世界中和上海大小的都市，都有蛛網形的鐵路及公路系統，由緊密的幅射綫及環綫系統，織成交通系統（例如神戶、大阪、東京、橫濱區、紐約、倫敦、巴黎而尤以柏林及莫斯科爲最）。

上海在這一方面的需要，是有限度的，據全世界的經驗，如果時間的因素不是主要條件的話，貨物運輸，尤其是大件貨物，用水運比鐵路爲經濟。我國自古就有這樣一個天然的水運系統，不過這些水道，必須經常整理，而目前更需採用較高標準去整理，以應付將來的需要。過去數十年中，上海區域中道的河，並沒有受到了充分的注意。當然，上海將來更需要一個較好的鐵路系統，及更好的公路網，可是工業化地區中，優良水道，更是不可忽視的，應利用這天然賦與的水道系統，而不必像第一次大戰後的德國一樣化了龐大的代價來興造。

上海內河運輸，一向佔了很重要的地位，一九三五年上海進出口海洋船隻計二八，一六七，二六六噸，內河船隻進出口量計五，六三三，七六五噸，有七七，二四〇隻民船，同時港內有一百噸至六百噸駁船三百艘，六十噸以下小貨船二萬九千艘，行駛於區域內水道系統，有各種原料及製成品，要能得到低廉的運輸工具，才能談到新工業地區的發展。

在這第二次大戰中，又證明了內河水道的重要性。美國過去在一九一六年以前，內河水道運輸，因爲鐵路的競爭，受到了強烈的打擊，而且爲人忽略，但在第一次美國參戰後一月中，自紐約至底特羅區，所有鐵路幹綫全部阻塞，要化費了幾個星期方能全部清理，幸而當時即採用水運去補救，才解除了運輸上混亂的狀態，所以第二大戰開始時，美國當局立刻管制所有內河航道，軍用物資盡量利用水運，避免鐵路和公路擁擠。

改進內河水運，應將所有人力搖划船隻改爲可載六百噸左右的平底船，用汽船拖拽，一面將航道的改進，維持裁灣取直，加強兩岸土堤，以減少淤積低水位下六呎的深度，俾得常年使用。

本會擬俟得有更充份的調查材料後，根據下列原則作更進一步的研究：

一、新工業區內所有重要河道，應作貨運之用，一面可將工業原料燃料等運送至各工業地帶，一面可將製成品半成品等運至各運輸總站。

二、爲區域交通而用之河浜，必須加寬，並加整理，使六百噸平底船用自己動力，或拖船動力，通行無阻，少數河浜應有這樣的整理（參閱第一表），而所得經濟的價值，將遠超過所需整理的費用。

三、所有不能作區域或地方性工業運輸之用，又不能利用作農田水利或下水功用的河浜，應當一律塡塞。

四、農業地帶中能供下水用途的河浜，必需整理塡塞，無用河浜，可以增進環境衞生，減少蚊虫，和飲用不清潔水的危險。

第一表——工業農業運輸用河應予整理者（下水用河流另行研究）。

（一）蘇州河（二）蘊藻浜（三）小來港　竹岡（四）横瀝（五）六磊塘（六）俞塘　潘家浜（七）春申塘
（八）漕河涇（九）蒲匯塘（十）澳　塘（十一）西游浦　趙浦（十二）沙涇港（十三）虬　江（十四）楊樹浦
（十五）沙　浦（十六）沙　港（十七）瞿瓳河（十八）楊家浜（十九）高橋浜（二十）中汾涇（廿一）洋　涇
（廿二）楊思港（廿三）三林塘（廿四）周浦塘（廿五）鶴波塘（廿六）鹹　塘（廿七）大將浦（廿八）馬家浜
（廿九）漕　達（三十）白蓮涇。

二、鐵路貨運

近年來美國鐵路和公路在運輸上的競爭，至爲劇烈，曾經有一個時期，鐵路運輸量，大爲減少，但公路運輸卻有蒸蒸日上的趨勢，於是有許多專家們，認爲鐵路的時代已成過去了，在國內也有人主張用新式的公路來代替鐵路運輸，下面的一張表是美國近年運輸方法變遷的情形。

可是在最近十五年內，美國鐵路運輸事業，又重新逐漸抬頭，這表示着長途運輸，仍以鐵路爲經濟合算，而鐵路本身在技術上的進步已將業務增加不少。

鐵路運輸的最大缺點是遲慢，而遲慢的原因，是在於各終點站的設備不良和管理不善，因此普通運輸時間總和84%，是化在站上，祇有16%的時間，是在路上行走，另外一個原因，是鄰近貨物來源和目的地的疏散站之缺少，貨物集中幾個總站，造成擁擠現象，我們要避免歐美都市如倫敦紐約所犯的錯誤，就應該針對這種情形，預爲準備，因爲國家之工業化的結果，在未來的五十年內，我們鐵路的發展乃是必然的結果。

（一）新路綫

但鐵路的發展，只能以區域範圍爲對象，希望讀者能參閱初稿報告內，關於區域鐵路發展的意見。

目前大上海區域內，僅有京滬和滬杭兩鐵路綫，因此不能產生能與歐美各國同等的經濟效果，我們爲應付將來交通發達的需要，認爲必須配合全部交通流動的趨勢，來設計一個有機性的鐵路網，總圖內所增加各條重要直達綫，就是以此目標爲根據，使本區的經濟發展和生產事業，更得平均分配，我們在計劃內，特別規定由水運終點站至內地的路綫，使繞越現在市區中心，例如吳淞至蘇州，乍浦至杭州，及乍浦至蘇州各綫，這種新路綫，都採用雙軌道，使運輸容量增加，此外另一新綫，由吳淞經常熟江陰而達鎮江，本市和附近區域所需之米糧肉類和農產品，都可由各綫供應，浦東的鐵路系統，我們也加以延長，經由南大團奉賢進而接連乍浦金山衞松江的新線，浦東的另一新線爲由上南鐵路的三林作起點，與黃浦江及新運河平行至拓林附近，接連南匯奉賢的新線。

在本市市區內，我們建議再加修鐵路新線數條，作爲發展各個新市區單位的工具：

一、從吳淞經蘊藻浜至南翔接連京滬線。

二、從北站經虹橋至青浦接連乍浦蘇州線。

三、從南站經浦南閔行至松江接連滬杭線。

（二）車站

都市計劃中鐵路車站的位置，是最難於解決的一個問題，貨站和調車場，依其功能來說，是應該疏散的，但以市區空地的缺乏，不大容易辦到，因此貨物進出，要經較遠的運輸距離，損失實難估計，我們計劃在每一個市鎮單位或衛星市鎮內，都設有貨運站，面積照每十五萬人二十公頃計算，所有貨站與地方和區域間的交通線，都應有適當聯繫，每一個市區單位，設一調車站，其位置都放在工業地區的旁邊，以便利將來各工廠添築岔道，在吳淞和乍浦兩個主要港埠的附近，設置貨運大站，以迅速轉運貨物，特種碼頭如龍華之運煤碼頭，也設有較大貨站來處理這種笨重貨物，此外我們認爲尚需設置主要的貨運終點站兩處，一在目前京滬線之南翔，一在滬杭線之松江，我們又計劃在崑山設一貨車總場，以便集中編配調度所有貨車，惟經由杭州的除外。

（三）市鎮鐵路——高速運輸綫系統

市鎮鐵路系統，是專爲地方上及區域間之客運而設（而直達幹道系統在吸收公共運輸和工業貨運已如前述），機械動力可用柴油或電力，這個系統的設計，利用新舊遠程鐵路的一部份，實在是市內公共運輸的主體，我們整個的交通計劃缺了它，就不能實施。這個市鎮鐵路系統，共有六條幅射線，中心則圍繞着中區商業地帶，所有交叉點上，都可作爲轉運車站，此外尚有轉運車站三處，分佈在善鐘路的兩端和中山路。

市鎮鐵路路線的選擇，以能吸收全市主要的運輸總量後，以高速引至市區各處，而不致增加道路上之交通量爲目標。

設計的路線如下：

1. 從吳淞港經江灣、虬江碼頭、楊樹浦、北站、普陀而達虹橋
2. 從吳淞鎮經江灣、閘北、外灘、南市、南站、龍華機場、龍華而達松江
3. 從蘊藻浜經大場機場、普陀、善鐘路而達龍華港
4. 從北站經中山路、龍華機場、浦南、閔行而達松江
5. 從南市經外灘、環龍路、陰山路而達中山路
6. 從南翔經北站、西藏路、南站而達川沙和南匯

浦東現有兩線，可由輪渡接通至楊樹浦和南站，從這個系統各市區單位間的交通，或是和中區的交通，都得到很大的便利和速度，

一面既可作廉價的大量人口運輸，同時又可減輕主要道路的交通量，我們雖曾在土地使用的配合上，儘量減少各區人口的每日往來於工作地點，或商店地點和住宅的交通量。但因爲我們的平均家庭人口較多，平均家庭人口約爲五•五人，較大的家庭也不在少數之列，都市在工業化以後勞動人數必然增加，假定照通常佔全人口百分之六十計算，則七百萬人中勞動人數就有四百二十萬人，而每一家庭平均有三人以上是要工作的。使全家工作人口同時在所居住宅所屬的市區單位內找到工作，却不是一件容易的事情。因此便得假定全市的勞動人口至少有三分之一，是每日要到其他市區單位工作的，這個數字約一百四十萬人，再假定平均每人每日來回路程爲十五公里，則每日各市區單位間之所謂「職業」交通總量，就有二千一百萬人公里，至於往來於中區商店和各種遊樂場所的交通量尚未包括在內。

所以根據計劃中各市區單位間的交通量，每日平均應爲三千萬人公里，照這種交通的性質來說，因爲路線都在四十公里至六十公里間的長距離，不能用公共汽車或電車來解決，在國外根據歷年的經驗，公共汽車或電車，只宜於短程的交通，在倫敦平均公共汽車交通的距離爲二•七七公里，電車二•二六公里，高速運輸鐵路五•八公里，市郊鐵路十二•五公里，這種情形表示着公共汽車和電車的不適宜於遠程交通了，我們又可以看到倫敦大部的客運交通，都由高速運輸和市郊鐵路來吸收，其他都市也有同樣情形，高速運輸鐵路，目前正在發展和改善中，將來結果，一定是大有進步的，總圖的設計，既是面對整個問題來通盤籌劃，故務必盡力避免歐美各國所經驗的錯誤，卽地方交通，不因商業競爭，而致行車路線，發生重複凌亂的毛病。

本市市鎮鐵路系統因與京滬和滬杭鐵路聯合，最好由兩路管理局主持辦理，以收管理劃一的效果，地方交通系統，既以市鎮鐵路爲主體，則其餘的交通工具，如公共汽車電車等，可在市區單位之內行駛，作爲市鎮鐵路的供給線，而不負各市區單位間交通的任務。美國公路運輸和鐵路競爭的情形，似乎不會在國內重演，因爲前此公路運輸的急激發展，目前已有不良的反應，而高速運輸系統的應用漸有取而代之的趨勢了。

（四）客站

本市的主要客站在計劃內共有三處：

一、現有的北站

二、新吳淞港站

三、新南站

這些客站固然是爲着遠程交通來設計，但因爲遠程鐵路與市鎮鐵路的聯繫，爲應付將來大量的車輛和乘客的增加，似宜早作擴充的準備，以免擁擠，北站現在每日乘客往來總數爲八萬人，將來津浦及浙贛鐵路重行暢通後，人數當更大有增加，建議將來京滬線上的行車，應以吳淞港站爲起點及終點，以便水陸交通聯繫，至於杭滬綫之上的行車，因爲和寧波及浙贛兩路接通，則應以南站爲總站。除了這三個大站之外，尚有其他小站，分別沿着路線設置，其距離在外圍地帶約爲二公里，至二公里半，但接近市區時距離應予縮短。

（五）高架鐵路綫

根據以往經驗，鐵路線在市區地面通過，常常阻礙着市區的發展，我們建議將市區內各鐵路綫都造成高架路綫，使與地面交通隔離，地下鐵路當然也是解决這問題的一種辦法，但以造價和經常維持費用來說，實在太不經濟了，就本市地質情形而論，高架鐵路乃是惟一合理的答案。

常有人提議將鐵路搬離市區，而以眞如浦東等地爲終點站，認爲鐵路產生的煤烟，極不衞生，而且會影響到路線經過的地產的價値，實際上現代鐵路，早已發展改用電力或柴油燃料，自然的解决這個問題了。

（六）鐵路的現代化

本市鐵路之全部電氣化，恐怕需費過鉅，不是一時可能舉辦起來，在目前的經濟狀況之下，採用柴油機頭，似乎較爲適宜，據美國行車的經驗，認爲柴油機頭，對於直通貨運，較蒸汽機頭爲合算，同時又證實柴油機頭，頗適用於停車次數較多的路線上，現在新式的柴油機頭，或柴油電力機頭，在設計上日有進步，就宅工作性能上的表現，似不能認爲對於隣近產業發生很壞的影響。

三、飛機場

本市的飛機場目前共有四處：

一、龍華機場—現已擴大爲民航專用機場

二、江灣機場—現爲軍用及民航合用機場

三、大場機場—完全軍用機場

四、虹橋機場—軍用訓練機場

關於機場問題，在初稿報告書內，已有論及，現在不必重複提起，從各方面研究的結果，建議在上開四個機場之中，保留兩個作爲國際標準的機場，以便飛機可日夜降落，並嚴格限制附近建築高度，以保證飛行的安全。

一、龍華機場：在現時擴充範圍之外，更予擴大，以便最大飛機必要時的降落，本機場專爲國內空運之用，故與高速運輸系統聯繫，使客貨交通迅速到達市內各處。

二、大場機場：將擴充範圍改向南面發展，這個機場，定爲國際航線中心與港口鐵路及公路密切聯繫，面積可容跑道多條，長度由一萬尺至一萬二千尺不等，機場四週，只容住宅區之存在，且須保持相當距離。

至江灣及虹橋兩機場，擬不予保留，以免機場離建成區過近或致危及市民生命，特別是天氣惡劣的時侯，且此兩個機場的存在，將會影響到虹橋江灣吳淞虬江碼頭各新市區單位的發展，軍用機場，最好移出市區範圍之外，無論從軍事上或地方的發展上來看，都有很大的理由。

中華民國三十七年十月

上海市建成區暫行區劃計劃說明

上海市閘北西區重建計劃說明

上海市都市計劃委員會祕書處印

上海市建成區暫行區劃計劃說明

為發展上海市之經濟建設，改善市民之生活，健全社會之組織，促使交通便捷，本市都市計劃總圖二稿所提示者乃一理想而與實際配合之方案，而整個計劃中之最重要部份，即為建成區（在二稿計劃中將原有中區範圍擴充），此區為將來上海之市中心，固不僅本市之行政經濟中心，交通之樞紐，且為全國經濟之中心，故對此首要之區，自應有一改進之計劃。

但目前此區內居民之生活水準，遠低於現代社會應有之衛生標準，房屋居民之情況，尤屬嚴重，幾大部為陋巷式之貧民窟，擁擠程度，超越世界任何城市之上。本市所擬訂之「建成區暫行區劃計劃」，即求整個都市計劃初步之過渡時期中，以區劃方法，謀市民生活環境之改進。

一、人口密度過高

中區建成地域面積約為五六·七平方公里，人口共三，一八六，七六六人（民政局三十六年人口統計），平均密度每平方公里五六，二〇四人，（即每公頃五六二人），此為一總密度，蓋其總面積中尚包括碼頭、倉庫、工廠、工場、鐵路、辦公廳、行政機關、學校，及其他非居住之處所在內，若將此項建築物及場地之面積（約七平方公里）除去，則實餘五〇平方公里，（尚未除去道路面積）平均密度即合每公頃六四〇人，如與世界其他大都市之平均人口密度列表比較（第一表），即可見本市為世界各大都市中居住情形最惡劣者，且其人口之分佈又極不均勻，雖有數處較此數為低，有數處竟超出此數數倍之多，如老閘區內約為每公頃一，五〇〇人南市有數保人口在每公頃三，〇〇〇左右，覩乎柏林最貧陋之處亦僅每公頃六七二人，倫敦八八九人，紐約一，一一二人，而本市有不少區域每公頃自一，〇〇〇人至三，〇〇〇人（見圖南市區），其總平均密度即與柏林之陋巷相等，根據倫敦新都市計劃人口密度將減低至每公頃三三五人，相形之下，本市人口密度擁擠之程度，可謂已達極點，且因如此高密度之人口，又無現代運輸設備以供人民工作、社交、遊樂等各種必要行旅之需，交通之擁擠阻塞自亦為必然之結果。

第一表　世界各大城市之人口平均總密度

	平均總密度（人數/公頃）	最劣地區（人數/公頃）
紐約市	九六·三	一，一一二
曼哈頓（住宅區）	三三〇·九	四六六·八
芝加哥	六六·二	

柏林	二四三	六七二
倫敦（市中心）	五九六	八八九・二
上海	六四〇	四一三・〇

二、混合使用

本市除交通阻塞及高密度人口擁擠缺點外，最重要者，即過去本市各部份土地之使用毫無計劃。市內各區，同時為居住、商業、工廠及倉庫混合使用，結果使工作及居住環境，更形惡劣，交通情形愈趨混亂，同時減低若干良好地段之地產價值。

建成中區，包括面積八七・六〇平方公里，其中五六・七〇平方公里，為現在已成之城市區，其餘三〇・九平方公里，至今仍為農耕土地，間有少數棚戶及疏落之村莊而已。居住人口，尚不足十萬人，此三分之一之空曠土地，作為城市發展之用，如規劃適當自可以平衡土地之使用比例，並容納一部份中區現有之過剩人口。設人口能向此空曠地區疏散，則總平均密度即可減低，然不幸過去土地混合使用病根之深，幾使建成區本身難自求一平衡之區劃，據我人詳細計算建成區之合理人口，祇可供應約二百七十萬人之居住面積（詳見下文），其餘人口，仍須求諸建成區以外之面積以容納之。故本市之問題，亦即建成區之問題，不在土地之不足，而在土地使用之不當，不得不謀建成區以外之發展以糾正之。

三、目前商業區——房屋過高

黃浦及老閘兩區之商業區，因地產價格較高，戰前即有爭建高樓大廈之趨勢，此種趨勢，實緣於過去深受英美街巷制度之影響，然房屋高度之增加，不論其為居住或辦公之建築，道路運密必與之比例增加，故房屋高度，應受附近道路運量及通路多少所限制，戰前租界當局對此未能有合理之管制，於是更加深中區交通擁擠之嚴重性。

四、公用設備之缺乏

工業用地必須有良好之道路及交通工具以供原料成品及人工之運輸，自來水及電力之供應，以利製造，現中區以外，此各種公用設備均付缺如，使大小工業不得不設立於中區內，而又復零星散處各區，工業生產者，固無時不感受運輸交通之延滯，缺乏廣地以為擴充，水電供應之不足等困難，直接影響生產成本，間接增加消費者之負担，甚而至於民族工業之發展，亦同受阻礙，故區劃計劃之原則，實攸關本市各階層市民之福利。

五、區劃計劃

欲改善上述各種紊亂情形，理論上不外兩種方法即（一）區劃計劃，（二）整個交通計劃，此二者對於都市之發展，各有其切關係，而又必同時並進，本會之總圖二稿報告書中已詳論及之。

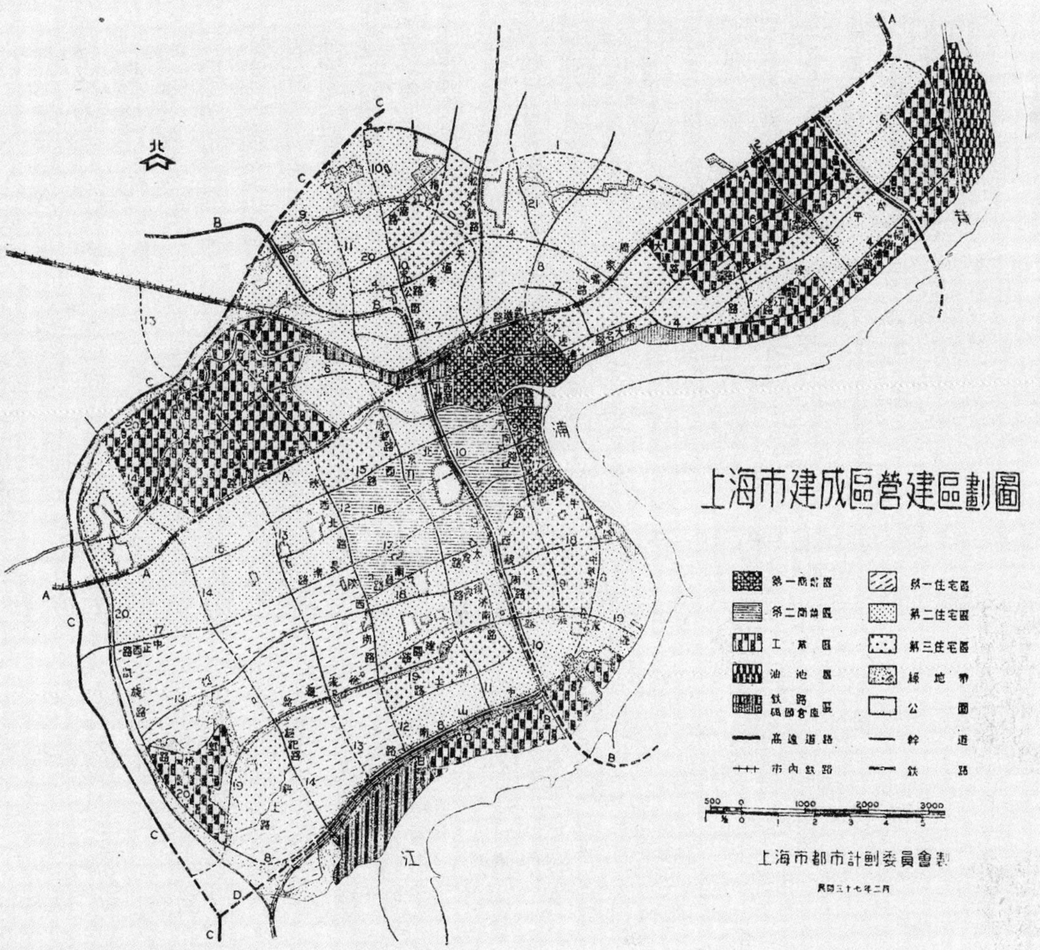

區劃計劃又可從密度區劃，性質區劃，高度區劃三方面入手，庶收互相輔助之效。所謂密度區劃，普通卽規定每公頃可建築若干房屋單位及居住若干住戶，並限制其人口移動等；性質區劃爲區劃計劃之最重要者，其目的在規定各地段土地之獨立用途，如居住、工業、商業、遊憩等，均不得互相混雜。住宅區中應不准設立任何工廠，反之工廠區中亦不應有居住之房屋，其他各區，亦復相同，理想之性質區劃，不惟應根據目前之使用狀況及地產價格，復應研究各區使用土地面積比例之大小、位置，及在該市交通系統中之地位而設計，成一最適當之佈置，至於高度區劃，係在各區計劃內就其不同之使用性質規定建築物之大小高度，使不致有礙居住及工作之條件，或阻礙交通之暢流爲原則。

六、交通問題及區劃

區劃計劃旣規定城市土地之使用方法，整個交通計劃務必相與之配合而行，蓋區劃性質之不同，各區需要其特殊運輸工具，如主要商業區需用電車公共汽車或汽車以載運乘客；工業區需用運貨卡車及電車；倉庫區宜利用卡車鐵路或水道運輸；住宅區內之交通路程每較工業區爲短，宜用公共汽車汽車人力車或三輪車。至於各區之遠程交通，則當以高速之市鎮鐵路為最經濟便捷。

本市人口之密集，房屋之過高，均足增加運密，已略如上述，土地之混合使用形成各式車輛，混亂行駛於大小街道，商店利用沿街地位，作為舖面，而街道附近又無停車場之設備，顧客車輛，往往停於路邊，更使街道阻塞，可謂已具備促成交通不良之一切條件。

故交通計劃，務必根據區劃計劃而設計，欲解決交通問題，非先解決整個土地之使用及如何重劃，同時疏散區內人口，並限制建築物之高度不可。此節本會將建成區暫行區劃計劃及新道路系統二案同時研究之理由。

七、暫行區劃計劃之原則

本會提出之建成區暫行區劃計劃，其範圍包括中區及楊樹浦一帶，總計面積八七・六〇平方公里，為數月來將事實審慎酌合理論之成果，其內容實偏重於性質區劃，至密度及高速區劃，則僅略舉端倪，所以如此者，一以都市計劃初步實施之時，建成區現狀事實，從不易驟使改變，必須緩循善導，始克奏功；二則全盤區劃之詳細規定，並非建成區之單獨問題，而周詳之規劃需時甚久，為求不妨礙在此期內工廠及住宅之興建，目前自急需一暫行區劃以為過渡時期行政管理之準繩，而免有損於將來整個總圖計劃之發展。

本區劃計劃之原則乃將建成區分劃為若干地區，各區有其規定之用途性質，同時復須適應本市之特殊情形。至區劃中有若干細節，因事實困難，而未能盡合乎理想者，必須再逐步加以改進推行，此實應加說明者也。

八、區劃面積（參閱區劃圖）

第二表（甲）　建成區區劃面積表

區劃性質	佔地面積（平方公里）	
第一商業區	二・七六	包括現有及計劃綠地面積四，九四平方公里
第二商業區	五・〇九	
第一住宅區	一〇・八八	
第二住宅區	三二・八四	
第三住宅區	一一・六四	
工業及碼頭區	一六・五三	
特種工業區	〇・九〇	

運輸業區	二・七六
區外綠帶	二・八一
水道	一・三九
總計	八七・六〇

第二表（乙）

工作地區	面積（平方公里）	住宅地區	面積（平方公里）	混合地區	面積（平方公里）	遊憩地區	面積（平方公里）
第一商業區	二・七六	第一住宅區	一〇・八八	第二商業區	五・〇九		
工業及碼頭區	一六・五三	第二住宅區	三二・八四	第三住宅區	一一・六四		
特種工業區	〇・九〇						
運輸業區	二・七六					綠地及綠地帶	七・七五
合計	二二・九五		四三・七二		一六・七三		七・七五
百分比	二六・三%		五〇・〇%		一九・二%		五〇・〇%

上表工作地區之面積佔建成區全面積之二六・三%，住宅地區佔五〇・〇%，就理論言，前者不免過高，後者不免過少，使土地使用比例，失去平衡，再分析計算人口之分佈，即可以證實此不平衡之事實，但仍照表列數字加以區劃者，無非受建成區既成現狀之限制，故暫行區劃計劃，乃在消極的防止繼續混亂發展之過渡辦法，而尚非一積極性之建設計劃，此必須重加說明者。

茲再分析計劃區內各地區人口之合理容量如后，以觀其不平衡之程度如何。

甲、工作地區之容量（工作人口）

（一）第一商業區　此區內之建築，以行政、公安、工程、交通、金融、貿易、法律等辦事處為主，故工作人口，應以每一員司所需平均建築面層計算，據中歐之經驗，平均每一事務員司，需用建築面層一〇平方公尺（包括走廊、電梯、盥洗室等在內），卽每公頃可容事務員司一，〇〇〇人工作，其全部工作人員如下：

本區總面積二，七六平方公里	二七六公頃
除去道路及空地（佔二五%）	六九・〇公頃
尚餘	二〇七公頃
建築淨面積（七〇%）	一四四・九公頃

平均高度六層全部建築層面積爲八六九・四公頃

可容工作人口八六九，四〇〇人

（二）工業區（包括碼頭）　上海之主要工業，爲毛棉紡織業，製烟業，機器工程及製衣工廠等，據估計目前紡織業工人每天二班，每公頃人數約一，〇〇〇人，製烟業大都爲多層建築，每公頃一班，人數卽在一，五〇〇人以上，製衣業亦略相似，各種機器工程及其他製造工業，約爲每公頃三〇〇至四〇〇人；假定將來工廠方面，在建築、光綫及換氣設備工作若干必要之改進後，以每公頃平均六〇〇人計算，則本區之工作人口應如下：

全區總面積一六，五三平方公里	一，六五三公頃
除去道路及空地（佔二〇%）	三三〇・六公頃
尚餘	一，三二二・四公頃

全部工作人口七九三，四四〇人

據社會局三十六年九月統計全部合法工廠五三三家，產業工人一三五，八六〇人：不合工廠法之小型工場一，〇六〇家，工人一四，〇四〇人，平均每廠僅工人一三人，當屬略用機器之修補工場，而不必一定設於工業區內者，故以工人人數計算，新區劃之工業區，可容納現有產業工人六倍之多，上海未來工業之擴充，自可無虞於土地之不足。

但據民政局卅六年十二月人口職業之統計工業爲七一五，二二三約爲社會局統計數字之五倍，其可能之分析如下：

市民政局統計工業人口	七一五，二二三人
任於鄉村區者	一〇九，七八九人
產業工人	一九六，〇〇〇人
小型工場	一八，〇三〇人
上海之手工藝工人	三九一，四〇四人

合　計　　七一五，二二三人

此佔本市工人最大比例之手工藝工人三一八，八三〇人卽可假定居住於三等住宅區內。

（三）特種工業區　此區專為設立產生惡臭、惡氣、囂聲及有危險性之工廠，並預留為儲藏汽油油類及其他易燃原料之用，估計每公頃工人約二〇〇人，則九〇公頃（〇・九平方公里）內，共為一八，〇〇〇人。

（四）運輸業區　此區內包括鐵路之貨運站及客運站，以及若干不在工業區內之碼頭。估計此區內至少可供工作人口每公頃三〇〇人，在二七六公頃（二・七六平方公里）之總面積內，應可容納工作人口八二，八〇〇人。

綜計上述各區受僱之工作人口如下表：

第一商業區	八六九，四〇〇人
工業區（包括碼頭）	七九三，四四〇人
特種工業	一八，〇〇〇人
運輸業區	八二，八〇〇人
總　計	一，七六三，六〇〇人

此數字並不包括在第二商業區工作之商業職員，或居住於第三住宅區之手藝工人，假定工作者大部份居住於其工作區內，故應具備相當居住設備，成為一混合地區。

乙、混合地區之容量（工作人口）

（一）第二商業區　此區為事務所、商店及住宅之混合地區。

本區總面積五・〇九平方公里　五〇九公頃

除去道路及空地面積（佔二〇%）　一〇二公頃

共計　四〇七公頃

此區內所設計之土地使用分佈情形，如第三表所列工作人口每公頃一，〇〇〇人計，則如第四表所示。

第三表　第二商業區土地使用分配表

總面積之二〇%一〇一・公頃
公有土地
道路及空地

八〇%　私有基地（共四〇七公頃）——私有空地佔四五%等於一八三・一五公頃
建築面積佔五五%等於二二三・八五公頃

一五%　事務所六一・〇五　事務所三六・六三公頃佔私有基地面積之六〇%
三五%　商店(包括工場旅館)一四二・四五公頃　商店等八五・四七公頃
五〇%　住宅二〇三・五〇　住宅一〇一・八〇公頃佔私有基地面積之五〇%

第四表　第二商業區工作人口表

	建築地面積（見上表）	層數	建築層面積（平方公尺）	可容工作人數（每人需用建築面積一〇平方公尺）
事務所	三六・六三公頃	六	二，一九七，八〇〇	二一九，七八〇人
商店工場旅館等	八五・四七	二・五	二，一三六，七五〇	二一三，六七五人
合計				四三三，四五五人

習慣上各小商店，店主店夥大部即居住於舖面樓上，故商店工作人口之半數，一〇六，八三七人可假定即住於店舖之內，而其餘半數，住於本區或他區之住宅地區。

（一）第三住宅區　此區為一混合性質之居住及工作區域，可有小商人手藝工人及小型工場之場所。區內住宅，以每家佔〇・一五畝之最小限度為標準，合每公頃一〇〇家。假定每戶七人（習慣上工人藝徒均居於工作場所，故估計之每戶人口應較上海之平均數字略高），則全區之人口為下：

本區總面積一一・六四平方公里	一，一六四公頃
除去道路及空地面積（佔三〇%）	三四九・二公頃
尚餘	八一四・八公頃
共有住戶（每公頃一〇〇家）	八一，四八〇戶
可容人口（每戶七人）	五七〇，三六〇人
其中工作人口（佔六〇%）	三四二，二一六人

（三）第一及第二住宅區　此兩區內，雖大部為居住人口，但亦有少數之工作人口，如總圖二稿所設計，將整個城市劃分為一聯串之鄰里單位，中級單位或市鎮單位，此等單位內均須設立一人民日常生活必需品之商店中心，目前上海商店數目，據社會局三十四年十二月至三十六年九月之統計，登記商號共四八，八四三家，以建成地域之三，一八六，七六六人口計算平均每六五人即有商店一家，其中雖有少數商店乃依賴上海過往旅客及本市特高之購買力而存在，但大部份為小本經營者，故其數字較其他都市之比例為高，在純粹之住宅區內商店供應範圍較平均數略高，倘平均每店供應居民二〇〇人之需，則第一及第二住宅區估計可有商店七，五〇〇家，工作人數三〇，〇〇〇人，加入商店中心內若干小型修理工場及行政機關等之工作人口七五，〇〇〇人，合估工作人數共一〇五，〇〇〇人。

建成區內之全部工作人口，由以上推算結果列如下表：

第五表　建成區可容納之工作人口

區別		工作人數	說明
工作地區	第一商業區	八六九，四〇〇	除少數之警衛人員外應在他區居住
	工業區	七九三，四〇〇	
	特種工業區	一八，〇〇〇	
	運輸業區	七五，六〇〇	
混合地區	第二商業區	四三三，四五五	其中一〇六，八三七人卽居住於工作地點。
	第三住宅區	三四二，二一六	假定全部居住於本區之內
住宅地區	第一及第二住宅區	一〇五，〇〇〇	
總計		二，六三七，一一一	

如上表所計建成區將可容納工人傭員公務員等總計二，六三七，一一一人，再據社會局統計，本市之傭用率為六二%，似此則全部人口將有四，二五三，七〇〇人，此四百餘萬人口中，除第三住宅區可自供其居住面積及第二商業區之極小部份傭員卽居住於工作地點外，其餘當由住宅地區解決其居住問題，故必須計算現在住宅地區之容量，視其能否容納如此衆多之人口。

八、住宅地居住人口之容量

（一）第一住宅區　本區包括中區西部最佳之住宅區，以及舊法租界在內，現人口密度約每公頃三百人以下，此項標準，務須保持，並設法擴展至未發展之地區。今徐家匯河以外及中山醫院附近，雖有擴展之跡象，但徐家匯一帶，商店等逐漸增加，殆有形成陋巷之趨勢，實應預為注意者也。

本區總面積一〇，八八平方公里　一，〇八八公頃

除去道路及空地面積（二五%）　二七二公頃

住宅地淨面積　八，六公頃

假定每公頃淨密度四〇〇人

全區可容人口（八一六×四〇〇人）　三二六，四〇〇人

（二）第二住宅區　本區目前除住宅以外，混有商店小型工場及其他用途之建築，故人口密度可較第一住宅區略高。

本區總面積三二•八四平方公里　三，二八四公頃

除去道路及空地面積（二〇%）　六五六・八公頃

住宅地淨面積　二六二七・二公頃

假定每公頃淨密度五五〇人

全區可容人口（二六二七・二×五五〇）　一，四四四，九六〇人

（三）第三住宅區　本區之居住標準，當更遜於前二者，區內得准設立工廠。

本區總面積一一・六四平方公里　一，一六四公頃

除去道路及空地面積（三〇%）　三四九・二公頃

住宅地淨面積　八一四・八公頃

假定每公頃淨密度七〇〇人

全區可容人口（八一四・八×七〇〇）　五七〇，三六〇人

（四）第二商業區　本區內為事務所商店及住宅之混合區，其各部土地使用之比例，可見第三表所示。本區內之住宅，在戰前已大都為四層至八層之高級公寓式房屋，假定平均以五層樓房計六〇%之建築面積，對於住宅房屋不免過高，將不能有充分之空氣與陽光，故第三表內住宅建築淨面積，乃以基地面積五〇%計算，而事務所與商店之建築面積，則為基地面積之六〇%，平均全部建築面積為私有基面之五五%，據此計算，住宅地之可容人口如下：

全部住宅基地面積　二〇三・六公頃

住宅建築面積（五〇%）　一〇一・八公頃

住宅建築層面積（平均五層樓房）　五〇九・〇公頃

設每戶佔據九〇平方公尺之建築層面積則

全區戶數（五，〇九〇，〇〇〇十九〇）　五六，五五五戶

每戶平均人口五人

全區住宅地人口（五六，五五五×五）　二八二，七七五人

再按第二節本區商業居住人口　一〇六，八三七人

合計全部可容人口　三八九，六一二人

總人口密度（三八九，六一二十五〇九）　每公頃七六五人

居住淨密度（三八九，六一二十四〇七〇）每公頃九六〇人

九、總居住面積

綜上各住宅區及第二商業區依照建成區之暫行區劃辦法（商業與居住之混合區）內所能容納之居住人口數如第三表所示就公共健康安全交通以及空氣陽光各問題而言，實已為最低限度之標準。

第六表　居住面積人口之總密度及淨密度

區域	人口數	總面積（公頃）	總密度（人·公頃）	住宅區面積（公頃）	總密度（人·公頃）
第一住宅區	三二六，四〇〇	一，〇八八	三二〇	八一六	四〇〇
第二住宅區	一，四四四，九六〇	三，二八四	四四〇	二六二七·二	五五〇
第三住宅區	五七〇，三六〇	一，一六四	四九〇	八一四·八	七〇〇
第二商業區	三八九，六一二	五〇九	七六五	四〇七·〇	九六〇
合計	二，七三一，三三二	六，〇四五		四五五·六	
平均			四五二		六〇〇

根據第五表之計算，就工作地區之面積所得之合理人口總數為四，二五三，七〇〇人，而住宅地區僅能容納二，七三一，三三二人，必須有約一百五十萬人口居住於建成區之外，即以五六·七平方公里之建成區內已有人口三，一八六，七六六人而論，亦須有四五五，四三四人（即一四%之人口）移居於八七·六〇平方分里之建成區外，始能得上述之合理密度。

十、綠地

建成區內原有隙地甚少，每千人僅佔公園面積〇·〇二公頃，為增高綠地與建築面積比例計，實行疏散人口或增闢園地，全區面積八，七六〇公頃，根據都市計劃二稿報告，參酌建成區，實際情形擬定最低綠地標準，應有綠地二，八四八·三公頃（公園系統八八二·七公頃，住宅園地一，九六五·六公頃），但於擬定實施計劃時，僅得綠地二，七四一·一二公頃，現有公園七四·六九公頃，零星保留綠地一八八·七三公頃，區內綠帶二三一·一〇公頃，區外綠帶二八一·〇〇公頃，住宅園地一，九六五·六公頃，所不敷之一〇七，一八公頃，尚得繼續規劃保留。本市建成區最低綠地標準，英美先進諸國之綠地標準，在內圍市區定為每千人一·六二公頃及外圍市，區每千人二·八三公頃，郊區可達每千人四·〇五公頃，其居住衛生已臻理想境界，本標準之公園系統包括八八二·七公頃，係參酌現況，儘量擴充與保留綠地面積，而現有公園僅七四·六九公頃，亟

得擴充，其理至明。茲以居住人口總數（工商業區，白晝人口除外，但混合居住之第二商業區人口計算在內），與各住宅區第二商業區及綠帶內所佔綠地面積計算，則公有綠地標準為每千人佔〇・三〇公頃，此固不逮英美標準遠甚，但住宅園地之一，九六五・六公頃面積，亦勉可改善居住生活之環境焉。

第七表　建成區最低綠地標準計算表

區別	面積（公頃）	公園系統（公頃）	住宅園地（公頃）	公有綠地 人口	標準 公頃/每千人
第一商業區	二七六	二七・六（一）	—	九六三，九〇〇	〇・〇三
第二商業區	五〇九	二五・五（二）	二〇三・六（七）	七八九，六一二	〇・〇七
第一住宅區	一，〇八八	一〇八・八（一）	五四四（四）	三二六，四〇〇	〇・三二
第二住宅區	三，二八四	一六四・二（二）	九八五・二（五）	一，三〇四，六〇〇	〇・一三
第三住宅區	一，一六四	一七四・六（三）	二三二・八（六）	四七七，二六〇	〇・三六
工業及碼頭區	一，六五三	八二・七（二）	—	—	—
特種工業區	九〇	四・五（二）	—	八九三，二八〇	〇・一一
運輸業區	二七六	一三・八（二）	—	—	—
綠帶	二八一	二八一	—	—	—
水道	一三九	—	—	—	—
總計	八，七六〇	八八二・七	一，九六五・六	二，四九七，八七二（八）	〇・三〇（九）

註：（一）為本區面積一〇%。
（二）為本區面積五%。
（三）為本區面積一五%。
（四）為本區面積五〇%。
（五）為本區面積三〇%。
（六）為本區面積二〇%。
（七）為本區面積四〇%，本區為商業與居住混合使用性質。

（八）為住宅區及第二商業區之人口總數。

（九）為第二商業區，住宅區及計劃中之綠帶內公有綠地標準，不包括第一商業區及工業、碼頭、運輸等區之綠地。

十一、結論

綠地面積之未達合理標準，以及住宅地區面積之不足，既如上述，易言之，即依照本區劃計劃土地使用仍失於平衡未能解決其本身之人口問題，癥結所在，完全為本市以前之工廠設置地點，過於散亂，且工人居住於工廠之內或其附近地帶，已成習慣，致各工廠所佔地位，較其實際必要者超出數倍，本會在圈劃工廠區範圍時，乃不得不顧慮現狀，暫予寬限，以利執行，而致有工廠區面積得供現有工業六倍之擴充範圍，而住宅地區僅供容納現有建成區人口八六%之矛盾現象。

然都市計劃為一久遠之工作，本區劃計劃不過未來遠大工作之肇端而已，因礙於目前困難，乃側重於本市一部份工業之擴展，而就營建方面加以限制，在人口及交通居住問題上，起一種疏導之作用，倘二稿都市計劃總圖提示之中區以外之其他市區單位，能積極規劃建設，並輔以新的交通及公用設施，自不難平衡「中區」之缺點，以容納「中區」所不能容納之人口，並貫徹工作與居住地區不相混雜之原則，逐步提高人民衛生居住之水準。

按諸上計數字，有約一百五十萬人口必須居住於建成區以外，其中六二%之受僱人口約一百萬人，每日當由他區早出暮歸，至建成區工作如何以採用現代運輸工具解決此運輸問題，乃將為交通系統計劃之主要課題。

是故本會以為積極工作，務先謀發展本市郊區建設，庶現有建成區之過剩人口得先行疏散，進而容納全部可能增加之人口，並增進本市工業之高度發展，在此建設計劃中，交通系統之計劃，自尤為當務之急。

然而國家經濟未盡恢復，地方財政無法籌措之今日，忽近圖而騖遠徒侈談而不行，不免為識者所詬病，故本會即率先從建成區着手，本區劃計劃固未能解決本市之全盤問題，要亦不失為防止本區繼續不正常發展之暫行方案，倘並此區劃計劃而不能徹底施行，則本市之紊亂，更將不知伊於何底，大上海之設計計劃更毋論矣。

此本會於提出計劃之餘，願藉此掬誠公告於全市賢達者也。

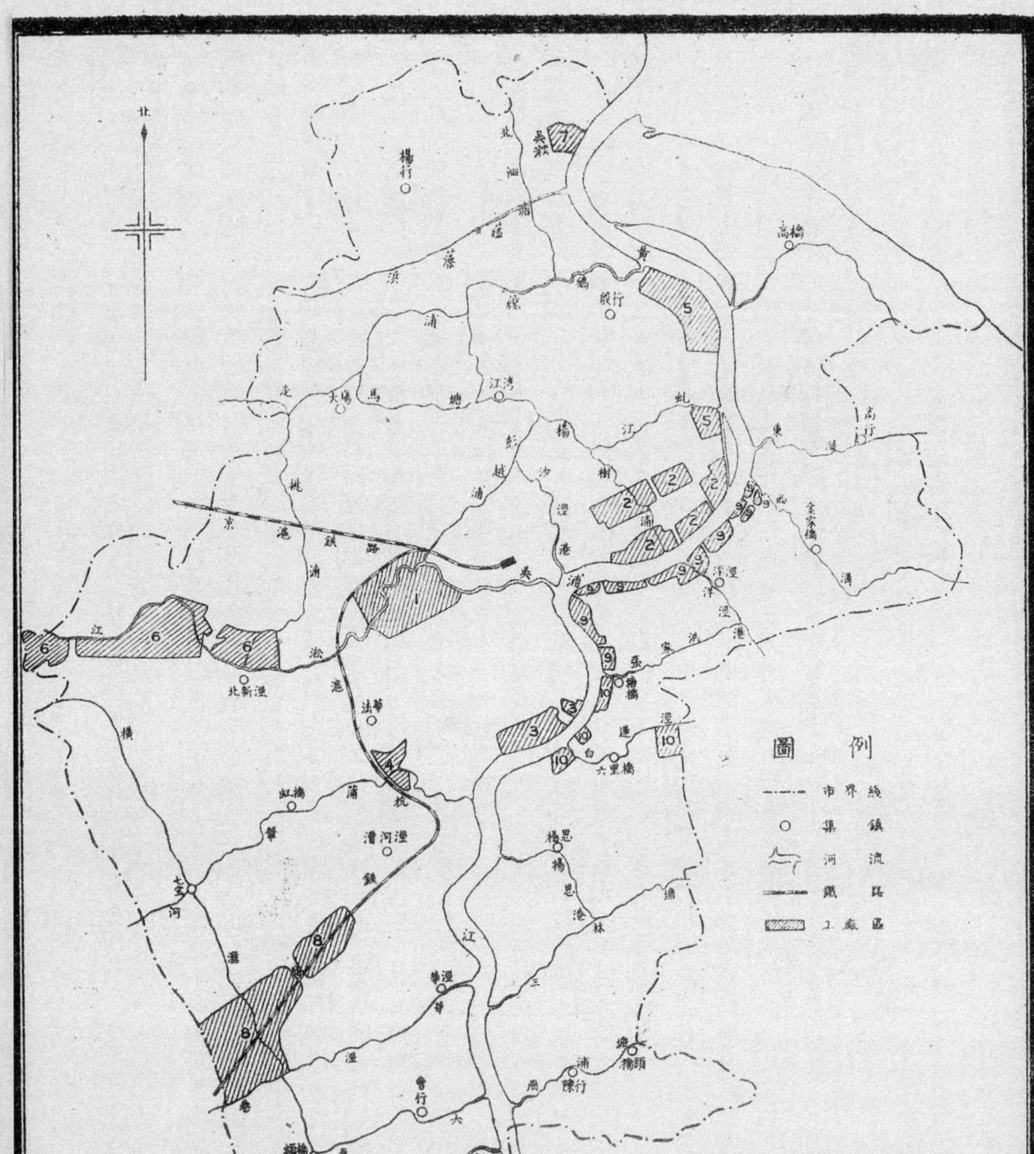
北
圖例
市界線
集鎮
河流
鐵路
工廠區
吳淞
楊行
高橋
殷行
江灣
大場
北新涇
法華
虹橋
漕河涇
七寶
六里橋
曹行
北橋
馬橋
上海市
工廠設廠地址分佈圖
上海市都市計劃委員會製
中華民國三十七年二月

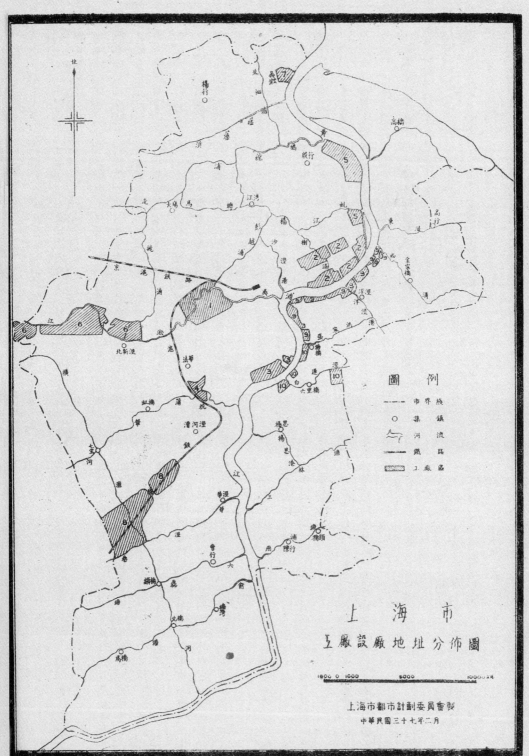

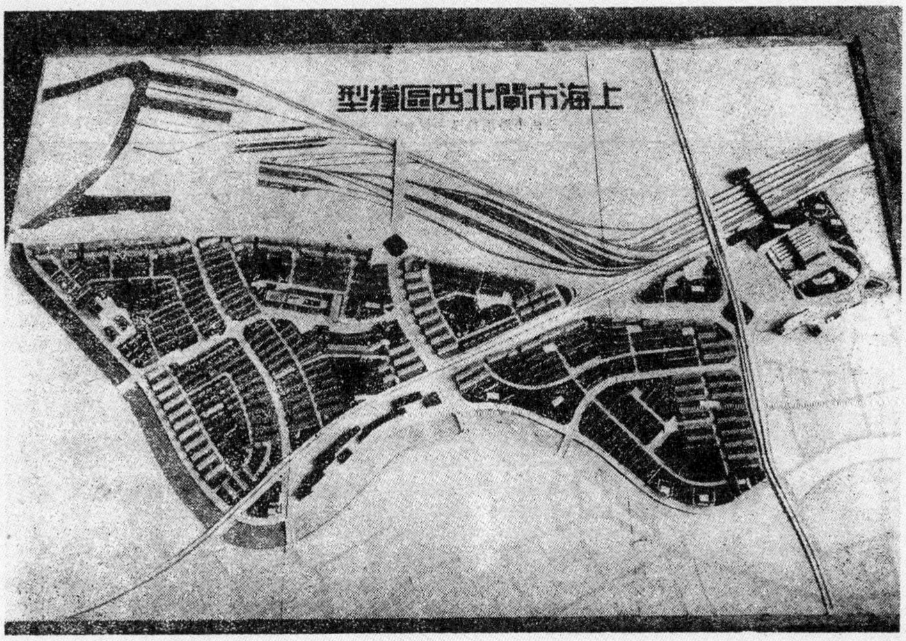

上海市閘北西區重建計劃說明

民國廿六年抗戰之始，滬濱一帶如楊樹浦、匯山、虹口等區，靡不慘遭兵禍，抗滬既定，私人建設，漸復舊觀，其中惟閘北西區，戰事結束前，仍大部為敵軍佔用，故毀圮特甚，且四行孤軍在此負隅抗敵，以完成掩護國軍撤退之光榮使命，殊勛異功，足表史册。勝利後，本會即着手進行該區重建之計劃，期成為現代化都市之型範，且以紀念此英勇戰蹟，殆有更深長之意義在焉。

一、範圍及性質　按照本會計劃所示，閘北西區之重建區域佔地凡一六八・五公頃，西南以蘇州河為界，東止於西藏北路，北迄於京滬鐵路綫，其範圍雖佔中區全部面積之極小比例，但在未來大上海建設計劃中，實居首要地位，蓋西藏北路根據本會總圖計劃擬予拓寬，成為貫通南北之高速道路，該路以東部份，業徵得京滬區鐵路管理局之同意，擬設置本市市鎮鐵路及遠程鐵路之新聯合車站，西南二方，均濱蘇州河，向為內地米業到滬儲運之處，故預期客旅車輛之運輸，將以此為全市最繁盛之區，而成為最大之轉換中心，設計中高速道路及幹道之通過區內者，乃亦特多，故該區之土地作為道路廣場及車站終點之用者，不得不較諸其他任何各區之計劃為多。

本會對於本區新道路系統設計之最經濟方法，亦曾詳加研究，過去閘北西區與北部及北火車站，幾無通道，與毗鄰之黃浦、老閘、普陀各區，亦僅存狹隘之通道。道路面積，佔全部面積之二二・五%，今設計之新道路系統，可與各方向通達無阻，道路面積將佔全部面積之二六%，易言之，不過比舊有道路增加面積三・五%，而其運輸功能，則大為改進。

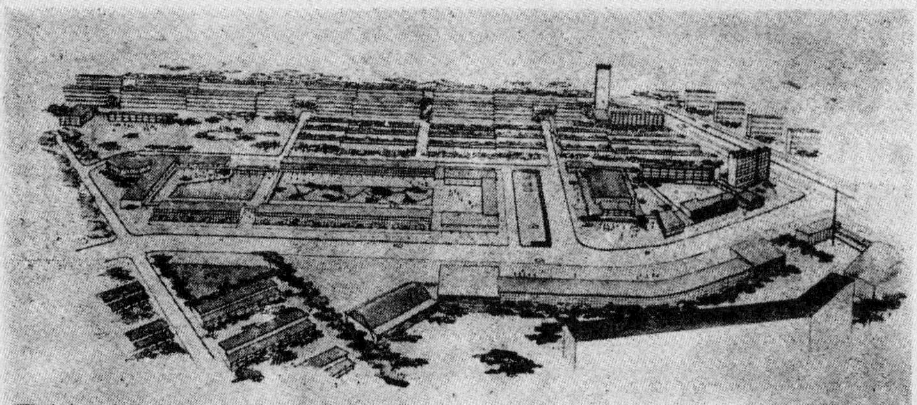

閘北西區重建計劃行政及商店中心鳥瞰圖

區內土地使用之分配，以六〇%作為住宅地區，北部鐵路及新幹道第（一）綫之間地帶，擬備作鐵路局擴充之需要，是可有利於本市商業之繁榮。此外復保留米柴兩業沿河地帶與倉庫，及原有自來水廠與其預留之擴充範圍，連道路、鐵路、廣場、車站、私人停車場等面積，合為四〇%，為使重建計劃不致增加困難計，則此四〇%之公共使用土地，必須預為留保。

土地使用之詳細分配如第一表所示：

第一表　閘北西區分區使用計劃土地使用說明

（一）範圍：

浙江北路以西，新疆路以北，西藏北路以西，蘇州河之東北，及京滬鐵路以南地區。

（二）面積：

閘北西區原有面積（包括西藏北路幹道在內）	一五〇·〇〇公頃
圈用鐵路地畝	四·〇〇公頃
浙江北路新疆路北圈用民地（計劃北站新址包括道路廣場在內）	一四·五〇公頃
閘北西區總面積（一公頃約合一五市畝）	一六八·五〇公頃

（三）土地使用：

鄰里單位七個總共	九八·八九公頃
高速道幹道鄰里單位以外地方路及廣場	二一·五〇公頃
廣場內綠面積	一·七〇公頃
保留麵粉廠（在第一鄰里單位西）	一·四八公頃
保留倉庫三個（在第七鄰里單位南）	〇·八六公頃
公用碼頭倉庫地帶（包括恆豐橋西倉庫及公共建築在內）	四·九〇公頃
保留自來水廠及其擴充範圍	三·五四公頃
北站新址（如包括道路廣場在內為一四·五公頃）	一〇·六七公頃

京滬鐵路北站客車場保留地　一〇・〇〇公頃
公共汽車車場等　三・〇〇公頃
廣肇路北新碼頭倉庫區（不包括一切支路在內）　一二・〇四公頃
合計　一六八・五〇公頃

（四）第二表　鄰里單位土地使用表

鄰里單位	面積		地方路		綠面積（包括學校醫院及公共遊散地）				房屋基地連小路在內		人 四層公寓式	
	公頃	%	公頃	%	公共遊散地	學校或醫院	總共 公頃	總共 %	公頃	%	戶數	人數
一	一六・〇六	一〇〇	三・九六	二四・六	一・一五	一・二五	二・四〇	一四・九	九・七〇	六〇・五	四三六	二,一六六
二	一二・九五	一〇〇	三・一七	二四・五	〇・八六	一・〇四	一・九〇	一四・七	七・八九	六〇・八	五〇八	三,〇四八
三	一四・九〇	一〇〇	二・九一	一九・五	〇・四七	一・一四	一・六一	一〇・八	★一〇・三八	六九・七	四六二	二,七七二
四	一三・〇〇	一〇〇	二・八四	一八・一	〇・九八	一・六六	二・六四	二〇・三	七・五二	六一・六	二四四	一,四六四
五	一〇・五九	一〇〇	二・三五	二二・二	〇・三七	一・三〇	一・六七	一五・八	六・五七	六二・〇	七五六	四,五三六
六	一六・〇〇	一〇〇	三・六三	二二・七	一・一六	二・二九	三・四五	二一・六	八・九二	五五・七	六二八	五,七六八
七	一五・三九	一〇〇	三・四四	二二・四	一・三八	一・三四	二・七二	一七・七	★★九・二三	六〇・〇	七四四	四,四六四
總計	九八・八九	一〇〇	二二・三〇	二二・六	六・五四	一〇・〇二	一六・五六	一六・七	六〇・〇三	六〇・七	五,七七八	二二,六六八

口

二層聯立式（必要時可造（假三層））戶數	二層聯立式 人數	半散立式 戶數	半散立式 人數	散立式	商店及公共建築 戶數	商店及公共建築 人數	學校及醫院 戶數	學校及醫院 人數	總共 戶數	總共 人數	密度（人/公頃）
三七三	二，二三八	三八	二二八	該式得在半散立式地段興建之	二四	一四四	二	一二	八七三	五，二三八	三二六
一八九	一，一三四	五〇	三〇〇		二六	一五六	二	一二	七七五	四，六五〇	三五八
三〇七	一，八四二	—	—		一三〇	七八〇	二	一二	九〇一	五，四〇六	三六二
三〇四	一，八二四	—	—		五六	三三〇	二	一二	六〇六	三，六三六	二八〇
七八	四六八	—	—		二七	一六二	二	一二	八六三	五，一七八	四九〇
二四八	一，四八八	四六	二七六		二六	一五六	二	一二 二〇〇	九五〇	五，七〇〇 二〇〇	三六八
二七四	一，六四四	—	—		二八	一六八	二	一二	一，〇四八	六，二九〇	四一三
一，七七三	一〇，六三八	一三四	八〇四		三一七	一，九〇二	一四	二八四	六，〇一六	三六，二九六	三六七

★內中包括行政中心基地〇・九四公頃，警察及消防基地〇・四三公頃

★★內中包括公共建築基地〇・二七公頃

（五）道路面積

本區道路系統範圍自浙江北路以西新疆路以北西藏北路以西蘇州河之東北及京滬鐵路以南地區（包括西藏北路浙江北路及新疆路在內）舊道路系統佔全面積二二・五%現計劃之高速道幹道地方路及廣場為四三・八〇公頃佔全面積一六八・五〇公頃之二六%

閘北西區高速道交义設計鳥瞰圖

二、住宅區

人口密度　全部住宅地區設計成為七個鄰里單位。人口密度之高下，繫於各單位內人民居住房屋之性質及比例而定，計劃之全區平均密度為每公頃三七六人，約以六〇%人口居用公寓式房屋，四〇%居用二層樓之店宅兩用房屋計算(詳見第二表)。

鄰里單位制度　本區計劃為在本市實行新鄰里單位制度之初步嘗試，使每一單位，能在社交、經濟及交通需要上，自成體系。每單位之中心，應各設一公立小學學校及運動場，可同時作為公共之遊憩綠地，各類商店，祇准開設於指定之商店中心地，且以日常必需品之供應為限，其他高級及奢侈用品，必須求諸主要商店中心，今在第三及第四兩鄰里單位，設置一全區之主要商店中心，並為行政管理機關，警察局及救火會之所在地。公立醫院設於第六鄰里單位內，依據現有統計，上海商店數字約每八十人有商店一家，此數遠過實際需要，而形成祇有小商店之存在，本區內所設計商店地位之比例，已將之減低，約以每二〇〇人有商店一家，當可足夠。

區內房屋，係供中級居戶而設計，方向、佈置，務儘量求其面南或面東南，西南三向，俾在房屋距離一定下，常年能得到最多之陽光空氣、與保溫，苟東西向之房屋，如欲得到同樣之效果，則勢非增加房屋間之距離不可。

三、綠地　公共綠地設計，因限於面積，尚未能合於理想標準，學校運動場兼作公共遊憩綠地者，共六·五四公頃。其他道路交叉點，因防止入口所設計之分道綠地約共一·七〇四公頃，此外可藉該區之營建規則，對於建築面積之限制，多保留私有空地，庶略補公共綠地之不足。

四、管理中心　閘北西區在整個總圖計劃中，為中區之一部份，惟有蘇州河及鐵路為其經界，似與城市之其他部份自然分隔，而成一有機單位，大略相當於市鎮單位之性質。故本會建議市政府在此設立必要之辦事處，以便利人民，而關於治安方面之警察局救火會等，自亦屬必要。社會局復建議設置一可容一千人之公共社交會堂，以供區內市民或政府聚會之需，上述各種公共建築，設於第三第四兩鄰里單位內，成為本區之管理中心。

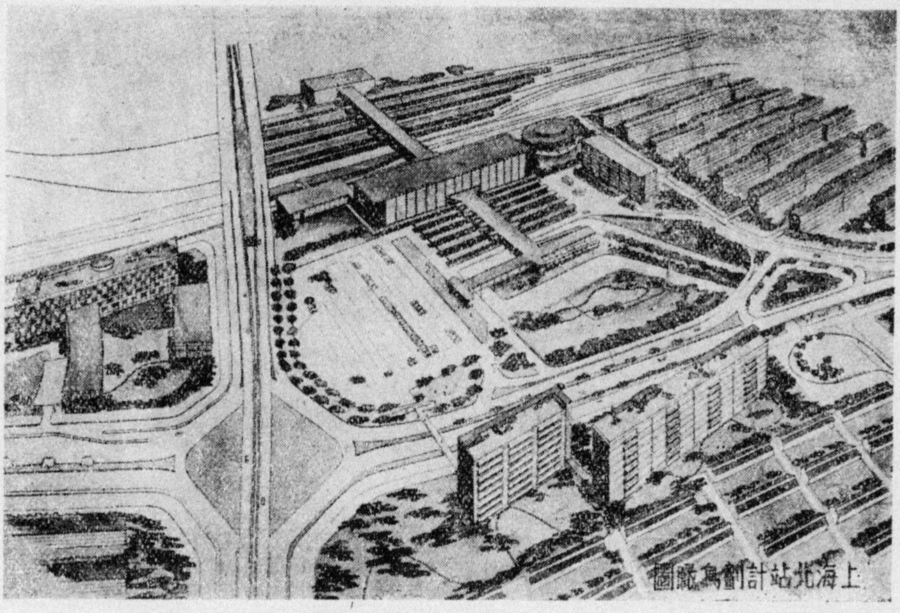
上海北站計劃鳥瞰圖

五、聯合車站　新道路系統中，在未來拓寬之西藏北路及天目路兩高速道路交叉點處，擬設一城市高速車站，成為由北站至市內各方向遠程交通之重要終點，其地位離現在北站約九百公尺，苟任其與北站分隔，則旅客上下轉換車輛，均感不便，是以本會建議將北站移至該交叉點之附近，成立一鐵路與市內高速車之聯合車站，俾旅客可由此立即換車，利用新幹道系統，至市內任何各區，北站所留地面，則足為各種車輛停車場所，凡行人或車輛進出車站，亦能取得極安全與便利之設計，故此聯合車站，實為本市交通之核心。京滬鐵路當局，亦已同意此一計劃，願與本會共同合作，促其實現。

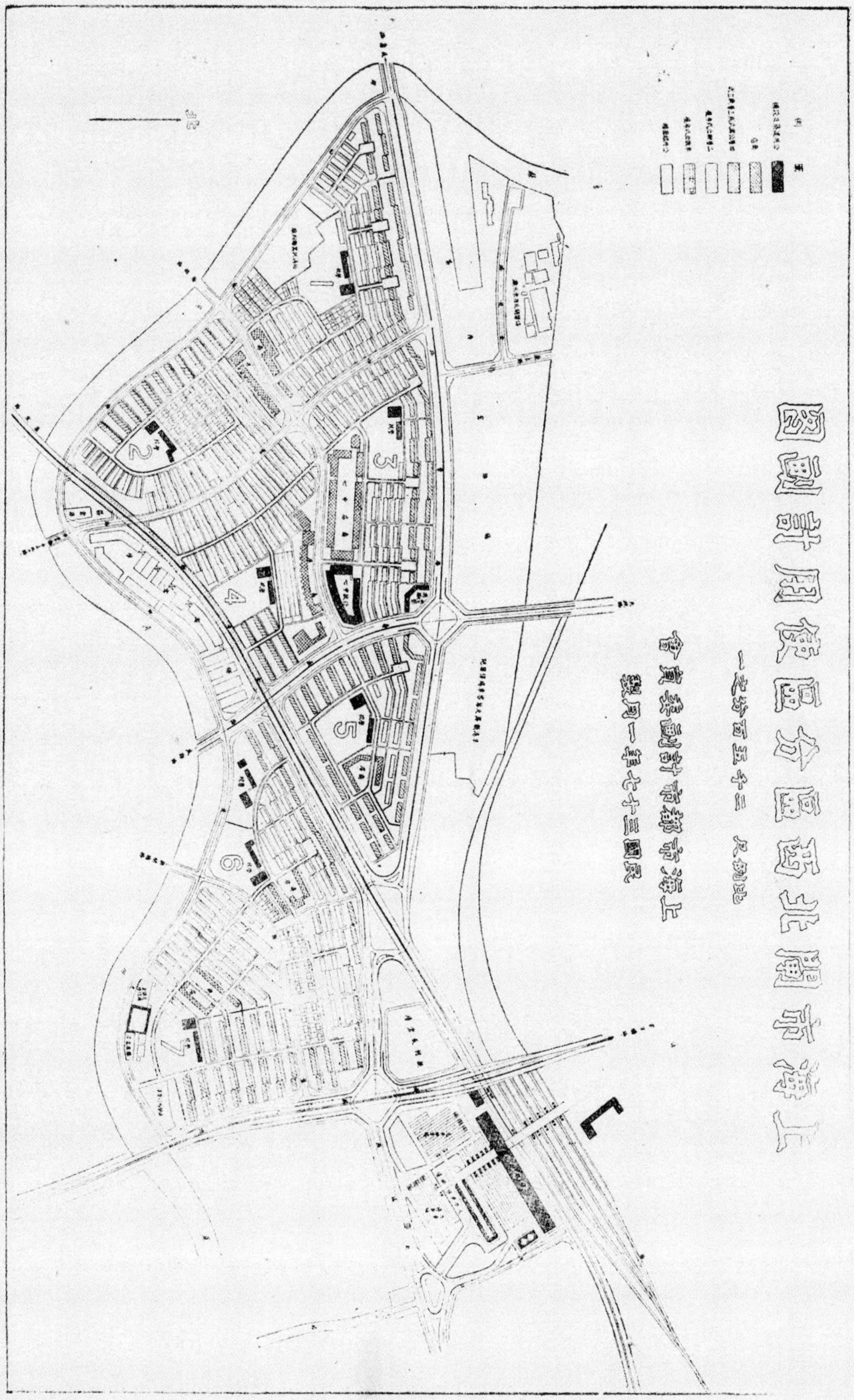
上海市閘北西區分區使用計劃圖
比例尺 二千五百分之一
上海市都市計劃委員會
民國三十七年一月製

中華民國三十七年十月

上海市區鐵路計劃
上海港口計劃初步研究報告
上海市綠地系統計劃

上海市都市計劃委員會祕書處印

上海市區鐵路計劃初步研究報告

民國三十六年十二月二日
上海市都市計劃委員會秘書處

前言

鐵路運輸，由於運量較公路為大，時間較船運為省，在以大上海為中心之區域交通系統內，實佔極重要地位；而幅員廣大，人口衆多，如上海市區者，在將來之發展中，地方及分區間之大量客運，亦必採用鐵路為交通主體，始克應付。本會都市計劃總圖，關於鐵路之研究，分大上海區域鐵路，大上海市區鐵路及市區內高速客運鐵路等三種，並配合原有設施，建議新鐵路路綫及客貨運車站。上項建議，據市參議會審查意見，以為「顧及鐵路局最近鐵路終點計劃草案，似急需與交通部及上海市政府共同組織之上海市區鐵路建設計劃委員會會商，俾鐵路建設與本市整個都市計劃相適應」。故具體之討論，現僅以上海市區為範圍，而以鐵路局之上海市鐵路終點改善計劃為主要對象。查上海市區鐵路建設計劃委員會，於本年五月成立後，由於資料之準備需時，僅開會三次，本會總圖設計組及分圖設計組，均派員參加隨時提供意見。

鉄路局所擬之本市鉄路終點改善計劃綱要

甲、站點

一、北站定為客運總站。

二、麥根路站定為市中心區貨物轉運總站。

三、日暉港定為國內水陸客貨運站。

日暉港站之擴充，需地甚多，南站既已毀棄，則南站及路綫地畝，似可由市政府協助換取日暉港附近土地，計劃地面積，約一三六〇市畝，交換面積三七〇市畝，淨圈面積九九〇市畝。

四、吳淞（包括張華浜及虬江碼頭）定為遠洋水陸客貨運聯運站，擬圈土地面積約一六〇〇市畝。

五、真如開闢為車輛總編配場，由京滬滬杭綫交叉處（三公里）起至京滬綫九公里止，寬五〇〇公尺，劃地面積約四五〇〇市畝。

六、西站定為客貨運輔助站。

七、徐家匯新龍華兩站定為客運輔助站。

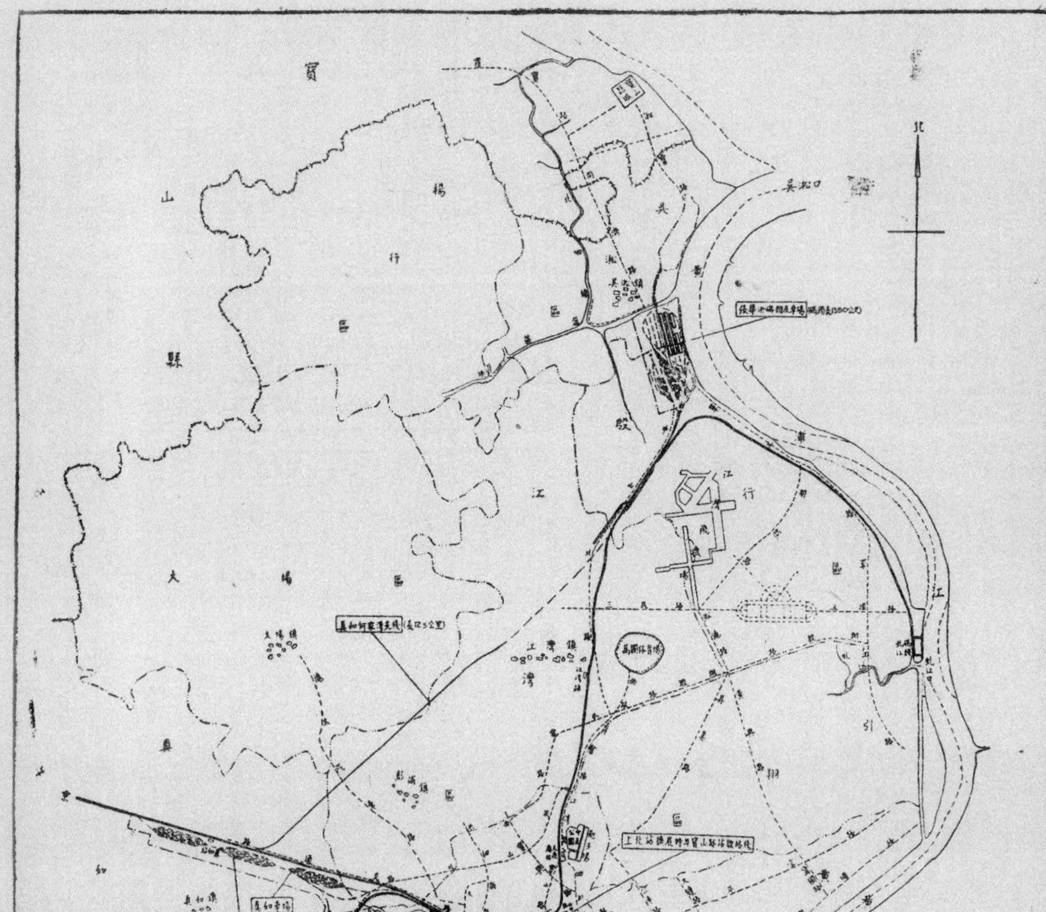
圖例
河浜
橋梁
市鎮
縣城
沙灘
道路
深水地帶
已成鐵路
計劃鐵路
已成鐵路路基
市界
區界
寶山縣
楊行區
大場區
殷行區
江灣區
吳淞口
上海鐵路終點圖
比例尺六萬分之一

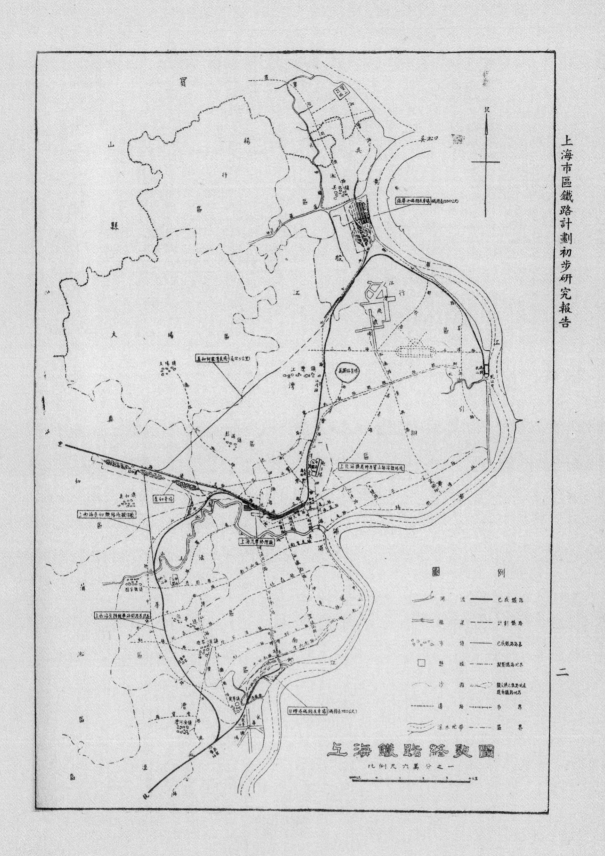

八、浦東東岸深水地帶，增建水陸聯運站（與碼頭配合）。

乙、路綫

一、由北站麥根路站向西延長，以達擬建之真如編配車場，維持現成路綫，市區交通幹綫與鐵路交叉點，建築跨越鐵路之天橋或開鑿地道通過。

二、由北站麥根路站起依蘇州河同一方向，以達西站，維持現成路綫。

三、由西站南行經徐家匯站以達新龍華站，全段路基提高四公尺，跨越市區交通幹綫，避免平交，並擬增駛汽油車或電氣車，以負担近郊客運。

四、淞滬支綫，由上北至江灣一段路綫，改為通衢路軌，全綫行駛汽油車或電氣車，減少市區平交道之困難。

五、何家灣真如間，另築直達支綫，以便吳淞起運或達到吳淞貨物，可不經由北站轉運（將來並由吳淞加築岔道逕通何真支綫，使車輛調度，改由此綫行駛，以減少淞滬支綫及北站可能之擁塞）。

六、由日暉港跨越浦江，另築浦東支綫，東北行以轉達吳淞對岸。

七、由浦東支綫，分築實業岔道若干條，以通達各新闢碼頭及實業區。

丙、廿五年後上海市客貨運數量及設備之估計。

上海客貨運估計：

根據民國四年至廿六年京滬滬杭兩路之客貨運統計，求得之歷年遞增平均值客運三·八六%，貨運七·九五%，若以三十五年之客貨運數量為基數，依複利曲綫推算，則二十五年後（民國六十年時）之客貨運數字，客運為九〇、九七二、〇〇〇人，貨運為二四、四九七、〇〇〇噸，假定今後中國之發展進度，較民國四年至二十六年為速，則至民國六十年時客貨運量，自較上開數字為大，姑假定客運增加五〇%，貨運增二〇%，則應為：

一、客運　一四〇、〇〇〇、〇〇〇人

二、貨運　三〇、〇〇〇、〇〇〇噸

依照民國三十五年之統計，上海區旅客人數為兩路全數二六%，貨物噸數為兩路全數三七%，則至民國六十年時，上海客貨運數字應為：

一、客運　三七、〇〇〇、〇〇〇人

二、貨運　一二、〇〇〇、〇〇〇噸

客運設備——設將來日暉港客站每年進出各九、○○○、○○○人，上北站每年進出二八、○○○、○○○人，則上北每日平均進出客運為七七、○○○人。玆假定上北站客運設備，以每日九五、○○○人為設計標準，計算所得，共需停車道一二公里，站台一四座，上北現有地盤，勉可敷用，日暉港則共需停車道四公里，站台五座。

貨運設備——二十五年後上海每年起運貨物量，估計為一二、○○○、○○○噸，平均每日為三三、○○○噸，玆假定以四○、○○○噸為標準，計算所得，上海車輛數應為二、七○○輛（加入準備車及修理車二○%，共為三、二四○輛），計真如容納一、三五○輛，麥根路二五○輛，日暉港四○○輛，張華浜六○○輛。

各方面意見及會議決定

各方面意見

一、真如編配車場之地位，適在都市計劃總圖綠地帶之內。

二、為配合將來之發展，編配車場，宜設於南翔，若為減少行車損失計，可考慮將客貨機車房分開，或暫在真如建小型車場，以便將來遷移。

三、北站現在地位，妨礙閘北區之發展，且地面恐不敷將來擴充之需要，宜向北移至都市計劃總圖住宅區之外緣（即中山路附近），因兩處地價不同，遷移費可不成問題。

四、京滬滬杭兩路，應有主要連絡綫，為免妨礙市區之發展，宜改設於南翔至莘莊之綫。

五、都市計劃總圖二稿，建議大場飛機場地位向北略移，則路局計劃中之真如經何家灣至吳淞之支綫，適經過飛機場。

六、路局計劃中之張華浜至虬江碼頭支綫，與浦江間，所留地面過狹，不能作用，路綫宜向內移動。

七、目前挖入式碼頭地點尚未決定，如將來決定，鐵路路綫恐須變更。

八、都市計劃方面，建議將北站移至新民路西藏路口，使鐵路車站與市區高速道車站聯合一處，以便利旅客。

九、鐵路局之改善計劃，為一短期計劃（十年），希望能配合都市計劃總圖，提出一廿五年計劃。

鐵路局意見

一、編配總車場設於南翔，每年須增多行車損失四十萬美元，分設兩個機房，每年須增多維持費三十五萬美元。

二、北站地位適中，現已形成本市客運總站（都市計劃方面意見，亦以為客運總站，應接近商業區，北站現在地點相宜）。目前地價，係因總站所在而昂貴，若車站遷移，必致低落，此廣大之地畝，多量之站屋廠房，非一時一人所能承購，且北站一經遷移，則路綫隨而修改，牽涉甚多，實行困難。

三、京滬滬杭兩路，現有連絡綫，自西站至龍華，路基提高，並不妨礙市區交通。

四、真何支綫及張華浜至虬江碼頭支綫，均係利用已有路基，節省費用，如將來有更動必要，可以遷移。

五、對於都市計劃方面聯合車站之建議，原則同意。

會議決定

一、希望真如編配車場設備，儘量緊縮，以免將來有遷移必要時，損失過大。

二、採用都市計劃方面建議之聯合車站辦法，至如何佈置，再行商定。

三、在挖入式碼頭未有決定前，希望鐵路局對於最近在蘊藻浜將興建之設施，除不可能者外，均用臨時性建築。

四、如中央決定挖入式碼頭設在吳淞，則真如吳淞之連絡綫，向西改動，如決定在復興島，則自北站之西，增築岔道，經復興島以連接虬江碼頭至張華浜之支綫。

上海港口計劃初步研究報告

前言

都市計劃，在進行程序中，所應攷慮之因素甚多，惟上海為一我國最大港口都市，擬具上海都市計劃，必首先攷慮滿足此一功能，故港口問題，實為本會工作中主要課題之一，此一問題之研究，以二十五年為對象，五十年需要為準備。但由於都市計劃及港口工程專家在技術上及經濟上之觀點不同，經長期之磋切商討，始獲結果。而關於仍待試驗始能確定之挖入式碼頭地點問題，為妥慎起見，決定兩處均暫保留，以期於試驗期中，無礙於整個都市計劃工作之推進，蓋港口問題，影響鐵路道路及區域規則甚大也。

上海港口發展之成因

上海之位置，在吾國東海濱之中點，扼長江入海之咽喉，因地理條件之優越，成為二萬萬人口需要之交通中心。黃浦江橫貫於中，其天然狀況，使成一深水港（黃浦江港之淺灘，在最低潮位時，至少有二十六呎之水深，四百呎以上闊度）。自港口至張家塘，長約十二萬八千英呎（三十九公里）；岸綫距離，自一〇八〇英尺（三三〇公尺）至二九〇〇英尺（八八五公尺）；最低潮位綫，亦有一〇〇〇英尺（三〇五公尺）至二四〇〇英尺（七三〇公尺）；濬浦綫相距亦為一〇〇〇英尺至二四〇〇英尺。但二四英尺（七・三一公尺）之深水道，其江面平均寬度，僅八六〇英尺（二六〇公尺）。大汛時有九至十一英尺漲潮，高低潮差為八英尺，小汛祗六至七英尺，高低潮差為三英尺，潮流甚平，潮流平均流速，大汛漲潮二・六海里，退潮二・四海里，小汛漲潮一・三海里，退潮一・八海里，平潮時間甚短。因陸地之阻礙，受颱風襲及之機會甚少，氣溫為溫帶氣候，平常霧象，日出後上午十時前，即行消滅。其缺點為浦江係泥水河道，須經常疏浚，方能維持需要深度，再則揚子江口之淺灘（俗稱神灘），寬逾二英哩，其妨礙深水船隻航之處，長約二十英哩，關於此二點，濬浦局之疏浚工作，已具相當成効，基於以上各點，上海港口之發展，成因有自，信非偶然也。

已成港口之情形

黃浦江東西兩岸岸綫（自吳淞至張家塘），共長二五三、四七五英尺，其情形如下：

	浦西	浦東
普通貨碼頭	一七一一五英尺	二一六五五英尺
特別貨碼頭	四三〇〇	二三一四〇

上海黃浦江岸綫未來佈置草圖

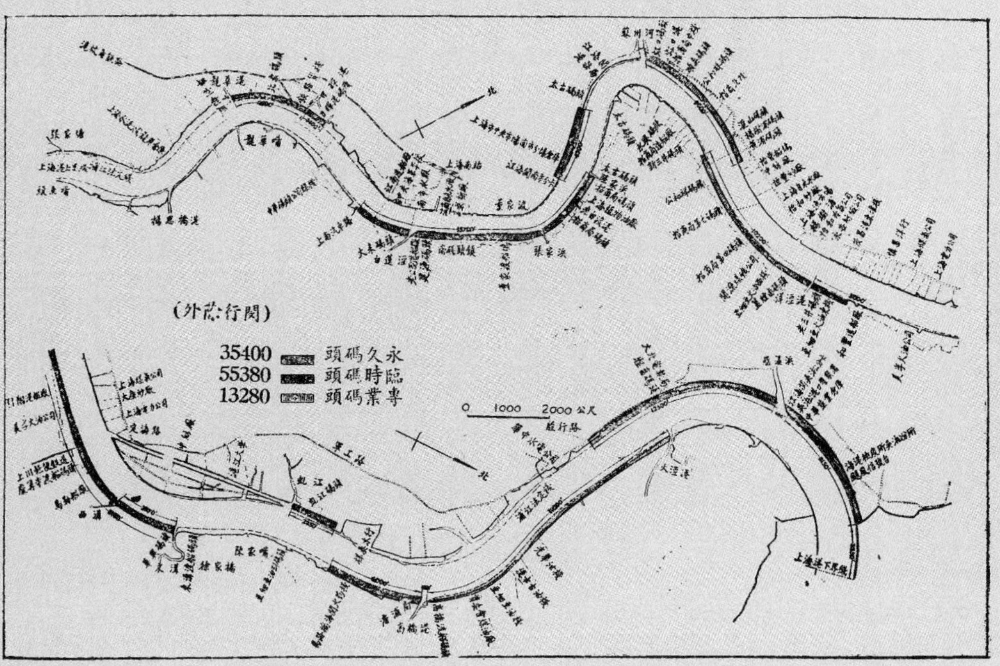

船廠	六四三〇	六五九五
道路及公共或海關埠頭	一四四五〇	四八〇五
河浜	二七六〇	二七七五
工業用灘岸	二二三一五	四一六五
未開闢者	五八六五〇	六三三二〇
共計	一二七〇二〇	一二六四五五

其中已使用者已達半數，過去外人之經營，僅以發展租界商業為目的，大部份碼頭，均集於中區，卽金融商業區，自無法作鐵路之連繫，故一切貨物，包括過境者，由陸路轉運，皆以汽車經中區道路，致使繁盛交通，愈益擁塞，此實為目前嚴重交通問題癥結之一。其由水道駁運者，造成船隻滿佈河道之現象。此外貨物由大船裝至駁船，大率用小起重機及人工為之，駁船之貨卸於方船，由於碼頭及駁船缺乏設備，全用人工，戰前工價尚廉，戰後工價高漲，故上海為貨物之起卸費用，世界最高之處，況人工卸貨迂緩，延擱時間較長，船舶均避免進入上海。此種不良發展之結果，不獨影響中區之交通，且於本市港口業務前途，妨礙甚大。國父實業計劃之乍浦築港，及民十八年上海市政府之市中心區建設計劃之建築虬江碼頭及計劃新港，無非鑒於當時租界之存在，改善非易，另謀發展，目前環境不同，政權統一，自應整個重予規劃，以適應將來之需要。

港口計劃標準之擬定

上海港口之須整個重予規劃，已如前述。本會對於港口計劃標準，經商討擬定者如后：

一、確定上海為國際商港都市——上海由於自然條件之優厚，過去已成為一國際貿易之商港。

二、上海不設自由港——自由港之制度，目的在吸收國外物資轉運他國，以繁榮本國城市。中國情形不同，已定有倉庫担保制，蓋幅員廣大，外國物資，無假道上海之必要，自由港之設，不易防範漏稅，僅助長黑市之機會而已。

三、港口吞吐量，以船舶註册淨噸位為準。按照二十五年估計，即民國六十年時，海洋及江輪進出口噸位，各將為三千萬噸，加以內河及駁船噸位，共計七千五百萬噸至八千萬噸。——根據民國十年海關之統計，進出口船隻，每三十年約依直綫增加一倍（紐約港現在吞吐量為七千四百萬噸，可作一參攷）。

四、碼頭之設計，按港口吞吐量，乘以平均裝載率。——由於船隻未必滿載，故設計碼頭，乘以平均裝載率，依歷年海關之統計，約為$\frac{1}{3}$。

五、港口起卸貨物之效率，假定用機械設備，為每年每呎五百噸。——紐約為每年每呎一百噸，馬賽為每年每公尺一千五百噸；推其原因，紐約客運甚繁，馬賽則以對菲洲之貨運為主。我國以人力卸貨，依據海關之統計，民國二年為每年每呎二百十噸，民國十三年為每年每呎二百六十八噸，故本會商討之決定，較過去約增加一倍。

六、港口按照其使用性質分別集中於若干區域，其與鐵路終點連接者，以採用挖入式為原則。——港口應依經濟原則，分佈於適當地段，使管理便利，設備應用經濟，陸上聯運交通能有組織。

七、港口地段保留地帶，以自岸綫深入一千呎為原則，視個別需要增減之。——按照一般情形，倉庫及交通綫需要之地面，一千英尺應可敷用（國聯專家亦有此建議）；惟個別需要，則有不同，如挖入式碼頭，需要地面甚大，公共交通碼頭，則需要較少。

岸綫之支配

港口計劃標準既定，本會更進一步研究岸綫之支配，所得決定如后：

浦西方面

一、吳淞口至殷行路，為計劃中之集中碼頭區，佔岸綫長度二〇六五〇呎（蘊藻浜河口六〇〇在外）。

二、虬江碼頭予以保留，並得適應目前需要，加以改善，佔岸綫長度二八五〇呎。

三、申新七廠至蘇州河外白渡橋，除規定一部份為工廠碼頭外，得作為臨時碼頭，佔岸綫長度九〇〇〇呎。

四、新開河至江海南關，作為臨時碼頭，佔岸綫長度四三〇〇呎。

五、日暉港碼頭為集中碼頭，佔岸綫長度五九〇〇呎。

上海挖入式碼頭計劃地位圖

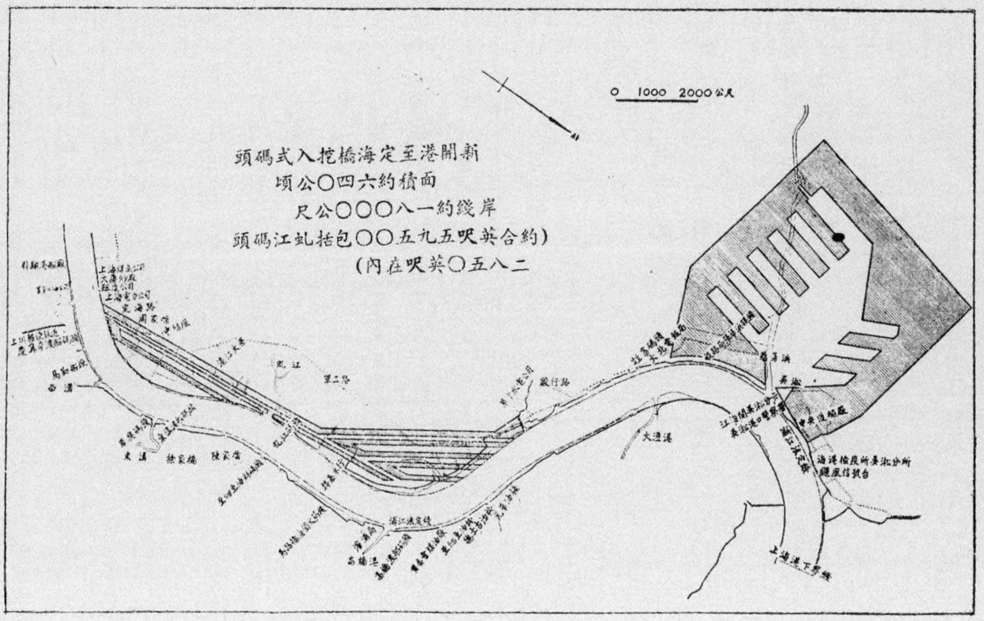

六、閔行專業碼頭，為集中碼頭，佔岸綫長度五五七〇呎。

浦東方面

七、高橋沙作為油池專業碼頭，佔岸綫長度一八二八〇呎。

八、高橋港口至浦東電氣公司作為軍用碼頭，佔岸綫長度六〇〇〇尺。

九、東溝至陸家嘴東之三井碼頭，除規定一部份為工廠碼頭外，現有碼頭，得作為臨時碼頭，佔岸綫長度二六三八〇尺。

十、自陸家浜至上南鐵路，除規定一部份為工廠碼頭外，現有碼頭得作為臨時碼頭，佔岸綫長度一五七〇〇尺。

關於臨時碼頭地段內，已有之碼頭，並非立予取締，目前並尚須增加設備，提高效能，以恢復戰前之運量；惟在政府財力充裕，新港築成之後，上海之港務及工業，自必改觀，屆時進行整理，方可兼顧當前與將來之需要。

以上岸綫之支配，共長一一四六三〇尺，除臨時碼頭軍用碼頭及工廠碼頭外，永久性碼頭包括油池專業碼頭，共佔岸綫長度為五三二五〇尺，依前述標準計算，約可達七千餘萬噸，惟以五十年之需要為準備，而無礙都市計劃之佈置，則挖入式碼頭之興建，仍屬需要。

挖入式碼頭之商討

本會關於挖入式碼頭，已作初步研究，認為可能地點有兩處：

一、在新開港至定海橋之間，估計佔地面積約六四〇公頃，岸綫共五九、五〇〇尺，約合一八、〇〇〇公尺（包括虬江碼頭岸綫二八五〇尺在內）。

二、在吳淞蘊藻浜，估計面積約二三〇〇公頃（包括倉庫敞棚等）。岸綫共約一〇五、〇〇〇尺，約合三二、〇〇〇公尺。

商討之經過，可歸納為下列兩點：

一、挖入式碼頭之興建時期——（甲）以為黃浦為混水河，流速變動，即有淤塞。濬浦局之紀錄，吳淞及虬江碼頭，每年均為五尺。挖入式碼頭之建築費及維持費甚巨，就事業方面言，宜先建沿浦式碼頭，必要時再建挖入式碼頭，否則除非政府能投資於挖入式碼頭之開闢。（乙）以為就整個運輸經濟港口發展言，必須採用現代化機械，並須與鐵路連繫，以增加貨物起卸及運輸之迅速，沿浦式碼頭管理不便，機械設備效率不如集中碼頭之高，鐵路連繫困難，主張從速興建挖入式碼頭。

二、挖入式碼頭之地點——（甲）以為港口計劃，應先考慮航行問題，然後使鐵路公路與之配合。蘊藻浜適在江流外灣，流速甚大，而浦江船舶甚多，平潮時間甚短，船隻進出港塢，極易發生碰撞（此亦為民國二十一年國聯專家反對前上海市政府新港地位理由之一），因航行方面關係，蘊藻浜築港之入口，勢必擴大，則新港可能變更黃浦之水流，故主張在新開港至定海橋之間計劃挖入式碼頭（民國十年濬浦局技術顧問委員會已有此計劃）。新開港至虬江碼頭之間，雖為淺水地段與蘊藻浜相同，均須挖泥，但航行方面順適。（乙）主張在蘊藻浜建挖入式碼頭，由於鐵路之連繫，可不妨礙上海整個道路系統及區域規劃，且可藉蘊藻浜之水流沖刷淤積。

綜合上述之意見，均各具經濟上及技術上之理由。惟（一）關於挖入式碼頭興築時期，似在財源之籌劃，固無礙於設計工作之進行。而（二）關於挖入式碼頭地點，為妥慎起見，決定兩地均予保留，暫時限制永久性建築，俟航行問題江流趨向與沖刷淤積問題，用模型試驗後，再行確定。

以上為本會對於港口問題研究之概略，所得結果，固不敢信為悉當，爰彙為報告，以供指正參攷。

附　（一）上海黃浦江岸綫使用現狀及未來佈置草圖

（二）上海港挖入式碼頭計劃地位圖

上海市綠地系統計劃初步研究報告

（一）綠地涵義……（一）
（二）本市綠地調查總計……（五）
（三）本市綠地使用分析……（七）
（四）本市綠地標準之商榷……（九）
（五）建成區綠地計劃草案……（一一）
附綠地規則……（一三）
（六）都市計劃總圖——綠地系總計劃……（一四）

（一）綠地涵義

（一）綠地與曠地：近世造園建築師與都市計劃家對於一般所謂之公園涵義，似嫌過狹，舉凡無建築物而有種植物之區，應統稱綠面積Green Area或曠地Open Space。又長條形綠地如帶狀者，可謂之綠地帶 Green Belt。於是綠地可為公私花園林叢，綠地帶可為公園大道或森林，間或為種植農地，農業地帶 Agricultural Area 佔據面積極廣，但不宜與綠地相提並論，試先觀英美兩國所定綠面積範圍，再討論個人意見如次：

一、英國對於曠地Open pace or Green Area之見解，可分二類：

一、公有曠地Public Open Space可分

消閑公園Pleasure Park

文化公園Educational Park

運動公園Athletic Park

二、私有曠地Private Open Space可分

俱樂部之園林與運動場地

私人庭園別墅

牧場

二、美國對於綠地Gree Area 之觀點，可分為四類：

一、公園系統——包含市區各種大小公園，公園大道等。

二、特種娛樂場地——如哥爾夫球場，游泳池，露營地，划船埠等。

三、文化園地——如動物園，博物館，植物園，森林公園，名勝古蹟等。

四、航空站飛機場——場站隙地由該管公園管理處佈置為風景區。

三、關於農業地帶綠地帶諸名稱，即英美專家亦有不同解釋，如美國奧斯本氏F.G.Osborn 所述：「鄉村地帶Country Belt，Rural Betl 與農業地帶 Agricultural Belt 相同，主要者為永久農地，公園地或私有園地，分隔或環繞各市鎮與市區，綠地帶Green Belt據恩永氏Unwin意見與鄉村地帶相同，但易與圍繞市區之帶狀公園相混，故宜稱為公園帶Park Belt以上列舉之意見，可見一般，茲為適合我國情形計，筆者個人意見譯名應以簡單順口為原則，以避免冗長生澀，茲分別擬定如后，是否妥善，尚待專家之指正。

四、曠地——都市計劃中之空曠地帶，往往不一定為綠面積，茲擬總稱為曠地 Open Space 與英國所定名稱用意相仿，再細分為四類。

一、綠地——綠地為有種植物之空地，如園場，森林等皆屬之，舊稱綠面積，為直譯英名Green Area而來，似稍牽強，茲定為綠地，並包括綠地帶，即舊稱綠地帶 Green Belt 蓋其為帶狀綠地或園地，不必另列一類也。英國所稱空地或曠地Open Space 涵義頗廣，如所有園地，空地，牧場等，有時農地可歸納在內，有時亦可除外，茲擬定綠地範圍應包括項目如次：

（一）園地——消閑公園，文化公園，運動公園，其他娛樂園場，私人園地。

（二）林地——Woodland, Forest Park, Forest Reserve and Reservation 國家省市所保留之林叢，森林，有森林之山地亦屬林地範圍。

（三）機場——如水陸航空站民用機場之綠化隙地。

二、空地 Vacant Space——空地專指無建築亦無種植物之分區內空曠地面，其用途不定，可作房屋基地，可作公園苗圃，視市區之需要由都市計劃委員會擬定，以供市當局採納，與前述英國所稱空地範圍不同。

三、荒地Waste Lanc——荒地或廢地，為荒蕪廢棄之農地，包含可開墾與不可開墾者，前者可供繁殖，後者可設風景區，如沼澤山坡石田石丘等，無種植物之童山，荒山，石山皆屬荒地範圍。

四、農地Agricultural Belt——農地指包圍市區之農作地帶，凡蔬果穀棉，不論其栽培方式之精粗皆屬之（森林地帶除外），因其爲經濟別用性質，於計劃都市時另擬方案，故不合併於綠地範圍。

（二）公園類別：公園爲德育，智育或體育性之消閑娛樂園地，有時專爲一種用途，有時二者甚至三者兼備，視情形而定。茲解釋如次：

一、關於德育性質者——因其提倡高尚娛樂養成公德心，雖則全係消閑遊景性質，亦含有提高道德水準意味，如紀念碑塔Monumen散步公園Promenade市內廣場及大小公園，公園大道Parkway 路景 Way Side（道路偶見之小範圍林叢草地），森林公園Forest Park or Forest Reserve，獸類保護區Wildlife Reservation，人類保護區Anthropological Reservation如美國之紅印度人區，天然水源Natural Reservoir，如湖塘之專爲城市給水源用者。

二、關於智育質者——本類公園多與提倡教育及增進智識有關，如植物園，動物園，戶外劇場，戶外音樂台及建築博物館，藝術館，圖書館，水族館等之公園。

三、關於體育性質者——本類公園專爲運動提倡體育而設，如大小運動場、游泳划船及各種球類設備，體育場等。

茲再將各類公園分別敘述如后：

一、兒童公園Childrens Playground——專爲十歲以內兒童遊戲之用，須有成人陪同入內，以免發生危險，面積自三畝至五十畝不等。

二、小型公園Town Spuares and Small Towr Parks——包括廣場，紀念性質之空地，約一市畝至十畝不等，可分佈於商業區以保留綠地。

三、市內公園Neighborhood Parks and Large In-town Parks——分佈於鄰里單位，面積自十餘畝至百數十畝（一五〇畝以內）。或分佈於市區與近郊之間，則面積至少在一百五十畝以上，

四、近郊公園Sub-urban Park or Large Landscape Park——位於近郊及郊區，面積至少宜在三百畝以上。

五、兒童及成人運動場所Play ground and Playfield——視當地人民愛好運動性質所佔地面爲標準，有二十畝至百畝不等，

體育館亦包括在內。

六、體育場或體育中心 Athetic Center——如江灣市之體育場，跑馬廳內之上海體育協會場址，皆係設備完善之運動中心，

球類及田徑皆可同時使用。

七、其他特殊運動場所——如哥爾夫球場，游泳池，海濱浴場，划船設備，騎馬射擊場所等。

八、其他特殊性質公園——如動物園，水族館，植物園，樹木園，紀念園，野餐宿營地等，可獨立設置或附屬其他公園內。

九、公園大道：馳徑Bridlepath路景Woyside林徑Ttail林蔭道Boulevard——公園大道Park way雖則理論上為一帶狀公園，實際言之並非整個地帶必須用同一寬度，最寬處可達半公里以上，最狹處與林蔭道同。寬處可設路景，林徑，馳徑等種種娛樂設備，甚至酌留運動場地。故公園大道本身系統應包括上述諸項。林蔭道 Boulevard，恆為市內幹道之具有較寬之種植帶者。路景Woy side，即公園大道內之道旁公園，使遊人下車作勾留，欣賞景色，每在懸崖居高臨下之據點，或在湖濱一望無垠之岸頭，皆可增加遊興。馳徑Bricle Path，在林叢中開闢小徑，專為馳馬之用，與人行車行道分隔，以保安全。林徑Trail Foot Path，道旁林叢中為人行小徑，通過風景地區，有時脚踏車亦可通行，惟公園及其他園地皆有林徑，馳徑，而公路旁亦可有路景。

十、國立或省立公園——凡名山大川跨越數省數縣者，非小行政單位所能管理，故由省建設廳或內政部直接開發管理之，如太湖，黃山天目山等。

十一、動植物人類保護區——凡經多年開發地區，其原始動植物森林及土著人民多為後來征服者驅除罄盡，故為保護起見，設立各種保護區，其範圍之廣，與國立公園同。如森林公園或森林保護區Forest Park and Fovest Reserve or Reservation，即或保護原始森林或重造森林Reforestation。野生物或獸類保護區Wildlife Reservatior——為保護行將絕跡之動物，如美洲犂牛，川康熊貓，又植物方面如泥沼Boy有喜酸植物如石楠科組成流動地面Floating mat應保留作研究特殊植物之用，川康一帶行將絕跡之珙桐樹，歐美人士視為極珍貴之庭園樹，而我國不久須求諸他國，誠可嘆也。

（三）公園系統Park System：公園系統有時與公園大道分為二類，前者僅指分佈市區中之各種大小公園，後者專指帶狀公園，即英人所謂公園帶。茲因吾國都市計劃學，庭園建築學俱在萌芽時期，尚無多少混淆不清名詞Ambiguous Terms，亟宜制定，以利後學，故筆者私意，以為公園系統，含義至廣，凡市內有關娛樂運動文化諸系統，皆應概括在內，又準備將來都市發展，又當預留空地，公園系統在市區，省區，國界內，皆須有確定計劃，以備逐步發展，茲就市區公園系統所包含項目分別敘述如下：

一、民教娛樂系統 Cultural Recreation.cducational Parl——即關於具有智育或民衆教育設備之公園，如動植物園，或建有博物館，圖書館之公園。

二、消閑娛樂系統Passive Recreation.Pleasure Park——即通常所謂公園，專供市民散步玩景之園地，包括市內大小之各種公園。

三、運動娛樂系統Active Recreatior——卽公私學校運動場，兒童公園，大小運動，各種球場，游泳，划船設備等。

四、公園大道系統Parkway Systen——公園大道分佈市區郊區聯系上述三系統，包括路景，馳徑，林徑，林蔭道等。

五、保留曠地——都市計劃已有綠地，園林，供人使用，但為將來發展，人口增加，亦須預留曠地面積，以備擴充園地之用，此類曠地為空地，荒地，農地，由政府規定不得隨意更改用途。

（四）本市綠地分類：綠地性質有固定與不固定之別，凡私有綠地當然為不固定，而公有綠地，亦未必盡屬固定，故於都市計劃立場，設法使公私有綠地之性質俱加限制，不得任意增添建築佔據地面，以維持綠地標準，簡言可分下列三類：

一、公有綠地——應為固定性質，宜於區劃規則加強控制，不使更變使用，其主要者為公園系統，包含公墓機場運動場等。

二、私有綠地——目前為不固定性質，但訂定區劃規則後確定建築與綠地比例Coverage contol，不致任意新造，以減低綠地面積，主要者為私園及私人團體園體。

三、保留綠地——為將來擴充公有綠地之用，可為現在綠地農地荒地林地曠地，或已有建築物之基地，或填浚河浜之公地，在指定時期內，市政府保留徵用權，以配合都市計劃之推行，同時宜在區劃圖中，規定保留綠地範圍，經過市參議會通過，再呈請行政院備案施行。

（二）本市綠地調查統計

上海為我國最大都市，擁有市民四百萬之衆，惟均集中於建成區，人口過密，綠地面積極感不足，按照理想人口密度，在每方公里內最密不過二萬人，而卅五年春本市則竟有每方公里，已超過二十萬人之區域，普通每千人卽需綠面積七英畝，（卽四二·四九市畝）若依此標準計算，則雖將市內人口過密之區域，悉數改為綠地，亦不足以供居民之需要，夫綠面積之於都市，猶如呼吸系統之於人身，然澄清空氣裨益健康，關係至為重要，茲將本市公私有綠地面積數量，詳為調查，以供都市計劃之參考。

此種調查工作，卅五年夏季開始工作，因參攷資料陳舊多失時效，未能獲得滿意結果，乃於卅六年春調派園場管理處助理技師八人着手進行。戰前因租界關係，劃地而治，各自為政，對於綠地紀載詳略不一，至敵僞時期，產權面積，尤多變更，故進行調查備感困難，為期詳實計，爰將綠地分為公有私有兩種，其範圍包括公園，廣場（馬路交叉處之空地）。體育場，公共機關政府機關領事館民間團體機關所有綠地，醫院，（附療養院）。學校（大中小學及學術研究機關），教堂（教會慈善機關廟宇），公墓（山莊會館公所殯儀館），私人花園（已開放及未開放者，私人第宅，私人俱樂部），及其他各項目，將上海全市依行政分區劃為卅四區，每區中所有綠面積復依上述項目分類，若一綠地，其面積跨及兩區者，則於該兩區內分別記其實有數字，凡現行地圖所列綠地，亦一併收錄入內，但圖冊所載，因時間關係，不免已有出入，為明瞭其是否仍屬存在，地形是否業已變動及確定綠地應屬之種類起見，乃更分往各區舉行實地調查，此段工作，耗時最多，又有無法直接調查而需搜求旁證者，復經設法分頭訪問，不厭求詳以期信實。

至於面積，乃據地政局本市各區分幅圖查明字圩，更查魚鱗圖上之綠地位置，與本市里弄分區圖對照其地位與形狀，若在魚鱗圖中檢得所求之綠地丘號數時，即根據其所記道契號次，參閱道契冊或地籍冊，始可明悉該綠地之面積數字，然後分區分類相加，惟教堂等因尚須除去建築部份，故僅以對折計算，學校六折，公共機關對折，醫院六折，私人花園八折，一律以市畝換算之。每一區之分幅圖，恆多至數十幅，而每幅更有四五字圩不等，此次以須明瞭各綠地之丘號數，前後曾調閱魚鱗圖三百九十三張，統計綠地面積時，曾調地籍冊一百廿七本，手續頗為繁複，承地政局第一處予以協助，遂得順利進行，調查時間，始自二月三日至三月廿日止，費時約一個半月，整理資料繪製圖表亦需一個半月，前後共三閱月，今將統計所得本市綠地面積公有綠地面積及私有綠地面積分別列表於后，可知綠地面積，約佔全市面積百分之一・四六，其中公園一項佔百分之〇・〇一五，公有者佔百分之〇・七六，私有者佔百分之〇・七〇，靜安北四川路二區，所有綠地面積較多，而以邑廟為最少，以其在舊上海城內之故也。普陀區係為工廠區域，吳淞距離較遠，楊思洋涇高橋則多屬農地，而楊行馬橋塘灣周浦四區，因尚未據收，故均付缺如。統觀全市卅四區中，十九區猶無公園設備，且如邑廟一區，須四萬餘人，始得享受一畝綠地，此其有待於作合理的改進，已不言可喻矣。

（表一）　上海市各區綠面積分類統計表

區別	市區				郊區		合計	
	建成區		近郊區					
全區面積　方公里	八五・七七		九八・七八		四一一・七七		五九六・三二	
市畝	一二八，六五五		一四八，一七〇		六一八，四〇五		八九五，二三〇	
綠地分類　性質	公	私	公	私	公	私	公	私
公園廣場	一，一一四・三七		三五・八一		一九五・四六		一，三四五・五四	
公墓會館公所山莊		九〇二・五七	一三八・三二	一五九・九六		二三八・七三	一三八・三二	一，三〇一・〇六

教堂廟宇		二九〇·四一			三·六〇		九〇三·八〇	
學校	四八八·四四	七四四·八八	一四九·〇六	三五七·〇九	二六六·三〇	一一九·九四	一,三四九·二三	
體育場	五八·八〇	六〇三·三一	一,二九〇·四三	一二九·四五		三九一·二四		一,一二四·〇〇
機關	二,三六四·〇四	三一二·九九	四五一·〇三		九〇·七五	四五·九四	二,九〇五·八二	三五八·九三
醫院	一一六·一二	二六〇·一九	四二·四五	三·六八	一·八九	四三·八九	一六〇·四六	三〇七·七六
私人花園		一,二〇二·九三		二五一·四五		二四四·二二		一,六九八·六七
總計	四,一四一·七七	四,三一七·〇八	二,一〇七·一〇	九〇一·六三	五五八·〇〇	一,〇八三·九六	六,八〇六·八七	六,三〇二·六七
								一三,一〇九·五四市畝

（三）本市綠地使用之分析

綠地分析須以市區之人口密度及土地使用性質為準繩，本市現有公園集中市區以內，故亦按市區內人口與遊園人數比較，估計方近平準確，本市卅六年度各公園最高遊人總數為十四萬九千人，再加長期年券遊客約百分之廿五強，以及不售只公園之遊客人數共約卅萬人，而全市人口在夏季為四百萬人，市區範圍內佔三百廿萬人，故實際遊客人數佔市區人口百分之八·七或佔全市人口百分之七·五，本市居民尚未充分使用公園，其理至明，根據現有市區內公有綠地分析，每千人佔地一·二八市畝，而每千人所佔公園積〇、三四七市畝，為數極微，較請英美所擬標準，由每千人四英畝增至每千人十英畝者，相去不可以道里計，倘就目前狀況而言，全市居民充分使用公園綠地，依民政處所分年齡等級加以推測估計，則最高遊園人數為七十一萬餘人（附表二），換言之，將為現知臨時門券統計人數之四·七倍，或為臨時與長期門券兩者總人數之兩倍半，則園中擁擠情形更不堪設想矣。

（表一） 本市綠地使用人數估計表

年齡分級	上海建成區人口數目	所佔百分率	男女人口比例數目	男女百分比	綠地種類	%	使用人數估計 男	使用人數估計 女
五歲以下	四二一,〇九三	一二·三	男 二一六,七九九 女 一九四,二九四	五三·七 四七·三	兒童遊戲場（由成人攜帶入內）	一〇	二一,六七九·九	一九,四二九·四〇
六至十四歲	五三六,三四二	一六·〇一	男 二八九,四四四 女 二四六,八九八	五四·〇 四六·〇	學校運動場——各項運動及公園	三〇	八六,八三三·二	七四,〇六九·四〇

十五至廿四歲	六九九,四二二	二〇・八九	男	四〇一,二八三	五七・三	運動廣場及公園	三〇	一二〇,三八四・九	八九,四四一・七〇
			女	二九八,一三九	四二・七				
廿五至五十四歲	一,四六八,八七五	四三・九〇	男	八二四,七二〇	五〇・二	仝上	二〇	一六四,九四四・〇	一二八,八三一・〇〇
			女	六四四,一五五	四三・八				
五十四歲以上	二二九,九二八	六・九〇	男	一〇一,八九七	四四・三	公園	二	二,〇三七・九四	二,五六〇・六二
			女	一二八,〇三一	五五・七				
	三,三四五,六六〇							三九五,八七九・九〇	三一四,三三三・一〇

總計 七一〇,二一二人

註　本項百分率＝$\frac{\text{各項年齡分級之人數}}{\text{上海人口總數}}\times100$　根據民政處第二科卅五年三月份上海人口統計報告表

綠地分析方法，可根據全市面積與綠地面積對比，或以全市人口每千人使用綠地面積，在人口稀少未經開闢市區，用面積比例計算，當無不妥之處，倘在人口密集之已建成市區，則必依照人口密度計算，比較適當，故於規劃綠地系統，恆同時採用兩種方法，以切實際，玆將現有公園面積，根據四百萬與五百萬人口作每市畝使用人數計算，以測公園擁擠狀況如下列兩表所示：

（表二）　公園使用現況分析表

公園總面積一三五四市畝＝九〇公頃＝二二三英畝

		卅五年至卅六年平均約數	卅七年上半年約數
全市人口		四,〇〇〇,〇〇〇人	五,〇〇〇,〇〇〇
每千人使用公園面積	市畝	〇,三四七	〇,二六七
	公頃	〇,〇二三	〇,〇一八
	英畝	〇,〇五七	〇,〇四四
假定按綠地標準每千人四英畝計算全市共需公園	英畝	一六,〇〇〇	二〇,〇〇〇
	公頃	六,四七三約等現有面積七二倍	八,〇九四約等現有面積九〇倍

卅六年度全市公園每日遊覽人數，最高為卅萬人以上，佔當時全市四百萬人口中之七・五%，試按此比例計算每畝使用人數，而與五百萬人口比較，同時預測將來市民作戶外活動者日增，假定佔全市總人口二〇・〇%，列表如下：

(表三) 公園使用現況分析表

		卅五年至卅六年均約數	卅七年度上半年平均約數
全市人口		四,〇〇〇,〇〇〇	五,〇〇〇,〇〇〇
公園面積每市畝使用人數		二九〇八(每公頃四四四人)(每英畝一七,八四七人)	
實際遊園人數佔總人口比例	七·五%	二一八	二八〇
	二〇%	五八一	七四七

上海市將計劃中遊園人數估計方法

本市都市計劃係以二十五年為對象,上海市都市計劃委員會曾精確估計本市人口將為七百萬人,蓋全市既劃分圈層與區域,其人口密度不同而所需綠地標準亦各異,故根據現有人口總數及所估計遊人百分比以計算各級年齡遊園市民所應各該級人口之百分比,(附表三),根據此表可以應用於估計各疏密人口住宅內之遊園人數。

(表四) 二十五年後上海人口中使用綠地人口估計 (按七百萬人口計算)

年齡分級	於人口總數中所佔之百分率	各級人口使用綠地之估計(%)	總人口中綠地使用人數百分率之估計	人數估計
五歲以下	一二	一〇	一·二	八四,〇〇〇
六至十四歲	一六	三〇	四·八	三三六,〇〇〇
十五至廿四歲	二一	三〇	六·三〇	四四一,〇〇〇
廿五至五十四歲	四四	二〇	八·八〇	六一六,〇〇〇
五十四歲以上	七	二	〇·一四	九,八〇〇
				一,四八六,八〇〇

註 本表各項數字根據表二計算之結果 民改處二科卅五年三月調查統計

(四)本市綠地標準之商確

大倫敦計劃,將全市面積分為市中心區,內圍市區,近郊,綠帶,郊區等圈層 Rings,分別擬定其綠地標準,本市可分商業區—即市中心區,內圍市區—即緊湊發展區,附郊區—即半散開發展區,農業區—即散開發展區,綠帶與郊區—衛星市鎮及農帶諸圈層,以供擬定綠地標準之參考。

本市以商業區為中心—白晝人口每平方公里最多約三十萬人，內圍市區每平方公里居民一萬至五千人，附郊市區每平方公里七千五百人，農業地帶每平方公里五千人，綠帶及農帶每平方公里五百至七百人，衛星市鎮每平方公里五千至七千五百人。

綠地標準之與娛樂性質分佈地段及人口密度發生密切關係已詳見前數節，而現據大倫敦計劃所訂綠地標準（附表五）已達相當理想程度，蓋英國預計男女老幼市民之利用運動場人數較高，我國生活習慣少作戶外活動，雖則遊覽公園為輕微運動，而目前利用園地之市民，仍屬極少數，茲建議計劃或保留綠地，以公園為主，將來視情形需要在公園開闢運動場地，以補不敷面積，茲據市區分帶，擬定綠地標準如下表（附表六）。

（表五）　大倫敦計劃

	綠地面積　每千人
市中心區（一）Inner Urban Ring（一）	四英畝
內圍市區（二）十（三）Inner Urban Ring（二）十（三）	七英畝
附郊（一）十（二）Suburban Ring（一）十（二）	七英畝
附郊 Suburban Ring（三）	一〇英畝
綠帶（一）十（二）Green Belf（一）十（二）	一〇英畝
郊區（一）十（二）Outer Kountry（一）十（二）	一〇英畝

（表六）　上海市綠地標準

區　層	人口密度（每方公里）	綠地標準（每千人）	綠　地　面　積　（每方公里）
商業區	三〇〇，〇〇〇白晝人口	$\frac{1}{10}$英畝	三〇英畝＝一二·一五公頃
內圍市區（緊湊發展）	一〇，〇〇〇—一五，〇〇〇	四	四〇—六〇英畝＝一六·二—二四·三二公頃
附郊市區（半散開發展）	七，五〇〇	七	五二·五英畝＝二〇·八五公頃
農帶區（散開發展）	五，〇〇〇	一〇	五〇英畝＝二〇·二五公頃
綠帶農地	五〇〇—七〇〇		全部綠地
郊區（衛星市鎮）	五，〇〇〇—七，〇〇〇	一〇	五〇—七〇英畝＝二〇·二五—二八·三八公頃

此項標準近乎理想為實施計劃仍待商討訂正

（五）上海市建成區綠地計劃說明

建成區內原有隙地甚少，每千人僅佔綠地○・○二公頃，為增高綠地與建築面積比例計，實行疏散人或增闢園地，全區面積八七六○頃，根據都市計劃三稿報告，參酌建成區實際情形，擬定最低綠地標準，應有綠地二八四八・三公頃，（公園系統八八二・七公頃，住宅園地一九六五・六公頃），但於擬定實施計劃時，僅得綠地二七四一・一二立公頃，（現有公園七四・六九公頃，零星保留綠地一八八・七三公頃，區內綠帶二三一・一○公頃，區外綠帶二八一・○○公頃，住宅園地一九六五・六公頃，）所不敷之一○七・一八公頃，尚待繼續規劃保留。

本市建成區最低綠地標準：查英美先進諸國之綠地標準，在內圍市區，定為每千人一・六二公頃（四英畝。），及外圍市區每千人二・八三公頃（七英畝），郊區可達每千人四・○五公頃（十英畝），其居住衛生，已臻理想境界，本標準之公園系統，包括八八二・七公頃，係參酌現況，盡量擴充與保留綠地面積，而現有公園，僅七四・六九公頃，極待擴充，其理至明，茲以居住人口總數，（工商業區白晝人口除外，但混合居住之第二商業區人口計算在內），與各住宅區第二商業區及綠帶內所佔綠地面積計算，則公有綠地標準，為每千人佔○・三○公頃，此固不逮英美標準遠甚，但住宅園地之一九六五・六公頃面積，亦可以改善居住環境亦可差強人意也。

附表：上海市建成區最低綠地標準計算表

區別	面積（公頃）	公園醫院（公頃）	住宅園地（公頃）	公有綠地標準 人口	公有綠地標準 公頃千人
第一商業區	二七六	二七・六(一)		九六三，九○○白晝	○・○三
第二商業區	五○九	二五・五(二)	二○三・六(七)	三八九，六一二	○・○七
第一住宅區	一○八八	一○八・八(一)	五四四 (四)	三二六，四○○	○・三二
第二住宅區	三二八四	一六四・二(二)	九八五・二(五)	一，三○四，六○○	○・一三
第三住宅區	一一六四	一七四・六(三)	二三二・八(六)	四七七，二六○	○・三六
工業碼頭區	一六五三	八二・七(二)		八九三，二八六白晝	○・一一
特別工業區	九○	四・五(二)		八九三，二八六白晝	○・一一
運輸項	二七六	一三・八(二)		八九三，二八六白晝	○・一一

綠帶	二八一	二八一			
水道	一三九				
總計	八七六〇	八八二·七	一九六五·六	二，四九七，八七二(八)	〇·三〇(九)

註：(一)為本區面積百分之十。
(二)為本區面積百分之五。
(三)為本區面積百分之十五。
(四)為本區面積百分之五十。
(五)為本區面積百分之五十。
(五)為本區面積百分之三十。
(六)為本區面積百分二十。
(七)為本區面積百分之四十，本區為商業與居住混合使用性質。
(八)為住宅區及第二商業區之人口總數。
(九)為住宅區第二商業區，及計劃中之綠帶內公有綠地標準，不包括第一商業區及工業碼頭運輸等區人綠地。

(二)實施計劃

一、公園系統茲為確定本區內公有綠地分佈起見，除現有公園外，根據擬定計劃，尚須從事擴充面積，徵用及收回或限制使用公私綠地，但成一完整之系統。

甲、現有公園：現有公園分佈於建成區內者，約七四·六九公頃，

乙、徵用及收回綠地：公園系統之極待擴充，誠屬刻不容緩，但為施行便利起見，分期徵用及收回之，在本區內原屬公有綠地之尚未撥交工務局管轄者，應設法收回，以建造公園，如舊六三花園，舊凡爾登花園，舊貝當樹園，一衡山路苗圃），及平涼路苗圃等是也，又繁盛區內，人口密集，大塊園地，本屬頭得，宜加徵用闢作公園，以謀公衆福利，如哈同花園，跑馬廳，逸園等是，兩者合計總面積為五一公頃，本項工作宜於最近期內完成之。

丙、限制使用綠地：

子、區內公私綠地：本區內之綠地，如公共機關體育場所，市立公墓，公私醫院及公私學校之園地，皆較確定其使用性質，俾不致無限度添增建築物而減少綠地，此項綠地之保持，固不必皆闢為公園也，再如學校場地，

須酌量開放為公衆使用，可以增進市民健康，在本市運動場地極端缺乏之狀況下，尤較充分利用，各級學校均應預留若干空地，以作運動場及校園設備，務希滿除毫無隙地之里弄學校，茲建議教育局嚴格規定校園面積標準如下：

各級學校校院運動場地（保留綠地）標準

學校制別	綠地
完全小學	五市畝
初級中學	十市畝
高級中學	二十市畝
完全中學	三十畝畝

丑、綠帶在都畝計劃修正二稿所擬定之綠帶，計五一二二公頃，（區內綠帶二三一・一公頃，區外綠帶二八一・〇公頃，）皆須加以限制使用，以備擴充綠地。其辦法視其所經該區情形，另行詳細規劃，

二、住宅園地，原非固定，應藉營建規則，加以限制，避免形成貧民窟狀態，至於人民業已密集諸區域，須設法疏散或重建房屋，茲就目前情形，並根據本畝建成區營建區劃規則，擬定營建綠地標準，（見綠地標準表附註）

上海市建成區綠地規則草案

第一條 本規則根據上海市建成區營建區劃規則第十五條之規定訂定之，凡建成區內綠地之管理及開闢，悉照本規則之規定。

第二條 本規則所稱綠地，係指建成區內一切公有及私有之園場基地，並依照性質，分為下列各類。

甲、公園系統——包括市政府所轄之公園廣場苗圃及林園大道。

乙、保留征用綠地

（一）計劃公園——包括適合公共使用之團體或私人大花園及場地。

（二）計劃綠地帶——包括連接各公園需要之園場地帶。

丙、確定使用綠地——包括公共機關園地公私體育場所學校醫院公墓等。

丁、住宅綠地——包括公私住宅附屬空地。

第三條 凡本市公園系統計劃需起之基地，（詳建成區綠地計劃及綠地計劃圖）除現有之公園系統外，均根據本規則第五第六兩條之規定補充之。

第四條　凡屬於公園系統之園地，除應有之附屬建築物外，不得有其他建築，但有關公衆使用之文化建築物，經工務局核准者，不在此限。

第五條　凡屬於乙類，(一)項之園地，由市政府公佈保留之，除應綫持原有面積外，不得增加任何建築物，俟各該公園計劃完成時，由市政府分別征用之。

第六條　凡屬於乙類(二)項之基地，由政府公佈保留之，並禁止永久性建築，俟綠帶計劃完成時，由市政府斟酌需要陸續征用之。

第七條　凡屬於確定使用綠地，非經市政府核准，不得變更其原使用性質。

第八條　凡乙類(一)項及丙類綠地，均應規定時間，全部或局部開放以供使用，

第九條　凡住宅綠地，其面積與建築物面積之比例，不得小於下列標準，其已有住宅不合規定者，於重建房屋時限制之。

住宅區	園地面積	建築面積
第一住宅區	五	三
第二住宅區	三	五
第三住宅區	一	四

第十條　本規則於公佈之日施行。

(六)將來計劃

本市目前綠面積之缺乏，已如前述，然在目前，人口密度狀況下，頗難擴充，因人口超出飽和點，卽使全區闢為綠地，仍然不足，況固定之建築物，更改至為艱難，兹為配合上海市卅五年計建起見，另作公園系統，擴大綠地面積，以符每千人佔地四二·四九市畝之標準，故新計劃之擬定，唯有自較空曠之郊區着手，誠能將各項新式公用設備，如自來水電燈廠等區設於各郊區，又充分改善郊區與市中心之交通狀況，如開闢高速度之電車汽車路線，增多交通班次等，則市民自樂予協助，此計劃之完成也，除商業區域不得不利用今日市中心區域外，工業區域，則應分散於各住宅區附近，使工作者得減少往返時間之浪費，郊區新城鎮之建立，當儘量開拓公園大道綠地帶農業地帶，以隔絕各城鎮大小單位，其中包括體育設備庭園單位，並保留適當隙地，以調節人口密度。

就理而言，綠面積之分佈與居民使用狀況，以經常保持接觸為目的，不論工作與居住地點皆可遊覽綠地園地，兹將上述情

形列表如此：

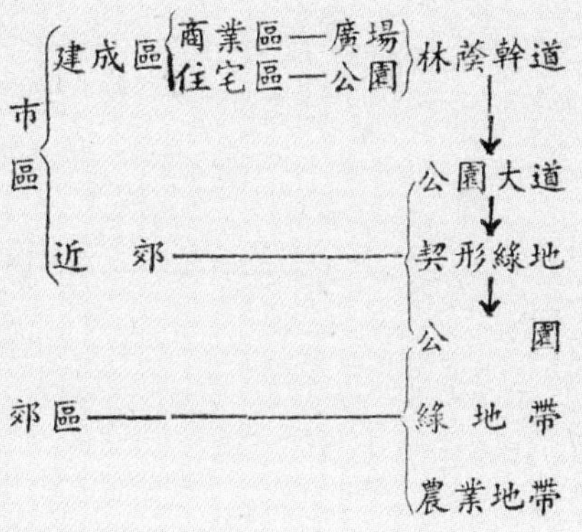

依土地使用擬定標準，全市綠面積，須維持四〇%比例，則須將各市鎮單位間所保留之農業地帶合併計算在內，公園及公有綠面積佔百分之廿，農業地帶佔百分之廿，以作設計標準，又因農業用地甚為空曠，可調節建築物之擁擠，在一定面積上，通常因農業經營不及工業經營利潤大，故欲保留郊區之農業地帶，必須採用現代之農業經營方式，利用優良品種及溫室栽培等方法，以提高產品價格及土地使用價值，俾業主樂於保持農業經營，同時利用其產品，以供給郊區居民食物之主要來源，蓋運輸途程短，費用可減低，獲利較厚，同時食物易保持新鮮狀況，營養價值優於遠地運輸者，農業地帶中，應貫以公園大道，以聯繫各區交通之公園大道，大道包括公園兩側較闊之空地，或佈置草地，或鋪設運動場或陳列富於紀念性或教育性之彫刻物，公園大道之意義，一方面便於乘於坐車輛中之觀賞，同時又可供附近居民作為遊場憩場所，住宅區及工業區，則不可貼近道旁，必另有通道連接，使公園大道無形中有隔絕各區鎮之功用，此外有紀念價值之地段，如抗戰中之大場羅店，闢作近郊公園，以增人景仰之意義，又各城鎮單位中，仍續保留各種公園，以供居民使用，玆擬定於下：

在商業區公園地極少，往往行道樹皆以能種植，應儘量利用道路交叉點之中心島，或徵購交換若干餘地，闢作廣場，以供遊憩，為中心區需增闢十餘處。

各於小單位，必須留置兒童公園，以人口四千計，應有兒童公園一所，其有效半徑不超出半公里，因其主要對象為兒童，故可與小學校合併計劃。

中級單位約一萬五千人左右，需小型公園一所，其有效半徑亦為半公里，面積約在五十畝左右，如目前之林森公園是也。

市鎮單位之人口，平均約十六至十八萬，須設立市內公園，有效半徑為一公里，其面積以百市畝以上為宜，如復興公園。

近郊及附郊諸區，添設近郊公園，如羅店大場等地，有抗戰史跡者，宜早闢闢以資紀念，其面積當較以上各種公園為大，應有獨特風格與佈置，蓋此種公園之作用，不僅在吸引本區域以內之遊客而已也，故不必以有效半徑為限制，恆作郊遊遠足之用。

公園大道聯系各公園幷與農業地帶合為一體，特性質略異耳。

以上所述者，蓋為本市公園系統計劃之諸原則，俾有一清晰之概念，至詳細之實施工程，當另文討論之。

中華民國三十七年六月

上海市建成區幹路系統計劃說明書

上海市工務局印

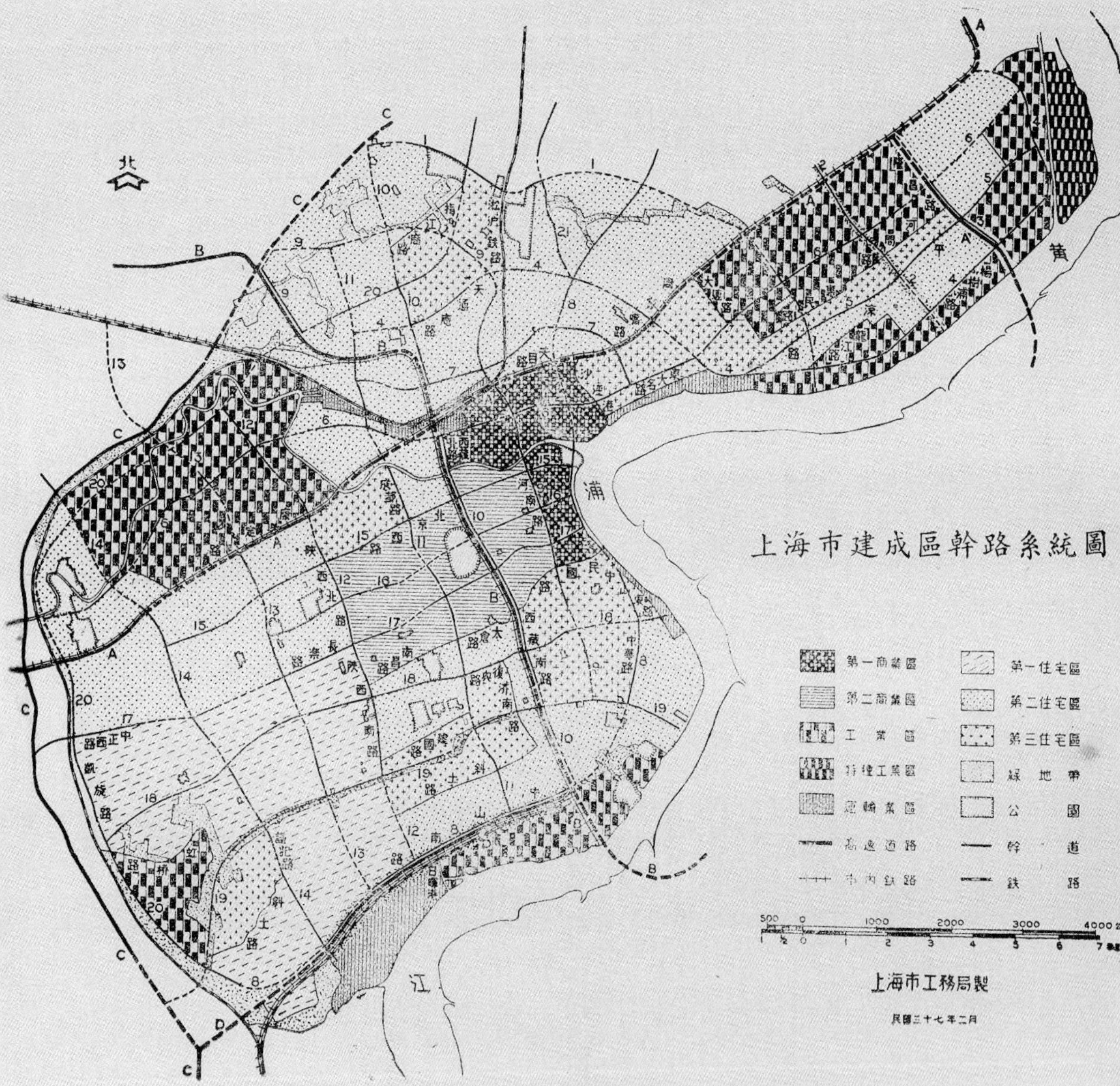

上海市建成區幹路系統圖
第一商業區
第二商業區
工業區
特種工業區
運輸業區
高速道路
市內鉄路
第一住宅區
第二住宅區
第三住宅區
綠地帶
公園
幹道
鉄路
上海市工務局製
民國三十七年二月

上海市建成區幹路系統計劃說明書

（一）交通阻塞之現狀及將來

自勝利迄今，本市中區交通，因車輛日增，行旅日繁，其擁擠程度愈趨嚴重，受影響之範圍益形擴大，阻塞時間亦更延長。戰前僅於上下辦公時間略為擁擠，餘時猶能暢通無阻，而今日之中區交通幾無時無地不入於紊亂之狀態。

本市人口以往年有增加，增加率約為每年2.4%，因工業化之進展，此後增加速度或更加快，即按以往比率複利計算，則二十五年後之人口，亦將有七百萬人之譜。此新增人口之居住問題，可由都市計劃總圖二稿建議之新市區單位予以容納，但同時有賴新的交通解决市民工作上必要之流動，尤以中區一帶為最重要。

按人口比例計，本市私人汽車約每180人有車一輛，與美國每3.5人有車一輛相較，為數實微，至於公共交通現在建成區面積尚不甚遼闊，在交通困難及生活高漲之下，平民階級，大多安步當車，據公用局統計，民國三十五年公共車輛之全年乘客，共約310,000,000人，即合每人每年乘車82次，以與紐約市每人每年455次相較相差殊巨，但如因大上海計劃得以實現，市區面積將為建成區之20倍，市民勢必因行程廣遠及交通便捷而增加乘車次數，設以平均每人每年600次計算（上海情形不宜鼓勵私人車輛之增加故此估計數字較紐約高30%）則七百萬人口將年達四十億次以上，其中半數以上往來中區，則未來公共交通之客運量，可達目前之七倍，據此設計，本市之道路系統，必須較長久之時間及極龐大之財力，容有緩不濟急之病，倘依照與本計劃同時完成之建成區暫行區劃計劃所計，則中區工作人口中之一百萬人必須居於中區以外，假令一年工作日數300天，每人每天往返二次，一年即需另加中區公共車輛之乘客六億人，（此數並不包括非工作人口乘用之數在內，而為最低限度之必要交通，）是已為三十五年乘客數之二倍，原有道路系統及運輸工具自無法應付此增加之客運量。

表一　各式客貨車輛數

	重型		中型	
客運車輛	公共汽車		自用汽車	八，一七三
	無軌電車		出租汽車	一，〇一〇
	有軌電車		吉普車	一，一六一
			試車	二〇二
			馬車	八〇
	合計	五五五輛	合計	一〇，六二六輛
貨運車輛	軍用卡車	一，九五六	充氣輪胎塌車	一〇，一七五
	自用卡車	三，二五九	鉄輪塌車	一五，六〇二
	出租卡車	二，七九〇	馬拖塌車	一五
	合計	八，〇〇五輛	合計	二五，七九二輛

輕型		車輛數
	機器脚踏車	二，四四三
	機器脚踏車試車	一八
	自用人力車	六，二八六
	自用三輪車	五，二〇一
	出租人力車	一五，六一二
	出租三輪車	九，七一五
	單座三輪車	四，九二五
	自行車	一四九，六一八
	合計	一九三，八二四輛
	送貨三輪車	七，七三八
	獨輪車	七一一
	糞車	二，一四二
	合計	一〇，五九一輛

本市既為全國之最大港口，以工商業為其經濟基礎，一切原料半製成品成品之運輸量，當較客運為大，且工業發達，則製造之專業愈精，半製成品之運輸，必更繁重，運輸之影響生產亦更巨，故如何謀貨物迅速而經濟之運輸，更屬道路系統計劃急待解決之問題。

由此可見輕型客運車輛，佔全部客運車輛之絕對多數，康威顧問團在滬時，嘗估計在最繁忙之鐘點，所有公共汽車及電車完全擠足之時，如以人力車三輪車完全計入，每車一輛，平均衹載客3.4人，平時每輛尚不到3人，此為本市現在客運方法最不經濟之點，務必力予改進者，加以接通上海公路之修築改善由外埠到達或經過本市之車輛勢必增加。故欲減輕目前交通阻塞之程度，及吸收將來增加之客貨運量，本市中區之道路系統自非有適當之改良不可，本計劃即所以從道路之設計着手，使客貨運輸均能達到迅速經濟及舒適之目的。

（二）現有道路系統之缺點

過去行政系統之分野，各項設施類皆各行其是，缺少整個計劃，道路系統自無例外，而有今日支離不一之現象，茲列舉其缺點如下：

一、城市交通中心　上海現有各大幹路，幾皆集中於中心區，自江灣吳淞楊樹浦閘北等區之交通，皆由四川北路河南北路及楊樹浦路三幹綫而入中區，滬東與滬西之間，除經過城市中心外，即無法相通，若在中心區以外，另有道路，此等交通，本無行經中心區之必要，乃以前未圖及此，實為促使中心區交通擁擠之主因。

二、四面受封鎖之城市中心　本市市中心區四面皆受封鎖，東臨黃浦江，乃為一天然屏障，所有東西向之道路，皆至外灘為止，西阻於跑馬廳，所有交通祇有通入西藏路，蘇州河横亙其北，僅有少數狹隘之橋樑，實不足以疏導南北兩岸之交通，西藏路橋以北，且入小巷之陣，而南市除一環路以外，別無他路可通，因此所有車輛，祇得集中於極少數通路上，如南京路中正路及北京路等，交通之擁擠阻塞自不可免。

三、東西向道路過少　南北道路，既因舊兩「租界」與南市閘北道路之分裂，使南市閘北與黃浦老閘靜安各區間缺少連繫，而東西向之路綫，應為全市之幹綫道路，更為重要，但現除三數道路以外，餘皆不能通行，上海現有道路系統之缺點，可見圖一末頁附圖。

四、土地混合使用　現有建成區土地混合使用，為造成交通阻塞之另一重要原因，其詳情已於建成區暫行區劃計劃說明中見之，各種車輛混雜一處之結果，使所有車輛皆不能暢通，又如商店街道與交通街道不分區別，致商店皆面對交通繁重之街道，在世界其他大都市此已成為陳舊之設計。

五、瓶頸街道　本市現有多數幹線道路，幾皆有「瓶頸」存在，此類「瓶頸」，皆由不顧大衆利益之少數房地產主所造成，如南京路北京路四川路等處之瓶頸，實早應拆除，方不致使整個上海社會至今猶蒙其害。

六、道路交叉過多　南市虹口閘北及滬西一帶，因建築地段過小，造成無數交叉點，不但使土地劃分不經濟，且足以阻礙交通，使車輛時停時行，行駛之速度乃減至最小限度。

七、交叉點設計之不良，道路交叉點如設計週全，可以加速車輛行駛速度，現有道路系統，雖曾有少數交叉點之設計，以便車輛轉向不受阻礙，但此項嘗試皆屬失敗，現有交叉點幾大多採用簡單之直角式，實為減低交通速度之另一原因，

八、人行道過狹　以前華中一帶，極少馬拖之車輛，故街道劃分為人行道及車馬道，在我國尚為時未久，本市街道竟沿襲舊規，至今尚有多處無人行道之設置，而數主要街道之有人行道者，又均嫌過狹，使行人不得不走入車道，車輛安得暢行，且增加肇事之機會。

九、車輛之種類太多　本市交通車輛種類之繁雜，為全世界所稀有，各種車輛之種類及數目，可見表一。以上海現有之人口，大型及中型之乘客車輛，實屬過少，康威顧問團報告書中曾提及雖在最擁擠之時間，乘用公共車輛者，僅佔全數百分之三十七，實則新式之大型公用車輛，如公共汽車電車無軌電車等較小型乘客車輛，經濟有效得多，載重卡車之輸運貨物，亦自較人力拖拉之塌車為利便迅速，但由於本市特殊經濟狀況所產生之人力客貨車輛，竟佔據全部運輸之極大比例，既足以妨礙大型車輛之發達，並使機動車不能發揮效能，蒙其害者不僅止於交通問題而已，整個社會之經濟發展，亦間接或直接受其挫礙。

十、車輛速度之不等　本市道路已甚狹隘，更因車輛之種類太多，各種速度不等之車輛混雜行駛，自更增交通之困難，賴交通警察之管制，終屬事倍功半，蓋以十八種不同速度之車輛行駛於同一狹小之街道上，混亂殆為必然之結果。據統計本市現有十二種不同速度之車輛，慢速車輛常阻礙快速車輛，因此一慢即生阻塞，一快即生碰撞。（見 M. Halsey "Traffic Accidents & Congestion"）

曾有人根據人道及交通立場，主張禁絕人力車及三輪車，但因其根本問題，在我國經濟制度之落伍，本市工商業皆至今仍以小規模者為主，如一旦禁絕人力車及三輪車，不但大批勞工將遭失業，同時使一般工商業之運輸發生困難，故人力車及三輪車之禁絕，且為一嚴重之社會問題，就交通立場言，祇能利用良好之道路設計，以盡量減少此類車輛影響機動車效能之程度，於是助長公共客運及大型貨運之發達，而促使其自然淘汰。

十一、停車　路邊停車，為促成上海交通困難之又一主因，過去不考慮預留停車場之位置，房屋建築面積，常佔基地面積百分之一百，特別在商業區中簡直毫無空地，現在除外灘路中心可停車約四百輛及河南路福州路口市政府之小停車場外，其餘車輛，大多停放於公共道路上，甚至運貨卡車亦均於路邊裝卸貨物，使道路寬度更感不足，交通亦更為阻塞。

十二、兼道路為車站　電車及公共汽車，因缺乏適當之空地，故不得不利用道路之一部份為車站，使本頗狹隘之街道，更易阻塞，如靜安寺提籃橋外灘等處皆是，最惡劣者為外灘一帶之輪埠站，因輪船與卡車多於外灘轉運貨物，使市中心區各道路之荷負更重，十五年前之外灘，尚為一片綠地，而今則為一垢污亂雜之船埠，使人一入上海之門戶，即留下極惡劣之影象，十五年以前上海之進出口貿易十倍於今，而並未有此情形，吾人能不力謀補牢之策乎。

（三）新計劃道路系統

歸納以上十二缺點，可分為二大原因，一至八為道路本身設計之不善，九至十二為使用上所引起之不良結果，在未來之二十五年內，交通量既將大形增加，新計劃之實施必需從一新觀點入手。

過去都市計劃家，對交通阻塞之補救辦法，多以放寬現有道路為唯一方法，但此種放寬辦法，僅能收效一時，且往往得不償失，如上海交通混亂主因之一，在各種不等速度之車輛混雜行駛，則僅放寬現有道路，仍不能解決其問題，道路太寬，行人過路，易生危險，小型車輛之碰撞機會亦將增加，故放寬道路之結果，並不足使交通之速度運量，有何增加，且所費不貲，在此房荒嚴重社會貧困之際，放寬計劃，似尤難進展。

上海市都市計劃總圖新設計二種新型道路，此種新型道路，不但能行駛高速車輛，且能增加交通運量，實為解決上海交通問題最經濟有效之方法。

此二種新型道路為

一、高速道路系統（高速道路即都市計劃委員會以前各報告內所稱之「幹道」（Arterial Road）幹路即所稱之「次幹道」或「輔助幹道」（Sub-arterial Road）

二、幹路系統

高速道路系統之設計，乃以行駛公共汽車貨車及自用機動車為主，公共客運，可用高速長途公共汽車或電氣火車（或用柴油火車）。

高速道路及幹路之設計，當符合下列條件：

一、較同樣闊度之普通道路建築及維持費低廉，但容量及效率較高，在幹路中劃分機動車與非機動車之行駛路綫，以適應上海之特殊條件，而不影響車速及運量。

二、不必普遍放寬路面而徵收路旁土地並影響路旁之建築。

三、永久保持設計時之運量，俾足適應未來需要。

四、增加運量及車速而減免肇事。

五、幫助發展都市之成長，使交通之起迄地點，有直捷之通道幹路，並將為中間單位之分界綫。

上海因下水位過高，故不宜建築地下車道，分層交通之高架車道，似為比較經濟之解決方法，因其不受快慢車輛之影響，各種車輛可以儘量利用其最經濟之速度行駛。

高速道路內電氣鉄道與汽車道分道行駛，汽車道為十二呎闊之雙車道，往來二條高速道路全闊二十三公尺，惟於交叉處及進路處，因須與其他高速道路或幹路用斜道連繫，應略加闊。

高速道路及幹路建成以後，其餘現存道路之功能，將退居為地方道路，僅供中間單位內交通之用，運量自屬有限，故住宅區內之道路，最小闊度三公尺，城中區之商業及商店區內之道路，應為四車道。

（四）計劃中之高速道路

高速道路路綫之設計，根據下列目標：

（一）所有新市區與中區間之主要交通，由高速道路担任之。

（二）「中區」作為車輛轉換之樞紐所在。

（三）過路車輛可不必經過擁擠之商業區。

計劃中本市之高速道路系統，與美國之高速公路不同，美國公路之目的，在便利私人汽車之行駛，而本市高速道路之設計，乃以應付公共客運及工業貨運為主要目的，中區各高速道路及幹路路綫可詳見封面後附圖及下節說明。

此等高速道路，在中區為高架路綫，與其他交通不相平交，且來往二綫之間，有一分界帶相隔，高速道路內祇准行駛機動車輛，與可在交叉點處以斜道上下相連。

此項高速道路，既係分層交叉，路面平寬，故不論汽車卡車或電車皆可通行無阻，安全速駛，其最大速度，預期可達每小時九十至一百公里。

（五）幹路系統

高速道路為連接大上海市內各新市區與中區及各公路間之直達路綫，幹路為各區內與區間之主要通路，一區內之幹路與他區內之幹路系統可各自獨立。

幹路之距離較短，車速亦較緩，在全市人力車輛不能遽行禁絕以前，幹路內得同時行駛各機動車非機動車及行人，但為求行駛於幹路內之機動車輛，有較高之速度起見，乃將幹路劃分成快車道與慢車道（或稱便車道 Service Road）二種，如能另加一條自行車道，自更合理想、以隔離駛速不等之車輛混雜一處，快車道上不准停車，公共汽車可停於特設之三、五公尺深之路凹內，幹路之交叉點可應用圓場交叉法，自用汽車之駛入或停放，必須經過慢車道鄰近地段之支路，不能直接穿過快車道，必須先經過便車道，然後於圓場交叉點處進入快車道，如兩交叉點距離過長，得另設若干中間進口處。

市區內之幹路，形成一蛛網型之圖案，於商業區中為長方形或可成其他形狀，即分市區為若干中間單位，各中間單位再分為若干鄰里單位，如此、則車輛可不必經過中間或鄰里單位之內而直達目的地。

新道路系統完成以後，車輛行駛速度，當可大事增加，約每小時四十公里，市民工作往返，自必大為便利，茲就南市至楊樹浦工業區之全部行程時間，舉例計算如下。

自家走至公共汽車站　　七分鐘
等車（平均五分鐘一班）　　三分鐘
途中（十一公里車行每小時四十公里）　　十六·五分鐘
自車站至工廠　　五分鐘
合　計　　三一·五分鐘

即以中區二端間最長之距離為十八公里計，全部行程時間，亦祇需四十二分鐘，如從現有西區至城中區，則僅需二十二分鐘，不但客運如此，貨運如原料半製成品消費品等亦同樣可得經濟而迅速之運輸，由此可知新道路系統，不但可以縮短時間，而且可以節省金錢，可謂一合乎理想之道路系統。

（六）建成區新幹路系統之計劃路綫

高速道路

第一高速道路（A綫），自吳淞新港區按原有軍工路方向至引翔港折西成為計劃「建成區」之新界，與現有周家嘴路西段啣接後開始為高架路，過沙涇港後，沿武進路至北站外緣之天目路，再漸下降至新聯合車站入口，而達地平面，在西藏路之交叉點處穿入B綫之下，兩者用環路連繫，在西藏路以西再行上昇至五·五公尺，至閘北沿長安路跨蘇州河再沿普陀工業區之南界及長甯路而達計劃中北新涇青浦間之公路，過中山路向西以後，即完全為地平高度，全綫均行電氣火車，故闊度可趨一致，但在地面時，尤其在綠地帶可有較闊之路肩。

第二高速道路（B綫），聯接京滬國道及滬太公路，於滬太路新邨路之交叉點隨滬太公路南下，迄中華新路東折至宋公園路，復轉向南越鉄路後，沿西藏北路西藏中路西藏南路而達黃浦江渡口，以上均為高架速道，電氣鉄路自浦東接至本綫，置於全路之中，闊七公尺，兩旁為快車道，在大統路之西，電氣鐵道即離開幹道而依照目前之京滬鐵路綫行駛，高架高速道路之總闊度約為二十三公尺，中山路以北一段，因無火車道可減至十七或二十公尺。

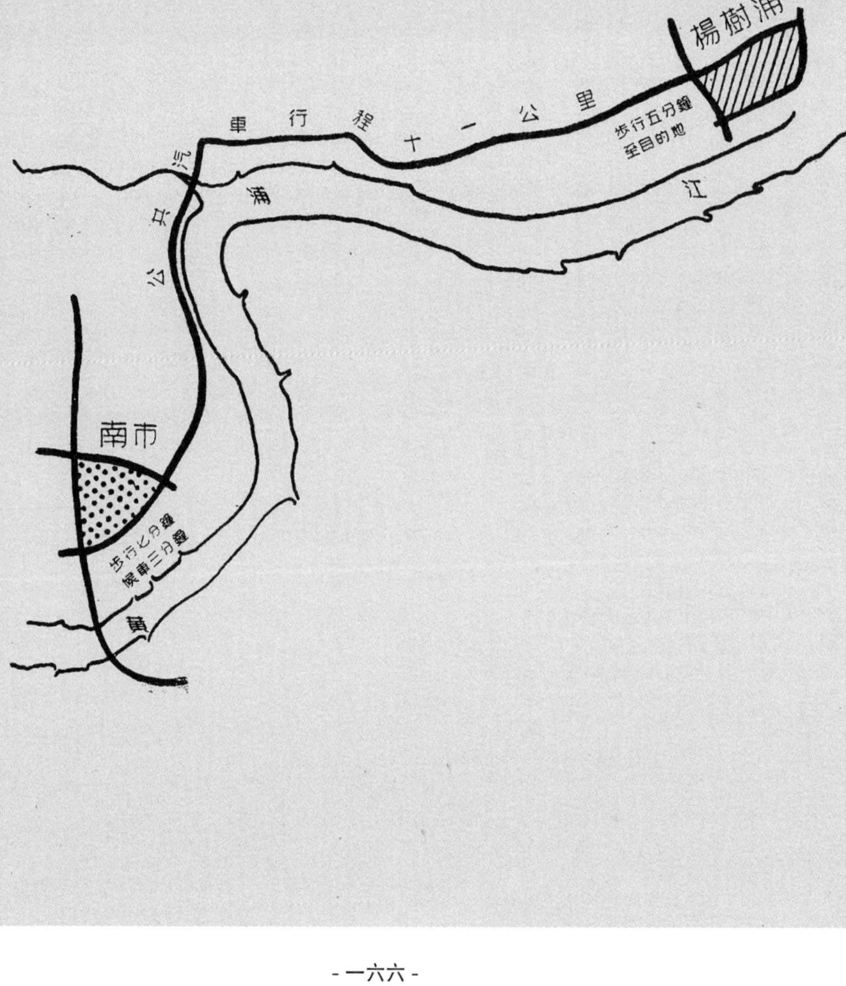

第三高速道路(C綫)與(A綫)同自吳淞新港出發，沿新港出發沿新江灣區之東並為中區之北界，在京滬鐵路之南與中山路相連接，沿中山路至龍華而接滬杭國道，本綫全部環繞建成區，故無須高架，唯一之高架地點，為跨越鐵路之一號橋處，全綫並無電氣火車，故有二公尺半之路肩，總寬二十公尺之四車道已足用，六車道則總寬亦僅需二十七公尺。

D—線高速道路為C綫之支綫，從龍華開始依幹路(8)線至新南站而入高速道路(B)綫，全長僅六公里，為中部商業區滬杭國道及龍華飛機場間之主要交通綫。

以上(A)(B)(C)三高速幹路之交叉點，祇有三處，新聯合車站前(A)(B)綫之交叉點，可無問題，蓋二路位於不同平面而用環路聯繫，其他兩個交叉點，位於綠地帶，可有足夠地位以作完備之設計，高速道路絕不與他路平交，僅有限之數處接連幹路，通運速率之一致與否，對高速道路影響極大，

非機動車及行人，在高速道路上絕對不准通行，此為設計時之基本假定，必須完全遵守否則整個計劃將遭破壞，全中區既僅有三高速道路，故此種限制自非不合理者。

幹路系統

幹路系統，雖亦為快速交通而設計，但為都市之經濟着想，不得不暫時保留一部份非機動車之存在，幹路有分隔之機動車道及非機動車道，但於交叉點處兩種車類混合通運時，不免影響道路效率，但吾人堅信非機動車道僅為一時權宜之處置，將來原始式之交通工具，勢必淘汰，當即可改為機動車道。

建成區共有幹路二十一線：

1線從許昌路黃浦江邊開始，沿許昌路達高速道路(A)線，西北折經徐家橋蔣家宅，本路在高速道路(A)綫及(C)綫間之一段，成為中區之邊界，設計此綫主要目的，為連接楊樹浦工業區，及高速道路系統，客運亦頗繁重，蓋本綫連接至浦東之渡口，全綫所經公私綠地帶數處，故又不難造成一風景美妙之道路，且為各該綠地帶之邊緣。

2線亦起自黃浦江邊沿松潘路甯國路及黃興路，雖通過楊樹浦工業區，但以運客為其主要功能，為以前「新市中心」及楊樹浦工廠間之唯一通道，可為浦東新住宅區及「新市中心」間之直達通道。

3線沿隆昌路接連楊樹浦工業區及高速道路(A)線。

4線從高速道路(A)線離現有軍工路之點起，經軍工路梨平路楊樹浦路，西北折入海門路公平路臨平路全家庵路山陰路，越淞滬鐵路後沿天通庵路南山路而止於大統路，本路東段供楊樹浦工業區及吳淞新港間之貨運，西段接連閘北及匯山兩住宅區。

5線沿平涼路為楊樹浦區內之主要東西通道。

6線從幹道4線沈家橋處起，經長陽路長治路新疆路廣肇路長壽路及梵皇渡路而止於滬杭鐵路，本線及高速道路(A線為普陀工業區及楊樹浦工業區間之兩條通道，兩線皆經聯合車站之前，本綫更使中部商業區得與東方之楊樹浦區及西方之普陀區互相連繫。

7線沿新建路庫倫路邢家橋路及虬江路而行，為新中部商業區之界線，並使閘北之住宅區與鐵道得以分隔。

8線沿其美路溧陽路吳淞路外灘民國路中華路中山南路而至徐家匯，本線環接虹口住宅區「新市中心」南市及龍華之綠地帶以供上述各地之客運。

9線從閘北高速道路(B)綫及(C)綫之交叉點起，經宋公園路公興路轉南沿橫浜路而至鐵路，再沿寶山路河南路經城內而達陸家浜路，本線北段連接閘北區及高速幹路系統南段，可便利閘北及城內居民與商業區之往來，鐵道以北之迂迴路綫，可免妨礙，應由高速幹路(B)綫通運之交道。

10線分南北兩段，北段在鐵路以北起，自1綫之雨傘店處，沿宋公園路以達永興路之北，再沿宋公園路而在虬江路以南進入高速道路(B)綫之環路，南段從建議中新南站起，向北沿肇周路西藏路越新疆路而亦進入高速道路(B)綫之環路為止，南段路綫完全與高速道路之(B)綫取同一路綫。

11線從閘北幹路9線起，沿大統路華盛路成都路英士路及新橋路，本綫經零售商業區之中心，以便利閘北居民。

12線沿江甯路陝西北路陝西南路而達龍華路，本線及13線之設計目的，為維持普陀輕工業區及中部零售區間之貨運。

13線在高速道路(B)綫以北之滬太公路上開始，沿常德路膠州路常熟路而至岳陽路。

14線從真如站以北之高速道路(B)綫起，沿曹楊路江蘇路興國路宛平路謹記路而至龍華，本線及13線可為滬西住宅區至高速道路系通之進道。

15線即沿今之北京東路北京西路及愚園路。

16線沿漢口路威海衛路及中正中路。

17線沿中正東路中正中路長樂路華山路及中正西路。

上述三線，連繫滬西住宅區及中部商業區，設計時曾特別注意避免經過南京路及林森路之商店區，因地價太昂故也，各該線在熱鬧鐘點中客運可能甚重。

18線沿林森西路林森中路復興中路復興東路經姚家弄老太平弄而止黃浦江邊現今之大達碼頭。

19線從徐家宅高速道路(C)綫起，越滬杭鐵路沿徐家匯路而至陸家浜路三角街油車碼頭街而至浦江邊，8綫18線及本綫三線為南部八個住宅區之東西向交通線，俾減輕17綫之運量。

20線沿翔殷路水電路中山北路宜昌路越蘇州河繞聖約翰大學沿凱旋路而接至18綫。

21綫從20綫分出沿東體育會路而達歐陽路。

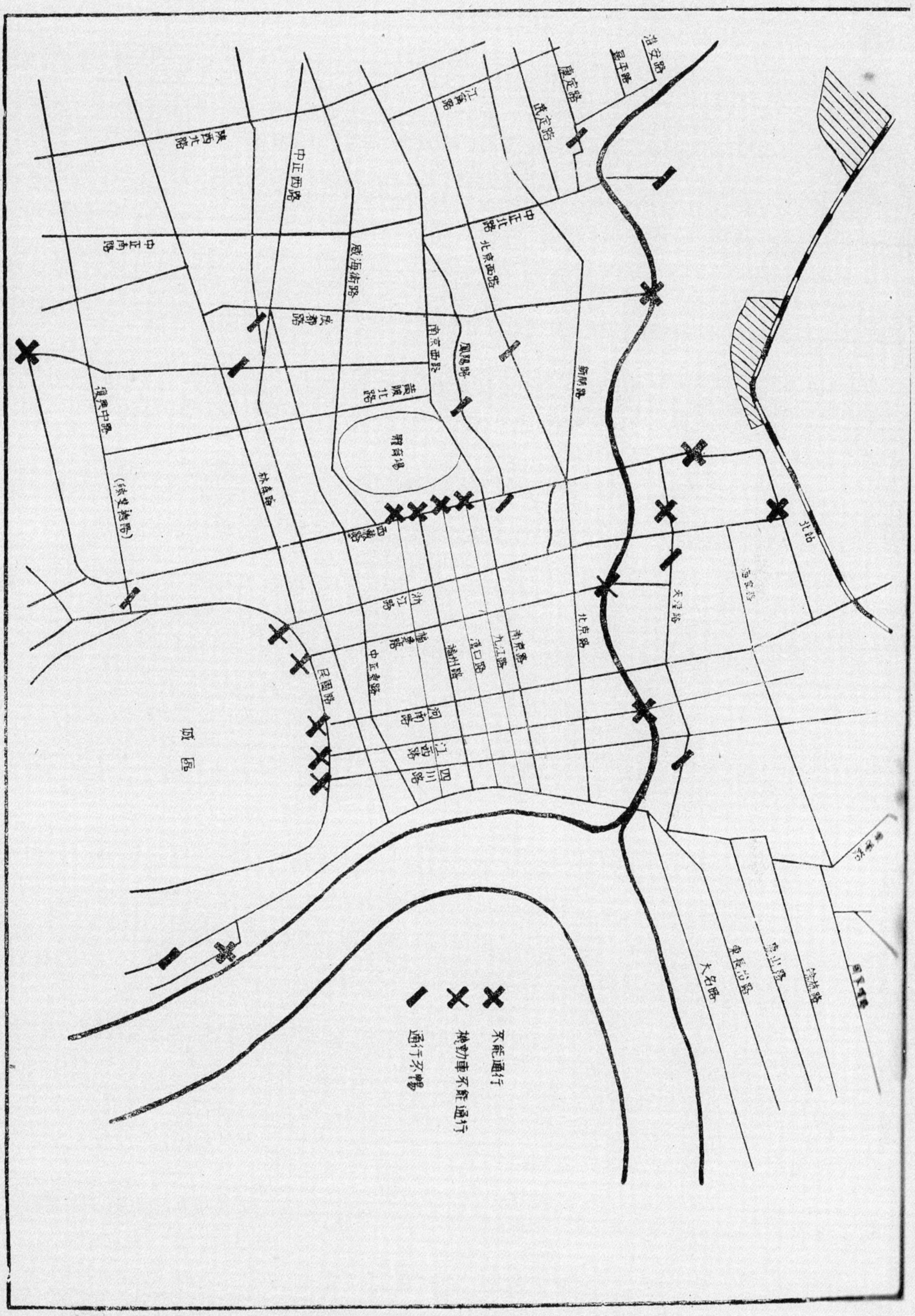

不能通行
機動車不能通行
通行不暢
北站
南京路
九江路
漢口路
福州路
河南路
江西路
四川路
北京路
天潼路
大名路
長治路
中正北路
中正西路
中正東路
中正南路
陝西北路
威海衛路
南京西路
成都路
新閘路
林森路
民國路
復興中路
黃陂北路
鳳陽路
體育場
北京西路
浙江路
西藏路
武定路
康定路
江寧路

中華民國三十七年三月

上海市工廠設廠地址規則草案 附分區圖

上海市建成區營建區劃規則草案 附分區界址表及圖

上海市處理建成區內非工廠區已設工廠辦法草案

上海市處理建成區內非工廠區已設工廠辦法草案修正本

上海市建成區幹道系統路線表

上海市工務局印

上海市工廠設廠地址規則草案

第一條　上海市政府為規定本市工廠設廠地址特訂定本規則

等二條　凡在本市新建廠房或利用現有房屋開設工廠或工場者除法令另有規定外一律遵照本規則辦理

本條所稱工廠或工場指用物理或化學方法製造貨品之場所

第三條　本市設立工廠範圍其規定如左（詳二萬五千分之一附圖）

（一）第一區在曹家渡蘇州河一帶北以滬杭甬鐵路為界南界新計劃之高速幹道（即康定路并自延平路向西至梵皇渡路之（延長線）東沿蘇州河（西蘇州路及淮安路之一段）西界曹真路梵皇渡路

（二）第二區在楊樹浦之三段地帶其範圍如左

1　北界新計劃之高速幹道南界河間路惠民路東界隆昌路西界大連路長陽路荊州路

2　南界黃浦江東界隆昌路西界大連路南向延長線（自楊樹浦路至黃浦江）北界楊樹浦路龍江路杭州路眉州路楊樹浦路

3　南界黃浦江東界復興島西界隆昌路北界平涼路及定海路北向延長至翁家宅沈家橋軍工路及高爾夫球場南地界

（三）第三區在南市之二段地帶其範圍如左

1　北界機廠街滬軍營路東界外馬路西界半淞園南界黃浦江

2　東北界車站路半淞園北界中山南路西界日暉港南界黃浦江

（四）第四區在徐家匯一帶其範圍如左

北界虹橋路東界華山路徐匯公學及浦東路西南界凱旋路計劃路線

（五）第五區在虬江碼頭南北之二段地帶其範圍如左

1　北界新虬江南界滬江大學東界黃浦江西界軍工路

2　東北界黃浦江東南界新計劃之高速幹道西北界閘殷路南界五權路

（六）第六區在周家橋鎮以西沿蘇州河之三段地帶其範圍如左

1 北界虬江及真北路西至七家村蔡家橋南庫南界蘇州河東界甘家宅陳家渡西界陳家宅徐家宅陸家庫

2 北界西沙北宅及蘇州河南界北翟路南新計劃之高速幹道東界甘家浜及莊家宅西界沙家巷王家庫

3 北界蘇州河南界新計劃之高速幹道東界莊家涇及祥里西以市界爲界

(七)第七區在吳淞一帶（資源委員會中央造船廠廠址）

(八)第八區在華莊梅隴鎮一帶之二段地帶其範圍如左

1 北界西牌樓張家溳東俞家宅沈家塘南許家宅之南西界余宅陸家堰朱家塘之間南界姚家宅何家庫東界南春華堂行前宅西牌樓之間

2 北界冬青園顧家灣沙家弄管家塘之北南以春申廟錢家浜間之小浜爲界東界馬家塘孫家灣東南界小王宅朱五家及陸家浜西自冬青園至錢家浜以市界爲界

(九)第九區在洋涇鎮一帶之四段地帶其範圍如左

1 東界馬家浜南界塘橋鎮楊家宅西界金家浜居家橋北界黃浦江

2 東界居家橋東楊家宅裘家木橋南界李家宅徐家宅殷家宅西界陳馬家宅周家宅陳家宅北界黃浦江

3 東界蔡家宅凌家弄南界小洋涇郁家宅凌家木橋浦東大道西界浦東大道北界黃浦江

4 東界浦東大道北護塘路烟廠路陸家嘴路瀾泥路新街陸家渡路楊家渡路浦東大道南界謝家宅麥家宅西及北界黃浦江

(十)第十區在塘橋鎮一帶之四段地帶其範圍如左

1 東界浦東大道南界計家宅西界黃浦江北界張家浜路

2 東界西三里橋南界浦東大道西界張家宅北界黃浦江

3 東界白蓮涇南界浦東大道西界上南汽車路北界黃浦江

4 東界市界南界太陽廟王家宅西界倪家宅嚴家宅北界白蓮涇

第四條　在前條範圍以外之地區得准設立工場其規定如左

在已有營建區劃之地區依照各該區營建區劃規則之規定辦理之

在未有營建區劃之地區應經核准後始得設立之

第五條　本規則所稱工廠工場之分類另訂之

第六條　凡已設立之工廠或工場不合於前列各條之規定者其處理辦法另訂之

第七條　本規則自公佈之日施行

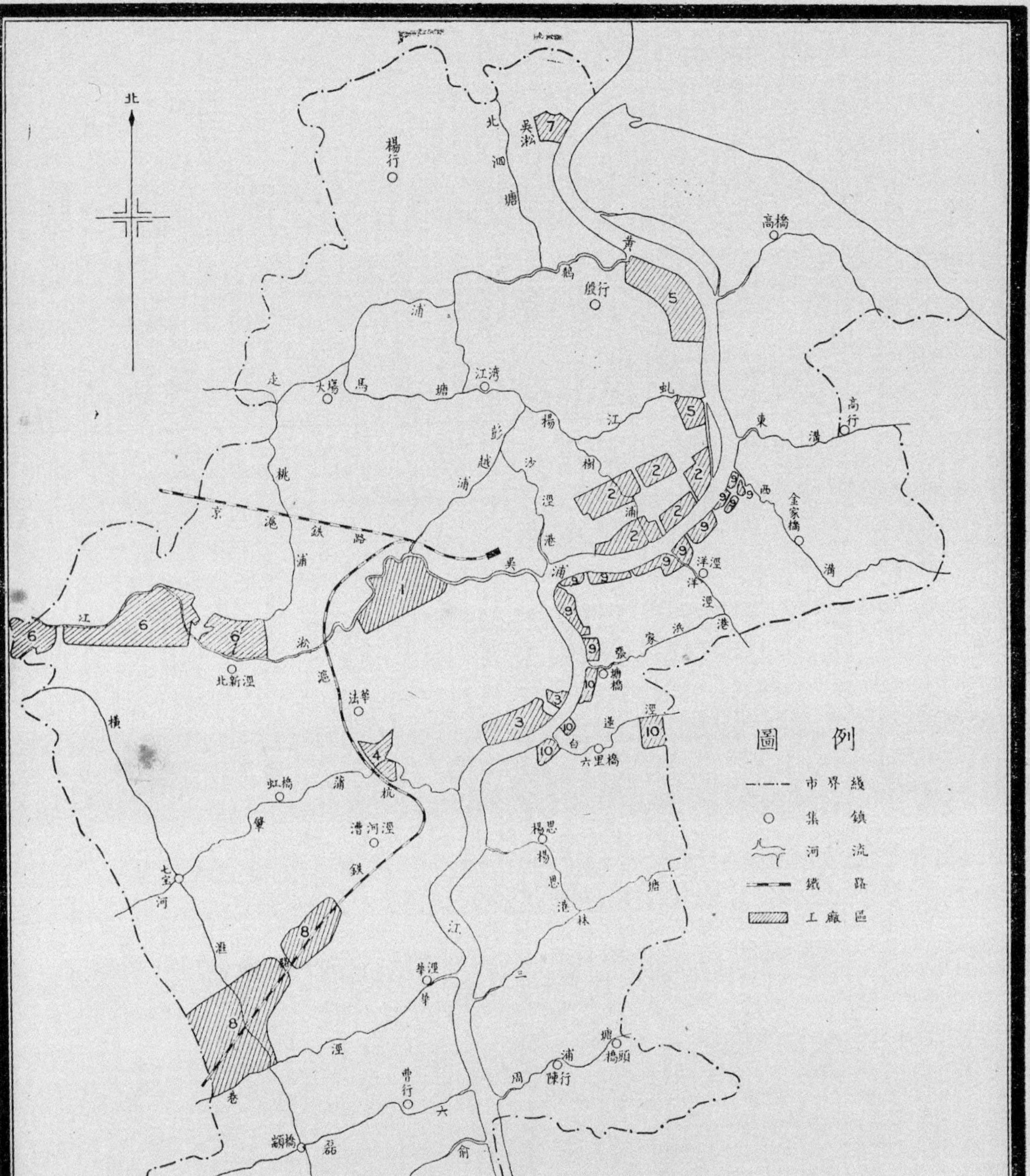
上海市
工廠設廠地址分佈圖
圖例
市界綫
集鎮
河流
鐵路
工廠區
1000 0 1000 5000 10000公尺
上海市工務局製
中華民國三十七年二月
北
吴淞
楊行
殷行
江湾
大場
高橋
高行
金家橋
洋涇
塘橋
六里橋
北新涇
法華
虹橋
漕河涇
七宝
華涇
陳行
顓橋
北橋
馬橋
京滬鉄路
滬杭鉄路
黄浦江
蘊藻浜
吴淞江

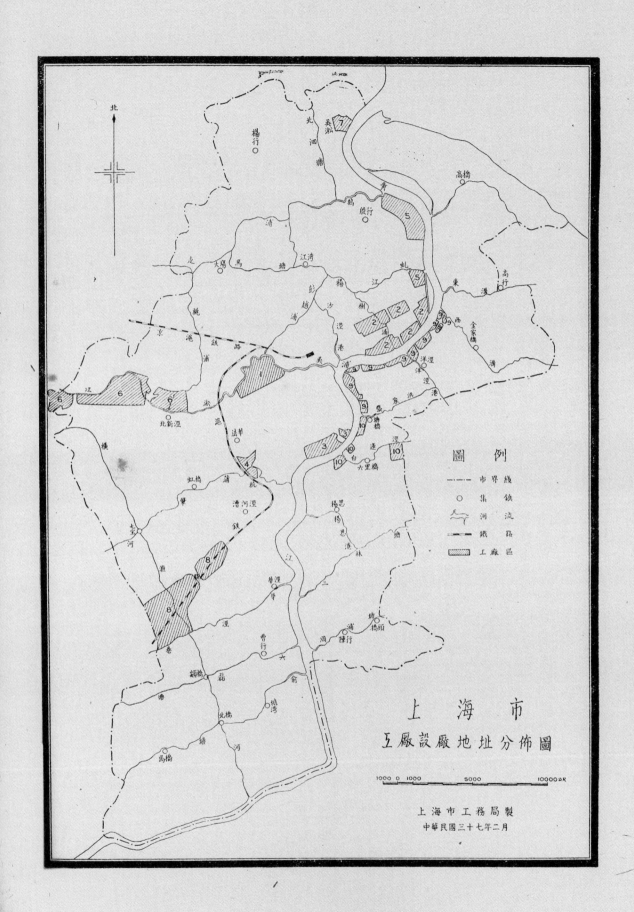

上海市建成區營建區劃規則草案

總則

第一條　上海市政府爲配合大上海都市計劃之需要就現有建成區除重建區另有規定外劃定各類營建區各區內之建築物悉依本規則處理之

第二條　本規則所指建成區範圍及各營建區界線以上海市建成區營建區劃圖（一萬分一比例）所示爲準

第三條　營建區分爲下列各類

第一住宅區

第二住宅區

第三住宅區

第一商業區

第二商業區

工業區

油池區

倉庫碼頭區

鐵路區

綠地

第四條　本規則所稱建築物之分類係依據其型式及使用性質計分下列八種

一、公有公共使用建築物——爲行政公安文化教育體育衞生工程交通金融及公益需用之政府建築物

二、私有公共使用建築物——爲文化教育體育衞生工程交通金融貿易法律宗教公益旅宿娛樂飲食等公共使用之私人建築物

三、商店——爲經營成品或原料買賣及爲公衆日常生活服務使用之建築物

四、住宅——爲專供居住使用之散立式聯立式及公寓式建築物
五、工業建築物——爲專供製造成品半成品或修理之工廠工場及其附屬設備
六、油池——爲專供汽油柴油煤油潤滑油等油類庋藏之建築物及其附屬設備
七、倉庫碼頭——爲專供儲藏貨物及停泊船隻之建築物
八、鐵路建築物——爲專供鐵路使用之建築物及其附屬設備

第五條　前條所稱之工業建築物並分爲下列五種
(甲)普通工廠——工人在五十人以上馬力在三十匹以上工作時發出大聲響或飛散多量烟塵但無爆炸及易燃之危險不發出惡臭及有毒氣體並不排洩有毒害之污水者
(乙)商業工場——工人在五十人以下馬力在三十匹以下裝有鍋爐但無爆炸及易燃之危險工作時無大聲響不飛散烟塵不發出惡臭及有毒氣體並不排洩大量或有毒害之污水者
(丙)家庭工場——工人在三十人以下馬力在十匹以下裝有鍋爐工作時聲響不外傳不飛散烟塵無爆炸及易燃之危險不發出惡臭及有毒氣體並不排洩大量或有毒害之污水者
(丁)小型工場——工人在十五人以下馬力在三匹以下不裝鍋爐工作時聲響不外傳不飛散烟塵無爆炸及易燃之危險不發出惡臭及有毒氣體並不排洩大量或有毒害之污水者
(戊)特種工廠——工人及馬力均不限制裝有鍋爐工作時有聲響飛散多量烟塵且有爆炸及易燃之危險或發出惡臭及有毒氣體排洩有毒害之污水者

住宅區

第六條　第一住宅區——限定建築散立式半散立式公寓式住宅及其常用之附屬建築物但公有公共使用建築物及有關文化教育體育衛生宗教之私有公共使用建築物及商店經工務局認爲與住宅安寧無礙者亦得建築

第七條　第二住宅區——除前條之建築物外並得建築聯立式住宅及其常用之附屬建築物但下列建築物經工務局認可者亦得建築
(一)旅館　住宿舍

(二)電影院
(三)零售商店
(四)小型工場
(五)使用馬力較高(三十匹以下)而不妨礙居住安寧及衛生特許之工場(服飾乾洗化裝品飲食品輾米文具印刷及其類似之工場)經工務局認可者亦得設置
(六)車庫
(七)加油站

第八條　第三住宅區——除前條之建築物外並得設立家庭及商業工場

商業區

第九條　第一商業區——限定建築有關行政公安工程交通金融貿易法律之公有及私有公共使用建築物但下列建築物經工務局認爲與安全衛生無妨礙者亦得建築
(一)公寓式旅館
(二)戲院(包括電影院)
(三)菜館
(四)商店
(五)小型工場
(六)新聞事業附屬工場
(七)車庫
(八)加油站

第十條　第二商店區——除前條之建築物外限定建築商店店宅兩用建築物暨有關旅宿娛樂飲食之公有及私有公共建築物至需用馬力較高(三十匹以下)而不妨礙安全及衛生之特許工場(服飾乾洗化裝品飲食品輾米文具印刷及其類似之工場經工務局認可者亦

得設置

工業區

第十一條　工業區——除特種工廠外其餘各種工廠工場及其常用之附屬建築物暨車庫加油站及有關行政公安之公有公共使用建築物均得建築

油池區

第十二條　油池區——除限定建築汽油柴油煤油潤滑油油池及其常用之附屬設備並有關行政及公安之公有公共使用建築物外不得有其他建築

倉庫碼頭區

第十三條　倉庫碼頭區——除倉庫碼頭及其常用之附屬設備外不得有其他建築

鐵路區

第十四條　鐵路區——除鐵路及其常用之附屬設備外不得有其他建築

綠地

第十五條　綠地——包括公有私有綠地除經工務局特准之建築物外不得有任何建築

附則

第十六條　建築線以道路邊之境界線爲限但有特殊情形者工務局得指定其範圍

第十七條　關於建築物之高度與建築基地內應保留之空地工務局得斟酌土地之狀況營建區之類別建築物之構造及道路之寬度另行規定之

第十八條　工務局爲增進市容起見對於建築物面臨道路之立面樣式得爲必要之規定及有權請建築師修改圖樣

第十九條　關於建築物之結構設備及建築基地之規劃工務局得爲衛生上與公安上必要之規定

第二十條　關於建築工程之實施工務局得爲必要之規定

第二十一條　凡建築物不合本規則各條款之規定者其處理辦法另訂之

第二十二條　本規則自公佈之日起施行

上海市建成區營建分區界址表

第一住宅區——東界陝西南路南界中山南路西界斜土路謹記路徐家匯路華山路林森西路張家宅後胡家宅姚家宅及凱旋路北界中山西路及長樂路

第二住宅區——甲、愚園路一帶——東界陝西北路南界長樂路及中正西路西界滬杭鐵路北界曹真路梵王渡路及康定路

乙、滬南及黃浦區南區一帶——東界黃浦江南界外馬路車站後路中山南路西界斜土路製造局路復興中路英士路建國西路及陝西北路北界南昌路太倉路西藏南路陸家浜路桑園街中華路老太平街中山東路及老白渡街

丙、閘北西區一帶——東界西藏北路南界北京西路西界成都路光復路北界京滬鐵路

丁、閘北及引翔一帶——東北界新幹路江灣路嚴家閣路寶興路及柳營路西南界綠地帶京滬鐵路寶山路武進路鴨綠江路及周家嘴路

戊、楊樹浦一帶——東界隆昌路南界楊樹浦路眉州路杭州路龍江路楊樹浦路北界平涼路

己、引翔一帶——東界軍工路沈家橋翁家宅南界平涼路西界隆昌路北界新高速幹道

第三住宅區——甲、徐家匯一帶——東界謹記路南界斜土路西北界徐家匯天鑰橋路及斜徐路

乙、日暉港一帶——東界濟南路製造局路南界斜土路西界陝西南路北界建國中路英士路復興中路

丙、滬南一帶——東界中山東路老太平街中華路桑園街南界陸家浜路西界西藏南路北街民國路及永安街

丁、蘇州河一帶——東界成都路南界北京西路西界陝西北路北界蘇州路及康定路

戊、閘北一帶——東界淞滬鐵路南界天通庵路西界宋公園路北界柳營路

己、楊樹浦一帶——東界隆昌路南界平涼路楊樹浦路大名路西界商邱路北界周家嘴路大連路長陽路荆州路惠民路及河間路

第一商業區——東界沙涇港黃浦江中山東路南界永安街民國路西界河南路北蘇州路西藏北路北界新疆路浙江北路天目路武進路及鴨綠江路

第二商業區——東界河南路南界民國路太倉路南昌路西界陝西北路北界北京西路西藏北路及蘇州路

工　業　區——見上海市工廠設廠地址規則草案

油　池　區——周家嘴島

倉庫碼頭區——甲、楊樹浦一帶——東界大連路南界黃浦江西界沙涇港北界大名路楊樹浦路

乙、十六舖一帶——東界黃浦江南界老白渡街北界永安街西界中山東路

鐵　路　區——甲、北站鐵路區——東界寶山路南界天目路浙江北路新疆路閘北西區西界蘇州路北界交通路虬江路

乙、日暉港一帶——東界日暉港黃浦江南界龍華港西及北界中山南路

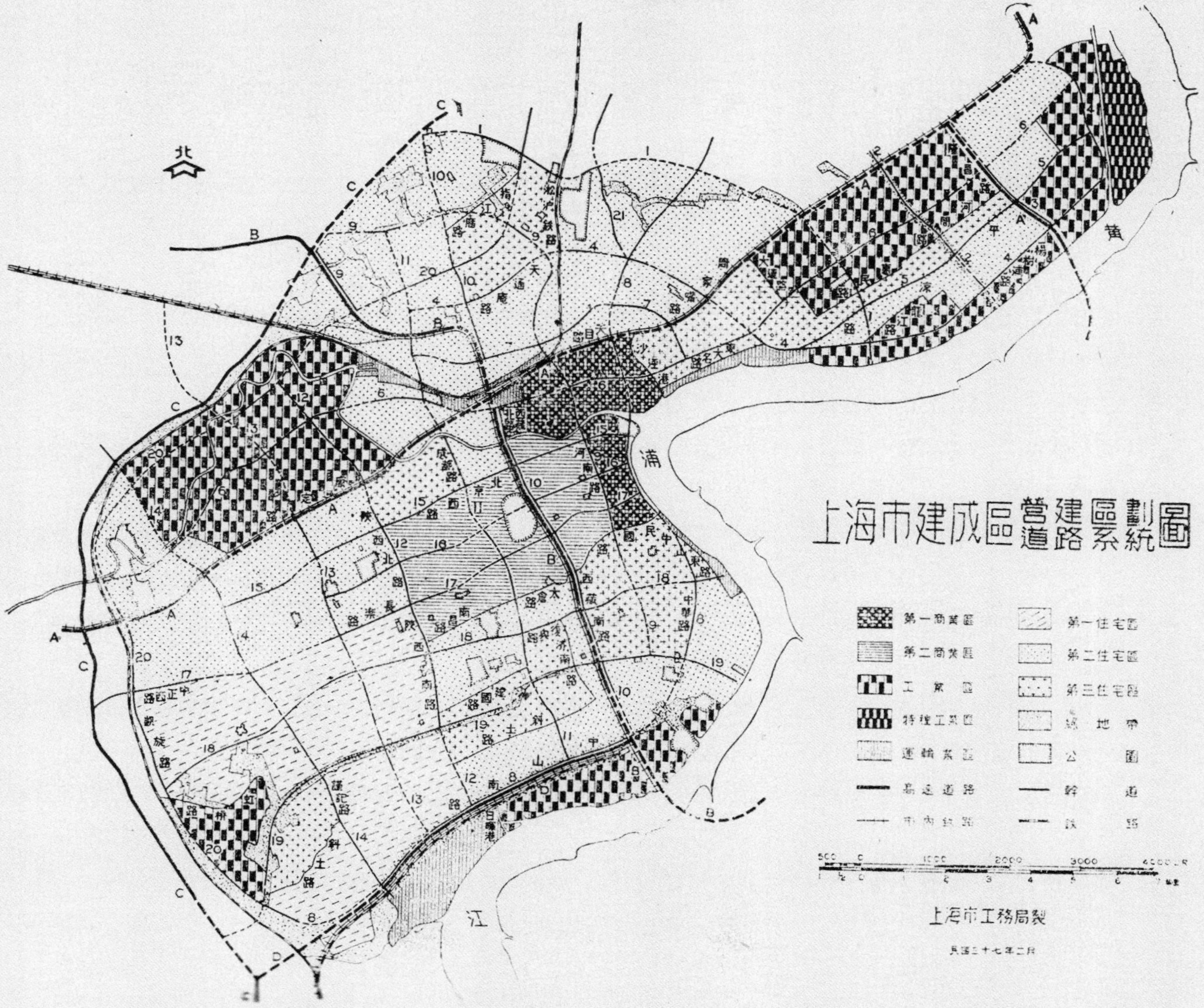
上海市建成區營建區劃道路系統圖
第一商業區
第二商業區
工業區
特種工業區
運輸業區
高速道路
市內鐵路
第一住宅區
第二住宅區
第三住宅區
綠地帶
公園
幹道
鐵路
北
黃
浦
江
上海市工務局製
民國三十七年二月

上海市處理建成區內非工廠區已設工廠辦法草案

第一條　本辦法根據上海市建成區營建區劃規則第二十一條之規定釐訂之凡建成區內非工廠區已設立之工廠或工場之處理悉依本辦法辦理

第二條　本辦法所稱非工廠區係指上海市建成區營建區劃圖所定工業區以外之地區而言

第三條　凡在非工廠區內之已設工廠或工場悉依上海市建成區營建區劃規則第五條第七條及第十條所定使用馬力大小及雇工人數分爲普通工廠商業工場特許工場家庭工場小型工場等五種

第四條　前條各種工廠或工場依其建築設備及對於安全衛生與公共安寧之影響情形分爲下列五類

甲類：凡廠房建築及機械設備合於本市建築規則及機械設備管理規則工作時聲響不外傳烟塵不外揚不排出污水污物不發出惡臭者屬之

乙類：凡廠房建築及機械設備不合於本市建築規則及機械設備管理規則但對於安全衛生及安寧尚無妨礙者屬之

丙類：凡廠房建築及機械設備不合本市建築規則及機械設備管理規則對於安全衛生及安寧有妨礙但其情形並不嚴重者屬之

丁類：凡廠房建築及機械設備不合本市建築規則及機械設備管理規則對於安全衛生及安寧有重大妨礙者屬之

戊類：凡於製造程序中有爆炸及易燃之危險性者屬之

第五條　非工廠區內之已設工廠或工場應於本市工廠區公布日起三個月內填報其使用馬力及工人數量並繪製廠房建造及機械裝置平面簡圖一式二份附具說明呈請工務局會同有關局查勘後審定其種類通知該廠場

第六條　第四條所稱之戊類工廠或工場應於接獲前項通知後立卽遷至公布之特種工業區其餘各類之留存期限規定如附表至限期屆滿應卽遷至公布之工業區

第七條　第四條所稱之甲乙丙丁四類工廠或工場在存留期內由工務局按年發給工廠房屋使用證（使用證格式另訂之）於每年換發新證時複查一次如有情況不合於原定類別者依其現況重行核定幷依改定之類別遞減其存留期限如有戊類之情形者停止發給限令遷移

第八條　非工廠區內之工廠或工場進行改善工程應呈經工務局會同有關局核准後方准興工未經呈准不得擅自改動或擴充其廠房或機械設備

第九條　依前條規定改善後之工廠或工場得將其改善後之情況呈請工務局會同有關局重行核定其類別依改定類別延長其留存期限此項延長期限包括改善前之留存期間在內

第十條　凡未依第五條之規定申請審查者逾期一月由工務局予以警告逾期二月由工務局呈請本府令知警察局拘留其負責人逾期三個月以上者由工務局呈請本府令知公用局轉飭電力公司停供電力或令知警察局予以封閉同時並令知社會局吊銷其公司執照或登記證

第十一條　未依第六條之規定如限遷移者照前條所定逾期三個月不申報之處理辦法處理

第十二條　違反第八條後段之規定者由工務局限令改善或回復原狀逾限未遵辦者封閉其機器及電門開關俟改善或回復原狀後再予啓封

第十三條　本辦法不適用於公用事業（水電煤氣及公共交通）之工廠工場與油池區倉庫碼頭區鐵路區綠地之工廠工場

第十四條　本辦法自公布之日施行

上海市建成區內非工廠區已設工廠存留年限表

工廠種類 / 內容情況 / 期限 / 所在區別		普通工廠 馬力三十匹以上 工人五十名以上	商業工場 馬力三十匹以下 工人五十名以下	特許工廠 馬力三十匹以下 工人十五名以下	家庭工場 馬力十匹以下 工人三十名以下	小型工場 馬力三匹以下 工人十五名以下
第一住宅區	甲類	15年	12年	10年	10年	5年
第一住宅區	乙類	10年	8年	5年	5年	3年
第一住宅區	丙類	5年	3年	2年	2年	2年
第一住宅區	丁類	2年	1年	1年	1年	1年
第一住宅區	戊類	立卽停工遷移	仝左	仝左	仝左	仝左
第二住宅區	甲類	20年	15年	可存在	15年	可存在
第二住宅區	乙類	15年	10年	20年	10年	20年
第二住宅區	丙類	10年	5年	15年	5年	15年
第二住宅區	丁類	2年	1年	1年	1年	1年
第二住宅區	戊類	立卽停工遷移	仝左	仝左	仝左	仝左
第三住宅區	甲類	20年	可存在	可存在	可存在	可存在
第三住宅區	乙類	15年	20年	20年	20年	20年
第三住宅區	丙類	10年	15年	15年	15年	15年
第三住宅區	丁類	3年	2年	2年	2年	2年
第三住宅區	戊類	立卽停工遷移	仝左	仝左	仝左	仝左
第一商業區	甲類	20年	15年	15年	10年	可存在
第一商業區	乙類	15年	10年	10年	5年	20年
第一商業區	丙類	10年	5年	5年	3年	15年
第一商業區	丁類	3年	2年	2年	2年	2年
第一商業區	戊類	立卽停工遷移	仝左	仝左	仝左	仝左
第二商業區	甲類	20年	15年	可存在	15年	可存在
第二商業區	乙類	15年	10年	20年	10年	20年
第二商業區	丙類	10年	5年	15年	5年	15年
第二商業區	丁類	3年	2年	2年	2年	2年
第二商業區	戊類	立卽停工遷移	仝左	仝左	仝左	仝左

上海市處理建成區內非工廠區已設工廠辦法草案修正本

第一條　本辦法根據上海市建成區營建區劃規則第二十一條之規定厘訂之凡建成區內非工廠區已設立之工廠或工場之處理悉依本辦法辦理

第二條　本辦法所稱非工廠區係指上海市建成區營建區劃圖所定工業區以外之地區而言

第三條　凡在非工廠區內之已設工廠或工場悉依上海市建成區營建區劃規則第五條第七條及第十條所定使用馬力大小及雇工人數分爲普通工廠商業工場特許工場家庭工場小型工場等五種

第四條　前條各種工廠或工場依其建築設備及對於安全衛生與公共安寧之影響情形分爲下列四類

甲類：凡廠房建築及機械設備合於本市建築規則及機械設備管理規則工作時聲響不外傳烟塵不外揚不排出污水污物不發出惡臭者屬之

乙類：凡廠房建築及機械設備不合於本市建築規則及機械設備管理規則但工作時之聲響烟塵及排出之惡臭污水污物可以改善使不妨礙安全衛生及安寧者屬之

丙類：凡廠房建築及機械設備不合本市建築規則及機械設備管理規則而工作時之聲響烟塵及排出之惡臭污水污物妨礙安全衛生及安寧而無法改善者屬之

丁類：凡於製造程序中有爆炸及易燃之危險者屬之

第五條　非工廠區內之已設工廠或工場應於本市工廠區公布日起三個月內填報其使用馬力及工人數量並繪製廠房建造及機械裝置平面簡圖各一式二份附具說明呈請工務局會同有關局查勘後審定其種類通知該廠場如各該廠場對於審定之種類發生異議應於接到通知後壹個月內提出理由證件申請覆議由工務局送請上海市工廠設廠地址審核委員會作最後决定否則仍按工務局審定之種類辦理之

第六條　凡屬於第四條所稱之丁類工廠或工場應於接獲前項通知後立即遷至公布之特種工業區屬於第四條所稱之甲乙丙三類工廠或工場在規定留存限期屆滿時應卽遷至公布之工業區（留存期限另行規定之）

第七條　凡屬於第四條所稱之甲乙丙三類工廠或工場由工務局發給留存期內工廠房屋使用證（使用證格式另訂之）並於每年複查一次

第八條　非工廠區內之工廠或工場均不得擴充如為進行改善工程應呈經工務局會同有關局核准後方准興工不得擅自改動

第九條　依前條規定改善後之工廠或工場得將其改善後之情況呈請工務局會同有關局重行核定其類別依改定類別延長其留存期限此項延長期限包括改善前之留存期間在內

第十條　凡未依第五條之規定申請審查者逾期一月由工務局予以警告逾期二月由工務局呈請本府令知警察局拘留其負責人逾期三個月以上者由工務局呈請本府令知公用局轉飭電力公司停供電力或令知警察局予以封閉同時並令知社會局吊銷其公司執照或登記證

第十一條　未依第六條之規定如限遷移者照前條所定逾期三個月不申報之處理辦法處理

第十二條　違反第八條後段之規定者由工務局限令改善或回復原狀逾限未遵辦者封閉其機器及電門開關俟改善或回復原狀後再予啓封

第十三條　本辦法不適用於公用事業（水電煤氣及公共交通）之工廠工場與油池區倉庫碼頭區鐵路區綠地之工廠工場

第十四條　本辦法自公布之日施行

上海市建成區幹道系統路線表

（附圖見營建區劃規則草案附圖）　(1)

路號	路別	起點	迄點	利用原有道路			新闢線路			備註
				原有路名	長度(公尺)	總長(公尺)		長度(公尺)	總長(公尺)	
A	高速幹道	互權路	古北路	軍工路	2,400		新闢線	5,330		
				周家嘴路	1,520		新闢線	200		
				鴨綠江路	200		新闢線	320		
				武進路	700		新闢線	200		
				天目路	1,030		新闢線	830		
				長安路	440		新闢線	400		
				康定路	1,740		新闢線	1,350		
				長寧路	3,060	11,130			8,630	
B	高速道路	黃浦江江邊碼頭	桃甫西路				新闢線	1,540		
				三官堂路	550		新闢線	100		
				林蔭路	280					
				西林路	200					
				西藏南路	1,280					
				西藏中路	1,430					
				西藏北路	520					
				百綠路	110		新闢線	400		
				宋公園路	280		新闢線	380		
				中華新路	1,250					
				滬大汽車路	1,750					
				新村路	2,690	10,340	新闢線	2,270	4,690	
C	高速道路	滬杭甬鐵路	奎照路				新闢線	150		
				滬杭公路	1,470		新闢線	1,650		
				中山西路	4,600					
				中山北路	4,520	10,590	新闢線	6,790	8,590	
D	高速道路	肇周路	漕溪路	中山南路	2,220					
				龍華路	1,060		新闢線	380		
				龍華路	540	3,820	新闢線	2,070	2,450	
A 1	高速道路	黃浦江(平定路)	高速道路A	平定路	440					
				隆昌路	980	1,420	新闢線	710	710	

(2)

路號	路別	起點	迄點	利用原有道路			新闢路線			備註
				原有路名	長度(公尺)	總長(公尺)		長度(公尺)	總長(公尺)	
1	幹路	浦江（恆豐紗廠）	高速道路C（奚家花園）	許昌路	420		新闢線	210		
				許昌路	1,350		新闢線	3,400		
				體育會路	290		新闢線	200		
				廣中路	·1,340	3,400	新闢線	900	4,710	
2	幹路	浦江（中新紗廠）	翔殷路				新闢線	280		
				松潘路	370		新闢線	200		
				寧國路	750					
				黃興路	3,900	5,020			480	
3	幹路	楊樹浦路	高速道路A	隆昌路	980		新闢線	710		
4	幹路	高速道路A	大統路				新闢線	150		
				軍工路	1,400					
				梨平路	500					
				楊樹浦路	5,730					
				海門路	520		新闢線	230		
				公平路	420					
				臨平路	600		新闢線	130		
				全家庵路	600		新闢線	340		
				四川北路	320		新闢線	640		
				天通庵路	1,030	11,120	新闢線	800	2,290	
5	幹路	軍工路	楊樹浦路	平涼路	5,270					
6	幹路	軍工路	凱旋路梵王渡				新闢線	2,200		
				長陽路	3,580		新闢線	130		
				東長治路	1,500					
				塘沽路	1,140		新闢線	230		
				海寧路	510					
				新疆路	330		新闢線	750		
				海昌路	280					
				廣肇路	650		新闢線	550		
				長壽路	2,650		新闢線	170		
				梵王渡路	950		新闢線	330		
				梵王渡路	230	11,820			4,330	
7	幹路	東長治路	大統路	新建路	500					
				庫倫路	880		新闢線	160		
				邢家橋路	850					
				虬江路	1,570		新闢線	100		
				永興路	480	4,280			260	
8	幹路	翔殷路	中山路曹溪路	其美路	5,000					
				溧陽路	690		新闢線	230		
				吳淞路	600	6,290	新闢線	260	490	
				長治路	300					
				中山東路	1,600		新闢線	200		
				民國路	330					
				中華路	1,100					
				桑園街	320		新闢線	1,380		
				中山南路	2,220					
				龍華路	1,060		新闢線	380		
				龍華路	540		新闢線	1,140		
				中山路	700	8,170			3,100	
9	幹路	陸家浜路	中山北路				新闢線	350		
				西倉路	700					
				石皮弄	120		新闢線	180		
				晏海衖	530					
				河南南路	1,260					
				河南中路	230					

路號	路別	起點	迄點	利用原有道路			新闢路線			備註
				原有路名	長度(公尺)	總長(公尺)		長度(公尺)	總長(公尺)	
				河南北路	1,030					
				寶山路	1,300		新闢線	290		
				横浜路	180		新闢線	180		
				横浜路	410		新闢線	1,480		
				共和新路	790		新闢線	70		
				滬太汽車路	1,050	7,600			3,190	
10	幹路	中正南路	新疆路				新闢線	620		
				三官堂路	550		新闢線	100		
				林蔭路	280					
				西林路	200					
				西藏南路	1,280					
				西藏中路	1,430					
				西藏北路	520					
		虬江路	幹路1	宋公園路	1,550		新闢線	1,200		
			奚家花園	北寶興路	280	6,090	新闢線	340	2,260	
11	幹路	中山南路	共和新路	新橋路	970		新闢線			
				英士路	1,460					
				南通路	200		新闢線	300		
				重慶北路	240		新闢線	170		
				成都北路	1,260					
				華成路	320		新闢線	250		
				大統路	1,290	5,740	新闢線	1,300	2,470	
12	幹路	龍華路	宜昌路				新闢線	1,150		
				陝西南路	2,380					
				陝西北路	1,080		新闢線	360		
				江寧路	1,900	5,360			1,510	
13	幹路	龍華路	滬太汽車路				新闢線	1,240		
				風林路	220					
				岳陽路	960		新闢線	400		
				常熟路	710					
				華山路	520		新闢線	180		
				膠州路	1,170		新闢線	230		
				常德路	120		新闢線	240		
				常德路	400	4,100	新闢線	4,910	7,200	
14	幹路	龍華港	高速道路B	謹記路	2,530					
				宛平路	1,000		新闢線	420		
				興國路	420		新闢線	110		
				江蘇路	1,450		新闢線	2,010		
				曹陽路	2,820	8,220	新闢線	840	3,410	
15	幹路	中山東路	江蘇路	北京東路	1,600					
				北京西路	3,280		新闢線	1,600		
				愚園路	1,130	6,010			1,600	
16	幹路	中山東路	華山路	漢口路	1,440		新闢線	680		
				江陰路	260		新闢線	270		
				威海衛路	1,090					
				中正中路	890	3,680			950	
17	幹路	中山東路	中山西路	中正東路	1,380					
				中正中路	1,180		新闢線	400		
				長樂路	1,950		新闢線	500		
				華山路	550		新闢線	490		
				中正西路	1,740	6,800			1,390	

(4)

號路	路別	起點	迄點	利用原有道路 原有路名	長度(公尺)	總長(公尺)	新闢路線	長度(公尺)	總長(公尺)	備註
18	幹路	外馬路大達碼頭	凱旋路	老太平弄	400					
				姚家弄	300		新闢線	280		
				復興東路	820					
				和平路	190					
				復興中路	3,450					
				林森中路	1,460					
				林森西路	1,510	8,130			280	
19	幹路	外馬路(豬碼頭)	高速道路C	油車碼頭街	240					
				三角街	220					
				陸家浜路	1,830					
				徐家匯路	760		新闢線	420		與斜徐路合併
				徐家匯路	3,300					
				蒲東路	1,310	7,660	新闢線	97	1,390	
20	幹路	軍工路	中山路曹溪路	翔殷路	5,480					
				水電路	2,850		新闢線	820		
				中山北路	2,310		新闢線	1,480		
				宜昌路	700		新闢線	4,300		
				凱旋路	2,380		新闢線	1,820		
				中山路	270	13,990			8,420	
21	幹路	共美路	翔殷路				新闢線	100		
				歐陽路	1,300		新闢線	290		
				東體育會路	1,680	2,980			390	

共計		利用原路	新闢線
	幹路	142,710公尺	50,830公尺
	高速道路	37,300	25,070
	總共	180,010公尺	75,900公尺

255,910公尺或255.91公里

中華民國三十五年十二月

上海市都市計劃委員會會議紀錄初集

上海市都市計劃委員會編印

目次

上海市都市計劃委員會成立大會及第一次會議紀錄
上海市都市計劃委員會第一次會議議程
上海市都市計劃委員會第二次會議紀錄
上海市都市計劃委員會第二次會議議程
附件
上海市都市計劃委員會組織規程
上海市都市計劃委員會委員名單
上海市都市計劃委員會組織表
上海市都市計劃委員會祕書處處務會議紀錄
上海市都市計劃委員會祕書處第一至八次處務會議紀錄
上海市都市計劃委員會祕書處第一至三次聯席會議紀錄
上海市都市計劃委員會各組會議紀錄
上海市都市計劃委員會土地組第一次會議紀錄
上海市都市計劃委員會交通組第一至三次會議紀錄附議案及說明
上海市都市計劃委員會區劃組第一次會議紀錄附議案及說明
上海市都市計劃委員會房屋組第一至二次會議紀錄
上海市都市計劃委員會衛生組第一至二次會議紀錄
上海市都市計劃委員會公用組第一次會議紀錄

上海市都市計劃委員會會議紀錄初集　目次　二

上海市都市計劃委員會財務組第一次會議紀錄
上海市都市計劃之基本原則草案（祕書處設計組擬）

上海市都市計劃委員會成立會暨第一次會議紀錄

時間　三十五年八月二十四日下午三時

地點　市政府會議室

出席者　吳國楨　趙祖康　黃伯樵　陸謙受　范文照　關頌聲　施孔懷　吳蘊初（田和卿代）　錢乃信　奚玉書　梅貽琳

盧樹森　徐國懋　李馥蓀（曾克源代）　趙曾珏　薛次莘　何德奎　谷春帆　王志莘　汪禧成

祝平　張維　陳伯莊（侯彧華代）　顧毓琇（李熙謀代）　吳開先（李劍華代）

參加者　潘公展

列席者　張曉崧　朱虛白　王冠青　王元康　姚世濂　吳之翰

主席　吳國楨　紀錄　費霍　余綱復

主席致辭（見附錄）

潘議長公展致辭（見附錄）

趙執行祕書祖康報告出席列席人員人數及內政部張部長暨哈司長賀電並報告籌備本市都市計劃經過（見附錄）

討論提案

第一案　擬請分認各組委員以利進行案

議決

土地組　由祝平李慶麐奚玉書王志莘錢乃信担任以祝平爲召集人

交通組　由趙曾珏黃伯樵陳伯莊施孔懷汪禧成薛次莘担任以趙曾珏爲召集人

區劃組　趙祖康吳蘊初祝平吳開先顧毓琇奚玉書錢乃信担任以趙祖康爲召集人

房屋組（暫兼市容組）由關頌聲范文照盧樹森陸謙受担任以關頌聲爲召集人

衛生組　由張維梅貽琳關頌聲担任以張維爲召集人

公用組　由黃伯樵趙曾珏李馥蓀宣鐵吾薛次莘奚玉書担任以黃伯樵爲召集人

財務組　由谷春帆何德奎趙棣華王志莘徐國懋担任以谷春帆爲召集人

第二案　擬具本會會議規程請討論案

議決

修正通過

一　第三條「遇主任委員缺席時由執行祕書代理主席」修正爲「遇主任委員缺席時由委員兼執行祕書代理主席」

二　加列一條：每次會議紀錄應在下次會議宣讀認可分送各委員及參加會議者並以正本一份送市府備查

第三案　擬具上海市都市計劃委員會祕書處辦事細則請討論案

議　決

通過

第四案　擬具本會工作步驟請討論案

議　決

修正通過

第四條修正爲「綜合各組之工作報告自本會成立之日起六個月內製成全部計劃總圖草案送由市府呈中央機關核定」

第五案　擬具本市計劃基本原則請討論案

議　決

甲　計劃範圍

一　計劃時期以二十五年爲對象以五十年需要爲準備

二　計劃地區以行政院核定市區範圍爲對象必要時得超越市區範圍以外

（原案國防一項另案向中央請示）

乙　經濟

原案各項問題由財務組擬具答案向中央請示

丙　文化

一　全國大學之分配

二　上海市附近地區內文化及教育事業之分配與標準

三　上海市區內文化及教育事業之分配與標準

由教育局擬具答案一二兩項並向中央請示

丁　交通

原案二三四三項刪除其餘各問題由交通組擬具答案向中央請示

戊　人口

原案各問題由區劃組擬具答案向中央請示

己　土地

關於土地及土地資金運用問題由土地組研究

庚　衛生

一　醫療衛生機構敷設設備標準人事制度與實施進度

二　醫療防疫保健環境衛生等項業務之技術標準設施方案與評價準則

由衛生組擬具答案

附錄主席致辭

今日請各位來此開都市計劃會本人感覺十分愉快都市計劃是世界各國都市都有的在我國行政院内政部規定各都市都應設立都市計劃委員會就上海方面說意見頗不一致有人說目前恢復工作都來不及遠大計劃更辦不通關於此點可有二個答復（一）上海在過去並無整個都市計劃有之則僅爲上海市中心計劃以前上海市政府因爲租界關係未能通盤計劃並且因爲戰爭關係沒有完全實現舊公共租界法租界雖不能不承認其有相當成績不過都是爲着本身經濟利益沒有遠大眼光如目前交通擁擠情形滬西自來水供給困難水管溝渠佈置不適當致路面積水等等都是沒有計劃之結果主要原因還是以前因爲環境關係不能有整個計劃（二）很多人以爲復興都來不及遠大計劃似乎不必要本人覺得卽使爲復興工作也要先確定今後都市建設標準規定大綱及目前施政繩準如全市分區商業區住宅區工廠區碼頭區等當然有天然條件但區劃必須有規定而後施政方有辦法若談到花園都市那末更要有計劃了外界以爲都市計劃爲紙上談兵事實上並不如此今日開會外界亦將以爲係表面工作但本人以爲計劃工作及實際工作必須同時並進今日到會諸位均爲民意代表及專家相信對於上海都市計劃必能有極大貢獻本人除致最大歡迎外並請各位向外界宣傳解釋

附錄潘議長公展致辭

本人今日來此參加都市計劃委員會第一次會議非常高興參議會召開之期將屆現已積極收集有關市政建設之意見故對於上海市都市計劃委員會成立亦極爲興奮關於都市建設目前要解決的固然很多大家眼光如看得很近則都市計劃似乎離事實太遠但大的事不能不有理想不能不顧到將來國家建設亦復如是以前國父手擬建國方略實業計劃照當時情形而言似乎離事實很遠而現在要建設確是最値得研究的具體計劃所以本人以爲上海市都市計劃要顧到三十年或五十年以後的範圍若祇顧到目前那末過了數年一切設施就不適用了方纔市長說過以前上海因租界關係雖要做好亦不可能現在情形不同希望都市計劃委員會各位能擬定好的方案民意機關很願意看到市府有此計劃分期分步驟實現本人今日參加此會熱切希望都市計劃委員會有很好的開始有很好的成功

附錄趙執行祕書報告上海市都市計劃委員會籌備工作經過

本市當戰後殘破之餘一切要政莫急於修復莫重於建設而修復與建設自當以中央先後頒佈之都市計劃法及收復區城鎮營建規則爲依據參照本市以往發展演進與目前情狀而以上海得成現代最合理之新都市爲目標以是本府於三十四年九月十二日接收後秩序初定一面由各局推進恢復工作一面即認本市都市計劃應先積極準備以策進行經羅致人才奠定基礎並由工務局担任籌備事宜推動設計工作工務局於籌備之始建議設置技術顧問委員會樹立研究規劃之機構惟以組織部署端緒綦繁在委員會未成立前先行邀集富於市政學識經驗之專家暨各項工程顧問及高級專門人員舉行技術座談會以爲討論本市都市計劃之發端經於上年十月十七日及二十九日又十二月八日及二十七日先後集會四次假設若干重要原則以爲設計張本嗣於磋商之餘認爲應先研究分區問題爲都市計劃之前導遂於技術座談會之下成立分區計劃小組研究會審愼研討加速進行自上年十二月十八日舉行第一次小組會議後至本年二月二十一日止共計開會八次有關交通衛生工程兩組之研究則由公用衛生兩局指派專家担任雖相互錯綜而仍聯繫配合對於徵集調查統計之各項資料致力獨多經分別整理以供分區計劃應用此爲籌備工作最初之一階段

其間內政部派遣營建司哈雄文司長美籍專家戈登中尉偕臨上海視察戰後營建工作對本市都市計劃與有關聯本府乘此時機由工務局會同公用衛生兩局發起都市設計討論會邀集各局主管處長技術顧問交換有關都市計劃之意見並請哈司長戈登中尉蒞會詳加指導期有裨於籌備工作之進展計於本年一月三日及八日開會兩次獲益頗多本市都市計劃之討論至是乃具萌芽其重要性質爲各方所共見

迨本年一月二十六日工務局之技術座談會奉准改組爲技術顧問委員會正式成立聘請本市各項工程專家及各局專門人才開會討論各重要問題達集思廣益具體進行之鵠的至三月十九日舉行第二次會議檢討各項工作是時分區設計規模粗具工務局爰擬具上海市都市計劃委員會組織規程提出本府第二十二次市政會議通過設置土地交通區劃房屋衛生公用市容財務等八組以爲確定都市計劃政策之機構工務局所負籌備工作之使命自更應與上項設置相配合爰就八組範圍綜合設計通盤籌劃而將分區小組研究會酌予擴充改爲都市計劃組研究會俾得適應需要自本年三月七日舉行第一次會議後加強工作努力邁進每星期中繼續開會討論一次至六月二十日已達第十四次會議本市都市計劃初步籌備工作至是漸告就緒

工務局秉承市長之意旨處理各項籌備工作旁徵博采歸納於尅日製定本市都市計劃總圖其間調查工作之進行統計資料之蒐集依照性質賅爲五項：（一）大上海區域問題包括區內地形交通物產各市鎮之人口專業及其分佈情形（二）人口問題包括現有人口密度及分佈圖人口調查表市民居室調查表各區人口之工作地點調查表（三）交通問題包括現有交通及運輸系統圖現有交通密度全市交通用具表航運交通等調查表（四）分區問題包括現有空地及建築地分布圖現有工商業及住宅分佈圖現有各區地產價値圖工商業調查表（五）公用問題包括現有各區單位之文化及福利設備分布圖現有公用設備圖以上五項調查統計圖表均視計劃之需要隨時補充目前除全面運量觀測全市房屋現狀及河道用途等調查尙在進行外其餘大致完成他如廣擬研究專題分函各技術委員及國內各專家担任闡述以供採擇邀同行政

院工程計劃團視察本市港埠交通實際狀況以資參證選定重要題目延請專家分期舉行公開演講並放映歐美最近工程影片以助宣傳等其有裨於設計之參考者固非淺鮮而於灌輸新市政之知識發揚都市計劃之要義以促輿論之提倡市民之合作收效亦宏要均爲籌備工作之一助

本年六月下旬技術顧問委員會都市計劃組本籌備工作之結果擬成總圖草案兩種一爲大上海區域總圖一爲上海市土地使用及幹路系統計劃圖以作爲詳細計劃之依據兩圖均係初稿匆促告成難免失之粗略其有待於審查修訂者自不在少工務局已於本年七月中舉行討論總圖座談會四次分別邀請各有關方面暨各界權威專家蒞會檢討提供意見藉資匡正而臻完善至中心區各種計劃圖及一切附屬計劃圖表仍在繼續研究中按都市計劃初步工作原視收集材料之準確與充足方可據以作縝密之準備徵之歐美各國都市類經多年研究始克計劃完成者職是之故以戰後文獻散佚之上海僅經八九個月之時間於材料之收集困難良多自不免影響於籌備工作故再附述於此

以上爲工務局秉承市長指示籌辦本市都市計劃工作之大略情形所有歷次開會研討之內容於所刊技術討論初集及二集略可窺見一斑現在籌備工作告一段落上海市都市計劃委員會適應需要而於今日正式成立今後開始確立綱領決定政策之工作所有籌備期中擬成之圖案當依照大會決定基本原則重行修訂提會討論決定後由本府送請內政部會同有關機關核定轉呈行政院備案再由本府公佈依照實施是則由計劃商討以至於具體建設而達到創造新上海市之一切工作自須深有賴於都市計劃委員會諸公之鼎力贊助發動推進瞻望將來不勝企望

上海市都市計劃委員會第一次會議議程

報告事項

一 主席致辭
二 內政部張部長致辭
三 市參議會潘議長致辭
四 執行祕書報告籌備經過

提議事項

一 擬請分認各組委員以利進行案
二 擬具本會會議規程請討論案
三 擬具上海市都市計劃委員會祕書處辦事細則請討論案
四 擬具本會工作步驟請討論案
五 擬具本市計劃基本原則請討論案

上海市都市計劃委員會會議規程

一　本會會議每月舉行一次遇必要時得由主任委員隨時召集之
二　本會會議之地點及時間由主任委員決定由祕書處先期通告
三　本會會議由主任委員任主席遇主任委員缺席時由執行祕書代理主席
四　會議時以委員過半數之出席爲法定人數以出席人數過半數之通過爲可決
五　必要時主任委員得邀請中央有關機關負責主管人員或市府各局處高級人員參加會議
六　會議時主任委員得通知祕書處人員列席討論但無表決權
七　會議前由祕書處編製議程並彙印議案分送各出席人
八　委員提案須書面說明者應於會期前送達祕書處
九　各組由各該召集人隨時召集分組會議並須於事前通知祕書處派員出席
十　各組間爲討論相互有關事宜得舉行聯席會議由有關各組召集人共同召集之互推一人爲主席並須於事前通知祕書處派員出席
十一　各組召集人認爲必要時得派各該組之主要工作人員出席各組之分組會議或聯席會議
十二　各組所有意見計劃等須隨時書面送達祕書處編製議案以便提出本會會議討論
十三　本會會議討論事項如下
甲　本會全部進行事項
乙　計劃原則須呈中央機關核定之事項
丙　各組工作大綱及其範圍
丁　各組提出討論之事項
戊　祕書處綜合各組或個別意見所擬具之計劃設計事項
己　局部或全部計劃須呈中央機關核定之事項
庚　已奉中央核定之原則計劃須變更或修正之事項
辛　關於有關都市計劃建設事項之審定
壬　其他有關都市計劃之事項
十四　本規程經會議通過送請市府備案後施行

上海市都市計劃委員會祕書處辦事細則

一　上海市都市計劃委員會依據組織規程第五條之規定設祕書處（以下簡稱本處）由執行祕書主持之

二 本處設會務設計二組各組設組長一人由執行秘書遴員呈請主任委員核派兼充之各組技術及事務人員由執行秘書就都市計劃委員會人員指派担任之必要時得呈准主任委員借調有關各局人員

三 本處職掌如下

甲 會議之紀錄

乙 議案之編製

丙 文件報告等之草擬或譯述

丁 市府各局處及本市其他機關有關都市計劃建設事項之核議

戊 遵照中央核定原則及綜合組提具意見之計劃設計

己 計劃之補充及修正

庚 資料之收集及繪製

辛 圖書文卷之保管與整理

壬 經費收支之處理

癸 其他一切經常會務之處理

四 本處得派員列席都市計劃委員會會議並出席各組之分組或聯席會議

五 本處爲推進都市計劃委員會各組計劃工作起見得隨時商請各組召開分組會議或聯席會議並由本處派員出席

六 本處爲共同研究綜合設計及會商推進處務起見得舉行處務會議並得邀請都市計劃委員會各組委員或工作人員出席

七 本細則奉市府核准之日施行

上海市都市計劃委員會工作步驟

一 確定都市計劃之基本原則送由市府呈中央核定

二 根據基本原則確定各組工作之內容及範圍

三 討論各組之工作報告

四 綜合各組之工作報告製成全部計劃總圖草案送由市府呈中央機關核定

五 遵照中央指示將總圖修正補充製成定案送由市府公布並呈中央備案

六 製定分期或分區實施詳圖送由市府呈經中央核定後由市府公布

上海市都市計劃基本原則項目

甲　計劃範圍

一　計劃時期是否以五十年或較短年限爲對象

二　計劃地區是否以民十六年行政院核定市區範圍爲對象並兼顧區域計劃之配合

乙　國防　五十年內國防建設上在上海市區內所需要之面積及其分布應請中央主管機關指定以便遵照保留

丙　經濟

一　全國之經濟政策

二　上海附近地區內之經濟計劃

三　上海在國際貿易金融及國內貿易金融上之地位

四　上海市本身在工商業農業以及漁鹽業發展上應達何種程度

丁　交通

一　確定上海在國際交通及國內交通上之地位（至於市內交通之如何布置乃完全地方性者可由本市加以決定不屬於基本原則中）

二　上海之港口是否爲中國之東方大港

三　是否關乍浦爲東方大港而上海爲二等港

四　乍浦築港是否於最近五十年內不擬實施

五　上海是否須設自由港

六　上海市內之鐵道及火車站是否應予變更或增設（市內將來之高速鐵道系統擬不屬於基本原則）

七　全國（東南區）之公路網如何確定與上海之聯繫如何

八　上海應設飛機場幾所其各個之性質面積及位置如何

戊　人口

一　全國之人口政策

二　上海之人口總數應否限制

三　上海之最大人口密度如何規定

己　土地

一　土地徵用法

二　應否建立土地市有政策（土地使用分區乃技術問題擬不屬於基本原則）

上海市都市計劃委員會第二次會議紀錄

時間　三十五年十一月七日下午三時

地點　市政府會議室

出席者　吳國楨　黃伯樵　奚玉書　趙祖康　陸謙受　祝平　李馥蓀（曾克源代）　施孔懷　陳伯莊（張萬久代）　王志莘　徐國懋（錢　斑代）　趙曾珏　梅貽琳　谷春帆　范文照　何德奎　顧毓琇（李熙謀代）　張維　汪禧成　關頌聲　錢乃信

列席者　朱虛白　姚世濂　魏建宏　Richard Paulick　王元康　陸筱丹　鍾耀華　楊錫鏐　徐肇霖　林篤信　曾廣樑　盧賓侯　費霍　余綱復

主席　吳國楨　紀錄　費霍　余綱復

主席　對於上次會議紀錄各位有無修正

全體　「無修正」

主席　請趙執行祕書報告祕書處工作

趙祖康　自上次大會後祕書處每星期四開會一次其間以九月二十六日聯席會議爲最重要土地交通公用財務各組召集人均參加交換意見以後各組乃陸續召開分組會議研討上次大會交議之基本原則惟討論之結果有爲抽像的有爲比較具體的詳簡不同祕書處爲時間迫促不及整理今日先將各組草案提出討論希望各位發表意見整個方案由祕書處整理後再由各組召集人舉行聯席會議決定之

此外尚有祕書處設計組擬具之大上海都市計劃總圖初稿及報告書提請各位研究總圖及報告書係於本年上半年作成最近復經修正惟報告書甚長擬請各位帶回研究

都市計劃需要收集資料並希望各組供給資料及對於專題研究多發揮意見而將結果交祕書處設計組以供作計劃之參考

本人對於都市計劃有數項概念擬請各位指數（一）須採取疎散辦法（二）與地方自治之保甲制度配合尤其須與文化方面學校及衛生方面醫院配合（三）希望上海的都市計劃對於道路採用新的設計（四）美化市容

都市計劃總圖頗易引起一班誤會本人擬解釋者則爲總圖僅爲一種概念卽經核定通過僅爲實施計劃之依據

人口總數港口集中或疏散鉄路總站之決定浦東如何利用及中區改造等問題爲各方面討論最烈者亦請各位注意最後本人希望各位對於都市計劃經濟文化交通人口土地衞生六項政策有大體指示

討論提案

參議會工字第六號決議案

趙祖康

天目路卽界路擬拓寬爲三十五公尺市參議會已通過今年先拓寬爲二十五公尺其餘十公尺明年再辦西藏北路沿路房屋不多

議　決　照簽註意見通過

市參議會工字第二十五號決議案

何德奎

關於虬江碼頭最近物資供應局擬予利用不久卽有數船物資運到現正租用民地建築倉庫在完成之前則將堆置露天

議　決　照簽註意見通過

市參議會工字第二十七號決議案

祝　平

劃界問題與江蘇省會商討論之基礎仍係照民十六年行政院規定之市區界此點江蘇省不能不承認目前問題在如何執行蘇省府移交管轄困難之點在於地方意見不贊同經兩次會商後擬由市府呈行政院令蘇省府照辦如此蘇省府根據上面命令行之對於地方意見比較有交代

議　決　照簽註意見通過

市參議會工字第三十一號

議　決　請函復市參議會俟越江工程委員會將具體計劃擬妥後再行研究

討論基本原則各項問題草案

經濟問題

谷春帆

本人對此擬略作補充（一）全國經濟政策係採用三十三年國防最高委員會通過之經濟政策（二）各條均甚抽象未提出詳細辦法如工業分區本人以爲似不由政府而係由民衆來計劃（三）經濟與交通有關在交通組未有決定前不能有決定（四）吞吐量未決定另一方面交通組用噸數來決定吞吐量比用價值來決定較爲確實

陸謙受

谷局長所說明的是原則方面的我們還可以加入很多東西如十九條造船工業是類乎重工業在上海很需要很有發展十八條輕工業方面可以加入電氣化學化粧衣着等工業再關於二十五條比較重要則本人認爲上海應積極發展農業現代都市對於糧食能自給是很有利的條件在目前農業情形下估計每人需地二畝才能夠供給以七百萬人口計需要一萬平方公里這在上海是不可能不過農業亦隨科學進步如用溫室辦法每人只需二四〇平方英尺則一八八平方公里已足故本人以爲應上海之需要須積極推進農業政策

祝平

本人以爲在第一項中應提出上海市在全國經濟政策上地位關於二十五條陸先生所提出者似可不必蓋科學成本甚高不合算若以此地面作其他用途利益必較大故在原則上似不必提出而在發展工業時並須發展農業反顧此失彼

何德奎

陸先生所說的本人可舉一事實證明以前虹橋路曾有用科學培植蕃茄味不好成本亦高不迨在太陽下自然生產者遠甚此外中央造船廠所選地點適在黃浦江之咽喉修理船隻進出妨礙航行如有沉船且阻礙航道此點請各位注意可否移至乍浦該處水深離上海不遠

主席

造船工業確爲一問題在上海事實上似屬必需若設在乍浦修理往返不便亦不經濟不過地位則爲技術問題

米麵自給確很困難可以不必菜蔬似可辦到且就地供給較爲新鮮本人以爲綠地帶中在不妨礙公園計劃可培栽菜蔬公園則可分別栽植菓樹

陸謙受

總圖初稿綠地帶中已有此計劃

議決

交祕書處會同財務組修正

教育問題

主席

（一）畜牧是否可以辦到（二）民教實驗區在都市計劃內如何規定

趙祖康

都市計劃所規定者爲概要的

主席

以學校配合人口則屬需要其餘如需在都市計劃內保留地面者可以討論

議決

本案與區劃組意見併案討論

交通問題

趙曾珏

本人對於交通問題擬作說明並補充（一）上海最重要的爲港口與港口有關的二十五年後每年海洋及內河船舶註册淨噸位總數爲七千五百萬噸至八千萬噸（二）港口集中於若干區問題討論頗多若干專家主張沿浦平行碼頭而鐵路專家則主張在與鐵路聯接者用挖入式（三）河道方面希望蘊藻浜與蘇州河在南翔附近打通（四）對於客運總站意見很多經決定採折中辦法而請交通部組織委員會調查研究並由交通部與本市會商決定之因若干專家主張保留北站俾與中區接近若干專家以爲如不移至地下則須至中山路以外並有主張在大都市一個客運總站不夠最好在滬西添設一個（五）貨運總站設於眞茹鎮以西因須三公里長度貨運岔道站則設於蘇州河北及中山北路間（六）若港口集中吳淞則中央造船廠所擇地點對於計劃確有妨礙

陸謙受

都市計劃是要根本解決問題折中辦法對於新的不利對於舊的無益本人以爲（一）北站是適於總站的地點因爲總站應接近行政及商業中心遠一公里或半公里將來交通上的損失可觀爲發展計不如在北站附近保留地面（二）貨站最好在南翔以便於將來發展

張萬久

客運總站仍宜設於北站調車場似機車之家南翔過遠機車往返不便應設於眞茹

施孔懷

上海港口黃浦江爲混水河流卽流速變動就有淤塞此問題頗爲嚴重濬浦局之紀錄吳淞方面每年約五呎虬江對面航道也是五呎挖泥費用龐大如在吳淞建四千呎碼頭挖入式約一七一億沿浦式約一一七億相差五十四億如向國家銀行貸款每年利息超過十億每年挖泥費約五億在中國建設千頭萬緒之時在在需款故此層實值得考慮黃浦岸線在二十五年至三十年時間已夠用故本人主張沿黃浦先建平行式碼頭俟三十年後將來不敷時再就水流及地點建挖入式碼頭如復興島及虬江碼頭至閘北水電廠之間浦東方面陸家嘴至白蓮涇及洋涇附近均爲深水岸線本人主張儘量利用當然港口與鐵路運輸有很大關係但對於各式碼頭之效用沒有大差別

何德奎

挖入式淤泥很多挖泥船進出增加妨礙

浦東築港似甚合宜前因租界關係不願發展浦東於今不予利用頗爲可惜

黃伯樵

凡一重要問題必須就國家利益來談不必顧慮比較小的問題將來港口與鐵路配合後發展恐將超出估計

趙曾珏

提案中並未建議都採用挖入式僅建議與鐵路終站連接者以採用挖入式爲原則其餘仍可採用沿岸平行式浦東有很好水港本市三分之二倉庫在浦東再浦東用電量很多已有不少工業故浦東應予利用吾人不能使一面繁榮（浦西）一面空曠（浦東）使兩面地價相差五十至一百倍

主　席（以後趙祖康代）

港口形式與鐵路有關請鐵路方面發表意見

張萬久

集中挖入式自較經濟不過目前國家財力困難維持挖泥雖不能謂爲重要然亦麻煩故不妨先儘量利用黃浦岸線後再採用挖入式

汪禧成

公用局趙局長已說過並不是都以採用挖入式爲原則上海問題須就全國整個而論目前運輸極爲不便鐵路方面對此一入口必須予以規模宏大現代化計劃以增加供給效率至於經費問題就全國而論亦屬渺小如以京滬路敷設雙軌而言每公里約略估計需六至七萬美金全長三百十公里共約需一千八百六十萬至二千一百七十萬美金比較下挖泥費爲數甚小敷設雙軌可達到四十對車故本人主張不必顧慮少許挖泥費

谷春帆

港口噸位以一九二一年作根據恐祇能供給上海及其附近如上海之發展能如吾人之理想成爲遠東轉口港（除日本之競爭外）可供給南洋甚或澳洲則港口噸位恐較估計尤大故本人主張不妨多花點錢

Richard Paulick

決定碼頭方式必須顧及所有因子不能僅就四千尺作建設費及挖泥費之比較設計組建議本市港口作功能分類分別集中各點係依據下列理由

一　從經濟方面而論現在本市沿江發展之碼頭最不能使人滿意輪船掉頭時間甚長費用亦高沿江添置機械設備效率亦不如集中碼頭爲高且無法作鐵路聯繫

二　從交通方面而論如沿用沿江碼頭則本市交通系統根本無法使有組織惟有實現一有組織之交通系統可以根治本市交通上之混亂擁擠現象將來本市之馬路自亦無須時時作無效之拓寬

施孔懷

關於客運中心站問題設計組建議仍用北站原址蓋將全市交通量減至最低乃本計劃最大原則之一如向外遷則增加市街中之交通至於北站面積不足問題本人認爲將來如能改建通過式車站以代替目前之終點式車站車輛調度自可免去目前擁擠之情形

一　對於汪先生意見略有補充建造四千呎挖入式較平行式碼頭多用五十四億比之京滬路敷設雙軌費確屬甚小惟上海估計約需六萬尺碼頭則相差數爲八百十億

二　谷局長所談爲船噸位但上下貨噸位與船噸位約爲三與一之比進口比出口多約爲二與一之比即將來發達此七千五百噸之估計也許相差不遠事實上船多係先至南洋澳洲再至上海

三　鮑立克先生所說裝卸費時此爲目前情形將來碼頭改善挖入與平行式並無差別上海貨物並非全用貨車駁運大部份用駁船故車輛擁塞一層似不成問題假定國策決定以大批款項建挖入式碼頭則無可置議如僅爲事業則對於經濟情形頗值考慮

盧賓侯

計劃中主張碼頭集中挖入而事實上則盡屬沿浦吾意第五條決定頗爲適宜本人以爲水運可以陸運爲比黃浦江利用爲水運幹道陸運有停車場鐵路有終點站故水運亦應有停船站上海與倫敦情形相似倫敦採用甚多挖入式在上海建幾萬尺平行碼頭與鐵路聯接爲不可能再此爲二十五年計劃何時實現還不知道故與施先生意見並不衝突

在浦東設工廠最相宜且浦東發展後貨物不必一定用於浦西此爲經濟問題

上海水岸線有限如有海軍來埠更感不敷

施孔懷

倫敦採用挖入式之理由爲高低潮相差二十呎並須建閘船隻須在高潮時進出此爲其困難之點

紐約採用凸出式之理由爲並無倫敦之困難河道寬度達五千呎兩旁除去一千呎尚可餘三千呎航道並因與「新約澤」New Jersey競爭甚烈以增加碼頭長度吸引船隻

黃伯樵

以前船舶來滬被迫躭擱甚久（慢慢進來掉頭及無碼頭設備）時間經濟損失甚大各輪船公司曾願攤費建築新的碼頭中國目前需要儘量吞吐貨物方能及早改進吾人以國家爲前題對於國家經濟有益者就做不能拖延

主　席

原案意見第五條後段可否改爲「其與鐵路終點連接者以準備採用挖入式爲原則

張萬久

此點係爲技術問題而非原則問題似可用「準備採用挖入式」

陸謙受

交通問題關係甚大可否從長計議

趙曾珏

因預留基地關係必需列入原則本人爲交通組立場不願放棄第五條意見因係本組幾次討論決定者

祝　平　本人主張應有決定惟目前爭執之點爲費用問題現在討論者既爲一理想計劃則費用問題比較次要應該如何即如何決定

谷春帆　費用問題可請專家比較後決定之

黃伯樵　比較時因素很多有明顯的有不顯著的故專家必須都予考慮到最好徵詢外洋船公司意見

決　議　爲便專家比較原案第五條修正爲「以準備採用挖入式爲原則」

區副意見

趙祖康　此案大多根據祕書處設計組之假定請各位指教再區劃單位對於衞生方面亦須有配合本案內尚未提及

祝　平　本人以爲可就上海論上海第一項「全國之人口政策」似可略去

谷春帆　本人同意略去

何德奎　關於人口問題本人前曾提到須考慮原子彈問題前與美國友人談及據云自原子彈發明後都市計劃已有改變每一城市理想人口爲二十萬人城市距離約汽車半小時行程至集中七百萬人之計劃似以陳舊

主　席　人口總數及浦東是否作爲農作區請各位討論決定

陸謙受　一　許多人誤會到以爲人口要集中許多人人口之增加有許多原因大致係由政治經濟交通三項促成其增加除非行政上之嚴格限制外實無法阻止吾人並非希望有如此數字

二　關於原子彈問題區劃方面竭力主張疏散分爲小單位中級單位市鎮單位及市區單位均用綠地帶隔離

三　區劃方面最大問題恐怕是浦東的處理設計組在設計時原同一片白紙可謂毫無成見不能僅作一面觀察乃顧及整個之發展而分配

計劃之視其是否合理各地有各地之功能適宜於某種發展卽用爲某種發展浦東之劃爲住宅區農業區因在此外有更有利於工業港口之地帶浦東若爲工業區必須在交通方面有整個聯繫如此之整個聯繫卽將發生技術問題有人說沒有見過僅發展一岸者但發展兩岸在歐美各國都很感到麻煩問題吾人之主張並非不發展浦東實則發展浦東僅方向不同名稱不同但對於文化及其他的水準仍舊一樣發展浦東爲農業區住宅區有利於解決中區擁擠問題交通用很新的輪渡辦法卽可簡單解決如發展浦東爲工業區則必須造橋或隧道建成區交通且將集中數點

何德奎

陸先生所談人口增加爲自然趨勢現在是在做計劃應於計劃內限制人口不能聽其自然故本人以爲第五條有修正必要

黃伯樵

上海人口集中決不能達到此數字估計七百萬人本人以爲絕對不可能以往因爲租界及治安關係雖然生活程度高捐稅重不得已住在上海主要原因還是爲治安才有人口增加之大如南京的人口增加並不速

主　席

上海現有之四百萬人口集中於市區十分之一面積如照計劃每平方公里爲一萬人並不密集七百萬人口之估計係根據各種推測並參考外國都市人口發展情形各位可於報告書內見之

趙曾玨

浦東工業用電爲浦東電廠電力80%其爲工廠區已成事實且浦西的單位計劃包括各種土地使用浦東應一視同仁以取得一致目前浦東的出口（OUTET）很少須注意如何計劃以前碼頭倉庫很亂自陸家嘴至白蓮涇是深水岸線可以分區設立碼頭如以浦東作爲農地是爲不平衡發展並忽視自然

何德奎

六百三十平方公里之疏散一個原子彈已可毀盡本人認爲尙須疏散

趙曾玨

若根據原子彈之破壞力則可不必作計劃

黃謙樵

浦東沒有出口問題本人以前卽感到苦現在三菱三井等碼頭收回趁未售出時趕快利用請各位注意

陸謙受

一個都市係由各種不同性質單位組成浦東浦西各單位功能各異就整個都市言並無不一致之處

施孔懷

浦東高橋東溝西溝白蓮涇四河應儘量利用不要放棄閘資委會電廠將設於浦東則工廠動力可以有辦法

盧賓侯

浦江兩岸輪渡已定計劃爲二英里一處汽車擺渡亦可二英里一處故交通並不集中數點將來上遊建橋下遊造隧道對於交通並不妨礙

谷春帆

本人以爲已有工業遷移困難甚多似應由人民執行讓時代及經濟來證明將來條件不允許之地自然無人去發展故此一問題似可不討論

主　席

解釋都市計劃委員會之性質所有計劃須通過民意機關

議　決

交祕書處設計組再加研究

宣讀土地方面意見

衛生方面意見

張　維

一　衛生組方面提出之意見因全國衛生會議甫於前日閉幕尚須根據作若干修正擬星期六開分組會議討論

二　人口估計七百萬似略寬

三　計劃要規定限制工廠與住宅必須分開

四　在教育方面擬請辦露天學校以爲肺癆病患者讀書更就健康方面來看學校應有特種學校

房屋方面意見

關頌聲

此次所擬者均爲廣泛問題必須待各組決定後方能詳細擬訂

主　席

關於土地衛生房屋各組意見因時間不及交換意見希望各位提出書面意見此次各組對於原則意見形式不同擬俟區劃決定後再請各組具體提出希望各組多開聯席會議

都市計劃總圖初稿報告書

議　決

作爲報告事項

上海市都市計劃委員會第二次會議議程

報告事項

一　主席致詞
二　宣讀第一次會議紀錄
三　祕書處工作報告
四　各組報告

討論事項

一　奉交市參議會工字第六號第二十五號第二十七號及第三十一號四決議案（詳附件）簽註意見提請　公決案
二　關於第一次會議交由各組擬具基本原則各項問題草案提請討論案
三　祕書處設計組擬具大上海都市計劃總圖初稿報告書提請討論案

奉交下市參議會工字第六第二十五第二十七第三十一號四決議案

經簽註意見是否有當提請　公決案

附原提案及簽註意見

工字第六號

審查意見　查提字第二號提案經審查應照原案提交大會送請都市計劃委員會採擇施行（提案人及連署人詳見原提案）

案　　由　爲北火車站上下旅客衆多交通擁塞擬具補救辦法提付討論由

理　　由　查京滬滬杭兩鐵路線每日往來旅客衆多在本埠北火車站上下之旅客每日不下數萬人其唯一交通路線即北河南路及北浙江路兩處但以上兩路均極狹窄以致每日人車擁塞警察指揮爲難常肇事端行人苦之

辦　　法　一　由西藏路向北經泥城橋直闢一直路逕達北火車站

二　前項路線所經過中多草棚或將傾圮之破舊民屋一律拆除將住民移住市府所建之平民住屋內

大會決議　照審查意見通過

簽註意見　一　由西藏路向北經泥城橋直闢一路逕達北火車站一節查此路路線工務局已有計劃即自西藏路橋向北開闢西藏北路轉向東開闢新民路與天目路銜接確屬切合目前需要擬請提前開闢

二　關於前項路線所經過中多草棚或將傾圮之破舊民屋一律拆除將住民移住市府所建之平民住屋一節查本市開闢道路拆讓

房屋原有發給補償費之規定似不必均爲備屋遷移惟値此屋荒時期多建平民住屋當屬補救辦法之一不過市建平民住宅有限似可由市府商洽銀行界籌劃大規模投資興造以資補救

工字第二十五號

審查意見　查提字第三一、六一、一七〇、二〇六、二八一、三〇六、三三八、三四四、三四五、二二八、三〇四以上十一案性質相同應予合併討論經審查擬提交大會送請都市計劃委員會採擇施行（提案人及連署人詳見原提案）

案　　由　請切實規劃整理本市市郊區整個交通案

理　　由　查本市市面繁榮全在市區市民聚集一處頗感窒息現在租界業已取消應卽乘此時機着重於近郊區域之開發俾工商業逐漸向四週展佈祛除偏畸狀態欲達此目的似宜先從擴展交通路線着手現在郊區公路尙屬寥寥其已築成者路面崎嶇橋樑傾圮亟須修理至於村鎭間交通大都不相聯貫羊腸小道行路維艱貨物運輸亦感阻滯故闢築郊區路線實屬迫切需要

辦　　法　一　請政府迅速完成整個上海市區交通網設計

二　請政府迅速修復郊區業已損壞之道路橋樑若毗連沿浦江連繫楊樹浦新市街江灣吳淞四區之軍工路等

三　請政府儘先置備郊區交通工具

四　請政府獎勵民營郊區交通事業

五　主管局與就地區公所應發動民衆自行修築邀集保甲長分別切實剖陳利害使民衆瞭然之後自可興奮而收經之營之不日成之之效

六　老閘橋爲交通孔道現已損壞應加趕修以免危險

七　烏鎭路及三版廠橋爲通市區之要道在抗戰期間多已損壞應速建修以利交通

八　虬江碼頭臨時倉庫之建造需費鉅大可由市府商請行總建造幷加征倉庫使用費以爲挹注

大會決議　照審查意見通過

簽註意見　一　關於迅速完成整個上海市區交通網設計一節查本市都市計劃總圖及幹道系統已在積極進行並將陸續修訂閘北南市滬西等區道路系統進而規劃郊區道路以完成本市整個交通網俟設計決定卽分別提出

二　本案其他各項辦法均爲目前急要之恢復工作一部份且有已由主管機關辦理擬仍請　市府分別發交各有關機關斟酌情形辦理

工字第二十七號

審查意見　查提字第三六二號提案經審查擬提交大會送請都市計劃委員會計劃辦理（提案人及連署人詳見原提案）

案　　由　確定大上海計劃案

理　由　本市為世界名都之一故大上海計劃應即確定公佈俾今後一切建設依照進行不致因陋就簡削足適履而多事更張少有成就昔日美國紐約之建市即棄舊建新吾人應仿行之

辦　法　一　呈請中央嚴令江蘇省政府立將應行劃歸本市之地區交本市接管

二　大上海建設計劃應以中央劃定之全面積計劃之

三　確定機關府署（市政府各局各警察分局各自治區公所各學校）及一切公有房屋形式及位置之分佈

四　確定工業區商業區住宅區及各種新房室之圖案

五　配合東方大港遷移鐵路車站改建河流碼頭明暗水道等

大會決議　照審查意見通過

簽註意見　一　關於市界之接管及大上海建設計劃面積擬照原提案辦法及本會第一次會議議決之原則以民十六年行政院劃歸本市之地區為本市區域範圍交本市接管並請市政府據此電請中央迅予核定

二　原提案三、四、兩款擬交本會區劃及房屋兩組研究辦理

三　原提案第五款擬請市府電請中央核示並確定與本會聯繫辦法

工字第三十一號

審查意見　查准申報社函轉該報讀者張德采君倡議上海市民一日運動以建設黃浦江大橋經審查擬提交大會作為建議案并送請都市計劃委員會參考（附張德采君建議書一份）

辦　法　上海伶界聯合唱最精彩義務戲二三天

運動界體育協會舉行最精彩籃足網排球比賽數場劵資充造橋

商界全體將一日售貨盈餘移充造橋

各戲院電影院遊戲場跳舞廳話劇場將全日營業收入提充造橋

交通事業如電車公司公共汽車之全日車資

建築工程師義務繪圖測量工程師義務測量上海有資望公正人士負責提倡號召主持各律師當義務法律顧問各會計師義務辦理會計事宜

浴室理髮業廉捐全部當日營業收入

印刷業公會義務印刷各種文具宣傳品

紙業公會義務贈送必須紙張

各報館除將全日廣告費移捐外並担任義務宣傳

各廣播電台義務播送特別精彩節目並歡迎點唱
醫師將全日病金移捐
交易所將全日成交佣金全部移充
銀行公會指定銀行義務代辦收付事宜
公務人員廉捐薪津一天
薪水階級同
工人捐工資一天
藝術家義賣名作一二件
房屋業主捐全月房租收入三十分之一
各藝員廉捐包銀一天
人力車夫三輪車夫雙倍交車賬車資全部移捐再有一種比較新穎辦法定名造橋競選運動發行選舉票每張一萬元將來開票誰票數最多卽以此公之名以名此越江大橋當選最低資格須要一萬票以上一千票以上立石紀念以垂永久

詳細辦法　由社會素孚衆望人士組織建橋委員會

大會決議　照審查意見通過

簽註意見　查本案爲建設黃浦江大橋籌措經費辦法似可請交越江工程委員會研究

上海市都市計劃委員會第一次會議關於基本原則各項問題決議

甲　計劃範圍　一　計劃時期以二十五年爲對象以五十年需要爲準備

二　計劃地區以民國十六年行政院核定市區範圍爲對象必要時得超越市區範圍以外

乙　經濟　一　全國之經濟政策

二　上海附近地區內之經濟計劃

三　上海在國際貿易金融及國內貿易金融上之地位

四　上海市本身在工商農業以及漁鹽業發展上應達何種程度

以上各項問題由財務組擬具答案向中央請示

丙　文化　一　全國大學之分配

二　上海市附近地區內文化及教育事業之分配與標準

三　上海市區內文化及教育事業之分配與標準

由教育局擬具答案一二兩項並向中央請示

丁　交通

一　確定上海在國際交通及國內交通上之地位（至於市內交通之如何布置乃完全地方性者可由本市加以決定擬不屬於基本原則）

二　上海是否須設自由港

三　上海市內之鐵道及火車站是否應予變更或增設（市內將來之高速鐵道系統擬不屬於基本原則）

四　全國（東南區）之公路網如何確定與上海之聯繫如何

五　上海應設飛機場幾所其各個之性質面積及位置如何

由交通組擬具答案向中央請示

戊　人口

一　全國之人口政策

二　上海之人口總數應否限制

三　上海之最大人口密度如何規定

由區劃組擬具答案向中央請示

己　土地

一　土地徵用法

二　應否建立土地市有政策

關於土地及土地資金運用由土地組研究

庚　衛生

一　醫療衛生機構敷設設備標準人事制度與實施進度

二　醫療防疫保健環境衛生等項業務之技術標準設施方案與評價準則

由衛生組擬具答案

對於上海市都市計劃經濟方面基本原則之意見　財務組擬

查上海市都市計劃委員會第一次會議關於基本原則各項問題決議中經濟方面問題計有四點「（一）全國之經濟政策（二）上海附近地區內之經濟計劃（三）上海在國際貿易金融及國內貿易金融上之地位（四）上海市本身在工商農業以及漁鹽業發展上應達何種程度」並規定「以上各項問題由財務組擬具答案向中央請示」茲卽根據上述決議分陳管見如次以供討論參考

一　全國之經濟政策

1　關於全國之經濟政策似宜以民國三十三年十二月廿九日國防最高委員會通過之第一期經建原則為準繩一面再參照經濟主管當局對

於戰後經建原則之說明以作補充

2 第一期經建原則規定「我國經濟建設事業之經營以有計劃的自由經濟發展逐漸達到三民主義經濟制度之完成」總期以企業自由刺激經濟事業之發展完成建設計劃之實施」即在國家指導扶助並促進經濟建設之原則下由人民進行並實現建設計劃並非一切經濟事業均由國家舉辦及管制

3 中國戰後建設以經濟建設最爲必要在經濟建設中更以工業建設最爲重要建國能否成功全視中國能否工業化爲關鍵（見翁副院長關於中國工業化的幾個問題演詞）

4 中國工業化之目的在於取得我國獨立生存之基礎（見蔣主席三十四年演詞）

5 中國在工業化途中依舊注重農業努力發展以農立國與以工建國同時並進並行不悖此實爲中國經濟建設之眞實方針（見翁副院長演詞）

6 中國經濟建設之標準當要妥量國民富力之限度逐步經營之程序求得適當規模並非過份誇大（仝上）

二　上海附近地區內之經濟計劃

7 關於上海附近區域內之經濟計劃在縱的方面應根據前述全國經濟政策所列之各項原則

8 在橫的方面應根據上海都市計劃範圍所決定之原則即（一）計劃時期以二十五年爲對象以五十年需要爲準備（二）計劃地區以民國十六年行政院核定市區範圍爲對象必要時得超越市區範圍以外

9 本市在本質上爲港埠都市但以其在國內外交通所處地位之優越亦將爲全國最大工商業中心之一

10 本市之經濟建設應以推行有計劃之港口發展及調整區域內工商業之分佈爲主要目標

11 本市工業之發展以包括大部份輕工業及一部分重工業及其所需之有關工業爲原則

12 上海市除商業金融區有集中一區必要外在工業方面因係以輕工業爲中心可分散建設故上海市人口預計雖有千萬左右然並不至密集一處各個區域大體上亦可平衡發展

三　上海在國際貿易金融及國內貿易金融上之地位

13 按照戰前統計上海進口洋貨總值約佔全國進口總值十分之六上海出口總值約佔全國出口總值十分之五弱將來國內經濟建設雖須平衡發展但上海在中國國際貿易上恐仍將保持一極重要地位

14 中國戰後經濟建設既以工業化爲目標則國際貿易數額必較戰前擴大因此上海在全國國際貿易中卽使相對的地位降低而絕對的數字必較戰前爲高

15 上海戰前爲中國與國際金融接觸之中心將來因國際貿易發展之故恐仍將保持此種地位

16 上海在國內貿易上之地位雖無詳備統計可以說明惟其爲長江區域之國內貿易中心則可斷言戰後上海在國內貿易上之地位恐將更趨

重要因東北爲中國重工業區長江區爲中國輕工業區其產品之交換恐將仍以上海爲中心也

17 上海在戰前爲全國金融中心據戰前統計全國銀行數字上海一埠銀行總行數約佔全國總數十分之四分行約佔全國四分之一戰後銀行分佈雖須平均未必全部集中上海但上海之銀行數字在全國範圍內之比例即使減低而其地位則將更趨重要因上海爲戰後國際貿易金融及國內貿易之中心也

四　上海市本身在工商農業以及漁鹽業發展上應達何種程度

18 在工業方面據戰前統計上海戰前廠數約佔全國百分之三一·三九資本百分之三九·七三工人百分之三一·七八又以各業生產力計上海機紡業佔全國百分之四一·七棉織業百分之三一·三繅絲業百分之三〇·四麵粉業百分之四〇機器業百分之四六·六煉鐵業百分之一·二是則上海輕工業實佔全國領導地位重工業則微不足道

19 將來上海在重工業方面因資源關係恐難有發展

20 在輕公業方面上海雖非理想區域然不違反工業區位原則其能發展應發展者爲紡織麵粉機器（因有其他輕工業發展之故）繅絲因原料所在上海亦有發展可能

21 以上幾種工業因上海資金勞力及市場均處於優越地位故將來仍將處於全國領導地位其發展之程度視全國經建計劃而定

22 商業之發展因上海在國際及國內貿易上地位之重要自亦趨於發展可能較戰前增加數倍（其發展程度與全國經濟建設之程度成正比例）惟此種發展並無須店鋪及商人數作比例的增加僅其交易額擴展而已

23 上海附近區域在目前情形下爲中國農產豐富之區域但因農場分割太小難於實現工業化與機械化以提高生產力故上海區域內農業之發展應以改良土地問題發展生產力爲第一義

24 上海區域之農產品以棉稻豆麥爲主蔬菜花卉果樹次之將來農業生產恐亦須如此以農作物與園藝平衡發展爲原則因如此始能適合商業都市之需要且亦爲上海農業條件所允許也

25 上海農業生產即使大量提高生產力恐亦難於達到自給之程度因農田現已儘量利用而上海都市人口增加甚衆無論如何總感供不應求也

26 上海市漁業之發展爲市場之發展而非生產之發展因上海區域之自然條件不及附近其他區域爲有利也

27 鹽業之情形恐亦與漁業相似在生產上似難有發展

上海市區內文化及教育事業之分配與標準草案　教育局擬

1　中等教育部份

一　建設四中等教育區於本市四郊每區撥用公地或征用民地將所有市區公私立中學全數遍及集中辦理澈底改進期收實效

二　交通不便鄉僻之區普設初級中學務使平衡發展

三　推廣師範教育培植優良師資

四　擴展職業教育籌設水產紡織化工船工農藝畜牧蠶絲機械建築海事藥劑等職業學校

2　國民教育部份

一　每區設一中心國民學校每保設一保國民學校

二　中心國民學校校舍市區須有二十教室至三十教室鄉區須有十教室至二十教室

三　保國民學校校舍市區須有六教室至二十教室鄉區須有三教室至十教室視各地人口疏密而定

四　學校校舍建造式樣方向採光運動場地以及衛生設備等須請工程專家及教育專家會商決定

3　社會教育部份

一　事業項目

1 圖書館	2 民衆教育館	3 民衆教育實驗區	4 博物館
5 科學館	6 體育場體育館	7 音樂館	8 美術館
9 教育電影院	10 教育劇場	11 教育電台	12 動物園
13 植物園	14 民衆學校	15 補習學校	

二　分配標準

1　於全市中心地點設立規模完備之圖書館民衆教育館博物館科學館體育場體育館音樂館美術館教育電影院教育劇場實驗民衆學校及教育電台各一所另於近郊設立動物園植物園各一所

2　於四郊設立民衆教育館圖書館民衆教育實驗區中心民衆學校體育場藝術館及教育電影劇場各四所並於各公園內設立小規模之動物園

3　於每區設立簡易圖書館民教館體育場及科學勞作音樂美術中心站各一所

4　每保設立民衆學校及補習學校各一所

對於上海市都市計劃交通方面基本原則之意見　交通組擬

一　確定上海爲國際商港都市

二　上海不設自由港

三　分別估計上海港口每年之海洋江輪及內河船舶註册淨噸位（Net Registered Tonnage）

甲　根據一九二一年海關之統計進出口船舶噸位每三十年依直線加一倍一九九六年（五十年後）時海洋及江輪進出口噸位各有四千萬噸加內河及駁船噸位約一千一百萬噸總數約爲一萬萬噸

乙　按照二十五年估計卽一九七一年時海洋及江輪進出口噸位各爲三千萬噸加內河及駁船噸位總數約爲七千五百萬噸至八千萬噸

丙　採用分類估計請施委員孔懷供給答案

四　估計上海總共需要停舶線之長度（假定用機械設備）請施委員孔懷公用局宋科長耐行供給答案

五　確定上海港口之地位按照其使用性質分別集中於若干區其與鐵路終站(Railway Terminus)連接者以採用挖入式爲原則

六　確定上海河道之系統

子　利用黃浦江

丑　蘊藻浜與吳淞江連接

寅　其因局部運輸及與農業有關者開發之其餘不擬提及

七　確定鐵路車站及調車場之位置

子　客運總站暫時維持北站並在中山北路以北保留客運總站充裕基地以便必要時客運總站可遷往該地

丑　貨運總站及調車場設眞茹鎭以西（眞茹車站以東）

寅　貨運岔道站設蘇州河北及中山北路間

卯　鐵路客運總站確定地點請交通部組織委員會調查研究並由交通部與本市會商決定

對於上海市都市計劃區劃方面基本原則之意見　區劃組擬

人口問題

全國之人口政策

一　全國人口總數管制政策是否能維持現在人口數（民國三十三年統計四億六千萬人）僅提倡優生不獎勵生育抑提倡增加人口並依照中國年鑑之估計至民國八十九年時人口數達九億人爲度

二　將來都市與農村人口之移動政策依照中國年鑑民國三十三年統計農村人口爲百分之七十二都市人口爲百分之二十八但歐美工業化國家則農村爲百分之二十都市百分之八十在我國工業化後是否可從低估農村百分之四十都市百分之六十

三　將來全國各地人口之分配政策（依照地區之分配如東南區東北區西北區等等）請中央指示

上海人口之密度

四　上海市區面積共八九三平方公里除去黃浦江蘇州河及各浜面積九三平方公里約爲八百平方公里據本會祕書處設計組假定浦西面積

佔六百三十平方公里人口密度為每平方公里一萬人可容六百三十萬人浦東面積一百七十平方公里因擬大部份為農作地帶可容納七十萬人（此項對於浦東作為農作地帶之假定本組尚未得有結論）

五　根據祕書處聯席會議商討之結果假定二十五年內增至七百萬人

土地使用問題

六　土地使用之比例根據祕書處設計組之假定居住區應為百分之四十工業區百分之二十綠地帶及公用用地百分之四十（如照一般理想之規定即綠面積佔全市百分之五十居住區百分之二十五工商業區百分之二十五則本市僅能納容四百四十餘萬人）

教育文化事業問題

七　近代都市計劃均採用鄰居組合（Neighborhood Unit）辦法本市計劃照祕書處設計組之假定計分最小單位中級單位市鎮單位及區單位四級按假定人口密度與我國學校制度及本市學齡兒童人數之比例可作下列之配合

1　每一最小單位設一小學校

2　希望每一中級單位有一初中學校

3　每一市鎮單位有一高中學校

4　每一區單位有一職業學校

六　大學校乃國立機構請中央指示

九　擬請教育局提出每級單位除學校外應有之其他文化設備

對於上海市都市計劃土地方面基本原則之意見　土地組擬

一　本計劃以遵循國家土地政策為實施之中心

二　關於土地政策之實施應採用土地資金化之辦法

三　以整個區域與都市之配合及有機發展為目標進行本市市界之重劃

四　人地比率應受社會經濟及人文因子之限制

五　本計劃在各階段之實施必須嚴格執行土地征收之辦法為原則

六　實施土地重劃以求本市土地更經濟之利用

七　市政府應居主動地位參加本市土地發展之活動

八　土地區劃之設計應有其中心之功能

九　每區之發展應有預定限度

十　居住地點應與工作娛樂及在生活上其他活動之地點保持機能性之聯係

十一　區劃單位之大小應以其在本市結構內經濟上之適宜性決定之

十二　工業分類以其自身之需要及對公共福利之是否相宜爲標準

十三　各類房屋使用年限應有適當之規定以利計劃分期實施

對於上海市都市計劃衛生方面基本原則之意見　衛生組擬

甲　保健部份

一　全市可能劃爲三十四區每區設衛生事務所一所主持全區內各項衛生業務全市計共三十四所

二　全市重要村鎮約爲七十處各設衛生分所一所計共衛生分所七十所

三　全市市區面積約八百平方公里每三平方公里設衛生單位一個共需二百六十六個除衛生事務所及分所已設有一百零四個單位外其餘均設衛生室計共應設一百六十二室

四　市中心區區域狹小交通便利故黃浦老閘邑廟江寧新成普陀北站虹口等八區除設衛生事務所外不復設置衛生分所或衛生室所有衛生分所及衛生室（共爲二百三十二處）均按照上述八區以外之二十六個區之面積大小人口多寡地方形勢及實際需要作適當之分布

五　江河港口地方另設水上衛生站十處其編制相當於衛生室以辦理水上居民之衛生業務

六　衛生事務所直隸於市衛生局衛生分所隸屬於衛生事務所衛生室及水上衛生站隸屬於衛生分所或衛生事務所

乙　醫藥部份

一　五年內以每千市民設病牀一張爲標準各市立醫院病牀總數應爲六千張五年以後廿五年內應逐漸擴增至每千人設病牀二張

二　普通醫院計五十病牀者二十二所二百病牀者五所五百病牀者一所共計二十八所共計二千六百病牀

三　專科醫院計五十病牀者十二所一百病牀者十一所計共二十三所共病牀一千七百張

四　傳染病醫院五十病牀者十所一百病牀者十所二百病牀者二所共計二十二所共病牀一千九百張

五　於市中心區處設置大規模之醫事中心一處應設有病牀一千張（卽普通醫院之五百牀者傳染病醫院二百牀者及專科醫院一百牀者三單位）完善之衛生試驗所及訓練中心

六　醫藥設施計劃擬於二十五年內完成之其進度如次

第一期（十年）逐漸減輕市民所負担之醫藥費用故市立各醫院診所每年免費之門診病人不得少於三分之一住院病人不得少於四分

之一
第二期（十年）本期之末由市民私人付給醫藥費者門診應不超過三分之一住院應不超過四分之一
第三期（五年）五年期滿後不應再由市民負担醫藥費用

丙　防疫部份

一　法定傳染病未經查報者不得超過全市病案總數百分之十
二　傳染迅速毒性劇烈之法定傳染病人其住院隔離者不得少於本市病案總數百分之八十
三　霍亂預防注射人數應達全市人口總數百分之七十強迫種痘人數應達全市人口總數百分之九十白喉預防注射人數應達學齡兒童總數百分之七十學齡前兒童總數百分之五十

丁　環境衞生部份

一　市內中心區居民飲用自來水者不應少於百分之七十供應量平均每人每日不得少於十加侖並逐日作化學及細菌檢查
二　垃圾處置應力求機動化工具機械化
三　着重衞生工程設備改善糞便處置擴展下水道後者尤首重於前法租界南市及閘北之汚水處理
四　郊區之衞生工程設計以各該區當地情形及實際需要酌定之
五　提倡火葬逐漸減少公私墓地
六　儘量保留園林廣場及空曠地面分區增設公園及運動場所尤側重於地狹人稠之市區
七　釐定各種有關衞生工程管理法規及其最低限度之標準

對於上海市都市計劃房屋方面基本原則之意見　房屋組擬

一　所有建築物應就疏散人口之原則及優良生活水準之需要分佈全市各區使能達到預定程序之發展
二　區域最小單位內之建築應包括工作居住娛樂三大項之適當配備
三　在未發展各區應根據實際需要推行新市區計劃在已發展各區應照計劃原則推行改進及取締辦法
四　在新計劃各階段之實施以減少市民之不便利及求得市民之合作爲原則
五　市容管理應根據各區性質及與環境調和之下達到相當美化水準爲原則
六　有歷史性及美術性之建築在可能範圍之內應予保存或局部整理

七　住宅區域之建設以獎勵人民各有其家爲原則

八　市政府應以領導地位參加本市各區域公私住宅教育衛生娛樂等建築之活動

九　所有公私建築應就優良生活水準及各區域之需要與全市之福利分別訂定標準

十　本市建築之發展應充份開闢園林廣場以求市民享樂及市容之改進

附件

上海市都市計劃委員會組織規程

第一條　本委員會依照國民政府公佈之都市計劃法第八條之規定組織之定名爲上海市都市計劃委員會（以下簡稱本會）

第二條　本會以研究擬具上海市都市計劃爲任務

第三條　本會直隸於上海市政府設主任委員一人由市長兼任之委員十六人至二十八人副市長祕書長各局局長爲當然委員其餘均由市長聘請專門人才充任之

第四條　本會每月開會一次由主任委員召集之以主任委員爲主席

第五條　本會設執行祕書一人秉承主任委員主持經常會務由工務局局長兼任之

第六條　本會爲分工辦理及研究各項計劃起見設下列各組（一）土地組（二）交通組（三）區劃組（四）房屋組（五）衞生組（六）公用組（七）市容組（八）財務組

第七條　各組設委員三人至五人由本會委員兼任之並指定一人爲召集人開會時以召集人爲主席

第八條　各組間爲討論計劃上互相有關事宜起見得舉行聯席會議由有關各組召集人共同召集之並推一人爲主席

第九條　本會設專門委員三人至六人專員八人至十二人繪圖員十八人至三十人會計員一人助理會計員二人辦事員八人至十二人雇員八人至十二人秉承祕書辦理各項會務由祕書遴選人員呈請市政府核派之

第十條　本規程由市政府公佈施行

上海市都市計劃委員會組織名單

市長兼主任委員	吳國楨		
當然委員 兼執行秘書	趙祖康	上海市工務局局長	
聘任委員	李慶麐	立法委員	地政局祝局長轉
	吳蘊初	天廚味精廠總經理	天廚味精廠（順昌路一七六號）
	黄伯樵	中國紡織機器製造公司總經理	中國紡織機器製造公司（天津路一三八號三樓）
	陳伯莊	京滬區鉄路管理局局長	京滬區鉄路管理局
	汪禧成	行政院工程計劃團主任工程司（曾任北寧鉄路局總工程司）	行政院工程計劃團（四川中路六六五號五樓）
	施孔懷	上海濬浦局副局長	上海濬浦局（外灘江海關大樓）
	薛次莘	大連市政府祕書長	大連市政府辦事處（廣東路八六號）
	關頌聲	建築師	九江路大陸大樓八樓
	范文照	建築師	四川路一一〇號
	陸謙受	建築師	中國銀行（外灘）
	李馥蓀	上海浙江實業銀行總經理	浙江實業銀行（福州路）
	盧樹森	中央大學建築科主任教授	梵王渡路三六弄四六號
	梅貽琳	上海醫學院主任醫師	衛生局張局長轉

	趙棣華	交通銀行總經理	交通銀行（外灘）
	奚玉書	會計師	新閘路一〇五〇弄二二號
	王志莘	上海新華銀行總經理	新華銀行總行（江西路）
	徐國懋	上海金城銀行經理	金城銀行（江西路）
	錢乃信	上海市政府主任參事	市政府
當然委員	何德奎	上海市政府祕書長	
	祝平	上海市地政局局長	
	趙曾珏	上海市公用局局長	
	顧毓琇	上海市教育局局長	
	張維	上海市衛生局局長	
	谷春帆	上海市財政局局長	
	宣鐵吾	上海市警察局局長	
	吳開先	上海市社會局局長	

上海市都市計劃委員會組織表

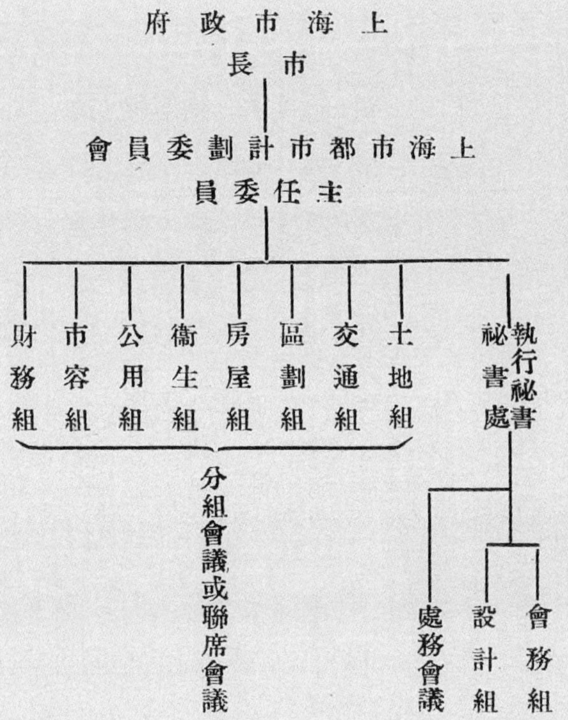

上海市都市計劃委員會祕書處會議紀錄

上海市都市計劃委員會祕書處第一次處務會議紀錄

時間　三十五年九月五日下午五時

地點　上海市工務局三四八號會議室

出席者　趙祖康　Richard Paulick　鄭觀宣　A. J. Brandt　王大閎　吳朋聰　吳之翰　張俊堃　姚世濂
鍾耀華　黃作燊　李德華　費霍　陸謙受　余綱復　E.B. Cumine

主席　趙祖康　紀錄　費霍　余綱復　李德華

主席　以後祕書處處務會議如本人有事不克出席時均請姚兼組長代為主持現請姚先生報告

姚世濂　報告都市計劃委員會組織及該會係於八月二十四日成立同時並開第一次會議討論提案五項（詳第一次會議議程及紀錄）

陸謙受　今日參加會議係聆主席指示嗣後工作方針本人有數項意見須提出報告

一　此後工作必極繁重以少數人員負責似難臻盡善希望多請專家共同研究再為便利工作起見希望多購參考書籍

二　希望能將調查統計資料集中一處以節省查閱時間此外希望同人共同努力期必有成就

主席

一　今日為都市計劃委員會祕書處第一次處務會議刻已由會務設計兩組組長報告本市都市計劃經半年之努力可謂已得到相當結果本市都市計劃委員會現在成立諸位均以冗忙中之時間義務參加工作本人代表都市計劃委員會及工務局感謝諸位之熱忱關於本會成立之經過組織會議規程及祕書處辦事細則已詳見分發之油印品本會推進工作之核心在祕書處而祕書處之工作核心則在設計組

二　本會工作步驟及基本原則在第一次大會時亦經討論基本原則各項問題在大會中亦有所決定（見第一次大會會議議程及紀錄）今日亦不妨討論之

三　本會工作人員名單大致均已決定會務組即可將名單付印分發

四　須討論事項

甲　大會議決「於成立之日起六個月內製成全部計劃總圖草案送由市府呈中央機關核定」故本人以為須趕緊將前所完成之總圖初稿兩種修改並配合基本原則同時進行若候基本原則呈准中央核定後再行設計在時間上恐不許可此為本人意見仍請各位討論

乙　各方面對閘北南市之路線希望早有決定現都市計劃委員會已決定計劃以二十五年為對象以五十年需要為準備在修正總圖初稿時如以前閘北南市道路圖無大衝突不妨同時研究希望亦於六個月內完成該兩區街道圖

丙　調查統計可由工務局統計室協助進行惟仍應由本會主持

丁　基本原則之外各問題如土壤問題等須指定專人研究或由設計組擔任或請專家擔任

以上四項本人以爲係最緊要工作

其次需討論者爲處理工作方式可根據本會會議規程及祕書處辦事細則

姚世濂　關於最後一點本人有數項意見：（一）過去圖表如何整理並集中都市計劃委員會（二）先將已有之少數書籍集中再設法添購（三）調查材料之整理研究擬由設計組担任徵集則可由會務組協同辦理（四）關於增進工作效率擬請增加辦公之便利如辦公室請增加兩間圖書室一間工作人員辦公時間頗有參差請添交通車一輛

議　決　一　辦公方面：在工務局三樓騰出房間兩間作爲設計組辦公室添裝直接電話一具（原有都市計劃組研究會房間作爲繪圖室）在四樓增加工務局圖書室一間與本會公用（原有都市計劃組研究會會議室作爲本會會議室）每日下午增給交通車一輛

一　工作時間：兼任人員每日下午五時起每星期一四須全體到組參加討論交換意見專任人員或由工務局調用人員工作時間改遲二小時以便配合兼任人員工作每星期四處務會議半小時至一小時

三　調查工作：由設計組主持增加職員三人負責向有關方面收集材料

四　閘北及南市街道圖：明日下午五時檢查已有圖樣

五　修改兩種總圖初稿：配合基本原則同時進行

六　每次處務會議對討論問題得請有關各組委員或派員參加

七　請發每次市政會議紀錄一份

八　請程世撫參加土地使用組工作陳孚華參加交通組工作

上海市都市計劃委員會祕書處第二次處務會議紀錄

時　間　三十五年九月十二日下午五時

地　點　上海市工務局三四八號會議室

出席者　趙祖康　A. J. Brandt　黄作燊　E. B. Cumine　吳之翰　陳孚華　程世撫　陸謙受　吳朋聰
Richard Paulick　鄭觀宣　王大閎　張俊堃　姚世濂　鍾耀華　費　霍　余綱復　李德華

主　席　趙祖康　　紀錄　費　霍　余綱復

姚世濂

報告接洽辦公室情形

陸謙受　設計組開會已有三次但工作尚不能開始（一）辦公室問題惟頃據姚先生報告已有眉目（二）統計材料收集問題蓋吾人現在須進一步修改總圖要有新的材料開會幾次討論的結果認爲急需之材料有十項

一　區內電氣化之程度發電廠之地點供應區電量及電氣供應網之系統

二　通運河浜及水道

三　工業分類工廠容量原料來源等

四　公營及民營工業之分類及其資本額

五　區域內各市場中心之分佈及其供應之範圍

六　各區每日人口流動情形

七　各主要道路之每日交通車輛總數

八　每日廢物之排洩量及其處理方法

九　區域內各項職業之人數及其平均入息

十　房屋種類及其年齡之統計

至於調查之方式不論專任人員擔任或委託已有機構辦理皆可不過須即行決定

主　席　辦公室問題本星期六必解決請姚處長向市府接洽撥用如不成可暫撥工務局會議室應用商務印書館發行之百科小叢書「現代都市計劃」內著者曾提到都市計劃委員會成立後第一件實際工作爲蒐集現存之地形圖及其他有益材料關於地圖方面有三種（一）爲縮一哩爲一吋之區域圖（Maps of the Region)(二)爲縮一千呎乃至二千呎爲一吋之市區及附近市鎮地區圖 (Map of the city and Surrounding urban zone)（三）爲縮二百呎乃至四百呎爲一吋之市區地圖(Map of the City)用第（三）種地圖可以作成下列各圖交通現狀圖(Transportation map)街道公共設施圖（Street Service Map)街道運輸圖(Street Traffic Map)土地價格圖(Land Value Map)現勢圖（Existing Condition）此層亦甚重要

姚世濂　報告已有地圖及進行中地形修改房屋調查情形

議　決

一　由工務局設計處將1／25000 1／10000 1／2500 1／500四種地形圖準備並提早限期完成

二　設計組分組工作內增設調查小組由設計組指定專人或請吳之翰先生主持辦理

三　請吳之翰先生參加人口及交通兩組工作

四　會務組應增加主持繙繹工作人員及助理員

上海市都市計劃委員會祕書處第三次處務會議紀錄

時間　三十五年九月十九日下午五時

地點　本會會議室（三四八號）

出席者　趙祖康　姚世濂　陸謙受　吳之翰　吳朋聰　陳孚華　鍾耀華　費霍　余綱復　黃作燊　鄭觀宣
王大閎　李德華　林安邦　A. J. Brandt　E. B. Cnmine　Richard Paulick　陳占祥

主席　趙祖康　紀錄　費霍　余綱復

姚世濂

報告本會辦公室業經騰出所有室內佈置已請營造處估價辦理

陸謙受

一　本星期正式開始工作先將以前完成之總圖初稿對照新製之二萬五千分之一上海市全圖校正面積

二　各項調查資料及總圖初稿兩種已分發各員研究準備下星期提出討論

主席

將以前完成之總圖初稿計劃用書面說明其理由以免每次開會均須口頭複述耗費時間

陸謙受

計劃研究各種問題須與有關機關發生聯繫擬由會正式函請各該機關指派負責代表出席參加討論以資迅捷

主席

一　由祕書處正式去函

二　對於本會工作應先擬定一計劃程序書面表示以便按期檢討兼備有關機關出席代表參照

陸謙受

都市計劃係一種靈動之設計工作似難予以呆板之限期但為適應行政需要起見自應盡力趕緊工作早日編具進程隨時發表以資應付

主席

決定在兩星期內將基本原則（Guiding Principle）擬訂完成以便對外發表在擬訂時可請各組派員發表意見以期集思廣益隨時修正在此兩星期內即可舉行會議四次儘速進行

陸謙受

在舉行會議前似應先行詳細研究定一討論之程序

主　席

一　下星期四下午五時舉行討論會一次其討論題材暫定

甲　關於經濟交通人口土地四組基本原則之檢討

乙　研討前都市計劃組研究會所擬總圖初稿並函請出席人員如次財務交通公用土地四組召集人公路總局局長京滬區鐵路局正副局長濬浦局正副局長航政局局長招商局總經理中航公司總經理開會通知應於本星期內發出並附送參考資料

二　圖書室可即設法遷入本會

三　本會及各部份之英文名稱應即擬定呈請市長核奪

四　現請新自美倫返國之都市計劃專家陳占祥先生蒞臨本會特為介紹並請發表宏論（略）

上海市都市計劃委員會祕書處第四次處務會議紀錄

時　間　三十五年十月三日下午五時

地　點　本會辦公室（工務局三三七號）

出席者　趙祖康　程世撫　吳朋聰　R. Paulick　姚世濂　林安邦　黃作燊　王大閎　李德華　鍾耀華　贊　霍　余綱復　A. J. Brandt　張俊堃　陸謙受

主　席　趙祖康　紀　錄　贊　霍　余綱復

主　席

本處開會時請各位準時出席如在時間上不能趕到不妨酌予延遲

決　定（一）

每星期四處務會議例會改下午五時半開會請參加者準時出席

檢討第三次會議決定事項

姚世濂

關於正式函請有關機關指派負責代表出席參加討論一項正候設計組提出有關機關名單即由祕書處正式去函

本會及各部份之英文名稱已擬定呈請市長核定

關於工務局圖書室移至本會一事正與工務局技術室接洽惟須請工務局令行之添購書籍已由設計組開列清單共六百餘本約美金二千元會務組正在進行購辦

決　定（二）

圖書室設於三三七號房內關於圖書管理及分類方法請孫心磐先生指導由李德華先生負責管理

主　席

關於擬定基本原則一項請陸先生報告

陸謙受

報告擬定之人口土地交通財務等四項基本原則並予解釋

主　席

一　都市計劃基本原則原由工務局臨時草擬提出爲計劃範圍國防經濟交通人口土地等六項有屬於地方性者有屬於全國性者經都市計劃委員會第一次會議修正決定並增加文化及衛生兩項其間除計劃範圍已有確定及國防另案向中央請示外其餘六項均係決定由各組或局分別擬具答案提出第二次會議後請中央核定以期節省時間並同時進行計劃

二　爲敦促各組提出擬具答案起見在祕書處第三次處務會議時決定召開聯席會議檢討經濟交通人口土地等四項基本原則並請設計組先擬原則送各組參考至文化及衛生兩項則由祕書處函請教育局及衛生組提出擬定答案俟各組或局答案送到後再由設計組研究提出都市計劃委員會第二次會議討論然後呈請中央核定

陸先生即係依據以上決定擬具人口土地交通財務四項基本原則現請各位儘量發表意見最好能於今日決定否則延至下次會議決定

姚世濂

文化一項已由教育局送來業已送設計組研究

財務組已指定伍康成先生（財政局祕書）負責土地組已指定昝廣樑先生（地政局第一處處長）負責交通公用兩組已指定由徐肇霖先生（公用局技術室主任）負責

決　定（三）

將陸先生擬訂之原則油印並繹成英文於本月四日送設計組研究於星期一設計組會議時決定後由會務組送有關各組參考

祕書處照都市計劃委員會第一次會議議決案函請衛生組提出擬具衛生一項之基本原則

總圖初稿書面說明由設計組於本月下旬以前完成以便在本月下旬召開之都市計劃委員會第二次會議時將總圖初稿提出討論

R. Paulick　余以為調查統計工作必須由一技術人員兼具統計學識者担任方能用統計程式供應吾人之需要但目前各技術人員皆無空暇担任是項工作且乏統計人材似不妨請外界人員協助如各大學統計教授

陸謙受　中國銀行李振南先生對於統計經濟學識經驗均極豐富若允担任此項工作實為最理想人選

決定(四)　由祕書處向李振南先生接洽

張俊堃　以前吾人工作意見頗能一致現在有新參加人員意見已有紛歧據姚先生云將更有人員參加則如意見不能一致時須用何種方式表決

決定(五)　設計工作係請陸先生主持關於技術問題依據學理討論意見應能一致如有紛歧照多數取決

主席　現提請各位研究者為一現實問題即核發營造執照問題目前工務局核發營造執照係根據技術顧問委員會之決定即黃浦區核發正式執照其他各區核發臨時執照以免妨礙將來都市計劃之實施惟一年來之經驗已發現不願造屋或不領執照造屋者甚多

陸謙受　以前技術顧問委員會決定核發臨時營造執照辦法不過為配合行政上需要延緩准許正式營造時間以便利將來都市計劃之實施若行政上仍有困難似不妨依照已公佈之道路系統及營造法規絕無通融核發執照亦可以減少將來都市計劃之阻礙

主席　此外尚有一點與核發營造執照有關即戰前對於工廠營建已有規定辦法尤以前法租界比較具體接收以後環境較前不同若無具體辦法執行上甚感困難亦將發生不願營造或不領照營造情形可否依照土地使用總圖初稿及以前規定之工廠區域圖請各位研究作一決定

姚世濂　報告工務局已擬有「管理工廠設廠地址暫行通則草案」以供參考並解釋如次：

前上海市政府曾公佈「上海市管理工廠設廠地址暫行通則」係於民國二十三年二十五年間由社會局主辦與工務土地兩局會商擬定呈市府公佈施行迄今並未廢止其規劃範圍以當時情形特殊不包括黃浦區（即前兩租界）且以開發市中心區關係一部份工廠區如南市閘北引翔方面似均採取包圍黃浦區政策至前兩租界則前公共租界對於工廠區並無明文規定法租界除規定ＡＢＣ三種住宅區限制設立工廠外並規定肇家浜一帶及徐家匯路一角為工廠區域目前本市行政管理統一前此佈置不獨對於都市計劃牴觸太多且妨礙市區

將來發展近數月來請領工廠營造執照者日見增多應付爲難工務局乃參照過去辦法目前情形及都市計劃總圖初稿重擬「管理工廠設廠地址暫行通則」草案提請研究此草案係怱草作成內容與文字方面不確當之處在所不免希望各位儘量指教草案中對於過去工廠範圍擬暫分甲乙丙丁四種區域

甲種區爲永久性擬設於下列範圍（1）區在曹家渡蘇州河一帶係公共租界工廠區域且與都市計劃總圖初稿擬定之地點相符（北部以鐵路爲界南部以康定路爲界）（2）（3）區在滬杭甬鐵路以西沿蘇州河兩岸及蘊藻浜南北兩岸亦係過去規定之工廠區而與都市計劃總圖初稿擬定之地點相符惟値得考慮者卽過去工廠區爲一地帶目前是否卽應考慮分段隔離問題再（3）區與將來港口位置有關是否適當亦請加以研究

乙種區在過去及目前均爲工廠區而都市計劃總圖初稿則擬定爲住宅區此種地區工廠一旦令其更變勢不可能故擬以年限限制之如（4）區卽楊樹浦（5）區卽南市沿浦一帶至原有日暉港以西部份則予除去蓋龍華飛機場及兩路客貨聯運站均已有擴充計劃

丙種區過去作爲工廠區但因在地位上將妨礙今後市區南北向之發展故除加以年限限制外並規定使用電力以限制之如（6）區爲南市連接前法租界之工廠區（7）區爲閘北工廠區但鐵路以南原規定之工廠區則予除去

丁種區卽浦東工廠區（8）區以浦東大道爲界擬劃出沿浦三百公尺爲碼頭倉庫區並限制使用動力在二千匹馬力以下該區似與丙種區同一性質

此外並參照過去規定及目前情形擬定不得設立工廠區三處如（9）區爲黃浦區中心區及南市城廂（10）區爲滬西區及舊法租界A字住宅區（11）區爲前市中心區

在以前各項規定範圍以外則擬照收復區城鎭營建規則第十九條之規定辦理卽限制使用動力二匹馬力以下者

主席 此案係工務局送請都市計劃委員會祕書處討論故提請設計組研究之市參議會對於恢復工廠鼓勵營造已有決定催促進行陸先生提議核發執照可依照營造法規不通融辦理很爲適當本人以爲（一）管理工廠營造原亦應依照以前規定辦理但如此必妨礙都市計劃甚大是否可根據戰前已有限制辦法並參照總圖初稿規定限制營造辦法或根本不許營造請各位研究之（二）照陸先生提議辦法確很適當不過黃浦區（中區）許多路線實在不夠寬可否在五個月內酌量予以放寬並參照總圖初稿將閘北南市滬西道路系統予以修改或卽以爲五年計劃亦可以上兩點請各位專家研究於下星期一或四給予答復如認爲仍須限制工務局自當遵重都市計劃方面意見

張俊堃 一 甲種區無限制是否永久工廠區

二 工廠區內住宅建築是否規定有辦法

三 黃浦區是否永久執照

姚世濂 一 本人意擬如此規定

二 似無此需要

三 目前發永久執照

陸謙受 關於主席所提問題吾人於前兩次會議時已予討論擬一方面修正總圖初稿同時進行南市閘北較詳細計劃並擬配合總圖規定市區內主要幹道寬度先行提出市政會議決定公佈如此可以幫助將來都市計劃之推行並以解決目前行政上困難

決定(六) 本案於星期一會議後給予答復

上海市都市計劃委員會祕書處第五次處務會議紀錄

時間 三十五年十月十一日(星期五)下午五時半

地點 本會辦公室(工務局三三七號房)

出席者 趙祖康 黃作燊 鄭觀宣 A. J. Brandt 吳朋聰 R. Paulick 陸謙受 姚世濂 林安邦
張俊堃 鍾耀華 費霍 余綱復 E. B. Cumine

主席 趙祖康 紀錄 費霍 余綱復

主席 會務組有無報告

姚世濂 前日陸先生告知設計組工作時間恆在規定辦公時間之後工作人員進出常爲市府警衛阻擾擬去函市府總務處及警衛室予以便利

決定(一) 由本會正式去函知照

主席 關於上次會議決定由設計組研究討論基本原則一案請陸先生報告

陸謙受

基本原則一案業經設計組四次討論詳細研究後始於昨日完竣惟在報告之前擬聲明兩點：

一　完全爲原則並無方法及技術問題之說明

二　討論之問題爲無論任何人來做上海都市計劃都會承認的原則

設計組卽在此兩大前題下擬成原則各條現逐條解釋之如各位認爲應增減或修正請儘量發表意見

決　定（二）

基本原則請鍾耀華先生將區劃歸併土地及綜合各人所提意見重新整編並修正繹文於本星期六前完成

姚世濂

一　都市計劃委員會第一次會議議決基本原則由各組提出答案此次祕書處決定由設計組擬具原則送各組參考目的爲表示設計方面之意見本人以爲在總圖報告書內對於基本原則必包括具體答案若能提前完成報告書送各組參考對於將來設計工作便利更多

二　都市計劃委員會第二次會議擬於本月三十日開會各組開會時間財務組定本月十五日土地組本月十七日區劃組本月十九日交通組本月二十一日公用組本月二十三日衛生組本月二十五日房屋組本月二十六日各組會期或有變更不過在大會前必可完成

三　本人尙未與各組接洽因候設計組先擬定基本原則

決　定（三）

函衛生組請提出基本原則

主　席

本市港務整理委員會最近開會趙曾珏先生提案對於港口分類專業碼頭徵詢本會意見

決定（四）

向該會索取提案於下星期一開會討論

姚世濂

關於工廠分區問題如何決定

決　定（五）

下次例會討論

上海市都市計劃委員會祕書處第六次處務會議紀錄

時　間　三十五年十一月十五日下午五時

地　點　工務局會議室

出席者　趙祖康　陸謙受　Richard Paulick　程世撫　吳之翰　姚世濂　鍾耀華　陸筱丹　余綱復

主　席　趙祖康　紀　錄　余綱復　李德華

主　席　請姚組長報告會務組工作情形

姚世濂　都市計劃委員會第二次會議紀錄業已油印現先送各位一閱會議中討論區劃意見議決交祕書處設計組再行研究其中爭執最多者似爲浦東如何利用問題

昨日衞生組開會本人前往出席衞生局張局長提出之問題爲衞生計劃究爲二十五年或五年此外對於衞生與都市單位之配合希望能適合區劃方面之配合並將派劉祕書來本會接洽供給計劃總圖以便佈置衞生設備

交通組已分小組研究各項專門問題如水電水陸交通等

主　席　請陸組長報告設計組工作情形

陸謙受　關於設計組工作查都市計劃委員會第一次會議決定「六個月內製成都市計劃全部計劃總圖」即明年二月前須完成本組以爲工作如仍照舊進行在限期內決不能完竣故必須假定一工作方式並少開會以省出時間從事工作卽如開會亦僅派代表俾大部份同人能工作則效能提高

一　關於計劃總圖之改進吾人正候獲有新資料如單作改進恐對於許多事不易周到擬一方面進行改進一方面從事詳細計劃現分黃浦閘北滬南三組工作從詳細計劃再改進總圖比較確實如路線交點等之確定

二　照第二次會議之結果將來爭執者爲浦東之使用問題吾人主張並非不發展浦東不過由另一方面發展之而已有人以爲浦東適宜於工業及碼頭區當亦有其理由故吾人擬假定以浦東爲工業及港口區研究對於浦西及其他配合上（如交通聯繫等）將發生之影響作一答案以供大家討論此一問題如可解決則區劃問題卽可解決

此外在吾人工作方面發生之困難有數點（一）膳食問題三組均有學生共同之工作在午後五時開始直延至深夜若大家回家晚膳勢必影響工作此點希望能設法解決（二）交通車問題原派有二二四及二一九號兩車司機不肯作夜工其理由爲精力不能繼及天冷吾人很同情不過吾人亦有特殊情形僅能在晚間工作故交通車亦希望解決（三）設備問題如對外直接電話書架畫圖檯希望早日辦妥（四）參考書籍對於進行詳細計劃很要緊可以參考權威意見及新都市之已有設施而得確實根據此四項問題如不獲解決則工作可謂無法進

行

吳之翰　陸先生提出關於討論浦東問題之辦法本人亦以爲很適宜用兩種計劃圖來作比較易於明瞭而易獲最後決定不獨浦東問題須如此卽對於其他發生爭論之問題如港口鐵路等問題亦可用此種辦法卽用方案圖表數字來解決第二次大會討論者爲原則第三次大會恐將討論比較具體的問題

R. Paulick　巴黎之賽因河爲連繫之工具並非爲界線橫跨河面之橋樑幾每一段落（Block）皆有一座黃浦江面過闊建橋不易且建橋後兩端交通必更擁擠若於浦江大橋行駛火車坡度必小加長引橋後兩岸直接交通則不方便若浦東作爲農業及住宅區而以渡輪與浦西連絡則可有較多交通點不若橋樑之僅有數點而已

姚世濂　設計組都市計劃總圖初稿報告書已在第二次大會決定作爲報告事項但爲促請各組研究起見可否函送各組請於開分組會議時提出討論

主席　一　關於鐵路問題本人前次赴京曾與交通部接洽交通部對此希望有二計劃一爲將來的一爲目前的由有關方面組一委員會調查鐵路路線車站地點討論決定再送本會參攷

二　港口問題在最近港務整理委員會開會時關於中央造船廠船塢海事組以爲可不妨礙航線本人曾提出「既一樣採用挖入式則在其他地點亦可當時市長說業已應允利用二十年故吾人都市計劃設計對於二十年不能利用該段地而及如何過渡兩點均須予以考慮希望設計組作成二個計劃一爲永久計劃一爲二十年不利用該段計劃

三　浦東問題可照陸先生辦法提出一第二計劃及此計劃引起之困難希望設計組能於一星期將報告圖表準備卽召開各組召集人會議討論並可由設計組全體參加辯論

四　關於改進總圖及進行詳圖如姚先生所說衞生局對於計劃極有興趣不過希望明曉計劃之內容本人以爲總圖初稿雖已另有報告書但最好再用圖表數字表現之卽以都市計劃之目光表示各項問題之標準如人口密度土地使用面積道路寬度等等希望設計組於本月底前提出

五　關於少開會一點本人亦很贊同不過工作情形之報告也很要緊如越江工程委員會之簡單報告表也可適用如能有工作報告則不一定要開會此點請陸組長研究

六　其他如書籍問題俟工務局技術室遷至局內卽可解決大約本星期日可搬來書架等設備請鍾技正洽商工務局營造處趕辦電話由本

姚世濂 人通知工務局總務室將技術室外線改裝都市計劃委員會技術室則裝分機

關於職員參加夜間工作者之晚膳擬給加班費及車資以資彌補至於交通車輛原有二一九及二二四號兩車司機原言定加做夜班至晚間九時各給津貼六萬元不過因設計組工作時間有時須延至深夜皆不願担任

主席

一 希望設計組能規定工作時間（不必一定每日工作卽每週工作三或四日）此層不獨便利準備交通車輛且對於工作之進行得按照時間推進計期完成不致有如以前趕做報告書之情形

二 簽到雖爲一種形式但可藉知到達之人員而供參考

陸謙受

一 工作時間不能規定蓋吾人確有特殊情形設計組同人原各有其職務現設計組已分組工作各組因所負任務自能集合工作有時如認爲需要可延長工作時間至深晚本人以爲若設備與交通便利則工作之進行當不致延誤至簽到一層僅爲一種形式且吾人每次集合討論均有紀錄可資查考

二 設計組總圖初稿報告書上次係匆促印出錯字很多且未斷句不易讀閱可否重印

三 浦東問題吾人旣需作辯獲必須準備充分資料以作比較如工業碼頭等之調查需要橋樑之多寡因而增加之交通及連帶發生之問題等

姚世濂

一 計劃總圖初稿報告書各方索閱者甚多但對報告書初步受批評之點爲謝辭之類可否在格式上略予修改

二 如各組常開會討論則可向索取資料

決定

一 分函各組附送設計組總圖初稿報告書請於開會時作爲討論之參考

二 請市府轉請國防部指定保留地（附送總圖初稿及報告書）

三 本月二十八日召開各組召集人聯席會議討論浦東問題由設計組於會前擬妥利用浦東爲工業及港口區計劃及可能引起之困難問題以資比較

四 與港務整理委員會工務組專門委員沈來義取得聯絡每星期一下午四時半港整委會工務組開會時（工務局會議室）由設計組派員參加

五 關於港口由設計組作兩個計劃一爲永久計劃一爲二十年不利用中央造船廠地段計劃

六　由設計組將總圖初稿以都市計劃目光用圖表數字提出各種標準於十一月底前完成以供各組參考

七　設計組總圖初稿報告書由會務設計兩組會商修改格式後付鉛印

八　設計組規定工作時間問題由陸組長與設計組同人商酌

九　夜間交通車問題請工務局機料處研究開夜班及待遇辦法

上海市都市計劃委員會祕書處第七次處務會議紀錄

時間　三十五年十一月二十一日下午五時

地點　上海市工務局會議室

出席者　趙祖康　姚世濂　陸謙受　金經昌　吳之翰　沈來義　程世撫　陸筱丹　鍾耀華　林安邦　余綱復

主席　趙祖康　紀錄　余綱復

主席

本處組織分設計會務兩組工作人員有爲本處專任人員有爲工務局設計處調用人員惟設計組作計劃者八位中除鍾技正外均爲兼任本人感到七位兼任人員相當忙規定辦公時間很有困難而不規定則工作不能按步就班做去但本會第一次大會議決之工作吾人已僅餘三個月時間必須趕成（關於此層 Mr. Paulick 很樂觀）在此情形之下工務局設計處或本處會務組似應多担負點工作因爲一方面原爲應做工作另一方面兼任係屬幫忙性質不能希望按步就班工作

陸謙受

關於設計組兼任人員規定工作時間問題已與同人商定爲每星期一至星期五下午五時至九時

決定（一）

設計組兼任人員工作時間爲每星期一至星期五下午五時至九時參加該時間工作之專任人員每日延遲至上午十時到班

姚世濂

會務組對於本處上次會議決定各事項辦理情形如次

關於第一項業已分函各組不過照原決定略有修正如次「本處設計組總圖初稿尚待修正請於開會時討論提出意見」

關於第二項已照決定辦出

關於第三項在候設計組決定

關於第四項已照決定辦理現沈來義先生已來出席本處例會港務整理委員會工務組每星期一例會已派鍾技正參加

關於第七項擬將報告書原有緣起及謝辭歸納爲一引言請決定

關於第九項已照決定函達工務局機料處

此外關於鐵路路線及車站地點已代辦府稿函請交通部組織委員會調查研討會同市府決定

主　席　關於本處上次會議陸先生提出之兩項問題本人可答復如後一、夜班膳食擬由會設法包飯但須與會計方面商洽後決定二、電話機工務局三四八號直接外線號碼已由公用局裝用工務局技術室係裝分機設計組亦可裝一分機因五時後外線空出可以確定一數號接通之並無不便之處請鍾技正以原有話機與工務局總務室高主任洽裝

鐵路問題本人尚未將「與交通部接洽情形」向市長報告關於委員會委員最好全爲技術人員人數或假定爲七人由交通部鐵路局都市計劃委員會航空公司工務局公用局及濬浦局各一人組成之擬於明日卽向市長請示

飛機場問題江灣飛機場恐航委會不允放棄本人曾與中國航空公司沈德燮先生談及此問題沈先生以爲如作爲盟機起落機場最爲相宜現龍華決定作民用機場擴大工程交通部已在舉辦江灣機場界址交通部將有公事來虹橋機場已有公事來市府並已同意作爲訓練機場大場機場恐仍爲軍用機場希望設計組將浦東問題比較資料於下星期四前趕工準備完竣

姚世濂　浦東房屋調查圖已在着色三四日內卽可完竣

下星期四聯席會議是否函請各組召集人全體參加

決定（二）　函請各組召集人全體參加並提前發出說明專討論浦東問題以便各組準備

陸謙受　吾人之比較計劃擬將浦東充分發展爲工業及港口區並及一切需要上之配合如住宅交通等以便比較

主　席

一　設計處工作如何與都市計劃委員會設計組工作配合問題最爲要緊

二　統計人員須設法覓致

三　書報目錄工務局技術室已在編訂

四　剪報工作亦宜注意因可藉以獲得很多好的資料及統計數字

五　收集資料工作似可由設計處指定人員負責

姚世濂

關於收集資料在目前設計組尚無專人辦理時設計處自當代爲設法搜集如上次設計組所提出十個問題除河道調查因各測量隊正在測量總導線尚未開始及區域內各市場中心之分佈未調查外其餘八個問題均有相當材料供給惟希望提出人員對於供給材料應同時加以研究是否適用至於設計處之工作爲應付目前行政需要起見不及等待都市計劃總圖之完成擬先進行短期計劃可略述如下

一　關於工廠營建已參照以前規定之工廠區及都市計劃總圖初稿擬定一管理工廠設廠地址暫行通則草案本星期五可提出市府會議

二　設計處現正着手研究配合總圖情形對於中山路圈內道路系統之修正不過在作成一近期的五年計劃必要時擬請設計組派員參加討論總之設計處目前之工作一爲行政方面一爲配合計劃方面

陸謙受

本會大會決議僅在於六個月內完成計劃總圖草案但吾人除修正總圖初稿並已分三組計劃閘北南市中區詳圖可作近期計劃之參考

主　席

一　工廠區問題決定明日提出市政會議本人並擬建議由公用工務社會地政等局或其他局處會同審查以資愼重如聯席會議能提前於下星期三舉行對浦東問題有決定則可請市府參事室於星期四召集各局審查工廠問題提案即可提出於星期五市政會議決定否則須就擱一星期此點請設計組斟酌之

二　閘北南市中區主要幹道次要幹道圖希望能於本年年底完成

三　由設計處指定三人（熟悉測量情形者）做該三區計劃並與都市計劃委員會設計組配合極爲需要

決　定（三）

關於資料收集方面目前暫請工務局統計室費主任負責設計組可直接向其接洽

關於計劃方面由工務局設計處指定熟悉閘北南市及中區情形者三人與都市計劃委員會設計組隨時取得聯絡趕做三區近期計劃

關於研究方面請姚陸兩組長商酌每一專題請一人負責研究不論爲市府各局人員或外界人員

關於法規方面由工務局設計處指定一人研究

上海市都市計劃委員會祕書處第八次處務會議紀錄

時　間　三十五年十二月十九日下午五時

地　點　上海市工務局會議室

出席者　趙祖康　吳之翰　Richard Paulick　姚世濂　余綱復　鍾耀華　陸筱丹　費　霍

主　席　趙祖康　紀　錄　余綱復　費　霍

主席　會務組有無報告

姚世濂　在第三次聯席會議對於浦東問題曾決定「由會務組將各方面所提理由整理至如何開會表決候請示市長後再行決定」是否已向市長請示

主席　陸謙受先生之意以為此一問題仍須繼續研究擬暫緩提出

主席提議討論雜項問題

決定　一　下次本處會議請楊蘊璞先生參加

二　供給設計組晚餐費均作暫記賬候與審計處接洽後再作決定

三　書籍編目錄已由設計組派員會同工務局技術室辦理催促趕辦

四　書架等由鍾耀華先生催促工務局營造處趕做

五　裝電話需用電線五圈由本會購辦

六　交通車晚班僱用司機費由本會開支

七　設計組辦公室需用火爐煤由執行祕書與工務局總務室談供應辦法

主席提議討論區劃組急待解決之幾個問題

吳之翰　一　人口問題已有四種估計

二　土地使用比例已有二種建議

三　土地使用須確定港口碼頭倉庫商業區工業區居住區之面積地位及綠面積系統

以上各項均詳附錄

主席　公用局趙局長曾提出「二十五年之人口估計為七百萬人」

R. Paulick　依據巴樂氏之報告在工業化過程中各國人口皆向工業中心集中瑞典為唯一例外中國工業化乃既定國策惟因全國電氣化尚須時日各

現有工業中心必先後發展如按照全國城市人口預計平均增加倍數計算上海人口將超出二千萬人設計組報告中之一千五百萬及七百萬數字實係大上海區域內及上海市區內能容納之人口最高限度吳先生所言每平方公里五千人密度係德國都市計劃之理論數字各都市從未依照此種密度設計蓋人口過疎亦能影響工作居住間之距離本市虹橋區最近按照每平方公里一萬人設計空地仍覺相當充裕至於所謂一城市人口不應超出二十萬人之說計劃中亦已顧及蓋除市區分散成十餘單位外各衞星城皆按照十五萬人設計然發展衞星城需要複雜之交通系統及發電設備等等故初期發展仍須限於市區

至於所謂原子時期各城鎮間距離最少爲汽車半小時行程否則無法減輕原子彈破壞損失余覺頗有疑問據比基尼珊瑚島試驗之結果原子彈破壞半徑不過一英里半照將來原子彈若大量應用則無論如何疏散亦無法減輕其破壞損失也

主　席

本市二十五年後人口總數可否假定爲七百萬人

姚世濂

人口問題若提出大會討論可能決定爲七百萬人惟迄茲並未作一決定可否請設計組繪製各種估計比較表提出大會討論決定之

吳之翰

Paulick 先生之估計係依據歐洲各國工業化後情形推測如在德國工業開始即係平均發展與中國目前情形不同故中國工業化後各地（蘇州無錫等地）人口亦必增加並不限於上海

R. Paulick

其餘地點交通及其他條件較遜人口雖將有增加並不影響上海人口之增加再本人之估計係以區域人口增加平均計算上海較其餘各地條件爲優人口增加較大

吳之翰

依照 Paulick 先生之估計二十年後爲六百八十萬人三十年後爲九百六十萬人則二十五年後當亦祇七百餘萬人

主　席

Paulick 先生意見係指上海人口在二十五年後將增至一適當人口

R. Paulick

一　土地使用之比例依照設計組標準爲綠地連同道路40%工商業區20%住宅區40%商店區並不計百分數

二　土地使用先佈置工業區因有水道汽車道及鐵路等交通關係然後及於住宅區再繞以足夠之綠地

姚世濂

碼頭當然最好須集中數點如吳淞日暉港閔行以東及乍浦等地

各項問題在計劃總圖初稿報告書已有提及報告書雖經提出大會但恐各委員無暇詳閱未能充分認識計劃原意討論時必致意見紛歧難有決定故最好將報告書內容作一簡約概要說明

鍾耀華　設計者當有充分理由及計劃用意若僅片段討論恐不能對全盤認識清楚本人仍以爲應先舉行大會一次由陸謙受先生將報告內容提要解釋然後討論易有結果

主席　最好每一問題提出理由並舉例以資比較

決定　人口問題由 R. Paulick 及鍾耀華先生寫一報告土地使用問題由陸謙受及陸筱丹先生寫一報告報告內提出所得結論之理由於本月底完成以便開會討論時應用

區劃組急待解決之問題

一　人口

人口問題已經過多次之交換意見但迄至十一月七日上海市都市計劃委員會第二次會議仍未能有具體之決定茲再將各方面意見臚列如下以便商討而確定一合理之數字

甲　吳之翰先生之估計（參考九月二十六日上海市都市計劃委員會祕書處聯席會議紀錄及附圖）五十年後爲一千二百八十萬至一千五百五十萬人二十五年後爲七百萬至七百五十萬人此係按過去人口增加之情形並按複利公式推算而得之結果但吳君附帶申明並舉出種種理由此項數字應加以適當之削減

乙　鮑立克先生之估計（參考九月二十六日上海市都市計劃委員會祕書處聯席會議紀錄及附件）五十年爲二千一百萬人二十年後爲六百八十萬人三十年後爲九百八十萬人此項估計以「中國若工業化五十年後都市人口將增加六倍」爲根據但似未顧及全國人口之疏散

丙　何德奎先生之意見（參考十一月七日上海市都市計劃委員會第二次會議紀錄）爲每一城市理想人口爲二十萬人但並未提及每一城市之理想面積

丁　若按都市人口之理想密度就全市面積而言應平均每平方公里應爲五千人則上海市現有面積爲八九三平方公里應可容納5000人／平方公里×893平方公里=4,465,000人（參考上海市都市計劃委員會區劃組第一次分組會議議案及說明）若以此爲二十五年之人口對象着手設計則人口密度可臻理想倘經過數年之後認爲此項假定過大則不妨將綠面積增加倘認爲過小則不妨將綠面積略事減小或人口密度略事增高當有補救之餘地總之在全國工商業之分佈政策全國人口政策以及全國都市重行劃分政策未經確定以前任何假定之數字皆屬一種虛擬但必須有一假定方可設計布置市內之各種設備故急待有所確定

二　土地使用之比例

甲　目前建成區內（約共一百平方公里）百分之二十八爲居住區百分之〇・六七爲綠面積百分之二十五爲工商業及碼頭倉庫等其餘爲未建及被燬之面積

乙　理想之比例爲綠面積佔百分之五十居住區佔百分之二十五餘供工商業及碼頭之用至於是否應按此比例設計則又急待商討而加以確定

三　土地使用之分佈

甲　上海既公認爲國際商港都市則應首先確定港口碼頭倉庫等之面積及地位（與財務交通兩組會商決定之並須繪製草圖以求具體）

乙　確定商業區之面積及地位（財務房屋兩組會商決定之）

丙　確定工業區之面積及地位（與財務房屋衛生三組會商決定之）

丁　確定居住區之面積及地位（與房屋衛生兩組會商決定之）

戊　確定綠面積系統（與房屋衛生兩組會商決定之）

以上各點可先征集各方面意見擬草圖再與有關各組會商然後與其他各方面之計劃（尤其交通方面）配合修正再提交大會通過

上海市都市計劃委員會祕書處第一次聯席會議紀錄

時間　三十五年九月二十六日下午五時

地點　上海市工務局會議室

出席者　趙祖康　祝平　侯彧華　沈德燮　黃伯樵　R.Paulick　丁貴堂（施孔懷代）　施孔懷　陸謙受　程世撫
吳之翰　谷春帆　趙曾珏　王大閎　程應銓　吳朋聰　姚世濂　陳孚華　伍康成　李孤帆　李德華
林安邦　費霍　金其武

主席　趙祖康　紀錄　費霍　金其武

主席　今天討論的問題一、都市計劃委員會第一次會議關於基本原則各項問題決議今天提出討論二、工務局技術顧問委員會都市計劃組研究會草擬之總圖初稿亦請各位加以指正爲節省時間起見本會工作係採雙方並進一面討論基本原則一面修正總圖初稿祕書處預備先將基本原則在兩星期內擬就草案分送各組討論希望各位在七項基本原則中之經濟交通人口土地四項因連帶關係先請發表意見其他衛生教育則可單獨討論

玆先研究討論之方式如何最爲適宜

李孤帆　中央造船廠請求在吳淞建浮船塢（Floating Dock）已向港務委員會申請最近各碼頭秩序不寧卸貨速率銳減其嚴密管理亦爲重要因素請先討論「碼頭面積」（Harbor Area）在多少面積以內劃作碼頭範圍庶易於管理若太疏散管理亦復不易本席意見須規定若干地點

陸謙受　如專以吳淞沿岸爲碼頭將來能否供應本市對外進口貿易之需用

主　席　港口問題有兩種意見一、爲集中一處如吳淞等等處一、爲分散而沿黃浦江岸究擬採用何種意見須早日作最後之決定

Paulick　港埠發達必須施用現代化之器械以增加貨物起卸及運輸之迅速欲達到上項目的以集中碼頭比較經濟其集中地點不宜於吳淞口外因灘地易受天然之衝擊故初稿內配置在蘊藻浜附近寧願構築深水碼頭尤較經濟

施孔懷　吳淞口興築深水船塢如長度超過二千呎以上極易淤塞每年可積十五呎左右所需之維持費甚鉅故於技術方面不無困難

侯彧華　上海大部貨物向內地推銷希望半年內先在吳淞建造兩千尺碼頭日後碼頭興建須經三個階段

第一步先發展黃浦江原有碼頭

第二步黃浦碼頭發展至不敷應用時發展吳淞

第三步發展吳淞尚不敷用時再發展乍浦

主　席　附帶報告港務整理委員會籌備會本星期開會時曾討論中央造船公司請求在吳淞蘊藻浜以北建塢地位計需用岸線三二〇〇呎吃水爲五十呎下月中旬必須決定經籌備會議決如係浮船塢可暫由該公司使用以二十年爲期此事對於都市計劃頗有關係特此提出報告

陸謙受

上海日後發展僅賴吳淞江碼頭恐不敷用故假定以乍浦為外洋港吳淞為內地港我們決非有開發乍浦而放棄上海之意施委員所謂挖入二千尺以上所費甚鉅且易淤塞是我們所希望知道之港口技術問題希望各專家對於此種問題多多發表意見

施孔懷　以前濬浦局有一計劃在復興島及周家嘴至虬江碼頭開闢運河建築碼頭此點可供參考

陸謙受　對於輪船吃水深度問題據某專家云將來輪船吃水須在四五呎以上

施孔懷　中國對於國際貿易方面進口多出口少所以到中國的船大都用吃水淺的較小輪船即使多用幾隻亦屬經濟據海關記錄到中國之航輪中吃水最深者為三二呎所以航輪吃水深度船商須視我國進出口貨數量來配合輪船大小國際航業委員會標準吃水最大者不得超過十五公尺

Paulick　關於航輪吃水深度最近一般趨勢以四萬至四萬五千噸為最合用在利物浦建船深度以四十呎為標準

李孤帆　對於沿江私有碼頭本席主張仍以維持為原則

主　席　今天談話所得結果頗為重要擬提交交通組予以決定請吳之翰先生報告人口問題之研究

吳之翰　關於人口研究過去以五十年為對象現在經本會第一次會議議決計劃時期以二十五年為對象惟對於人口研究方式不論五十年或二十五年是相同的所以本席先將研究五十年對象之經過情形向各位報告當然欲得較為可靠之預測應選擇若干與上海情形相似之都市研究其人口之變遷繪成若干曲線而取得其適用於上海之平均值但此項統計材料非一時所能收集不得已退而求其次

甲　按照上海港口大全（一九四三年英文本第七七頁）自一八八〇至一九四二年中之人口增加幾形成一緩和之曲線（子）惟自一九三五年起因戰事影響而有不正常之現象姑不計入則一八八〇年人口為一百萬至一九三五年漸增至約三百七十萬茲按複利計算法求出此五十年之平均增加率得百分之二、四依此增加率繪成曲線（甲）

乙　再按上海港口大全（一九四三年中文本第一〇七頁）每年人口平均增加率為4%仍依複利計算完全如甲項方法繪成曲線(乙)

丙　按 Malthus 之假設人口每隔二五年增加一倍若以一九三五年為三百七十萬則一九六〇年為七百四十萬一九八五年為一千四百八十萬二〇一〇年為二千九百六十萬並由一九三五年起按此假設追溯以往之人口則一九一〇年應為一百八十五萬一八八五

年爲九十二萬五千人依此則得曲線（丙）

丁　將上海港口大全（一九四三年英文本第七七頁）之曲線乘勢延長則得曲線（丁）

按以上四種預測所得（甲）（丙）兩曲線與上海港口大全所示以往實際人口變遷之狀況（曲綫（子））頗爲近似至於曲線（乙）則與曲線（子）相差過遠而曲線（丁）乃原有曲線（子）之乘勢延長不易得到準確之結果因此放棄（乙）（丁）兩曲線而將（甲）（丙）兩曲線移至一九四六年得（甲）（丙）兩線於是測定一九九五年之上海人口總數約爲一千二百八十萬人至一千五百五十萬人將所得之結果更進一步研究則又發生八點疑問如下

一　按複利法計算人口增加之適用性是否應有一限制卽在若干年數以上及若干人口總數以上此習用之複利計算法應否加以修正

二　以往上海市人口增加是否因上海有租界之存在不僅以經濟爲動機而含有政治之背景在租界收回之後是否人口增加之情形有所改變

三　以往中國各港埠未能平均發展原動力之獲得以上海最爲方便加以全國交通狀況未能普遍開發故上海人口之增加實屬畸形而今後五十年中一切建設如能循有系統之計劃進展則上海人口之增加速度似應有所改變

四　此後國防方面對於全國工商業之分佈應有所規定亦卽人口之如何疏散亦應有具體之計劃必須確定妥善之工商業政策及人口政策以策安全（此處所言疏散不僅就一市之分區乃就全國之各市而言宜加注意）

五　近代都市計劃專家如 Blum 教授等認爲都市人口無超過七十萬人之必要世界上若干數百萬人口之都市並非合理之發展

六　今後動力日趨改進機械化之程度日高則同一規模之事業所需要人力之比例亦必相差甚鉅

七　歐洲各工業國家之都市人口與鄉村人口之比例爲80%與20%之比中國則反是適爲20%與80%之比倘五十年後中國工業化亦達到此程度則每都市人口似應平均各增加至四倍在五十年後全國人口當然又復增加則此所謂四倍之數又似過小但80%與20%之比率並非理想之數倘運用人口政策使此比率變爲60%比40%乃至50%比50%則此二種之消長幾可相抵因此可預測五十年後上海人口似應爲一千六百萬但中國都市均未充分發展且工商業應傾向於分散至各都市則預測爲四倍反嫌過大若假設上海人口五十年後再增加一倍至二倍亦較近情理則約爲八百萬至一千二百萬

八　以往上海政治不統一都市無計劃交通無系統港口無設備一切缺點若今後一一加以糾正則上海人口之增加勢必突飛猛晉

以上除第八點偏於將上海人口從高估計外而其他七點均不特提示上海人口增加率將自然逐漸減少且應運用政策使人口不復過分集中於一都市但以達何種程度爲宜是有待於商榷而加以決定者至於將二十五年爲對象人口方面當然不及上次五十年爲對象所假定八百萬至一千萬之巨惟以今天未將上次繪就之曲線帶來所以依上述推算辦法二十五年後人口之估計數字俟下次會議時再報告各位

谷春帆　都市經濟之發展與人口關係最巨如照吳先生所假定之結論本市人口於五十年時以一千萬爲對象似覺較高倫敦都市議計之對象爲八百萬且交通方面尚有地下設備如按照經濟原則之記載每年增加率均以 3% 計算之本席希望各位將現有統計數字及假定標準源源供

給以便財務組之參考

Paulick　在將來社會中人口繁殖必速因衛生環境日漸改善則嬰孩夭折率必迅速減低居住問題能有理想之解決後居民壽命必能增長

在未來五十年內中國雖將由農業國而趨工業化之途但其工業化之程度決不能如今日美國之盛且上海附近所能發展者僅爲輕工業而已故人口雖能增加但可不致集中過密

上海原動力之獲得頗爲不易而地價太高生活費用太大皆足以妨礙重工業之發展因而人口不致過密

原計劃假定之一千五百萬人口並未集中於現在已建成區之內而分散於總圖上所示之各區各區容納人口視其地位重要性交通及其他因素分六十至八十萬不等上述各區均須自給自足內部更分爲各小區隔以綠地帶

趙曾玨　以前本局所擬電話計劃其人口增加係按3,4比率計算之其結論以七百萬在市區一百萬在鄉區共計八百萬此爲最高數字但其最大問題在乎交通之能否維持以每電話一具供給十人施用時即需七十萬具惟因人口之變動因素複雜欲得一確切數字殊屬非易

陸謙受　關於人口問題茲再補充意見如下查人口率之增加計有二因一爲天然一爲人力第一點業已詳細討論第二點即係國家之人口政策此點影響甚大目前本市計劃按面積計算市區內僅能容納七百萬其多餘之人數即須向外發展故目前決案不如以最大容量七百萬爲原則再行請示中央關於人口國策之範圍關於空地面積倫敦每千人佔據四畝孟鳩斯市每千人七畝本市則與孟市相仿關於人口密度現計劃以每平方公里容納人口五千七千五百及一萬三種視其離中心之遠近及交通之重要與否而變更其密度

祝　平　關於土地政策本席主張確實推行市地市有政策但決不使原有地主受損蓋政府方面不妨付給比市價較高之單價收買而使地主利用現金投資於市內之公共事業仍可獲利並可促進市區之繁榮

趙曾玨　都市計劃之最終目標爲解決經濟計劃亦即三民主義中民生問題之解決

谷春帆　人口如已假定爲七百萬則第二點重要性之進出口噸位亦應同時予以假定

主　席

陸謙受　本會前有假定爲一萬萬噸現既爲二十五年則可查表探索（約爲八千萬噸）

如能實行市地市有政策則都市計劃同人深感欣快因如此始可解決甚多之難題苟不能全部市有亦希望有20%成爲市有趙委員提出謂都市計劃之最終目標爲解決經濟問題十分贊同且非僅爲普通若干人之經濟而須爲一般國民之經濟

主　席　對於經濟之範圍甚廣本會職權有限似不宜太爲廣泛應有一適當之限制

鮑立克　如政府能擁有全市土地十分之一已足夠控制不須徵用全部土地使歸市有但須有完善管制土地劃分之計劃市政府應有權將全市土地重行作有理之劃分則一切計劃實施時之困難皆可迎刃而解矣

主　席　土地收歸市有有二種方法第一種方法按照青島市之前例可將全部需用土地由市府購入將公用部份施用外餘出租於市民第二種方法可將全部土地購入除公用部份施用外餘地重行劃分按市府原付總價分攤各地主收還之

施孔懷　做事雖須按照理論而希望實施但仍須顧及阻力之設法減低故對土地市有或重劃必須顧及民意而免生阻力

祝　平　辦事時須認清理想是否合理苟屬合理則施行時必少阻力本市情形如使市民投資土地之資本移作投資工廠仍可獲利僅換一途徑而已想不致有巨大之阻力惟執行時應秉公處理是誠於民有利

谷春帆　將來本市將成爲何種都市極屬重要重工業不易發展恐僅屬輕工業而已

趙曾珏　上海有熟練工人或可成爲輕工業中心惟將來附近各區均易發展輕工業故不如視爲商港都市爲合宜

關於上海人口增加及總圖之意見

鮑立克

一　工業發展後全國總人口在民八十九年（二〇〇〇年）將增至九萬萬人即較現時增加百分之百——參照歐美各國工業革命時之比例都市人口與鄉村人口之比例將由20%比80%至60%比40%現時都市人口爲四萬五千萬之20%即九千萬至民國八十九年將爲九萬萬之60%即五萬四千萬由是觀之中國若工業化後五十五年後都市人口將增加六倍

二　若上海人口照此比例增加則將爲二千一百萬人至此吾人可作兩種假定之因素一爲不利於人口增加者如原料之缺乏及食糧之不足等另一爲有利於人口增加者則如勞工之集中交通之方便棉花及造船工業之中心電力之獲得等惟此種問題皆需長期之研究但有一假定

可確定無疑者卽在未來之十五年中人口增加之速度將較中國一般之平均速度爲高再後之十年中上海人口之增加速度與全國相彷廿五年後中國內地各省將有劇烈之進展工業之生產將較上海爲多

人口之增加可依複利計算惟並不根據以往之利率而以將來之情形爲定上海之人口約略如下：

現有人口	三百五十萬	
十年後	四百八十萬	
二十年後	六百八十萬	
三十年後	九百八十萬	
四十年後	一千四百三十萬	此三十年中人口增加將遲緩或僅至一千五百萬人而已尚有待於以後經濟及統計材料之研究
五十年後	二千一百萬	

關於人口過擠及交通問題余有數端闡明此總圖初稿所示者爲一有統一性都市之組織在紐約及倫敦初有人口全皆集中於都市中心然在總圖中係一新組織包含各種單位每一單位自給自足並根據現代之土地使用分區交通設計以減少交通之頻繁上海之總圖略解如下：

一　鄰組（NEIGHBORHOOO）爲一約二萬居民之單位有小學與日常需要之供應店鋪及游樂設備

二　SUB-CITY-爲一約有八鄰組之單位約有十五萬居民有一基本行政機關包含公共衛生防火警防等工作並一般之機構如中學等

三　TOWN-DISTRICT—含有四至六個 SUB-CITIES 約有六十萬至九十萬居民有一行政機關高級學校商店集中地電影院戲院及娛樂設備

第四單位爲全市之交通網

由居住處所至工作地點學校遊樂場所及商店之交通限於在SUB-CITY之內而不與全市之交通路線相交叉此交通路線僅在TOWN-DISTRICT 之間而使

一　DISTRICT中之交通工具可不用機動車輛（步行至多三十分鐘）

二　SUB-CITY-住宅區內僅有較窄之道路

三　自 DISTRICT至TOWN 之交通綫之方形而不與接觸

四　高價之公路構築物宜予減少

在此種計劃下交通之擁擠不再有如今日之上海倫敦紐約矣（紐約馬哈頓區道路面積佔全面積之27%而擁擠仍甚）故此點爲此總圖最大之利益而吾等將以此爲基本原則而進行計劃

（圖一） 上海市人口預測圖

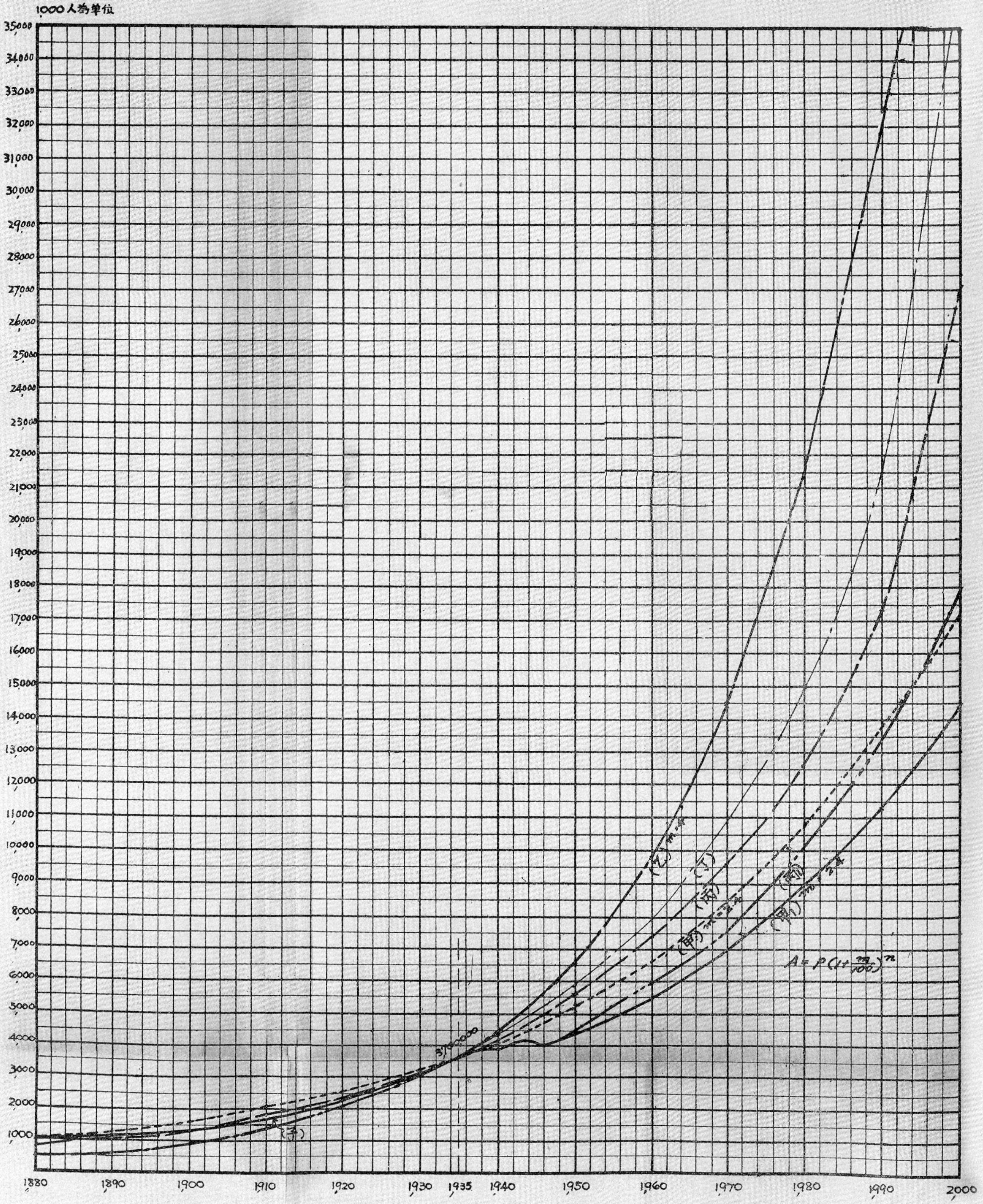

1000人為單位
35,000
34,000
33,000
32,000
31,000
30,000
29,000
28,000
27,000
26,000
25,000
24,000
23,000
22,000
21,000
20,000
19,000
18,000
17,000
16,000
15,000
14,000
13,000
12,000
11,000
10000
9000
8000
7000
6000
5000
4000
3000
2000
1000
1880
1890
1900
1910
1920
1930
1935
1940
1950
1960
1970
1980
1990
2000
(乙)
(丁)
(丙)
(甲)
$A=P(1+\frac{m}{100})^n$

上海市都市計劃委員會祕書處第二次聯席會議

時間　三十五年十一月二十八日下午五時

地點　上海市工務局會議室

出席者　谷春帆（伍康成代）　伍康成　吳之翰　Richard Paulick　金經昌　齊樹功　俞煥文　張維（魏建宏代）　魏建宏　陸謙受　E.B.Cumine　林安邦　徐肇霖　趙曾珏　趙祖康　黃伯樵（趙曾珏代）　祝平　沈來義　江德潛　姚世濂　程世撫　陸筱丹　施孔懷　鍾耀華　盧賓侯　余綱復　黃作燊

主席　趙祖康　紀錄　余綱復　林安邦

今日聯席會議承各位蒞臨討論深爲感謝關於都市計劃中不易解決之問題本人已向市長報告在聯席會議討論從長計議以謀解決查第二次大會中爭論最多者爲（一）港口如何佈置（二）鉄路車站地點（三）如何利用浦東關於第一點已得有一折中辦法關於第二點留車站準備地位並請交通部組織委員會調查研究會同本市市府决定本人前次晉京已與俞部長談過已得其同意且已與鉄路當局談過關於第三點如何利用浦東問題有二個主張有主張發展爲工業區港口區有主張僅發展爲住宅區農業區想諸位都已知道本人不過重述一次今天請各位討論者即爲浦東問題希望得一結論陸謙受先生並擬有將浦東作爲工業區及港口區之全盤計劃茲請陸先生提出報告

陸謙受　承各位來討論浦東問題同人等十分欣快今天爲討論浦東問題並非爲辨論浦東問題此爲一基本槪念必先行提出至同人等所擬之計劃則請各位不吝指教諸位或爲都市計劃委員會委員或爲各部門長官一切計劃必須經各位通過纔能實行如決定好的話市民當受惠非淺世界各國對於都市計劃亦常有意見不同情事皆有一決定好壞則責任非常重大

都市之發展爲有機性的各單位之功能不同發展之方向亦異但以各單位之不同發展配合成整個之發展茲請進一步討論上海市如何發展上海爲港口商埠因所處地位特殊優越亦爲一工業中心故作上海計劃必須滿足此兩種需要

攤開地圖一看首先引起吾人注意的是浦東有深水有工業有碼頭倉庫與浦西一水之隔所以要來一計劃根據現況將浦東發展成港口及工業區自吳淞至羅漢松（張家灣以南）沿岸四十餘公里都予利用（因爲有人提出岸線爲一種資產應儘量利用）深水作港口淺水作爲工業區並配合需要之居住區浦東全面積共約二百平方公里如發展整個區域爲一完全單位可容納二百萬人（如上海將來人口爲七百萬則浦西爲五百萬人）浦西既有商業區浦東既計劃爲整個單位也應有商業區地點擬在陸家嘴可與浦西商業區遙遙相對很美觀談到交通聯繫問題第一當爲橋樑如巴黎之賽因河倫敦之泰晤士河紐約之赫德遜河均有橋樑上海還沒有不過浦東沒有腹地而橋樑對於

一港口都市之業務不能有妨礙則高度須使往來船隻不受阻滯查世界標準最高水面至橋下應爲二二五呎連橋樑高度共約二四〇餘呎此標準當然很高若照美海軍部所規定之標準則水面上空間爲一三五呎較前減少頗多恐爲最低限度標準現假定採用後者並假定橋身高一五呎則橋面下至最高水面空間爲一五〇呎關於坡度吾人也找了不少參考（一）根據鉄路局意見按現有機車情形坡度不能超過1/500卽0.2%如此則橋樑連引橋共長四十六公里一半爲二十三公里如在龍華建橋過江則起點將在松江眞將如「長橋臥波未雲何龍」(二)交通部規定主要橋樑之坡度不能超過 0,5%則橋身連引橋須長二十公里一半爲十公里(吾人以爲如將來機車改善或可應用)關於地點有人主張在十六鋪或中正路如此又遇到了困難因爲龍華將成爲國際飛機場其標準爲跑道5500呎預備跑道5500呎共一萬一千呎約三公里降落角度爲卽1140在此角度內不能有高建築物查橋樑高150呎連橋塔恐至少爲200呎在十公里圓內既不能有此高建築故擬設於曹行鎭附近兩端在顓橋鎭及周浦鎭距離南京路約十五公里引滬杭綫至浦東擬在新橋鎭相接至浦東後再用線連接沿江工業碼頭區滬杭線既接通自還要接通京滬線以完成一環形路線吳淞附近造橋不可能擬用隧道隧道伸入地下約八十呎蓋須維持港口水深度四十呎隧道之空間約二十五呎上面厚度約十五呎地點擬自三角宅至寶山舊城之北淩家宅附近但如浦東假定有二百萬人口則僅此兩點聯繫並不夠尚須有其他交通聯繫擬就龍華嘴設汽車隧道坡度爲3.%長度約二公里以連接環形之中山路另一隧道聯繫則在楊樹浦漁市場西尚有二主要公路須予連接自羅漢松至華涇鎭以接滬杭路在吳淞附近以接京滬路又一點則自周家渡附近以連接西藏路快速車道如電氣火車之類總之在交通聯繫上除輪渡外（一）爲大橋（二）爲大隧道（三）五個小隧道以上爲計劃之概要

此一計劃之缺點（一）僅就交通聯繫之建築費用恐卽係一天文數字此項費用可用來建築整個上海之需要房屋（二）連接之交通線均爲幹路而幹路很寬至橋樑及隧道因工程上之限制必皆成爲交通線上之瓶頸若採用此計劃則交通將凌亂不堪蓋輪渡原已擁擠將來浦西有五百萬人口浦東有二百萬人口連接處均成爲交通之集中點（三）浦東工業實處於不利地點因繞道之運輸適足以增加成本增加交通上之困難

以上爲吾人對此計劃不滿之各點若就需要上言（一）都市計劃原無絕對的而是相對的根據研究之結果若港口集中於吳淞採用現代化設備工作實極便利並無需要將港口分佈甚長（二）浦東之工業爲造船棉織火柴榨油等吾人以爲蘊藻浜之南可爲一極好之造船廠地帶南翔虹橋爲極好之棉織廠地點火柴工業應離市區很遠榨油工業浦東僅佔五份之一大部份均在蘇州河北岸故就分折之結果費用既大引起困難甚多實不值得將浦東發展爲港口及工業區如單就浦東人利益而言（此與都市計劃基本原則相背蓋都市計劃應以大衆利益爲前題非爲一部份人之利益）發展爲工業區地價並不能提高在浦西方面卽有證明如曹家渡一帶目前每畝約十五條而貝當路一帶每畝約二十五條

故吾人認爲若浦東發展爲住宅區則對於中區之人口驚人密度立可解決其擁擠情形浦東假定容六十餘萬人口交通問題可用輪渡解決再浦東農業區出產蔬菜可供將來七百萬人口之需要因現代都市食品之供應亦爲主要問題之一再提倡新生活運動不單是剷除惡習還須提倡體育及正當娛樂浦東並可發展爲調劑身心之中心

最後一點雖非主要因素不過亦可供參考卽在軍事方面對海面之應戰浦東亦爲最近距離故浦東是否應發展爲港口及工業區使整個市民負担加重（此負担可以作其他建設）使整個交通系統混亂此一答案將落在諸位身上

主　席　陸先生對於兩種計劃說得很詳細第一層發展浦東爲港口及工業區有困難三點（一）費用太高（二）使交通混亂（三）浦東工業處於不利地位第二層港口可以集中吳淞無需在浦東許多工業在旁的地方更爲有利並照浦東成爲住宅區後地價可提高第三層若回復到原來的計劃卽發展爲住宅區及農業區從人口農業產品市民身心休養軍事各方面均有許多利益

現請各位在正面及反面不厭求詳的予以討論

伍康成　就經費方面來說經濟的原則是以最小耗費收到最大效果將來是否能得到許多錢來發展交通而用作其他建設是否更爲有益整個國家經濟政策是着重於自由性發展大部份還依賴人民來建設故須顧慮是否便利陸先生提到的困難各點本人很同意也贊成回復原來計劃蓋五十年內恐難籌到許多錢何況可用作其他建設更爲有益

主　席　浦東建設倉庫是否可能

伍康成　浦東建設倉庫或者有利輕工業亦或屬需要本人以爲在相當範圍內浦東須有輕工業區以供給當地

主　席　關於經濟政策着重自由性發展一層在三民主義國家極爲可能並屬需要但在都市計劃者之目光中或有不同此點本人曾與各局長談過建設可分爲三種（一）自然建設（二）經濟建設（三）社會建設就國家計劃來看自然建設由各單位去做而經濟建設則爲整個的但因爲自然建設容易控制都市可以整個計劃並可影響經濟及社會建設蓋都市計劃如經核定成爲法案人民必受限制此點必須闡明

魏建宏　就衛生方面說很贊同陸先生意見因在原計劃中衛生方面可在浦東設立心身休養醫院療養院園林運動場等如計劃決定衛生局亦願照此來佈置至於已有港口工業如予限制可以搬移不限制在不利條件下亦自然搬移

俞煥文　疏散中區人口對於市民康健很爲有益不過單用輪渡來解決交通問題恐怕不夠是否可考慮用隧道

鍾耀華

按照市輪渡之統計六月份六艘輪渡共載客一百零八萬五仟人即每日三萬六千七百人如假定浦東人口爲六十餘萬人以五人爲一戶共十二萬餘戶以每戶一人工作則照現有設備加三倍半即可解決

施孔懷

（一）港口集中吳淞後龍華上游附近是否需要造高橋（二）吳淞築港地位已發生問題因已允資委會設立造船廠若不利用浦東深水岸線恐不敷用（三）關於汽車隧道坡度在美國用7%而非3%可以減少長度減少費用（四）吳淞之隧道是否需要（五）出產地與銷費地可能有相當距離利用水運成本並不高（六）橋樑設計技術問題應考慮浦東作爲工業及港口區還是有考慮之必要

趙曾玨

交通之聯繫在都市計劃之立場（一）須最經濟最有效（二）因上項原因不能不考慮當地環境浦東產棉將來恐以棉紡織爲主工業之成本係根據原料及人工計算本人以爲不致增高因原料在就近一部份銷於當地再則浦東生活程度低地價廉至於交通擁擠原因大部份因工作地點與居住地點相距甚遠故本人主張應同時有工業及住宅區關於建設費用如施先生所說可以減少如用之相宜則其他經濟條件可以平衡費用港口不獨須集中吳淞及日暉港兩地浦東亦不宜放棄浦東已有很好的港口本市倉庫三分之二在浦東均應予利用如就近有工廠製造成本自低本人主張並非完全以浦東爲工業區但須與浦西同樣計劃使能一致平衡發展此點請陸先生考慮之

盧賓侯

此一問題非常廣泛關係很大一時頗難具體作答不過可以報告者（一）爲市輪渡之運輸情形東東綫小輪二艘長約六十餘呎每日可供三萬人來往如有需要可以增加（二）同意陸家嘴作爲住宅區以解決中區擁擠狀況（三）關於橋樑施先生之意見很對即如港口不集中吳淞外洋輪僅至白蓮涇爲止上游船隻甚少可造低橋或活動孔橋（四）鉄路橋之坡度可至1%至2%隧道必用電氣車則坡度可以加大（五）建設費用將必個別統籌及如何還本故無庸顧慮如錢江大橋於戰時撤退物資之價值早已超過成本（六）如謂工業設在浦東成本增加本人意見恰與相反此層趙局長已提及且浦東倉庫甚多煤及燃料油大部份都在浦東至於運輸則至外洋長江上游華北華南者均可不經過浦西若有需運至浦西者一水運費極屬有限（七）若同時有住宅工業商業地價必可相當提高如九龍之與香港九龍開發後輪渡收入增加三倍地價增加十倍（八）交通狀況香港在四十萬人口時交通人口約十萬人上海情形恐不至此如假定人口總數爲七百萬則交通人口至多一百萬有大橋隧道輪渡必可解決（九）瓶口擁擠情形本人以爲不致發生一方面都市計劃爲鄰居單位組織可減少交通量一方面瓶頸處爲快車道車輛通過因速度高每日可估計八千至一萬輛所要緊者還是在地位上必須連接幹道（十）飛機場龍華接近中區江灣接近前市中心區對於C.46機之降落均有問題本人以爲大場去市中心區約九公里至前市中心區約十一公里汽車交通尚爲便利（如倫敦飛機場在第三環路距離中心爲十八公里）若不作其他發展似可作爲國際飛機場此外浦東近浦江口之三角地周圍空曠亦很好作爲國際飛機場因距吳淞很近距市中區至多二十公里約爲汽車半小時行程塘橋可作爲國內飛機場因距離市中區更近

祝平

都市設計須稍偏重理想對於現實不能太顧慮而犧牲理想本人贊成陸先生意見在計劃上不必加強浦東工業如浦東有其工業上之自然條件可不必嚴格限制（對於其餘地點則嚴格限制）但對於交通則不必發展

Richard Paulick

吾人不能想像一現代工業化之城市而無一優良之鐵路交通網若需設橋過江則應以最優良之結構爲目標因吾人之計劃非單獨用以應付目前之需要亦需顧及將來不測之變化則高坡永久鉄橋似不相宜陸先生所提之坡度已超過歐洲最大之標準（最大之許可標準爲一比四百）交通部之規定如此標準因中國有鐵路以來以客運爲主而歐美工業國家則以貨運爲主故坡度標準甚小中國將來必趨向工業化則橋樑坡度應有酌量改小之需要其理甚明

關於公共投資問題在正常時期如屬於公共需要之事業而能收獲成本及利潤則投資數額雖巨亦絕不成問題今開發浦東爲工業港口區可先就各方面計估儘量發展亦不能達期望之標準則如需大量投資似屬非計況同量之資金如陸先生所言應可投於其他有利之公共建設事業

最近政府已決定將龍華飛機場擴大以適合國際飛機場之標準至於倫敦阿伯克隆比（Abercrombie）計劃設飛機場於第三環形路恐不至於實行因此項計劃已不完全採用而修改之計劃亦已有公報余於其修改之計劃中得見其將來國際飛機場將接近港口及市中心又美國克來佛蘭特城（Cleveland City）費四十萬美元建一超等高速公路以減少飛機場至市中心行車之時間而每次行程所減少之時間不過十分鐘是知國際飛機場應儘量接近市中心爲標準乃現代都市計劃之趨勢

陸謙受

今日承各位賜予寶貴意見無論如何同人等均極爲欣慰因都市計劃須總合各方面之意見關於各位提出之問題擬答解如后（一）關於局部發展問題都市計劃爲整個的若局部來解決不能經濟且違背都市計劃原則（二）施先生説龍華附近不需建高橋吾人所提出 135 呎之標準乃依照美海軍部之規定其規定須有 135 呎高之空間當屬有此需要故吾人亦考慮將有此需要（三）吾人之計劃卽爲配合居住地與工作地但區間之交通爲不可避免者（四）吾人對於如何解決交通擁擠問題頗感困難盧先生爲交通專家如能抽暇會同研究吾人極爲歡迎（五）浦東出產棉花數量似極有限如以紡織工業設於浦東恐原料供應不夠（六）浦東現有碼頭倉庫均用人工設備亦已陳舊用以應付目前則可用以爲將來發展則不夠且都市計劃乃着眼於二十五年之發展並不卽予取締（七）關於坡度問題吾人所擬用之0.5% 坡度較歐洲所應用者已經高了交通部所定標準似相當合宜公路採用7%至8%僅適於短距離及不能避免之處故人認爲鉄路0.5% 及公路 3%已爲最大標準不過此層純屬技術問題如各位有暇請會同研究

主席

綜合各位意見本人以爲研究時須注意者有數點

一　如伍先生所提物質條件應不違反經濟自然趨勢或妨礙其發展

二　如施先生所提港口集中吳淞則龍華可以不造高橋此外對於橋樑結構技術方面亦可研究

三　如趙局長所提顧到當地環境似可從上海整個大計劃及當地特性先決定浦東然後再及於交通費用技術等問題

四　如盧先生所提液體燃料及煤之倉庫都在浦東

五　盧先生估計將有一百萬人口交通鮑立克先生以爲一百萬人應造橋故對於人口方面亦值得研究

六　祝局長所提計劃應稍偏重理想

七　陸先生所提浦東產棉不多及浦東在軍事上之需要

決定　浦東如何使用問題於下星期四（十二月五日）再開會一次討論決定之

上海市都市計劃委員會祕書處第三次聯席會議

時間　三十五年十二月五日下午五時

地點　上海市工務局會議室

出席者　趙祖康　盧賓侯　陸謙受　吳之翰　金經昌　朱國洸　A Age Corrit　黃作燊　E. B. Cumine
A.J.Brandt　陸筱丹　谷春帆(伍康成代)　伍康成　程世撫　鍾耀華　林安邦　沈來義　費　霍
姚世濂　余綱復

主　席　趙祖康　　紀　錄　余綱復　費　霍　林安邦

主　席　上次會議對於浦東如何發展問題有贊成及反對原計劃兩面本人曾歸納各位意見請注意研究者約爲七點已詳見紀錄當然原計劃設計者亦有其理由此外技術問題如橋樑及隧道之空度及坡度因影響長度亦値得注意現請各位繼續討論

朱國洸　浦江造橋大家都認爲高架橋很困難越江工程委員會亦已討論認爲高架橋(High Level Bridge)即或升降開啓式橋（Vertical Lift Bridge）均不合宜不在研究之列浦江造橋當爲低橋或低架雙開式橋樑（Low Level Bascule Lifting Bridge）不然則用隧道坡度爲4%或擬5%作比較設計此專指爲汽車用而不是爲火車用者因爲浦江將來不祇一橋或一隧道如倫敦泰昭士河有十餘座橋及四五隧道以上爲越江工程委員會之研究至於浦東問題擬俟聆各位意見後再提出意見

陸謙受

今日會議非常重要而必須有一決定上次會議時（一）祝局長提到都市計劃須偏重理想吾人亦以爲若遷就事實等於局部改善而非都市計劃所謂計劃須偏重理想並非完全理想（二）谷局長代表伍先生提到建設必須以經濟爲立場故値得投資的雖多亦應投資如不合經濟條件則少數亦不應投資故浦東問題在是否需要發展爲工業碼頭區卽造橋一項非注意能不能造而是需要不需要造所以須討論者非技術或費用等問題吾人以爲浦東仍應發展爲住宅農業區對於上海很有利並在最近一星期遇到不少專家都認爲除農業區外保留一大片土地爲市民調養心身對於上海很屬需要此外尚有一點須請大家注意者卽浦東工業在上海整個工業所佔成份有限而現有碼頭倉庫建築設備都已陳舊不能應付將來港口發展之需要故不必爲現狀影響將來整個計劃

A Age Corrit

本人須聲明者請各位勿以余今日之列席會議乃爲造橋之意念而以余之意見視爲一種偏見再在陳述管見之前余擬指出「滬」字之構造係一面爲「水」一面爲「戶」及「口巴」可知上海乃面臨大海在長江之「嘴巴」重要如中國之「戶」誠然上海得天然之地利不獨爲中國最優海港將來必爲世界一最重要港口因將成爲一千五百萬人口之上海其船隻吞吐量必大然則港口應設於何處余以爲既有天然之黃浦江則應儘量沿其兩岸深水地帶設置方足敷將來需要若單集中吳淞必不敷用以前因租界關係僅有浦西發展浦東因交通不良而無發展將來若不發展浦東必遭遇社會強力經濟阻力故計劃上海應重現實本人希望上海整個發展目前市內交通擁擠乃因往來均在一個方向將來如能東南西北分散居住則交通自可疏散

陸謙受

頃聆 Corrit 先生所說覺得都市計劃似乎太簡單了世界上的都市應該都是好的了然而事實不是如此而是好的少壞的多所以都市計劃並不是太簡單的如打開地圖一看就知道何處該作什麼的話那末吾人之計劃不是近於兒戲嗎然而吾人經八個月之研究根據不少的統計資料始作成計劃若 Corrit 先生知道是如此的恐不會作如是想法了 Corrit 先生說吳淞港口面積不夠不知有無數字依據

A Age Corrit

關於實在之數字今日未事前準備如若需要必能收集以供參考

盧賓侯

余可代 Corrit 先生答復陸先生照目前上海所有碼頭岸綫不下三四萬呎不敷目前需要若將來集中吳淞一點而船隻吞吐量則大增數千呎吳淞岸綫必不能應付需要

至於浦東以往之不能發展完全爲一畸形政治原因所造成如浦江位於現在河道以東則現在浦東地方是否要發展如上海無浦江則上海之發展必如其他世界各大都市之同心環式發展（Concentric Ring Development）再如紐約曼哈頓島（Manhatten Island）及香港島均能發展則浦東更可發浦

朱國洗

一　都市計劃偏重理想自屬合理但亦應視地理之有利條件善於應用卽把握其有利點在上海之商業浦西及浦東均備具有利點浦西之能發展完全因以往政治關係苟當時租界地位設於浦東則情形必大異於今日浦西雖有蘇州河等便利但浦東亦有其天然有利條件現在行政統一故應以整個大上海爲重心以黃浦爲中心一致發展

二　若說浦東現有的碼頭倉庫設備已陳舊要放棄但是一切進步是逐漸的應該以經濟爲前題去逐漸改進不宜全部放棄

三　在上海工業尚屬次要主要的是港口現在國策規定外洋輪不能駛入內河貨物都得卸在上海再轉口需要很大的地位浦西已經很擁擠不能再加重其負担關於直接轉口的貨也可以卸在浦東因爲有不少深水地帶卽須改裝的貨以前常裝到南京改裝將來也可以在浦東改裝後轉口所以放棄浦東對於上海是種很大的損失

AAge Corrit

余擬補充一點卽上海浦江之無橋樑完全由於政治關係若上海一向卽行政統一則余斷言浦江卽早有橋樑矣

伍康成

一　上海是港口也是工商業都市外洋來的貨要經上海往內地而內地的貨也要經上海出口同樣上海的出產品也要運出若在浦東發展則運費增加故不如在浦西發展

二　工業區之成就須顧到經濟立場如不方便不會有人去設工廠如在市區雖政府有許多限制事實上工廠仍很多當有其經濟原因其他地點工業甚少或爲運費增多之故本人以爲浦東不適於工業或卽由於運費及市場之關係

陸謙受

一　聆朱處長所說似對於吾人計劃有所誤會吾人主張並非不發展浦東浦東沒有腹地不過不主張發展爲工業碼頭區而已途徑不同目的則一對於其他如文化衞生等水準還是與其餘地點一樣

二　經濟問題須從遠大設想如一九二九年福特汽車工廠改設新廠將全部舊設備取消增加投資其忍痛改革實具遠大目光乃得成功故吾人以爲上海都市計劃從將來經濟條件看也許更爲有利

三　分區問題吾人已於總圖初稿報告書內談及茲不再贅述

伍康成

中國都市大都在河道一面發展如萬縣重慶敍府等大約係爲交通等關係

主席

一　工廠與碼頭倉庫及造橋或隧道是三件事似可分別研究討論

二　計劃圖內飛機場及鐵路均接近現狀而碼頭倉庫則變動甚多

鍾耀華

一　飛機場如江灣在北面及南面已有限制龍華亦有同樣情形擴展不易故須另闢新機場鐵路除增加之路綫外大部份係保留原有路綫但進入市區後均改電氣化與道路系統不平交故實際變動很大

朱國洸　二　如盧先生所說浦江河道向東移但工業發展仍舊在浦西上海若無黃浦則根本無今日之上海設計時應注意天然條件福特廠之改革在破壞舊設備之先已有經濟新目標此目標實較有利故斷然執行現浦東浦西均有港口工廠之天然條件吳淞及南市岸綫不夠如不利用浦東則港口放在何處是否有更好的地方若說乍浦則距離更遠運費之損失比造橋或造隧道的費用更大

金經昌　浦東並非沒有腹地如看較大點地圖則浦東並非完全與陸地無連接故發展浦東對於上海之發展是有幫助的

吳之翰　總合雙方意見有主張利用黃浦岸綫有不主張利用本人以為

一　如吳淞岸綫不夠為應付上海港口需要則吳淞可供海洋輪停泊其餘船隻可利用浦江岸綫那末浦東浦西都是一樣

二　浦東腹地如金先生所說並非沒有因與浙江省連接範圍很廣如滬杭綫由嘉善接至浦東並無需越江則情形必大改觀

三　浦東工業之不能發展大約還是安全及交通問題安全可以不談交通實為開發之先鋒如東三省自鐵路開發後人口增加與鐵路適成正比例再如本市具當路一帶自22路公共汽車行駛後已被視為市中心之一部份

四　滬杭路如通至浦東則將來貨物可分東西疏散故如交通問題解決（除海洋輪船外）則由陸地轉口至浙江一帶者可在浦東靠卸至於由水運轉口者則在浦東浦西靠卸均無差別

陸謙受　吾人所須討論者不是能不能發展浦東為工業碼頭區因為吾人已作有發展為工業碼頭區之比較計劃而是如此發展有利沒有利的問題吾人研究之結果認為在浦西還有更有利的地點至於交通問題不過為技術問題而已

盧賓侯　本人以為發展浦東為工業區實為有利浦東之岸綫有非金錢所能獲得之天然地利其重要超過巨量造橋或隧道之費用若浦東發展為工業區則原料在浦東起卸者不必再運至浦西工廠製造此實解決現時本市一極重要問題故目前所需調查者為何種工業適宜於上海及何種式樣碼頭適宜於黃浦

主　席　總合各位在今前兩次會議所提出之意見為衛生組財務組土地組大體贊成原來計劃公用組交通組及工務局一部份仝人又越江工程委

員會 Corrit 先生則主張維持現狀似爲50%對50%情況無法决定本人以爲此問題關係重大擬交由會務組將雙方理由整理後送各方面研究召開大會表决之

姚世濂

都市計劃須偏重理想本人頗爲同意惟在初步計劃中則不能絕對放棄現狀故主張對於浦東仍須暫予利用若自然條件不許可時必自然淘汰祝局長所說不必嚴格限制一點本人頗爲贊同

A Age Corrit

運輸之趨勢有重心按上海地勢而言一綫爲沿浦江之縱綫一綫爲浦西浦東之横綫浦西旣已發展浦東必爲將來發展趨勢之目標若港口單設於吳淞則貨運之起點離製造地區過遠

鍾耀華

本市都市計劃總圖初稿雖曾提出第二次大會但僅作爲報告性質從未正式予以研討若將浦東問題提出大會表决似爲冒險之舉不若先舉行大會一次仍請陸先生解釋然後再開大會表决較爲妥當

E. B. Cumine

本人在開始參加設計時亦主張儘量開發浦東但經八月之研究後覺開發浦東爲工業碼頭區並無需要

決　定

關於浦東如何發展問題由會務組將各方所提理由整理至如何開會表决候請示市長後再行决定

上海市都市計劃委員會各組會議紀錄

上海市都市計劃委員會土地組第一次會議紀錄

時間　三十五年十月十九日下午五時

地點　上海市地政局會議室

出席者　祝平　趙祖康　王志莘　陸謙受　姚世濂　甘少明　(Cumine)　鍾耀華

列席者　傅廣澤　呂道元　曾廣樑　孫圖衔　孫鶴年　張維光

主席　祝局長　紀錄　王燊祚

開會如儀

甲　報告事項

一　主席報告

今日上海市都市計劃委員會土地組召開第一次會議討論目的在土地使用重劃征收等各問題請執行祕書趙局長報告確定土地組基本原則之經過

二　趙局長　關於都市計劃於本年八月間開始工作當曾規定分組研究今日土地組第一次會議承諸位熱忱參加請就土地組基本原則商討具體辦法至於都市計劃之基本原則係根據下列三點1交通佈置2房屋佈置3園場佈置加以設計並分左列八小組分別研討

一　土地

二　交通

三　區劃

四　房屋

五　衛生

六　公用

七　市容

八　財務

所有土地組各項原則擬訂之經過情形請陸謙受先生報告

三　陸謙受先生　上海市都市計劃土地組基本原則爲總原則中第十二至廿二項共十一條本人並非土地專家僅就各方收集之資料與個人觀感草率擬訂聊供諸位參考請各專家發抒高見予以增刪

四　趙局長　計劃委員會希望土地組加以硏討者爲下列三點1確定土地組基本原則2蒐集土地使用之翔實情況及房屋結構土地使用等圖表3請土地組在本月開第二次大會前將土地基本原則確定以便提送大會討論

五　祝局長　土地組應以討論土地問題爲範圍惟都市計劃原以土地爲基本本人所負責任甚重本局成立不久土地登記尙未完竣關於調查土地使用狀況當可設法進行以供參考現將已擬訂之基本原則加以討論

六　王委員志莘　本人從前旅英時深悉該國各大都市對於建築物使用之時期有硬性之規定至使用期滿時卽予強迫拆除該項使用期間之規定似應列入基本原則中

乙　商決事項

一　土地組基本原則就原列各項修正如左

十二　本計劃以遵循國家土地政策爲實施之中心

十三　關於土地政策之實施應採用土地資金化之辦法

十四　以整個區域與都市之配合及有機發展爲目標進行本市市界之重劃

十五　人地比率應受社會經濟及人文因子之限制

十六　本計劃在各階段之實施必須嚴格執行土地征收之辦法爲原則

十七　實施土地重劃以求本市土地更經濟之利用

十八　市政府應居主動地位參加本市土地發展之活動

十九　土地區劃之設計應有其中心之功能

二〇　每區之發展應有預定限度

廿一　居住地點應與工作娛樂及在生活上其他活動之地點保持機能性之聯係

廿二　區劃單位之大小應以其在本市結構內經濟上之適宜性決定之

廿三　工業分類以其自身之需要及對公共福利之是否相宜爲標準

廿四　各類房屋使用年限應有適當之規定以利計劃分期實施（添列）

二　對於土地之使用征收及重劃等實施方案由地政局硏擬提下次土地組會議討論

散會

上海市都市計劃委員會交通組第一次會議紀錄

時間　三十五年十月廿一日下午三時

地點　上海市工務局會議室

出席者　黃伯樵　葉家俊　鮑立克　盧賓侯　吳朋聰　吳之翰　朱耐行　呂季芳　徐肇霖　趙鑿章　卓敬三　江德潛　陳孚華　陸謙受　胡匯泉　姚世濂　林安邦　施孔懷　張萬久　趙祖康　汪禧成　趙曾珏

主席　趙祖康（代爲主持）　紀錄　卓敬三

趙祖康

現因交通組召集人趙局長曾珏出席參政會不能如期到會故先由本人代爲主持先予討論本人曾會晤吳市長商討本會工作推進現擬於本月卅一日下午三時在市府會議室舉行都市計劃委員會第二次大會希望在大會舉行前各組均有具體報告得一結論

本會第一次會議決定基本原則計經濟文化交通人口土地衛生六大類已分由財務交通區劃房屋衛生公用土地七組分別討論此中以交通組之範圍爲最廣文化方面已請教育局李副局長擬訂原則本人之希望有三點（一）各組對於有關之基本原則之草案早日擬就（二）各組向各方收集資料供給本會（三）各組多編擬計劃彙送祕書處以便完成整個都市計劃使臻盡善盡美

現由祕書處設計組編擬各條基本原則之說明油印分發請各位儘量批評予以指正

陸謙受

奉執行祕書之命先由設計組擬一基本原則之草案以供各組參考從而修正之本日係交通組會議故將原則中有關交通逐條解釋（參閱基本原則第二十三條至三十一條演辭從略）

趙祖康

總觀各條文結論此次會議最重要者爲討論港口鐵路兩點希望多加討論

黃伯樵

本日討論方法希望按原則所載各條逐一討論請各專家提出意見不論增添删減總以盡量發表高論爲原則

施孔懷

都市計劃之前提應先決定上海市屬於何種都市是否仍應維持往日在全國屬於領導地位之第一等商埠

黃伯樵

贊成上項建議

姚世濂

在總則之第一條已有說明可供參考

討論結果將第一條之文字意義予以補充修正

趙鋆章

談到上海之港口計劃似應先發展吳淞較爲積極

汪禧成

普通一般心理對於已成之舊都市舊建築總不忍卽予廢棄故必須認清目的有創造精神對吳淞先行設港甚表贊同

盧賓侯

以上討論漸入於實施問題離開二十五年之計劃已遠茲將目標仍還至港口問題本人主張浦江東西兩岸應同時發展如放棄浦東似不經濟故兩岸均應設有碼頭

如適應將來軍器之進步都市居民應予疏散但爲便於管理又宜於集中對於疏散集中兩種原則應善於利用因地制宜本人意見可採用小規模之集中碼頭分佈沿浦兩岸並須間以綠地帶以娛市民之身心淪陷期內日本人之上海市計劃擬在蘊藻浜建設碼頭亦値得研究

呂季芳

可否將碼頭分爲三大類一爲海洋船舶二爲揚子江船舶三爲內河船舶各擇適宜地所而分設之

施孔懷

碼頭之地點及式樣之如何選擇最關重要應早爲決定本人認爲不妨先利用黃浦兩岸築平行碼頭如有不敷再建挖入岸線之碼頭欲增加碼頭之效能對於管理制度亦應改善使能集中管理其效自宏

盧賓侯

爲實施工作計可先由設計組劃出沿浦兩岸應作爲碼頭之長度究可容納若干噸位如有不敷再向其他處所發展之

趙曾珏

現有美國運輸專家卡威博士已應我國行政院工程計劃團之聘來華研究近有來電卽可來華並願與本市都市計劃之負責主持者有所洽詢

挖入岸線碼頭不宜等候平行碼頭建過後再建因須爭取時間故主張同時並進方爲經濟

沿碼頭必須鋪設鐵路以利運輸但以何種方式爲經濟應加研究

汪禧成

凡有國際性之港埠必須成爲鐵路之調車站可使貨物易於疏散轉運本市計劃時卽須注意及此其他內河運輸等僅屬

小問題而已

在計劃時宜從大處着眼如限於經費不妨從小處着手方爲合理

施孔懷

紐約爲國際性大商埠但均採用駁船轉達鐵路尙無輪軌連繫之設備

盧賓侯

紐約之鐵路運輸線很多可稱爲一鐵路集中點兼及廣大之調車站僅非直接之輪軌連運而已

汪禧成

爲減輕運輸費必須利用鐵路重要商埠尤不可忽略此點本人主張港埠範圍必包括廣大調車站之設置

鮑立克

鐵路之調車站須加注意則公路之調車站飛機站等均須注意惟此種題目較小似已越出基本原則而成爲實施之方法矣

主席

在基本原則二十四條內可加入鐵路調車站之意見而予以修正

陸謙受

都市計劃委員會之工作完全根據各組之計劃意見爲意見故每組於決定計劃時其責任綦重深盼從多方面考慮然後予以決定設計組同人非但希望各組能將原則見示更盼兼及實施方法愈詳愈爲歡迎

黃伯樵

小組開會以前必須將應行討論各點提先於五六日前分發以便出席人員有充分之時間予以研究否則極易於開會時憑一時之衝動發表議論此種結果貽將來之影響甚巨誠屬危險也並希望於開會前主持人員與各方多多連絡而將各種參考數字源源供給

趙祖康

都市計劃在我國係屬創舉一切進行程序自難盡善盡美深盼各同人隨時指正使本會有一完善之結果因都市計劃而需要參考之各種調查材料按照目前上海情形而論約分五類

一 土地調查 二 房屋調查 三 戶口調查 四 港務調查 五 工商調查在美國支加哥城則分七類

1. Thoroughfare
2. Local Transi
3. Transportation
4. Utilities

5. Private land use
6. School Hospital Etc
7. Public Bulding

姚世濂　如能參考資料完備則設計組工作必能順利進行於二個月內得獲顯著成績如資料不充實則工作即感困難益且不易正確設計組所擬訂之各原則係屬各類之綱要關於交通一類因業務廣大僅屬幾條綱要不易明瞭要求其包括較廣起見可否在大綱下另加說明

趙祖康　請交通組各委員將本日討論之交通基本原則九條參照開會通知內之五條融合研究而在各條下加以說明以求易於明瞭

盧賓侯　提出對於解決上海交通問題之意見有關交通公用兩組者有三點

一　其範圍應包括水陸之客貨運輸

二　其目的須求合理與聯繫以避免客貨運輸上不必要之人力浪費

三　一環狀之鐵道或電氣鐵道使裝卸客貨分散於許多中心以避免過份集中制之擁擠

上海市都市計劃委員會交通組第二次會議紀錄

日期　三十五年十月二十八日下午二時

地點　上海市銀行會議室

出席者　黃伯樵　吳之翰　施孔懷　汪世襄　趙祖康　李蔭枌　秦志迴　汪禧成　江德潛　陸謙受　趙鎣章
鮑立克（京滬路）　杜子邦　余綱復　姚世濂　鍾耀華　葉家俊　趙曾玨　徐肇霖　卓敬三　盧賓侯　關鐸

主席　趙曾玨　紀錄　卓敬三

主席　**報告議案及議案說明**（見專册）

報告公用局同日上午預備會議之綜合意見

一　確定上海爲國際商港都市
二　請由委員會確定
三　視第四條而定
四　請設計組補充說明後再加詳細研究
五　挖入式與平行式同時並用較屬經濟
六　宋耐行提出水道圖表一份可供參考
七　調車場設眞茹客運站遷至京滬滬杭甬兩線間之梵皇渡
八　依據現有路線逐漸放出以連繫各省
九　有兩種主張一主設空運站於浦東陸家嘴備有一萬呎長跑道三條空站四週並須預留曠地以便將來擴充一主設站寶山區將來如有必要可在他處另添

討論開始

議案第一條

決議確定上海爲國際商港都市當無問題且已在第一次會議決議無異議通過請大會予以確定

議案第二條

施孔懷

所謂自由港者乃船隻在此港內進出可以不受海關限制於是外來貨物可以在此改裝改造然後他運再辦手續其好處在借此吸收國外物資其壞處則在不易防範漏稅必定猖獗且我國已有 Bond Warehouse 之制（担保倉庫制）凡進出口貨在一年內他運者可以向海關事前報告不必納稅

趙祖康

有人贊成自由港目的在與香港競爭以發展附近工業

鮑立克

自由港之政治及經濟意義重於技術問題惟可略加說明者卽德國雖行此制（譬如漢堡）其目的在便利國外物資之轉運荷與捷等國亦同時而得繁榮本國城市故其雖犧牲稅收然亦可得以償失至於中國則情形迥異因幅員廣大隣國貨物無假道上海之必需故自由港僅將與黑市以滋長之機會耳

施孔懷

主　席　反對自由港者又謂外國可以先運原料至此港而後設廠製造成品則以其資本雄厚技術優良我國工業將受嚴重打擊矣

此問題之政治及經濟意義重於技術恐非短期間所能解決故擬移至最後討論

經最後討論決議上海不設自由港

議案第三條

主　席　在估定港口之運輸量以前我人必需先行明瞭運輸量之單位依鄙人所知海運單位海軍採排水量制客船採 Gross Tonnage（總運量）貨船採 Dead Weight Tonnage 即 Displacement（實際容納重量）海關則採 Net Registered Tonnage（淨載重量）

施孔懷　所謂 Net Registered Tonnage－Gross Tonnage－Machine Space & Staff Quarters. 而 Gross ton－Wt. of 100 Cu. ft. of Space 至於 Dead Weight Tonnage 則爲實際可以裝載重量此重量因鐵銹等關係每年必有變更惟每船未必滿載故設計倉庫另須乘一 Average Load Factor 此率依歷年海關統計約爲三分之一

盧賓侯　進出口貨物有者以重量計有者以容量計我人必需顧慮此點即分類估計噸位

趙祖康　都市計劃僅訂主要大原則不必詳究細點

主　席　設計海港吞吐可以 Net Registered Tonnage 爲準則至於設計倉庫及連繫之鐵路公路或水道運輸量則須另乘 Average Load Factor

施孔懷　說明第六點之一萬萬噸（五十年後之估計）係根據一九二一年海關之統計謂進出口船隻每卅年依直線增加一倍則一九九六年時海洋及江輪進出口當各有四千萬噸再加內河及駁船約一千一百萬噸故總數略爲一萬萬噸若僅須估計至廿五年後即一九七一年則海洋及江輪進出口有六千萬噸另加內河及駁船則總數當在七千五百萬至八千萬噸

鮑立克　適施先生所稱船隻進出口依直線增加不甚可靠大概平時增加率大於直線因船隻進出通常用複利息線測算較爲適宜船隻之運量不能以往來多少而定因船隻之抵達本市者未必全數運貨有或不過百分之二十五爲貨物而亦有全爲客運但碼頭之設施則不得爲如許之船

量設想故貨量似不能爲計劃標準故船隻進出口設備必須大於海關統計因船隻不必盡靠碼頭一部份可以泊在浮筒又進出口數量並不一定相等此點亦須考慮及之

主席　在電機工程學有所謂 Diversify Factor 者吾人亦可有類似率數以備船位之用

趙祖康　港口設備必須供最大噸位之用至於詳細資料應請施先生多多補充

又鄙意以後各委員如有缺席或因事早退可簽具意見提請會議決定再大會已延遲一星期至十一月七日開會黃伯樵先生意見會議議案希望於會前一星期送各委員故各組提案盼能於本月底以前交到以便分送又各組提案亦請各組負責答復

議決　採用分類估計請施委員供給答案

議案第四條

施孔懷　海港起卸貨物之效率各地大不相同譬如紐約爲 100 Tons / ft. / yr. 而馬賽則爲 1500 Tons / ft. / yr. 推其原因大概紐約客運甚繁大郵船貨船佔極少數而馬賽則以對非洲法殖民地之貨運爲主至於我國以人力起卸依海關統計 1913 年爲210 Tons / ft. / yr. 1924年爲268 Tons / ft. / yr.

吳之翰　說明第七點之三千噸得自 Hiitt Engineer Handbook Ed. III 1936 版

施孔懷　停泊綫之效率繫於管理方法者甚巨譬如紐約碼頭公司多以碼頭出租而此間之擁有大碼頭之各公司則每供自用此點甚有分別

宋耐行　希望以後貨船御二千噸貨物者必須在五天內卸畢海洋貨船用吊機卸貨每二千噸貨物在三天內卸畢爲目標如是對於時間方面經濟方面貨物吞吐量效率多有裨益

施孔懷　船隻進出口大致相似惟貨物進出口則有不同以上海而言前者約爲後者之二倍而設計倉庫須用貨噸量之一倍半

主席　綜合各方意見可否以 1500 Tons / m. / yr. 爲計算標準卽七千五百萬噸船隻須有碼頭五萬公尺若乘以三分之一則僅一萬七千公尺矣

決議　請施委員宋科長供給答案

議案第五條

汪禧成

照鐵路終站(Railway Terminus)看法集中比較經濟而以現代化及機械化言以挖入港口爲經濟

主席

上次港務會議對於造船廠初步條件Floating Dock可用二十年但上星期開會時濬浦局及海關以爲吳淞爲浦江之喉修理船隻進出妨礙航運請重予考慮當曾決定如造船廠必設於吳淞則須得濬浦局及港務管理委員會工務組同意資委員代表允報告資委會並催周主任返滬故此案僅有一種表示而非決定各位如有意見望儘量發表如認爲妨礙都市計劃仍可提出

鮑立克

港口應依經濟原則分佈沿浦使陸上聯運交通不致擁擠於一處關於中央造船廠所取之地位如眞實踐實屬可惜因蘊藻浜以北之岸線實全浦江最佳之岸線都市計劃交通組既決定上海爲港埠之原則故其於海港地點之選擇理應佔優先權也

黃伯樵

照現代戰爭看法不宜太集中而太分散亦不經濟故本人亦以爲應如第三點之（寅）按使用性質而分別集中於若干區

汪禧成

吾人亦應顧慮已有設備而充分利用之

施孔懷

說明碼頭現狀

至於碼頭修建費若築沿岸平行碼頭四千呎約需一百十七億元若改建挖入式（兩邊各二千呎）則需一百七十一億三千四百萬兩者相差約五十四億元每年利息照按月息一分四厘爲六億二千五百萬元

黃伯樵

爲國家將來計目前必須先付相當代價

盧賓侯

挖入式與平行式可以同時採用鐵路終點以挖入式較宜至於沿浦碼頭亦不全部拋棄挖入式與平行式同時比較後酌量情形採用港口與鐵路連繫處以挖入式爲原則

主席

研究結果似應以整個經濟爲前提挖入式及平行式可以同時並用而港口地點則應依使用性質分別集中於若干區此爲陸上運輸着想亦爲國防戰時着想即雖集中而有疏散之意亦可謂雖然疏散而仍集中

鮑立克　關於海港計劃之三種意見余以爲以沿浦分散但集中於數點爲原則較爲適宜因大上海計劃初稿之設計基於地區種類分區爲原則例如每單位區可分爲工業區及住宅區其意在乎工作人員每日從其家至工作地點得最省之路程而每區亦有其醫院學校娛樂場所等等所以節省每區居民各種不需之跋涉也今若取沿江設港式爲原則則將來貨運及民用交通經每一分區必須全面橫過市區此無形中增加交通湧塞而必須特別增寬馬路其不經濟之處在所皆是若單集中海港於一點其不利之點亦與前者同若沿浦分散而分類集中於數適宜之點設計上可運用自如而避免上述不利之點

議　決　按照使用性質而分別集中於若干區鐵路港口連接者以採用挖入式爲原則

議案第六條

主　席　蘊藻浜與蘇州河應使之貫通既可縮短運程復可減少浦江負荷

宋耐行　與浦江相接水道在浦東方面有十一條浦西十條吳淞口三條

鮑立克　關於水道之問題余以爲乃上海一重要問題因水運費實比其他各式運費爲廉也水道可分爲兩種（一）農利（二）本市運輸用若河浜可能爲本市運輸道者則應儘量疏濬使能利用如有利於農產區則亦宜保留其他則應填塞於原則中應能指出此意

議　決　一　利用黃浦江

二　蘊藻浜與吳淞江連接

三　其因局部運輸及與農業有關者開發之其餘不必提及

議案第七條

關　鐸　依兩路局目前計劃客站仍設上北貨站西移至眞茹麥根路間外洋水陸聯運站在吳淞而日暉港附近亦設一調車場以與滬杭甬線連絡至於議案說明中所謂客貨總站移設浦東則不知有何意義

徐肇霖　上北與浦江太近市內交通嫌太擁擠可否將客站西遷至市區邊緣如若必需設在市區似亦應建高架線或地下道

汪禧成

二十三年本人曾奉派來滬會同黄伯樵先生及鐵路當局商洽整理計劃當時有一意見以爲岸邊車站及車場設於吳淞配車場設於麥根路以西北站爲客運站日暉港爲貨站麥根路站則爲本地貨站自吳淞經大場至眞茹附近闢一支線

鮑立克　關於客站遷移之問題余意以爲歐美之習例客運總站皆切近商業中心區例如最近南京遷移客站使接近市區之議可爲一例

主　席　時間已晏改下次繼續討論（散會時已六時餘矣）

上海市都市計劃委員會交通組第二次會議議案及説明

甲　議案

一　確定上海爲國際商港都市（已由本組第一次會議議決）

二　確定上海是否設自由港

三　分别估定上海港口之外洋沿海及内河每年之運輸量（以船舶之噸位計或實際之重量計）

四　估定上海總共所需要停舶綫之長度（假定用機械設備）

五　確定上海港口之地位及方式是否（子）分散沿浦（丑）集中於一點而用挖入式（寅）按使用性質而分别集中於若干點（在本組第一次會議中已提出討論惟尚未得有結論）

六　確定上海河道之系統

七　確定上海遠程鐵道之路線車站調車場之位置

八　確定遠程道路網

九　確定民用飛機場之數量地位及大小

乙　説明

一　前次及此次所召開之交通組會議其任務在根據第一次都市計劃委員會之議決案擬定若干與設計上海市都市計劃直接有關且以二十五年爲對象並顧及五十年之交通上基本原則以便請示中央作最後之决定此本從權之辦法蓋理應由中央頒示原則作爲設計之標準也因此討論各議案時須認明時間之對象高瞻遠矚妥愼决定以期能着手設計

二　基本原則可有廣義狹義之分廣義之基本原則乃適用於任何都市之都市計劃偏於學理方面而不需要中央决定者狹義之基本原則乃專指適合於上海市之都市計劃偏於事實方面足以影響全國之國民經濟並牽涉鄰近之省市以及各機關而非上海市政府所能獨

斷者本會議之任務在決定狹義之基本原則提請中央核定以期各有關機關共同遵守作爲設計及實施上海市都市計劃準則故凡理論的及上海市本身所能單獨決定之問題皆不在此次討論範圍之內

三 交通上之基本原則與經濟上以及土地使用上種種原則均有密切之關連絕不能各個作單獨之決定但各組均不妨各自就其最理想之情形擬定初步之原則然後綜合各組再加討論留其相依去其相違而得全部之原則提請中央核定庶可事半功倍本會議之任務確定交通方面最理想之初步原則留待綜合討論再加修正以期能與其他方面相配合

四 上述三點實爲討論之前提須先認清免生枝節玆將上列九項議案加以說明並將以往各方面於研討時曾發表之意見彙述於下以供參考而利討論如有其他新穎之意見當可隨時提出也至於議案第一條上次已有結論不再贅述而涉及軍事交通者則已在專案請示中

五 關於議案第二條者應就港務及經濟上之觀點加以商討決定

六 關於議案第三條者曾假定五十年後上海港口每年進出口之船舶總噸位爲一萬萬噸此數字中已否包括沿海及內河運輸在內或有其他估計之數字可供參考者應請提出討論並須估定通用於二十五年之數字

七 關於議案第四條者曾假定每一公尺之停泊線應用現代之機械設備每年平均可應付三千噸位之起卸此數字有無修正之必要是否能以此爲根據待此項數字確定後乃可按議案第三條之假定計算上海港口所需要停泊線之長度

八 關於議案第五條者該項議案之決定實含有最重大之意義但疊經商討尙未能得有結論綜合各方面之意見可有下列三種（一）主張儘量利用黃浦岸線築與岸線平行之碼頭俟不敷應用時再就復興島周家嘴至虬江碼頭擴充（二）主張立即就吳淞之蘊藻浜北岸（但以中央造船廠之擬定地位與港口相抵觸或不得不放棄北岸而改建港口於南岸）建築一集中之挖入式港口而暫時維持現有之沿浦碼頭逐漸加以淘汰（三）與（二）項同惟港口不集中於一處而分設於吳淞日暉港及浦東之陸家嘴三處且以吳淞爲海洋沿海及內河之混合港口日暉港及陸家嘴爲內河港口倘口頭商討不易得有結果則可由公用局工務局鐵路局濬浦局等有關機關指定專家若干人就上海港口之各種可能佈置分別繪成種種平面斷面草圖附港口與鐵道道路之連繫以及機械之配備並須估計建築費維持費管理費以及船舶進入黃浦江口以至駛出黃浦江口所需之時間等等均以數字列爲表格限期完成以便根據圖表詳加討論以定取捨至於沿浦之碼頭屬於各業專用者不必計入

九 關於議案之第六條者上海除位於長江之口並擁有貫通南北之黃浦江外尙有東西向較大之三河流平行注入黃浦而內通腹地（一）蘊藻浜（二）吳淞江（卽蘇州河）（三）龍華港此三者可設法溝通使互相聯運而分散運量如蘊藻浜可經南翔附近在紀王廟與吳淞江接通而龍華港可經蒲匯塘經七寶向北利用橫瀝與吳淞江接通而蘊藻浜之內河港設於吳淞吳淞江之內河港設於陸家嘴龍華港之內河港口設於日暉港如前節所述

十 關於議案之第七條者在第五條未決定以前本條本不能開始討論僅可先論概況俟第五條決定後再加以修正（甲）關於路線方面

之意見有下列二種（子）除完全保留現有之路線外由吳淞港口增築一線經寶山以達瀏河由此分南北兩線南線經太倉而達崑山北綫經常熟而往江陰惟在市區內之鐵道須架高或築入隧道（丑）拆除淞滬線而改由吳淞築一線至眞如並將現有之京滬滬杭之接軌線向西移至眞如經北新涇而達梅家弄（己）關於車站方面之意見有下列三種（子）北站南站之地位大體不予變動（丑）大規模之客貨總站均移設浦東（寅）保留北站爲客運總站另設貨運總站於眞如南站合爲客貨混合站（丙）關於調車場地位之意見有下列二種（子）調車場設於吳淞港口集中之處（丑）調車場設於眞如南翔之間

十一　關於議案之第八條者遠程道路網則以上海爲中心除京滬滬杭已定之國道外再向附近之重要城市四射以完成中國東南區之道路網此外再就本市各分區間加以聯繫使彼此間有直接之高速交通惟尙須有一環形幹道以連絡各四射之道路對於環形幹道之路線有下列二種之意見（子）以沿黃浦西岸之道路之中山路爲環形之東西兩弧而於南北兩端連通之（丑）以浦東大道及中山路爲環形之東西兩弧而於南北兩端連通之

十二　關於議案之第九條者飛機場之地位及大小各方面交換意見之機會較少尙未能加以具體之說明但鐵道及道路之佈置與此有密切之關係故亦急待商討加以決定者

上海市都市計劃委員會交通組第三次會議紀錄

日期　三十五年十一月四日下午二時

地點　上海市工務局會議室

出席者　趙曾珏　施孔懷　鮑立克　鍾耀華　汪世襄　盧賓侯　胡匯泉　趙鑾章　呂季方　余綱復　秦志迥
姚世濂　徐肇霖　江德潛　朱國洗　吳景岩　陳孚華　黃伯樵　汪禧成　趙祖康　卓敬三

主席　趙曾珏　紀錄　卓敬三

主席　報告議案及議案說明

報告南京經濟建設學會對於資金國際貿易及公用事業經營之方針以作都市計劃之參考

討論開始

主席　本席上週末赴南京出席經濟建設學會本年度年會各委員曾作非正式的意見交換可作吾人之參考該會所討論者爲中國目前最大之困難問題卽國際貿易問題資金問題及公用事業經營之方法國際貿易上對港口之設施曾作熱烈討論據翁副院長之意見以爲上海港口甚

爲擁擠不若在舟山羣島設立自由港再以對面之鎮海敷設沿海鐵路經浙江省而至安徽蕪湖如此揚子江一帶內外之貿易集散地不致全部擁塞在上海華中之舟山華北之大連與華南之香港爲鼎立之三大自由港渠且認爲該舟山港口應絕對自由如此上海港口之擁擠及碼頭倉庫之不足可由其分擔補救之對於資金方面決定二大原則對於取得物資應使儘量增加並加以充分利用而對於外資不可任其輕易逃逸經濟建設第一期計劃爲三年據行總霍署長報告聯總可能再供建設物資至少一百萬噸而物資供應局報告有八十萬噸戰時剩餘物資運華且有一部物資可自日本取得者約四百萬噸據初步估計行總物資每噸暫估三百美元一百萬噸約計三萬萬美元而物資供應局物資八十萬噸每噸估五百美元共計四萬萬美元而自日本取得者因係舊貨每噸估二百美元約需八萬萬美元則五百八十萬噸物資共需十五萬萬美元而將如許物資裝置完竣約需十萬萬美元共計資金二十五萬萬美元對於此計劃在三年中如何可能完成亦作初步討論

議案第七條（續）

施孔懷

兩路方面始終未曾提及乘客及貨運具體數字故吾人無從估計調車場及車站之面積

姚世濂

在交通小組第一次會議兩路管理局曾作其計劃之簡單報告以貨物列車車場包括修理機廠約須2000m.×500m.之面積客運總站約須1000m.×300m.之面積至於此數值之根據則未曾闡明

主席

車站與調車場之面積當以運貨載客負荷決定吾人先可討論得結果作爲假定方針再與兩路管理局商討作最後決定

至於客車站之地位上次會議曾有兩大建議即設於中區或郊外希望各委員再作討論得具體結論依據上次小組會議鮑立克之意見以爲依歐美之習例客運站皆切近商業中心區如南京以遷移車站使接近市區即其一例各委員對於此點有無意見

盧賓侯

對於火車站設於中心區域之利益余甚懷疑市區中心大都爲商業集中地點高廈雜處店肆林立其中設置車站甚覺格格不入而以蒸汽火車之烟灰飛揚市區甚爲不宜若南京車站自下關遷至新街口者其情形不能與上海並論蓋南京爲中國政治中心有如美國之華盛頓將來商業發展有限居民未必大增而上海則爲商業都市將來勢必更其繁榮車站之設施當在郊外爲良策且將都市公共汽車站設於火車站附近則都市運輸效率可以大增

鮑立克

在原則上火車乃陸上運輸工具中運量最大者按歐美統計在同一里程火車每小時可運六萬人電車每小時三萬另五百人公共汽車每小時可運七千五百人照以往經驗火車客運總站皆接近便利最需要火車速運之人即所謂商業區來往商人也在歐美各國火車客運常爲虧本事業而帶辦客運者無非招攬之手段耳其基本收入全賴貨運目前中國則情形不同客運實爲路局之豐富收入過去每月皆超過十億元

收入故爲便利顧客着想客運總站應設於最需要之區最需要火車客運之區則莫如商業中區請觀上海計劃總圖現在北站地點適中亦接近將來本市商業中區其自然條件不與上海計劃抵觸不必遷往他處爲理甚明

主　席　將來本市環繞有高速交通工具市內亦有充裕幹線則客運總站雖遷離市中心區亦瞬息可達請各位隨便多發表意見

盧賓侯　照目前上海交通擁擠情形而尤加數條火車道擁入市區其可能性頗屬疑問在市區之內非有甚寬街衢勢難實現如紐約之火車其通過市區者以敷設地下鐵道或將火車電氣化方能實現耳余以爲 Buffalo 城之鐵路設施可作借鏡該城以鐵路環城外來火車以此爲終點乘客到站以後改搭市區交通分達市內各區如此則火車雖不進市區而居民亦得相當便利

胡匯泉　車站之價値依其距市區之遠近而增減之假使某城有二車站一在近區一在遠郊則市民必因其習性而捨遠就近故若上海火車總站設在甚遠之處居民將欲改道乘搭航輪或飛機則鐵路之經營必致慘淡本人以爲車站宜接近中區高架當不適用蒸汽火車可改用電氣火車進入市中區

鮑立克　在上海計劃初稿中每一分區單位各有其客站及貨站例如在德國設計某城市時除客站及調車站（Shunting Station）外環城尙有二十餘小貨站在上海將來每一單位區亦宜就其工業地帶設獨立之貨運站

鍾耀華　北車站地位並不在市中心區不過接近商業區商店區及行政區因該區人口密度最高並因事業上或職務上之需要乘車最勤

徐肇霖　鐵路施設與市民交通之便利息息相關車站雖以近市區爲佳但亦應以不妨害市內之交通爲原則余以爲鐵路不應跨越商業區或住宅區若南京鐵路車站之遷移路軌過處適爲政治區與住宅區之劃分界故於市內交通並無多大影響在上海之北站之地位與黃浦江灣道適成一狹窄地帶此處業已發展至最高度理應設法改善且閘北一向不能發展之原因卽爲北站關係使與市區中心隔離故將來鐵路總站之地點最好向北移至計劃總圖住宅區之外緣

盧賓侯　中山路外大西路處亦可設一車站

汪禧成　本人同意北站向北外移在大西路添設一站亦可併行不悖路局現有北站面積已不敷發展故此點對於路局甚有俾益並本人亦參加車站

設計俟地位決定即可展開工作至鮑立克先生所云工業區置站本人以爲並非貨站而係工業區岔道（Industrial Siding）

鮑立克

兩路局副局長侯彧華刻來電話請本人代告知主席及各位先生路局原則上完全同意都市計劃設計組關於確定客車站之議擬即保留現在北站

陳孚華

余意以爲無論火車或公共汽車總站原則上應接近市中心區惟是否保留現有地點則待將來詳細檢討

胡匯泉

原則上客站自應接近市中區以便利旅客現今問題不在遷移車站而在能否建築市內地下道而建築地下道則在其將來收入能否應付此工程浩大之建築市參議會之提議似不健全遷移北站雖可解決將來之需要且爲目前財力所許可然並非長遠之計

鮑立克

在本市計劃中主要爲開建吳淞商港及在其附近築成工商及居住區但吳淞之繁榮有賴乎能與本市中心區有直接高速度交通聯絡方可配合其發展在都市計劃中吳淞至本市及環市路帶擬採電動高速交通辦法

朱國洗

依照通用習慣鐵路當近市區則可使市民乘車便利但以上海情形而論其先天之發展已使現有之北站爲適當之最近車站如倫敦總車站適在市中心並未見有不滿至於京滬鐵路隔離閘北區域則吾人可多建築公路用跨越或地下方法穿過鐵路與市區聯絡使其繁榮當然不必拆移鐵路或搬移現有車站惟貨站則須遷移至於北站之不夠發展一層似須由市政當局解決之

施孔懷

最佳辦法使火車進入市區而敷設地下鐵道

汪禧成

車站之應接近中心實屬無疑問不過現有北站誠不能用作總站蓋其發展已至極限如有環中區鐵路則移至任何一點對中心距離相等本人以爲鐵路終站首要者爲適當之地面

主席

爲臨時改善交通計現有北站可維持爲總站但爲大上海交通計劃北站必須搬移

施孔懷

現在市中心以何爲根據在何處尚未確定如確定之本人贊成近中心爲原則

主席

汪先生意見主張移至環形路之外因北站地面已不夠發展

盧賓侯　北站遷移至郊外以後閘北及江灣區可發展爲商業區及住宅區且鐵路之遷移經費方面並無問題

鮑立克　在都市計劃總圖中不獨保留北站沿各鐵路及環市鐵路滿布客站其規模大小則視其環境需要而異按吾人經驗接近居住區之交通比接近商業區之交通需要爲少故北站實爲商業區所需要之客站其應接近本市商業區理所必然且都市計劃基本原則爲分成市區爲若干獨立單位每區自有其工商住宅及娛樂公共醫學設施故居民日常需要及行動大致在其區境之內而不必動則往返市中心區在都市計劃中每單位區設立其貨站目的在疏散貨物集中湧塞於市區內即主張總貨站設於眞茹以西

汪禧成　余認鐵路總站定例爲能容納及轉動客運及貨運自如之地點

趙祖康　余意以爲保留現在之北站同時在北站以北留出一地帶如將來需要可作爲鐵路終站同時在大西路西底亦留出相當地帶作同樣用途

鍾耀華　余以爲不必在大西路西底留出地帶因若客站設在該處則全市交通必橫貫西面住宅區形成更不可收拾之交通問題

陳孚華　請問改進北站是否不久將來實行若爲長久計而改進北站則又何必預留地面作遷移

趙祖康　此乃建議而採用乃在路局之決定

鮑立克　調車站宜設眞茹以西避免中斷綠地帶在市區計劃原則中市區用綠地帶環繞同時綠地帶隔離各單位區互相連接以限制每單位向外越界發展

決議

一　客運總站暫時維持北站並在中山北路以北保留客運總站充裕基地以便必要時客運總站可遷往該地

二　貨運總站及調車場設眞茹以西（眞如車站以東）

三　貨運岔道站設蘇州河北及中山北路間

四　**鐵路客運總站確定地點請交通部組織委員會調查研究並由交通部與本市會商決定**

上海市都市計劃委員會區劃組第一次會議紀錄

時間 三十五年十一月一日下午三時

地點 上海市工務局會議室

出席者 李熙謀 R. Paulick 李劍華 王大閎 程世撫 姚世濂 吳之翰 楊卓膺 陸謙受 趙祖康 錢乃信 余綱復 林安邦

主席 趙祖康 紀錄 余綱復 林安邦

主席 諸位委員諸位先生區劃組共有委員七人奚委員玉書因另有會議吳委員蘊初已去南京今日均不能出席本人有意見兩點（一）上海市都市計劃委員會下分八組最重要者似爲交通房屋區劃（包括道路）三組此三組之問題解決其他各組乃有依據並可由設計組開始計劃（二）人口似爲計劃最重要對象之一蓋土地人口文化經濟交通乃中國地方自治之對象須先談到人口及土地使用而後始談到教育及其他此外本人以爲中國保甲制度與最近外國都市計劃單位制頗有相似

本市都市計劃各項問題已由各組開始討論本組擬先討論人口土地使用及文化等問題關於土地土地組討論者爲土地政策而區劃組所討論者爲土地使用整個具體問題教育文化事業與區劃問題關係密切今日李副局長參加故特提出討論

教育文化事業問題

李熙謀 解釋教育局所擬上海市區內文化及教育事業之分配與標準草案並提出（一）關於中等教育部份希望於四郊建設四中等教育區使脫離市中區環境較好再以現在市區之產業售出儘夠郊區建設費用（二）保國民學校相距最好不超過二公里國民學校係強迫性教育（三）重要圖書館博物館美術館等設於市區動植物園等設於郊區此外體育場體育館希望於南市閘北滬西浦東均有設立民衆學校係爲掃除文盲過渡之需要補習學校則爲完成國民教育後僅擬補習一二學科者而設

陸謙受 此次都市計劃設計係用小單位辦法每一單位包括教育文化工商業等具體而微其最小單位約五千至一萬人幾個最小單位成一中級單位約一萬五千至一萬六千人幾個中級單位爲一市鎮單位以十五萬人爲限再上則爲區單位每單位三十萬至八十萬人都機能性聯系指設備方面而言故希望與教育文化方面能有聯系請予指示如何配合

李熙謀

本市適齡小學生約爲人口總數十分之一故一學校頗適合一最小單位之需要

R.Paulick

若小學校每級四十人六級則爲二百四十人在美國小學校係作爲計算之一最小單位（Neighborhood Unit）按去年適齡小學生佔人口總數百分之十二故若以一小學校爲計算之基本單位則現在最小單位之人口照計算爲 $\frac{240\times100}{12}=2000$ 人不過照去年統計僅有三分之一適齡小學生入學

李熙謀

目前各小學分上下午兩組獲得小學教育之兒童應爲三分之二

R.Paulick

是則現在最小單位之人口照計算平均爲四千人

主席

本人以爲保甲單位都市計劃單位及學校區單位應有配合希望設計組將最小中級市鎮及區單位等每種均作一對於人口面積教育文化醫藥衛生標準之說明提供參考

R.Paulick

若本市建立學校程序能配合都市計劃則小學生均可步行至學校而不必乘車蓋每一最小單位約 500m×400m 之中區有小學校余以爲每一最小單位（平均四千人）需有一小學校每一中級單位（合數個最小單位而成約一萬五千至一萬六千人）需有一初中學校每一市鎮單位（由數中級單位合成約十五萬人）需有一高中學校而每一區單位（約三十萬至八十萬人）應有一職業學校至於大學乃國立機構不能指定數字

陸謙受

關於圖書館等吾人希望將文化帶到每個市民身上擬於四郊採用流動方式當然還需要有個中心即一大圖書館設於市中區此不過僅爲設計組方面之初步印象

R.Paulick

關於圖書館上次大戰後英美都有用公共汽車定時至某區各戶登記所需閱之書籍代向市立圖書館借書此一方法並不實際余意以爲吾人將來之計劃應以每分區單位之學校爲該區之文化中心附設圖書館體育館場等不獨可供學校之用且可爲該地市民公用如此能普及文化

王大閎

並可作爲該區市民之公共會場

主　席　擬請教育局提出都市計劃每級單位除學校外應有之其他文化設備

人口問題

一　全國之人口政策

吳之翰　全國之人口政策原須由中央決定不過在本會第一次大會議決關於人口問題由本組擬具答案惟擬具答案必須有材料爲根據而材料收集頗爲困難現所提出之議案說明中材料並不齊全且亦陳舊僅略舉全國人口數及數省人口數以供參考請各位指教

陸謙受　關於人口問題中國年鑑第七版（孫伯文著）民國三十三年全國人口數爲四萬萬六千五百萬農村佔72%都市佔28%增加率每千人11.8估計至西歷二千年時（民國八十九年）中國人口數將達九萬萬人根據此點來研究並依照歐美比例農村20%都市80%降低估計農村40%都市60%則至民國八十九年時農村人口爲三萬萬六千萬人都市五萬萬四千萬人現在則農村爲三萬萬三千五百萬人都市一萬萬三千萬人是則都市人口增加四、一六倍農村人口增加至○、七四倍故設計組所估計至五十年後時本市人口爲一千五百萬人可謂頗有根據

主　席　如何假定中國以後之人口政策

R.Paulick　依照歷史情形每一國家工業化後其人口自然增加中國雖爲最後工業化國家其人口必依自然性增加

吳之翰　有人主張優生而不加大增加率

R.Paulick　在吾人之衛生計劃中擬設立各種病院以減輕死亡率（特別爲嬰兒之死亡率）則將來人口自然增加此乃又一證明

決　定　甲　人口總數（1）維持現在人口數提倡優生不獎勵生育（2）提倡人口增加於民國八十九年時至九億人

乙　將來人口之移動政策（農村與都市之比例）

丙　將來人口之分配政策（依照地區之分配）

以上三項請中央決定及指示

二　海上人口之密度

R. Paulick

說明中之人口密度數字與余上次所擬之報告數字大致相同惟每平方公里五千人之平均數恐難實現蓋上海之八九三平方公里中九三平方公里爲黃浦江及各河浜面積故實有地面爲八百平方公里密度增高余意以爲建成區人口密度爲每平方公里一萬五千人未建成區可暫分爲三種（一）最密區每平方公里一萬人（二）次密區每平方公里七千五百人（三）郊區五千人

決　定

上海市區面積共八九三平方公里除去黃浦江蘇州河及各河浜面積九三平方公里實爲八百平方公里浦西佔六三〇平方公里假定人口密度爲每平方公里一萬人可容六百三十萬人浦東一百七十平方公里如大部份爲農作區擬容納七十萬人（浦東是否大部份爲農作區暫不作結論）

三　上海之人口總數

決　定

依照祕書處聯席會議商討二十五年後達七百萬人

土地使用問題

一　土地使用之比例

R. Paulick

土地使用比例設計組擬定爲住宅區百分之四十工業區百分之二十綠地帶及路地百分之四十較適合本市環境

吳之翰

土地使用之比例與人口密度及人口總數之決定有關如照以上之決定則比例須照 Paulick 先生意見不過一班理想之規定本有略加伸縮之餘地

R. PauLick

因本市人口密度較高綠地帶需縮小而住宅區則增加

決　定

土地使用比例根據祕書處設計組假定居住區應爲百分之四十工商業區百分之二十綠地帶及公用用地百分之四十

二　土地使用之分佈

決　定

下次會議討論

上海市都市計劃委員會區劃組第一次分組會議議案及說明

人口問題

一 全國之人口政策

按民國二十二年申報年鑑D第三頁所載中國人口總數爲490.000.000面積爲11.173.600平方公里平均密度爲每平方公里44.0人各省中密度最大之江蘇省爲每平方公里322.0人最小之西藏爲每平方公里三人此項統計未必精確且十餘年來時過境遷更難徵信但其相差之懸殊已可見一班至於上海目前最密之區如西藏路福州路菜市路大世界一帶則爲每平方公里200.000人較之江蘇全省平均密度又增加六七百倍爲增進民族健康計爲加強邊陲實力計爲配合平均發展計爲避免戰爭威脅計實有確定人口政策之必要以期能與此後工商業分布之計劃相輔而行而以交通政策爲其前導試觀東九省自民國十二年至十九年人口與鐵道其增加率幾成比例（參考民國十一年至二十二年之滿州年鑑）即其明證可知人口政策苟有所決定並不難使之見諸實施至於決定人口政策之方針應以國防及資源爲依據而所需參考之資料在中央方面較易齊備因之亦較易着手在上海都市計劃委員會僅可向中央呈請從速決定全國之人口政策而不易提出數字也

二 上海人口之密度

目前上海最大之人口密度爲每平方公里二十萬人按最近調查所得全市人口爲三百五十萬人而建成區之面積爲一百平方公里其中居住區爲二十八平方公里則建成區內之人口密度平均爲三萬五千人而目前居住區內之人口密度平均爲十二萬五千人據一班專家所擬最理想之密度全市平均爲每平方公里五千人而居住區內平均爲二萬人則目前建成區內之平均人口密度大於理想七倍居住區內之平均人口密度大於理想六倍餘而最大密度則大於理想密度十倍至於是否以每平方公里五千人爲理想之全市平均密度及以每平方公里二萬人爲理想之居住區內平均密度尚須研討加以決定無論如何近市區繁盛之處平均密度必較大而郊區密度必較小是又有待於設計者之善爲佈置者

三 上海之人口總數

關於此項問題答復可由下列兩種之觀點着手（參考聯席會議紀錄中吳之翰君之口頭報告及鮑立克君之書面報告）（甲）以本市過去之人口變遷爲依據而推測其將來之人口但須檢討其對於環境上及條件上有無不合理而須加以適當修正之處（乙）以他國之經驗推測本市將來之人口但須顧及他國情形對於中國之適合性及全國各大都市之發展將來是否應有所軒輕若按（甲）項所得之結果則五十年後爲一千二百八十萬至一千五百五十萬按（乙）項所得之結果爲二千一百萬此等數字似均嫌過大但究竟如何採用頗難決定蓋人口政策尚未厘訂致無取捨之標準也在此過渡時期似可以理想密度及本市實有面積爲根據而計算人口之總數即

5000人/平方公里×883平方公里=4.465.000

依此着手設計以二十五年爲對象之上海都市計劃則所得之結果不致離理想過遠都市發展必有其過程二十五年之計劃決不能一蹴即就倘經五年之後人口政策已定而規定之上海人口總數小於4.465.000則綠面積可較所設計者爲多當無妨礙倘結果大於此數則將人口密度略事提高或將綠面積略事減小甚或將本市面積略事擴充而將原有計劃加以修正固尚有挽救之餘地

十地使用問題

一 土地使用之比例

按目前建成區內百分之廿八爲居住區百分之〇、六七爲綠面積百分之廿一爲工商業倉庫等面積其餘則爲零星未建及被燬之面積一班理想之規定則綠面積佔全市百分之五十居住區佔百分之廿五所餘之百分之廿五則用於工商業及倉庫等此項理想數字本有略加伸縮之餘地惟是否應以之爲設計標準是有待於商討決定者

二 土地使用之分布

凡土地使用之性質與天然地形有密切關係而不能輕易遷移及有優先選擇地點者應先決定其地位而後依次布置其他之需要庶不致桿格不相容而破壞整個計劃在交通組分組會議中已決定兩點：（甲）上海爲國際商港都市（乙）港口應分別集中於若干區於可是知港口面積既與地形有關且有優先選擇地點之必要其次則工業面積因其一經建成遷移匪易且亦有與地形有關者但應先決定適於上海之工業種類及數量然後按其特性與於相當之地位及面積惟確定此項工業種類須經較深刻之研究方有把握至於其餘各種使用之所需均較易配合故目前急待決定者（甲）港口應分爲幾區集中地點何在面積若干（乙）鐵道及道路應如何定線車站位置及大小如何規定（丙）特別適合於輕重工業之主要地區如何指定（丁）商業區如何規劃（戊）住宅區與其他各區如何配合（己）綠面積如何連繫其中（甲）（乙）（丙）三項彈性較少尤須慎重考慮而開發浦東之方針乃尤宜早加確定者

上海市都市計劃委員會房屋組第一次會議紀錄

地點：工務局會議室

時間：卅五年十月廿三日下午四時

出席人 趙祖康 關頌聲（朱彬代） 陸謙受 楊錫鏐 黃維桑 鄭觀宣 R.Paulick 王元康 范文照

主席 關頌聲（朱彬代） 紀錄 殺霍 丁嘉源

主席 今日關頌聲先生因事不克出席囑由本人代表今日會議之目的在討論本組應負何種責任及其範圍分別緩急先後如何謀其實施茲將本

人管見所及先行發表希各位各抒高見共同商討

一　解決目前房荒　目前本市房荒甚為嚴重故解決房荒四字已成為目前盛行之名稱本會應以技術之目光研究其如何解決之方案

二　研究工務局建築規則　建築規則影響於房屋之建築甚鉅本市應用以前工部局之法規現環境變遷不能適用正由工務局研究修訂中本會亦應注意及此參加修訂務求完備合用

三　本會任務範圍之研究　本會任務似應俟區劃組決定原則後始能着手研究但目前不妨在假定範圍內研討

四　設法引導房地產業營造業投資經營

五　其他如衛生水電設備亦有討論之價值

趙局長祖康

本月卅日將舉行第二次大會希望各組於舉行大會前均有良好之結果送達祕書處以便一併提出大會

各分組目前之工作應以決定各項基本原則為最緊要一俟原則由大會確定其他工作即可順次推進在目前規定之八組內當以「區域」「交通」「房屋」三組之工作範圍最廣而有深切研究之價值其餘各組在原則決定後其工作即較輕快

目前房屋可從「家庭組合」（Family Unit）作為研究之出發點從而推廣至於一區域之分配對於住宅里弄公寓三種類別之房屋應如何利用而作適當之分配簡言之目前討論之題材暫分為四項

一　「家庭組合」之目前狀況及將來發展之趨勢

二　房屋分類之式樣以採取何種格式最為合理

三　從「鄰居組合」（Neighborhood Unit）推廣至於「段界」（Block）中間經過之如何配合

四　公共建築及市容之管制及支配

至於主席所提之解決房荒問題工務局方面已着手辦理已建造平民新村一百五十餘幢為數甚尠現正繼續勘覓基地並向銀行界接洽投資繼續興建

建築規則之修訂工作甚屬重要已由工務局成立修訂建築規則委員會詳細研究修訂務使適合目前之應用但此項法規與都市計劃之基本原則有關必待乎整個基本原則早日決定後始可解決

陸謙受

本組工作第一為決定房屋方面之基本原則再研究如何執行第二將已有之成績審慎查核第三訂立一適合時代之建築標準此種標準與一般民衆之生活積習有關不能全部移用歐美之辦法必須經過實際考察後始能產生

王元康

不妨先將「段界」（Block）問題先予討論

主　席

「段界」大小之決定因素甚多與土地政策有極大關係並須顧及是否能實施及推行時之阻力有若干建築地因闢路後所餘不足建築房屋時如何處理此點與土地組發生連繫必須研究者

陸謙受

計劃委員會之使命並非爲改善現狀而係一種創造性之計劃故須目光遠大庶能達成其任務

R.Paulick

吾人在擬本市都市計劃初稿時曾假定居民房屋之組合分爲五種區域由小及大其程序如下

一　鄰居組合（Neighbor hood Unit）

二　次級區（Sab-City Unit）

三　中級區（Intermediate C ty Unit）

四　大都市區（Metropolitan Region）

五　整個區域（Mhole Region）

每鄰居組合之人口密度各國各地均有不同大約在二千至一萬五千左右之間在美國以小學校爲分配每區人口之標準按教育制度每校有六級每級四十人全校二百四十人假定六歲至十二歲學齡兒童佔全部人口百分之十二則每單位之人數爲二千合數單位成一鄰居組合同人等以前所擬之都市計劃初稿中每「中級區容納人口約六七萬人

本人認爲上海目前盛行之里弄式房屋應使淘汰而採用住宅式建築使每家均有適宜空地及新鮮空氣北歐習慣以「陽光小時」（Sun Hour）爲建築基本標準舊制每一房屋應有二百四十小時陽光新制已增至四百小時在上海爲溫帶其所受陽光自應更多是種標準是否可以採用亦須考慮但欲實行一新標準必須配合其他條件與整個建築法規均有關連也

本人意見似應鼓勵每一市民能自有房屋德國爲實行此制之國家且政府法定私人所有自用住屋不能作任何經濟上之典質或賠償之用

范文照

房屋之計劃須顧及本國民性及習慣各國盛行之都市計劃在吾國未必全部適合此點值得注意吾人並須注意疏散現在過密之人口並防止將來人口過密之弊

楊錫鏐

上海盛行之里弄式房屋有其演進之成因其與社會經濟生活習慣有莫大之關係且所受建築法規之影響尤值得注意本人認爲僅須按照基本原則在法規內詳細規定則達到目的極易辦到

陸謙受　歐美各大都市現已實行居民訪問調查其實際生活情形及其意向從而研究改善其都市計劃此種工作極關重要否則易成爲閉門造車之弊可惜目前因受經濟及時間之限制無法仿照實行爲憾

主　席　歸納各方意見約分爲

一　房屋建築基本原則之決定
二　建築標準之確定
三　建築及市容之管制及支配
四　住宅區內研究其「鄰組」問題
五　商業區內研究其「段界」問題
六　土地政策與本組之關係

希望各委員能用書面提出現決定在星期六下午三時舉行本組第二次會議屆時將各位之書面提案予以研討所得結論即作爲提出三十日都市計劃大會之資料

上海市都市計劃委員會房屋組第二次會議紀錄

地　點　上海市工務局會議室

時　間　三十五年十月二十八日下午三時

出席人　陸謙受　范文照　楊錫鏐　王元康　鄭觀宣　黃作燊　關頌聲（朱彬代）費　霍　趙祖康

主　席　關頌聲（朱彬代）　紀　錄　費　霍

主　席　陸委員謙受已有書面提案送到本人亦已擬就若干條雙方內容大致相同本日即可逐條討論以便得一結論提出大會

決　議　各條意見修正如下

一　所有建築物應就疏散人口之原則及優良生活水準之需要分佈全市各區使能達到預定程序之發展
二　區域最小單位內之建築應包括工作居住娛樂三大項之適當配備
三　在未發展各區應根據實際需要推行新市區計劃在已發展各區應照計劃原則推行改進及取締辦法
四　在新計劃各階段之實施以減少市民之不便利及求得市民之合作爲原則

五　市容管理應根據各區性質及與環境調和之下達到相當美化水準爲原則
六　有歷史性及美術性之建築在可能範圍之內應予保存或局部整理
七　住宅區域之建設以獎勵人民各有其家爲原則
八　市政府應以領導地位參加本市各區域公私住宅教育衛生娛樂等建築之活動
九　所有公私建築應就優良生活水準及各區域之需要與全市之福利分別訂定標準
十　本市建築之發展應充份開闢園林廣場以求市民享樂及市容之改進

趙局長祖康
本日討論各條均係抽象原則希望再繼續研究其實施標準得以配合其他各組工作之進行

主　席
本組即以此次議決之十條送請祕書處作爲第二次大會討論之資料嗣後各委員仍希繼續研究多作書面報告以供討論

趙局長祖康
此次各組提出之討論資料於舉行大會時應請各組召集人在場說明各委員中如有補充意見可用書面說明屆時附帶提出

楊錫鏐
下屆分組會議時希望多提出若干重要標準可供工務局修訂「建築法規」之依據

陸謙受
一切討論題材可俟第二次大會舉行後視各組工作之趨勢再行決定

主　席
本組第三次會議日期俟第二次大會舉行後再予決定召集之

上海市都市計劃委員會衛生組第一次會議紀錄

時　間　三十五年十月二十九日下午三時
地　點　上海市衛生局會議室
出席者　趙祖康　劉冠生　陳邦憲　張　維　王世偉　俞煥文　關頌聲（朱彬代）　顧康樂　樓道中　魏建宏
程世撫　江世澄　俞浩鳴　王大宏　朱雲達　陸謙受
主　席　張　維　　紀　錄　劉冠生

主席報告

都市計劃最初原係二十五年中央設計局所擬之計劃分爲五個五年按步推行可供參考之處尙多衞生組方面首先爲普遍成立區衞生機構尤以區以下爲謀適合市民需要應如何分佈衞生工程的建設希望與工務局公用局取得密切連系中小學校學校衞生根據中央規定甲乙兩種方案現本市市立中學及中心國民學校爲推行甲種學校衞生的對象至於醫院設備標準經由行政院善後救濟總署計劃所訂各項設備標準可供參考若廿五年中能完成溝渠及下水道工程則一般急性胃腸傳染病可能不致發生大流行若能實施強迫種痘則天花可能絕跡本席希望各位能將計劃原則假定標準源源提出寶貴意見以便衞生組之參考

趙祖康

現在我們最切要的工作是根據計劃原則先擬就分類的抽象建設綱目摘其要點請衞生組配合推進假定以一小單位爲五千至一萬人此一小單位卽是整個都市的一個細胞合數個小單位爲一小區再合數個小區爲一個自治區每區人口約卅萬至八十萬人應如何根據人口和轄區以建立衞生機構之分配

陸謙受

都市計劃須配合各部門同時並進若一般建築物都有衞生設備改善環境衞生誠然能減少傳染病之流行卽其一例

本市若欲發展爲一個首善之區一個示範都市先要確定一個計劃的基本原則上海市將來究竟趨向爲一個港口都市或金融都市或工業都市抑或一個綜合性的都市以往上海行政不統一交通無系統港口無設備根本談不上都市計劃發現很多的缺點今後若能使各部門合理的發展不難建設一個國際示範的都市所以在計劃之初不能不有一個決策以利各項工作之順利推行

主　席

今後應根據計劃的基本原則謀衞生機構之合理分配並檢討工作的進度

朱工程師

一般工作之推行多應根據計劃原則在某一階段若對於衞生設施不感需要時似可緩辦我們首當考慮者

一　全國國際性的衞生機構應設置於上海市者究有多少

二　計劃之實施應分全市性及分區性需否設置醫療中心區此醫療中心是否應與市中心設於一處

三　最小單位之衞生機構爲何需若干面積

四　關於公園體育場娛樂等項有關衞生之提示

五　對於房屋組提供必需之衞生設備標準

六　衞生區域是否與行政區域合一

七　醫事政策之決定是否有私醫存在

八　園林廣場意見之提示

總上各項均係提出重要原則及設施目前尚不需詳細項目

俞浩鳴

本市飲水水原和下水道之總匯都歸納於黃浦江是以溝渠汚水的處理頗感困難若將來水源能取給於較遠地點如太湖或長江上項困難當能改善此外垃圾糞便亦感無法處置

江世澄

本市垃圾數量日有增加目前處置情形除一小部份用爲塡平窪地和死水浜外大部則堆積於郊區處理場蓋以泥土使其自然發酵公墓坟地目前更感無地可容惟一辦法卽是提倡火葬限制墓穴節省土地面積

上海市都市計劃委員會衞生組第二次會議紀錄

時間　三十五年十一月十四日下午三時

地點　上海市衞生局會議室

出席者　趙祖康　梅貽琳　姚世濂　顧康樂　俞浩鳴　劉冠生　齊樹功（凌敍猷代）　陳邦憲（錢章林代）　俞煥文　程世撫

主席　張維　紀錄　劉冠生

甲　報告事項（略）

乙　討論事項本組計劃基本原則草案業經修改請討論案

決議　照修正案通過

附修正草案

上海市都市計劃委員會衞生組計劃基本原則草案

甲　計劃準則

遵照國策以推行公醫制度爲目標並盡力扶助社會醫事事業之發展但各項衞生設施應將預防保健衞生教育與醫療並重

乙　環境衞生

一　市區居民飲用公共自來水者不應少於百分之九十家用供應量平均每人每日應以二十加侖爲標準在公共自來水未及敷設之區域應設

公共深井供應安全給水

二 清除垃圾應於最短期內完成機動化之工具設備垃圾處置應儘先塡塡塞窪地窪池並採用取熱發酵堆肥法

三 市區應迅速推廣衛生工程設備以期改善糞便處置擴展下水道尤應儘先完成前法租界南市及閘北等區之汚水處理次第及於郊區

四 提倡火葬逐漸減少公私墓地所有殯舍並應移設指定之地區

五 本市宰牲場應於最短期間完成現代設備並指定數設地點以集中發展爲原則

六 本市牛奶棚應於五年內一律遷設近郊農業區域

七 本市各區應視人口多寡酌留基地以便增建菜場

八 儘量保留園林廣場及空曠地面分區增設公園及運動場所應着重於地狹人稠之市區

九 各項房屋建築游泳池海濱浴場監獄救濟院學校及各項公共之娛樂場所均應適合衛生上之要求

丙 防疫

一 法定傳染病之疫情查報須力求周密應不少於全市病案總數百分之八十

二 傳染迅速毒性劇烈之法定傳染病患者住入隔離醫院治療者不得少於本市病案總數百分之八十

三 霍亂預防注射人數在霍亂未能肅清以前應達全市人口總數百分之六十強迫種痘人數應達全市人口總數百分之九十白喉預防注射人數應達學齡兒童總數百分之七十學齡前兒童總數百分之五十

丁 保健

一 每十萬人之工商住宅區域或每五萬人至十萬人之農業區域設衛生事務所一所主持全區內各項衛生業務

二 船戶集中之江面應酌設水上衛生急救站及水上醫院

三 市區中心應設置衛生陳列館

戊 醫療

一 五年以內每千市民設病床（包括各類病床計算）一張爲目標十五年內應擴增至每五百人設病床一張二十五年內每三百人設病床一張

二 於市中心區設置大規模之醫事中心一處其他各地仍應配置各類醫院療養院産院等務期分佈合理化以便利市民就醫並逐漸增設免費病床二十五年前後市立醫院應達到全部免費之目的

上海市都市計劃委員會公用組第一次會議紀錄

上海市都市計劃委員會各組會議紀錄

日期 三十五年十月二十二日下午三時

地點 上海市政府會議室

出席者 黃委員伯樵　趙委員曾珏　奚委員玉書　趙委員祖康　宣委員鐵吾（陸傚代）　黃潔　許寶駿　吳杭勉
許與漢　丁得忠　鍾耀華　劉崧渠　陳佐鈞　白蘭德　張俊堃　吳之翰　嚴智珠　金其武　毛啓爽
李蔭枌　盧賓侯　章名濤　徐恩第　姚世濂　蔡仁　陸謙受　周厚坤　江德潛　張鍾俊　徐肇霖

主席 黃伯樵　　紀錄　江德潛

主席 今日都市計劃委員會公用組第一次會議承各位光臨深感榮幸惟公用事業範圍甚廣又以時間匆促本日資料準備不多故不能作精密的討論僅擬先就交通及電話二項問題加以討論公用局各處主管對各項公用事業搜集資料一定很多請提出報告各位委員及各位專家亦請發表意見茲先請陸謙受先生將上海土地使用及幹路系統圖內關於交通計劃部份說明內容

陸謙受 上海市土地使用及幹路系統圖係假定五十年後之計劃關於交通方面可分道路及鐵路兩部份

一　道路系統以功能來分類即幹路輔助幹路及地方路三種（甲）幹路專爲高速度的行車而設不讓行人行走以策安全全線交叉點儘量減少且均予特別設計使行車全程繼續前進無需停止以利暢通幹路有一部連接區域幹路以便遠程交通（乙）輔助幹路爲幹路與地方路之聯繫路線亦爲幹路與地方路之緩衝使幹路至地方路之速度逐漸降低以免行人危險本市之公共交通工具除郊區鐵路外均在輔助幹路行駛（丙）地方路爲完全地方性之道路只供當地需要之交通而設凡與當地無關之過往車輛均設法不使混入以免擁擠在這圖上面因地方路不在幹路系統之內暫不繪入

二　計劃中以中山路爲一環形幹路環繞中區又闢西藏路爲南北直通幹線新闢路爲東西直通幹線至其他各區均有幹路聯繫以求交通之迅捷同時使郊區之交通繞過中心市區以免增加擁擠程度

三　中區內東西向輔助幹路共七條南北向者共十二條多循原有路線開闢兩路間之距離從六〇〇公尺至一〇〇〇公尺用意使市民最多步行三〇〇公尺即可到達一種公共交通車站時間約五分鐘所有路線交叉各點均予另外設計至於各路寬度尚未擬定擬根據觀測運量之結果再行設計之

四　鐵路可分遠程的與當地的兩種故車站擬分總站及分站二種如北站南站爲總站每間隔二公里設一分站並各與幹路及輔助幹路系統連接以利交通並完成郊區鐵路系統沿線各處均酌量保留配車站貨運站及堆棧各項設備使客貨運輸便利

以上所述均係根據數月來研究結果而擬定者將來如運量調查等之材料齊集時擬再加以修正使成一個完全計劃並請各主管機關及各先生多予協助

主席

現請公用局主管水陸交通及電話事宜各先生將現況作一報告以便討論

趙局長曾珏

公用事業須根據都市整個大計劃而加以配合譬如水陸交通是都市的血脈電話系統是都市的神經電力是都市的動力故都市大計劃須先行決定再將各種公用事業詳細規劃配合本日因小組意見材料尚未集中對於水陸交通僅有盧顧問工程師賓侯所提書面意見現擬先請盧先生加以說明

盧賓侯

說明所提書面意見各項內容並主張幹路及鐵路系統應擴展至浦東區使浦東浦西打成一片（附盧先生所提意見如左）

甲 解決上海交通問題意見有關交通公用兩組者

一 其範圍應包括水陸之客貨運輸

二 其目的須求合理與聯繫以避免客貨運輸上不必要之人力浪費

三 一環狀之鐵道或電氣鐵道使裝卸客貨分散於許多中心以避免過份集中制之擁擠

四 浦江兩岸須平均發展打成一片

五 商業區與倉庫區應分開

六 鐵路須與鄰近工業單位密切聯繫

乙 解決上海交通問題意見有關公用組者

一 在工廠區中人力需要甚多之區域必須在該區內配合充分之住宅商店教育娛樂等設備使客運得大量減少此一原則亦應適用於其他中心區

二 須計劃一分散之食物市場中心儲藏及分配中心系統使各種食物得用船舶卡車電車或無軌電車作合理化之運輸

三 須計劃一分散之垃圾收集及處理之系統

四 人力車及各種手車實爲市區交通之一大妨礙應逐漸淘汰

五 如事實許可主要繁忙道路之交叉可採用上下層交叉制地下人行道亦可考慮

六 地下停車場或建設特種停車站應加考慮

七 公共汽車電車及無軌電車應互相聯繫與擴充以佈滿全部市區使成市區交通之骨幹而配以機動街車

八 地下運輸及特種升降機應考量舉辦

九 準備高效率之輪渡以載送過江之乘客及車輛次數須多時間須勻不但可以減少道路之運輸且可減少現在擁塞河道之許多濟

渡船此與環狀公路同樣配合整個之都市交通系統

十　在需要之地點與時期建築越江大橋與隧道以加速運輸

主　席

對於公用事業局內與局外各專家之意見擬由江先生發通知請各專家提出以便由小組會議集中討論擬具整個計劃提請大會研究檢討加以補充

章名濤

現在所研究討論的問題還是着重目前還是計劃將來這一點應先行分清並須先將整個都市計劃總圖決定然後再分幾個五年計劃以便公用事業配合比較適當

主　席

本人於一個月前曾與公用局趙局長及工務局趙局長討論都市區域計劃總圖以爲大會如將總圖審定通過後最好更能將計劃分爲五年一期加以規劃逐步推進今日所討論者自不能作重要之決定

李蔭枌

二十五年以後上海市將發展到如何程度不知大會對此有無決定

主　席

現在請毛先生將上海市電話計劃作一簡要報告

毛啓爽

報告電話計劃

一　委員會之組織與工作上海市內電話現有美商上海電話公司及交通部上海電信局兩個機構分別經營採用根本不同之兩種接線制度產生種種不合理之現象使市民感覺不便與都市之發展難以配合値玆市政統一中國復興之際上海將發展爲中國之主要商埠中外聯絡之最大海港市區之電話制度亟有予以合理化之必要爰由上海市公用局商同上海電信局及上海電話公司各派技術人員二人於公用局局長主持之下組織上海市內電話制度技術委員會從純技術觀點擬具合理化計劃本委員會於卅五年二月十二日成立先後集議廿次其工作包括搜集資料預測發展劃分區域擬具廿五年之基本計劃擬具五年計劃及其建設程序並撰具報告以供各有關方面之參考

二　目前電話制度概況

甲　營業區域　美商上海電話公司之營業區域包括舊公共租界及法租界與前公共租界工部局及法公董局約至民國六十九年八月五日滿期並與中國政府訂有臨時合約供給滬西越界築路區之電話採用旋轉自動制及計次付費制交通部上海電信

乙　局管理區域包括上述地區以外之上海市區採用步進式自動制及包月雜費制

局所及機件容量　上海電話公司有主局八所支局一所其自動機容量爲五七、八〇〇線人接（江蘇路局首字爲二）及半自動（附設汾陽路及泰興路局內首字爲六二及六八）六、一一〇線統計六三、九一〇線至四月底實裝五九、八〇〇線

交通部上海電信局有局所六其自動（虹口南市及市中心）機容量五、二〇〇線人接制（龍華浦東及吳淞容量一九〇線統計五、三九〇線在五月底實裝二、六一〇線

丙　外線設備　上海電話公用共有線路三九一八九〇導線公里其中百分之八二、七爲地下電纜百分之十七爲架空電纜架空明線不足百分之〇、五電信局方面有線路四六八三七導線公里其中百分之六、一爲地下電纜百分之三五、六爲架空電纜百分之三四、爲架空明線且因過去政治界線所限其由南市之閘北之電纜須經斜土路中山路及永興路迂迴繞過再則電信局管理地區遼闊路線設備並不經濟多有用鐵線之處

丁　互通制度　目前由電話公司至電信局之互通接法係先撥或叫「〇二」由接線生代撥電信局用戶之號碼並在通話單上紀錄之電信局用戶撥「〇」字卽接至電話公司之局所內可直接撥號需接線生轉接

戊　目前之缺點　（1）用戶號碼重複電信局用戶號碼首字自五至七電話公司自一至九兩方均爲五位數字以致號碼每多雷同（2）互通電話因連絡之綫路常全部佔用且輾轉周折其服務成績每不能令人滿意且亦不適宜於上海之大都市（3）上海人口激增而機件並無擴充以致現有機件不能適應需要裝置乃受限制（4）現有機件皆根據戰前話務（每日每綫通話六・七次）而設計目前話務大增（每日每綫通話約一〇、五次）以致話務擁塞接線遲緩（5）收費制度兩方不同市民之担負不均（6）各局所之交換區域爲政治界綫所限未應合理且有不在外綫重心處者

三　過去紀錄　根據過去正常時期（民國二十一年至三十年）之紀錄上海電話公司方面之用戶綫約每年增加百分之十（民國三十一年以後爲日僞佔據紀錄不足爲憑）

以電話密度而言由二十一年至卅年之平均紀錄（包括整個上海市區）爲每一百人口話機二、五三具每一用戶線所接話機不祇一具其平均話機與用戶綫數之比爲一、四五

人口總數依民國卅五年五月份戶口統計約爲三百五十萬人

四　預測之發展

甲　電話密度最近數年來因未能普遍供應以致發展受有限制若將來供應無缺服務週到在最近五年內每一百人口可有話機五具廿五年後可有話機十具此與世界上與上海有相倣情形之城市比較不爲過高（每百人口羅馬九、六九具漢堡一〇、三具維也納一〇具）至於話機與話綫數之比一、五亦認爲正常

乙　人口　在廿五年後之全市人口假定爲八百萬中心區內爲七百萬（較現在增加一培）在五年內假定人口無劇大之變更中心區內

約四百萬

丙 工商業發展 在五年中工商業之發展假定仍在舊租界區南市閘北以及滬西與浦東之繁盛區域且以舊租界區之北面及東面爲主

五年以後除吳淞區外郊區始有發展之可能

並假定以北站爲中心以十公里之長爲半徑畫一圓圈將包括將來上海之中心區域定名爲電話中心區其在中心區以外者定名爲郊區此區域之劃分完全爲電話制度之設計而定

五 基本計劃

甲 接綫制度之劃一 欲上海市內電話之運用靈活必須採用劃一之接綫制度目前有旋轉制五七、八〇〇綫步進制僅五、二〇〇綫自以旋轉替代步進制爲經濟再者旋轉制之編制富於彈性容量較大頗合於上海市將來發展之用

乙 分區 全上海市分爲中心區及郊區二大區域在中心區內黃浦江及蘇州河仍爲天然界綫依地域性質再分爲中西東北四內區郊區以滬杭京滬兩鐵路及黃浦江爲界綫分爲五個郊區將來亦可擴充至鄰近之縣鎮

在五年計劃以內中心區之範圍稍異於其最後形狀其西北部眞茹大場一帶暫被劃出並包括滬西虹橋在內

丙 號碼編制 上海市內電話不久即須超過十萬號非採用六位數字之號碼不可其號碼編制以第一字代表中心區之各區第二字代表區內各局並以「一」字爲郊區之首字

中心區	中區	西區	東區	北區	郊區	第一	第二	第三	第四	第五
首字	二及三	六及七	八及九	四及五	首二字	一一	一三	一五	一八	一九

將來更改號碼時大部份僅須將區名首字加於原有五位號碼之前務使更改爲極少編排此六位號碼時在前二字與後四字之間加一短劃如二一——二三四五使用戶便於記憶

丁 接線方略 在中心區內其不屬於同一內區各局之聯絡大概須經彙轉中繼線採六步選擇其屬於同一內區各局間之聯絡均經直達中繼線採五步選擇在每一郊區內指定一局爲郊區中心局凡郊區與中心區間各郊區間及同一郊區內各局間之話務均經郊區中心局之轉接其各局所視用戶線多少及話務情形分別規定其爲主局或爲支局

戊 局所容量 對於二十五年後各內區或郊區之單獨發展未加設計但以整個市區爲對象預測中心區內有七百萬人口每一百人口話機一〇、二具話機與用戶線之爲一、五則中心區應備四八〇、〇〇〇號即每一內區一二〇、〇〇〇線之容量

郊區內預測有一百萬人口估計現有各鄉鎮約需二五〇〇〇號之容量但鑒於郊區內向無電話設備將來發展之可能極大而郊區之號碼甯不經濟故假定預留九〇〇〇〇號之容量以備將來擴充爲九個郊區之用在郊區內似宜先設置小規模之人接局俾採取紀錄觀測發展以爲將來設計之張本

六　五年計劃　五年計劃之對象僅為現在已有電話設備之中心區

甲　用戶線　假定五年後中心區有四百萬人口每一百人口電話機五具話機與用戶線之比為一、五則應設置一〇三、三〇〇線之容量若依各局之個別發展預測其結果亦同

乙　在中心區之東區即沿黃浦江西岸楊樹浦市中心一帶若五年內無顯著之發展時可暫採北區之首字使設備較為經濟

丙　郊區內之吳淞區發展可能較早應先設置一千號之人接或自動局所

丁　局所設置　將兩機構之營業區域合併作統盤之籌劃由十四局擴充至十八局每局最終容量擴充為二萬號其最重要者在西區內劃出一部增設膠州路局虹口局區內增設閘北局匯山局區內增設平涼局其交換區域之重予調整者有雲南路局與南市局虹蘇路局與虹橋局西局及汾陽路局匯山平涼兩局與中心局等

七　五年建設程序　五年建設程序之目的在解除目前供應之困難互通之不便話務之擁塞並使全市制度趨於劃一且按工程方面之條件分期規定工作之程序

甲　民國卅五年八月至十二月為初期擴充之設計及定購統一經營機構之協商

乙　民國卅六年一月至九月在電話公司區域內擴充一萬號之容量

丙　民國卅六年七月至卅七年七月將電信局區域全部改裝旋轉制自動設備自卅七年七月起全市實行六位號碼將「〇二」制度予以廢止

丁　自民國卅七年九月起全市皆用自動江蘇路局之人接制全部廢止

戊　自民國卅八年三月起全市採用劃一自動機件中央局現有之廿四伏機件全部廢止

己　自民國卅六年七月至四十年三月間逐步擴充已有各局並次第建設閘北膠州中山平涼四新局全市交換區域次第調整

庚　在此五年內中心區各局之總供應及需要量如下

年份	三十五年	三十六年	三十七年	三十八年	三十九年
供應量	六九三〇〇	七六九九〇	一〇八一〇〇	一三〇四〇〇	一五〇八〇〇
需要量	八五〇五〇	一〇三〇七〇	一一二八〇〇	一二三〇五〇	一三三八一〇

根據此建設程序至民國三十八年設備容量即與社會需要相適合全市供應可以充裕

八　經營機構之統一

合理化計劃之實施及今後上海電話業務之維持擴充與運用實為一緊要而複雜之問題所需資金尤為龐大欲使資金易於籌集建設工作得早進行員工雇用可以經濟技術標準趨於劃一其經營之機構必須統一現在有關當局應進行協商早日促成立將來此統一機構再與交通部進行協商將上海市內電話網與國內或國際長途電話網相連繫

同時此統一機構應向國際電報電話公司協商取獲保證以爲優惠之價格供給機件及配件並將在中國境內製造機件之可能予以研究推進

九　附言

一　本委員會成立之初都市計劃委員會方在籌劃階段但鑒於電話制度改進之迫切不得不即早完成初步之計劃關於人口及工商發展之預測不即等候都市計劃之最後結果關於電話密度之預測亦僅就上海電話公司已有紀錄並參酌世界大城之情形予以估計不過本委員會之計劃較富彈性足以應付一切未及預料之將來發展本委員會同人深感見聞未廣估計未週謹將工作經過及計劃內容擴要抄錄以供都市計劃委員會之參考其是否與將來都市計劃相配合之處尚祈專家予以匡正

主席　今日討論時間已久承各專家發表卓見甚爲感幸惟各委員公務甚忙極難在百忙中抽出時間充分研究端賴各小組先行討論提供資料本人茲貢獻意見數點

一　徵集局內外各專家意見由各小組硏討後擬具方案提出公用組委員會討論決定再提大會

二　土地使用及區域總圖最好加以放大着色以便就圖討論

三　電話計劃極爲完備週詳將來自可見諸實施惟該項計劃在整個都市計劃之前將來爲配合整個計劃或須有若干修改

四　其他各公用事業可仿照電話計劃決定廿五年計劃之基本原則並詳細草擬第一期五年具體計劃

散會

上海市都市計劃委員會財務組第一次會議紀錄

日期　三十五年十月二十九日下午五時

地點　上海市工務局會議室

出席者　趙棣華　徐國懋　谷春帆　何德奎　陸謙受　趙祖康　黃作燊　鮑立克　林安邦　甘少明　伍康成　姚世濂　王志莘

主席　谷春帆　紀錄　饒宗湘

主席致詞

今天是上海市都市計劃委員會財務組第一次會議討論上海市都市計劃經濟方面基本原則問題在這一方面我們提出了一個書面意見供給大家討論參考關於這書面意見有幾點應該報告的第一我們所根據的上海市經濟建設原則是以國防最高委員會通過的第一期經

建原則及經濟主管當局的意見爲根據也就是行政方面的意見而不是黨的意見第二上海都市建設係假定爲港口都市並可能發展輕工業所有結論均係根據過去事實推測其可能之發展並非主觀論斷第三都市計劃中貿易額之研究本應以進出口噸數爲標準但因噸數估計在別組中已報告而財務組所研究者爲經濟問題故仍以價值爲標準第四我們所提出的意見是極粗糙的估計當然不能十分準確希望各位批評補充

伍康成　宣讀意見全文

何德奎　原意見第二十三條提出土地改良問題內容應該如何

谷春帆　關於這一點原意見祇是說明土地改良在發展農業上的必要至於如何改良這是整個的政策問題不過我們可以推想得到的是這種改良祇是經營方式上的改良而不是一個革命性的改革

徐國懋　我覺得上海既然是一個商埠那麼上海的經濟建設恐以港口問題爲最重要輕工業之發展次之（重工業恐難以發展）漁農業更在其次至於交通方面必須以能夠配合上述的發展爲目標現在的問題是將來的上海究竟是以類分區還是綜合在一起

趙棣華　交通方面的發展如何

谷春帆　先定港口地點然後確定鐵路吞吐線

趙棣華　重要港口地區恐在吳淞

徐國懋　化學工業如何

何德奎　化學工業在上海甚爲相宜

徐國懋　化學工業用人力不必一定在上海

谷春帆　紡織業將來在內地仍有發展可能

趙棣華　根據戰時經驗紡織業發展亦甚難西安卽其一例問題出在熟練工人太少原料雖便無用

何德奎　我現在提出一個問題就是造船廠地位不好可能影響整個港口最近有專家談起現在假定的造船廠地點在技術上是有問題的

趙棣華　印刷業發展如何

何德奎　當然有可能

何德奎　我覺得將來的都市建設恐怕大烟囱要減少而要注意利用原子能的問題了

谷春帆　鮑立克先生對於經濟方面基本原則有何高見

鮑立克　上海市將來之工業種類如經濟小組原則中所提出頗爲詳盡值得注意唯余意以爲尚有其他更爲重要更爲適宜之輕工業未經提出如衣着業及皮鞋業是因此類二業工業有所需之原料不一定須產於附近地區蓋此類原料運費實極廉也現時上海之襯衫業亦是如此故余意以爲化裝及皮鞋業將來實可爲上海之基本輕工業因上海有如歐洲之巴黎爲全國時裝之領導者也

關於鋼鐵工業余以爲不適合於上海蓋鋼鐵工業必須接近產煤區其自異地運煤至產鐵區製鐵之事甚不合理此爲經濟常識無待說明例如瑞典爲歐洲產鐵區惟缺乏煤產故瑞典開採之鐵砂多運英德製煉英美之鋼鐵區則異是其地附近皆有產煤區故英美之鋼鐵業能發達

至於汽車及飛機工業實有設立於本市之可能因此工業皆不需要接近其原料產區美國之大汽車製造廠將來可能在上海設立一分廠如裝配廠之類如此實較以製成之汽車運至中國爲經濟也

在農業方面余意如此上海將來既成爲一千數百萬居民商埠都市則其近郊不應出產其所需之工業原料如棉麥等因此等原料在交通便利條件下可取自其產量富豐區域如東北華北等地上海附近農業應生產者爲本市日常必需上易腐之農產品此項農產品除供給本市外並可向鄰市銷售但欲實現此種生產情形必須提高產量而欲使產量提高又必須教育農民使之科學化能利用機械代替人力

此外尚有一工業應請大家注意卽機械化之漁業是上海如劃一地點爲漁業站在該處儘量設備各種現代之大規模冷藏倉庫冷藏運輸火車則捕得之大量魚類得迅速運進內地供給價廉之魚類此與平民生計殊有極大裨益也

谷春帆　各位還有什麼高見如果沒有我們就散會

上海市都市計劃之基本原則草案

三十五年十月

秘書處設計組擬

總則

一 大上海區域以其地理上之位置應爲全國最重要港埠之所在

二 本市一切計劃應爲區域發展之一部並與國策關連

三 針對國家在工業化過程之逐步長成應有實施全面計劃發展之必要

四 本計劃以適應現代社會及經濟之條件進而調整本市之結構

人口

五 全國人口之增加及鄉村人口流入都市爲國家在工業化過程所產生之主要人口動向

六 本計劃之設計以用適宜標準容納本市將來人口爲原則

七 人口之數量繫於政治社會及經濟之背景

八 本計劃應考慮區域人口與本市人口之關係

經濟

九 本市主要上爲一港埠都市但以其在國內外交通所處地位之優越亦將爲全國最大工商業中心之一

十 本市之經濟建設應以推行有計劃之港口發展及調整區域內工商業之分佈完成之

十一 本市工業之發展以包括大部份輕工業一部份有限量之重工業及其所需之有關工業爲原則

土地

十二 本計劃以援用國家土地政策爲實施之推動

十三 以整個區域與都市之配合及有機發展爲目標進行本市市界之重劃

十四 人口密度應受社會經濟及人文因子之限制

十五 本計劃在各階段之實施以執行給價拆除障礙之建築爲原則

十六 現行土地之劃分應加重劃以求本市土地更經濟之發展

十七 市政府應居主動地位參加本市土地發展之活動

十八 土地區劃之設計以土地專用爲原則

十九 每區之發展以預定之程度爲限

二十　居住地點應與工作娛樂及在生活上其他活動之地點保持機能性之關係

廿一　區劃單位之大小應以其在本市結構內經濟上之適宜性決定之

廿二　工業分類以其自身之需要及對公共福利之是否相宜為標準

交　通

廿三　水陸空三方運輸在交通系統上應取密切聯繫港口之需要應儘先考慮

廿四　港口業務應予分類並集中於區域內適宜地點以利高效率之運用沿岸舊式碼頭及倉庫等項應分期廢除

廿五　土地使用應與交通系統互相配合藉以減除不需要之交通

廿六　聯繫各區之交通路線以計劃在各區邊緣通過為原則

廿七　地方交通及長途交通在整個交通系統上應有機能性之聯繫

廿八　道路系統之設計以功能使用為目標

廿九　客運與貨運及短程與遠程運輸應分別設站

三十　客運總站應接近行政區及商業中心區並須有適宜及充份之進出路線

卅一　公用交通工具以各區之天然條件及經濟需要決定之

上海市都市計劃委員會會議紀錄貳集

中華民國三十七年九月

上海市都市計劃委員會編印

目次

上海市都市計劃委員會秘書處第九次至第二十三次處務會議紀錄
上海市都市計劃委員會秘書處臨時處務會議紀錄（三十六年八月十五日）
上海市都市計劃委員會秘書處業務檢討會議紀錄（三十六年十一月廿二、廿三、廿四日）
上海市都市計劃委員會委員名單
上海市都市計劃委員會秘書處第四次至第八次聯席會議紀錄
上海市都市計劃委員會秘書處技術委員會第一次至第十次會議紀錄
技術委員會簡章
技術委員會委員名單
上海市都市計劃委員會秘書處技術委員會座談會紀錄（三十六年十月二十一日）
上海市都市計劃委員會閘北西區計劃委員會第一次至第九次會議紀錄
閘北西區計劃委員會組織規程
閘北西區計劃委員會辦事細則
閘北西區計劃委員會委員名單
閘北西區拆除鐵絲網及整理路綫座談會紀錄
閘北西區計劃營建問題座談會紀錄

弁言

本會自三十五年八月成立後，至同年年終止，計舉行大會兩次，祕書處處務會議八次，聯席會議三次，各組會議十一次，經蒐集各會議紀錄等，編印上海市都市計劃委員會會議紀錄初集，以供海內賢達，及本會同人之參考。

自三十六年一月，以迄今歲九月，爲集思廣益，期能肆應曲當，因時制宜，繼續舉行祕書處處務會議十五次，臨時處務會議及業務檢討會議各一次，聯席會議五次，並技術委員會會議十次，技術委員會座談會一次，以及閘北西區計劃委員會會議九次，閘北西區整理路線及營建問題座談會各一次，分工合作，黽勉以赴，理論事實，兼顧統籌，要以訂立縝密之計劃，以利建設之實施，爲其重心，凡歷次討論之經過，有可留爲今後設計基本，並備研究大上海新都市建設史實者，斯則編印本會會議紀錄二集之微意也。

廻顧三十五年十一月，大上海都市計劃總圖初稿完成後，經積極研究修訂，於三十六年五月完成二稿，而分圖詳細計劃，隨之進展，綜合分析，相輔相成，此一年餘之歲月中，本會計劃工作，舉其犖犖大者，如本市港埠之岸綫使用，暨碼頭型式地位，如本市鐵路之路線調整，與聯合車站地位，如中區分區詳細區別計劃，如全市綠地系統計劃，如閘北西區計劃等等，皆屬極重要極繁賾之事項，必須與都市計劃總圖調和配合，庶幾步調一貫，臻於完善，爰經悉心探討，分別籌劃，得有相當之結論，其一部份且已見諸實施，其參互關聯之處，具見各項紀錄中，會通觀之，一切研究計劃之過程，當可明其概要。

其中尤以戰後幾成廢墟之閘北西區部份，定爲本市都市計劃示範區域，特於本會另組閘北西區計劃委員會，以策進行，工作至爲繁重，該區內之新道路系統，分區使用計劃，營建區劃規則，均經切實研討分別規定，嗣復擬定該區第一期實施計劃與範圍，籌備征收土地，予以重劃，減成發還原業主，以便即行舉辦，此則特堪一述者。

本集各項紀錄之整理編輯，囿於時間，脫畧自不能免，有待於當世碩彥之指教者，至感殷切，玆當詮次告蕆，輒述大凡，備考鏡者先導焉。至於港埠計劃初步研究報告，鐵路計劃初步研究報告，綠地系統計劃初步研究報告等均以事屬專門，另印專刊，玆不附載。中華民國三十七年十月九日趙祖康

上海市都市計劃委員會秘書處處務會議紀錄

上海市都市計劃委員會祕書處第九次處務會議紀錄

時　間　三十五年十二月二十六日下午五時
地　點　上海市工務局會議室
出席者　趙祖康　陸謙受　姚世濂　楊蘊璞　陸筱丹　鍾耀華　林安邦　金經昌　吳之翰　費　霍
　　　　余綱復
主　席　趙祖康　紀　錄　費　霍　余綱復
主　席　會務組有無報告
姚世濂　上次會議，曾決定對於人口及土地問題，各寫成一報告，於十二月底完成，紀錄是否無誤。
主　席　無誤
鍾耀華　計劃總圖報告書，英文本已完成，中文本方於本日上午修正，人口問題報告，擬即根據總圖報告提要編製，月底可以完竣。
陸筱丹　土地使用問題，亦擬同樣辦理。
陸謙受　上次會議，本人因事未能出席，不過本人以爲都市計劃報告，應爲整個的，其中各項問題，均互有關連，若每項單獨提出，反使人不能有整個認識，而成斷章取義，是否可以將交印中之總圖報告提出，若嫌冗長，可將總圖報告書編成簡要說明。
主　席

都市計劃，在吾國尙屬創辦，故須參考各國都市計劃，惟目標與範圍不同，如美國都市計劃卽最注意區劃，包括人口土地使用幹道系統，故一般人均希望對於區劃能先有決定。

談到造屋，先須決定幹道系統，談到工廠，先須決定土地之使用，吾人進行計劃，一方面仍須顧到市政府立場。

本人以爲簡單提要，可不必超出五百字，並同時再提出三個重要問題，人口土地使用幹道系統之報告書。

姚世濂　過去一年，工務局所根據者，爲以往規定之道路系統（前上海市政府及舊兩租界），上項道路系統，均未經過內政部備案，故本局前擬有關開闢或整理道路之修正規章，至內政部時，卽行擱置，據哈司長來函，希望本市能先釐定道路系統，此或爲未明瞭已往情形所致，故已擬復函，說明上海以往情形，並擬先決定一新的幹路系統，並分期進行分區道路系統。

主　席　都市計劃，雖爲整個的，不能一部份先作決定，但行政方面爲應事實需要，有時須作硬性決定，大會決定於明年二月前完成總圖草案，定案則一二月前先須決定幹道系統，俾有研討機會。

陸謙受　事實雖須應付，然吾人應開誠佈公，解釋困難，不能如此做的原因，最少在原則方面必須說明，再在工作方面，亦有二點：（一）如超出範圍則不能辦到。（二）都市計劃是整個有關連的。

如吾人從事幹線佈置，設遇有問題，仍須回至土地使用，因爲幹道系統，最好須有可靠根據，時間長，收集之資料可多，以便答復質詢，故本人以爲在二月底以前，仍須以初步報告爲討論根據，至二月底始能以草案定稿，爲討論根據，若爲使各方明瞭情形起見，可將初步報告扼要簡單說明，此外吾人已擬有兩個月工作程序，希望能於兩個月後提出整個方案。

主　席　關於答復質詢，必須有資料，對於都市計劃有關之資料，公用局供給較多，其他各局如學校房屋等調查統計，均有新的資料，仍可設法收集，此層候與張處長商談後再請楊先生接洽，至於路線方面，本人今日曾往視察閘北大統路金陵路等路，發現新建房屋（相當好的建築）很多，與吾人想像中之空地，可以隨理想計劃者相去甚遠，將來對於吾人之計劃，必多有妨礙，如道路系統不從速規定，必失去很好的機會，希望設計組能早日將重要路線定出時限，請再研究。

陸謙受　都市計劃是很難做的事，必須政府從種種方面來幫助，如立法行政等，吾人自當盡最大力量進行計劃，但將來實行，還是

主　席　要看政府如何毅力去推動，否則恐難成功，本人以爲可於初步報告印成時，舉辦一能使公共認識之宣傳運動。收集資料，不單是書面的，口頭也有很好的資料，宣傳運動，可舉行記者招待會。

決　定　一　計劃編寫宣傳刊物，論文及登報等，由會務組籌辦。

二　總圖提要，用小型刊物式，由設計組辦。

三　總圖報告書，用市府名義作爲報告，送參議會參考。

四　在參議會開會期間，舉行記者招待會。

五　關於人口及土地使用報告，仍照上次會議決定，幹道交通系統，可用圖樣，由設計組辦。

六　有關都市計劃法規，由會務組編擬。

七　資料調查，由設計組將調查項目表抄送楊蘊璞先生，向有關機關接洽。

上海市都市計劃委員會秘書處第十次處務會議紀錄

時　間　三十六年一月十七日下午五時

地　點　上海市工務局會議室

出席者　趙祖康　姚世濂　Richard Paulick　楊蘊璞　林安邦　A. J. Brandt　鍾耀華　余綱復　費　霍　陸謙受　黃作燊

主　席　趙祖康　　紀　錄　費　霍　余綱復

主　席　請各位討論設計組需用資料項目

姚世濂　設計組需用之資料，已開列清單交楊蘊璞先生，本日會議原曾函請公用衛生兩局派員參加，公用局江技正因事不克出席，惟曾來局聲明，如有關公用方面需用之資料，當爲設法收集，衛生局派員則尚未來出席。

討論決定

一　上海歷代地圖，向通志館接洽，並向警察局俱樂部洽借歷代地圖，拍照後送還。
二　上海市地質圖，向經濟部地質調查所接洽。
三　上海市氣候圖表（連上海區域），向徐家匯天文台接洽。
四　上海區域交通路綫圖可設法陸軍測量圖（向要塞司令部接洽）。
五　上海區域土地使用圖，參考別發書店出售之中國土地使用（設計組已有此書）。
六　最近人口數字及分佈現象圖，向內政部及江蘇浙江兩省政府接洽。
七　最近人口年齡分組家庭平均人數，向市府民政處接洽，最近出生及死亡率（本市與其他大都市之比較），向衞生局接洽。
八　歷年人口流動狀態圖表，向通志館接洽。
九　人口曲綫，全圖者向內政部接洽，上海者由設計組繪製。
十　本市交通運量統計，向工務局運量觀測隊接洽。
十一　各項交通路線設計標準（新舊之比較），由工務局設計處供給交通斷面標準。
十二　本市現有各種民居型式，參考上海統計，並請工務局營造處供給。
十三　最近公用設備標準（適合本市應用者），向公用局接洽。
十四　現有文化設備圖表，向教育局索取。
十五　上海區內電氣化之程度，發電廠之地點，及未來之電氣供應網系統，請公用局及資源委員會供給。
十六　通運河浜及水道實在情形，一方面擬定表格，分通航灌溉及排水三類，分發各區公所查填，一方局仍由工務局設計處進行河道調查。
十七　工業分類，工廠容量（工人），及原料來源之路綫，向社會局顧炳元先生接洽。
十八　區域內各市場中心之分佈及其供應範圍圖表，先分析市場之類別，設法專人研究。
十九　各區每日人口流動情形圖表，向公共汽車公司電車公司鐵路局輪渡管理處接洽，或向章名濤先生接洽。
二十　每日廢物之排洩量及其處理方法圖表，向衞生局及工務局溝渠工程處接洽。
廿一　區內各項職業之人數及其平均入息圖表，向民政處及市商會接洽。

以上各項需要之細目，由設計組擬定。

原始資料收集及統計，由楊蘊璞先生負責研究，資料由設計組負責。

製圖之比例尺，由設計組規定，繪圖則由工務局設計處負責。

主　席　此外須增加地下各種水管電線圖，因與道路系統規劃有關。

姚世濂　設計處已有此項詳圖。

鍾耀華　航空測量圖，現僅有南至張家塘西至眞茹，此外重要部份均缺少。

主　席　可查明航空圖缺少部份，由本人設法補齊。

陸謙受　圖架尚未做好，電話亦尚未裝好，擬請催促，書籍在整理期間，可否借閱，再設計組仝人服務證，擬請發給。

姚世濂　請鍾先生將原擬添製傢具清單及尚缺數量清單交來會務組，以便代爲催促。

主　席　服務證由會務組辦，書籍由本人通知工務局技術室明日開始借閱，傢具亦由本人通知工務局梧州路工場樊監工趕製。

此外滬西區自來水系統，已經參議會通過，由公用局組織委員會研究，此項計劃，自須相當時間本人曾與公用局趙局長談及應與道路系統配合設計組將於二月底前完成之分區詳細計劃是否包括滬西區在內。

鍾耀華　滬西區詳細計劃，亦已着手。

主　席　下次參議會在本年三月間必將召開，是否在開會前須舉辦都市計劃展覽會，或在報章用文字宣傳，請各位研究籌備。前此工務局舉辦之有關都市計劃之專題演講，亦可刊印專集。

上海市都市計劃委員會秘書處第十一次處務會議紀錄

時間　三十六年二月十三日下午五時

地點　上海市工務局會議室

出席者　趙祖康　姚世濂　吳之翰　祝平（林丕豹代）　楊蘊璞　程世撫　陸筱丹　Richard Paulick
黃作燊　陸謙受　趙曾鈺（胡匯泉代）　鍾耀華　費霍　林安邦　余綱復

主席　趙祖康　紀錄　費霍　余綱復　林安邦

主席　請先討論市府訓令兩件

姚世濂　第一件爲市府奉行政院訓令，以據物資供應局簽呈，爲容納大量物資，擬征用虬江碼頭附近土地六千畝，增闢庫場，第一期先用一千數百畝，以應急需，一案，是否適合本市都市建設計劃之規定，令查核等因，檢發原件，令本會核議具復。此案已由設計組簽註意見，以照設計組之計劃，虬江碼頭附近土地之使用，應爲工業區，虬江碼頭即利用爲工業供應碼頭，物資供應局所需征用之土地面積，超出規定工業區之範圍，如爲應付目前需要起見，似可就需要之範圍，由市府先將土地徵收，再轉租與物資供應局，以五年爲限，建築臨時倉庫，期滿收回作原計劃之土地使用，不過應用範圍，北面不得超越五權路，南面可以虬江爲界，此外工務局設計處及結構處，對於此案亦有意見，設計處意見，以爲該地段在「本市管理工廠設廠地址暫行通則」內，亦規定爲工業區，並已有工廠在建廠，再則接近上海電力廠及閘北水電廠，將來該兩廠擴充工業用電，極易發展，最好予以保留，物資供應局既爲建築臨時倉庫，可以租用土地，不必征收，結構處意見，則以爲如建築倉庫，該地段之道路橋梁建築費，似應由物資供應局担任。

胡匯泉　閱物資供應局擬征用土地圖，將軍工西路包括在內，似擬單獨使用虬江碼頭。

主席　行政院指令虬江碼頭由物資供應局使用，而第一區補給司令部，亦欲使用，不知已否解決。

胡匯泉　虬江碼頭，原係由市府商由中央銀行投資建築，並征收虬江口民地二千五百畝為設立碼頭倉庫及工廠之用，不過一切設備建設，均應徵得市府同意。

林全豹　征收土地再行轉租之辦法，於法無所依據，物資局既為建築臨時倉庫，可由市府代辦租用土地手續。

主　席　對於虬江碼頭之用途，公用局是否已有決定。

胡匯泉　尚無具體決定，但閱物資局徵用土地圖範圍之大，似近乎永久性，可否請將原案交公用局縝密考慮。

主　席　總合各位意見可歸納為三項：

一　虬江碼頭主權問題，請公用局查明簽註意見，呈報行政院。

二　征用該處土地建築倉庫，就都市計劃方面看法，與工廠發展有礙。

三　如行政院決定必需征收該處土地建築倉庫，亦僅能為臨時性質者，其範圍至多至五權路以南，虬江以北，並須留出軍工西路。

R. Paulick　如使用該處建築倉庫之計劃不能打消，則對於使用之面積，亦須予以考慮，余以為使用面積邊緣，東北西三面不應超出公路邊線，南面至第一河浜為止，如此則公路可不受其控制，再租地辦法，亦應以短期為限。

決　定　物資供應局計劃，不適合本市都市建設計劃之規定，關於虬江碼頭主權問題，將原案送公用局簽註意見後，一併呈復。

姚世濂　第二件為市府據地政局呈報，擬定第一期放租公地圖表，飭核議案，已由設計組簽註意見，除住宅區土地外，擬予保留。

林全豹　關於救濟屋荒，市府催促辦理甚急，本市公地未使用者甚少，適於建築公衆房屋者更少，此次所選定者，為鄰接郊區之公地，本人亦知有不少，係在都市計劃所擬定之綠地帶內者，不過放租公地建築房屋爲有期限的，需要時可以收回。

陸謙受　一　上海市有公地實太少，就都市計劃之立場，尙希望市府能取得全市百分之二十土地，故目前少數公地，最好不再出租。

二　救濟房荒僅三十餘畝土地，實無濟於事，況極爲另碎，恐難望有人租用建屋。

主　席　三畝以上之土地，似可考慮，曹家渡附近公地有無問題。

陸謙受　曹家渡爲工廠區，更不宜建住宅。

林全豹　救濟房荒，爲市府所決定，出租公地，亦爲市府所決定，在地政局之立場，則希望地盡其利，即三分土地，亦可建屋，再此次所提出之三十餘畝，僅爲第一期如有十期，當建屋不少，現本局收到申請租地建屋之案，已達百餘件，可以證明，實有人願意建屋，如都市計劃需要將來亦可收回，此層可於放租契約內註明，總之，此一辦法之目的，僅爲臨時救濟，在放租時期上，可以縮短。

陸謙受　都市計劃不過爲一種建議性之計劃，市府可以權衡，是否採用，吾人就技術方面言，除住宅區外似不適宜。

R. Paulick　余以爲此種出租公地辦法，完全違背都市計劃原則，都市計劃之基本原則，爲欲使都市逐漸達到美滿之預定計劃，若土地使用在行政方面，與此重要原則相背，則設立都市計劃委員會之舉，似屬多餘。

決　定　就都市計劃方面意見呈復。

主　席　請楊先生報告收集資料情形。

楊蘊璞

關於收集資料事，已請陸先生另開詳細清單，根據上次會議所決定辦法，分函各機關，外埠者寄發，本埠者派員，或由本人持往接洽，現僅收到一小部份。

主　席　在本會第一次大會，曾決定本月底提出全部計劃總圖草案，現時間將屆，不知設計組已進行至若何程度，若屆時不能提出定稿，亦應提出二稿。

陸謙受　在初稿完成後及候新資料收到之前，吾人已進行修正總圖初稿，但必須有新資料，始能確定，吾人之假定是否可靠，故第二計劃尚不能提出。

楊蘊璞　如各機關備有吾人所需資料，當易辦到，最困難者，則爲機關本身，亦尚無吾人所需之資料。

陸謙受　本人以爲主要者，乃爲時間問題，在收集資料方面，最好能有計劃。

主　席　各方對於都市計劃期望甚切，最好能於二月底提出二稿。

陸謙受　有許多問題，必須等待資料解決，如河道調查，河道地位及情形，影響計劃甚大，如僅憑假定之計劃，似無價值。

R. Paulick　設計組近來之工作，確不能如理想之速，原因乃在缺少需要之資料，以往之計劃，乃按理想與原則擬定，但第二稿則必須有實在之數字與事實根據，故工作之進展，乃爲供給資料之快慢所限制，余以爲資料之收集，仍宜由行政部份負責，因設計組工作時間在五時之後，而資料接洽與收集皆須在每日辦公時間以內，現時因資料缺乏，致吾人之計劃，每有空中樓閣之感。

姚世濂　工務局設計處，前次代設計組收集之資料，除河道調查外，均有相當供給，所感到者則爲收集之資料，每不夠計劃方面之用，此種情形，實由於收集資料工作，不能密切連繫所致，再計劃方面所需要者，有時爲積以往若干年之紀錄或統計，以推測若干年後之情形，而在吾國恐極缺乏，如本市運量觀測卽其一端，都市計劃在吾國，尙屬創舉，對於不能獲得之資料，有時或祇能以假定或比較得之。

R. Paulick　余最近接到各種人口職業分類等之總數表，供給該項資料之機關，旣能提出總數，則必存有較詳之紀錄。

主席　收集資料之進行，不能配合設計工作，以致脫節，實由兩者分別辦理，缺乏切實連繫，似應由設計組推出一人（最好爲技術人員）負責收集資料工作，隨時與楊先生或其他機關接洽。

決定

一　楊先生所進行之調查工作，仍速進行，由楊先生向有關各機關接洽，並定下星期二下午四時，請各機關派負責統計人員茶會以便解釋吾人需要資料之詳細項目，並請規定時間供給之，此次茶會，並由設計組工作人員參加解釋。

二　由陸謙受先生鮑立克先生推薦一人負責收集資料工作。

上海市都市計劃委員會秘書處第十二次處務會議紀錄

時間　三十六年四月一日下午五時

地點　上海市工務局會議室

出席者　趙祖康　陸謙受　楊蘊璞　王志超　R. Paulick　費霍　姚世濂　金經昌　余綱復

主席　趙祖康　紀錄　費霍　余綱復

主席　今日請各位討論如何可以加緊收集統計資料問題，蓋本會第一次大會，曾議決於本年二月底前製成全部計劃總圖草案，送由市府呈中央機關核定，經與陸組長商議後，已呈明市長，改於本年四月底前提出，在設計組各位固已努力工作，其延遲之原因，實爲缺乏統計資料，無法進行，此外計劃總圖草案，若不從速完成，行政方面亦有困難，如工廠區域公墓地點及道路系統等，均遲遲不能規定，外界責難頗多，卽如四月底前能製成總圖草案送市府，而經過參議會行政院尙須相當時日，故吾人必須加緊進行，於四月底前完成之。

楊蘊璞

一　現已由各方面收到不少資料，並已編有目錄，但恐尚不夠或不能切合用途，如陸先生已談及人口部份，尚缺少家庭狀況之統計，此蓋由於各機關使用編製不同之故。

二　以後資料之整理繪圖拍照等工作，將甚繁重，人手方面不敷，擬請派員協助。

陸謙受

以前作成之計劃總圖初稿，因僅屬試探性質，可無需若干統計資料，二稿則不同，或將以之送請主管機關審核，若無根據，決不能使人信賴，故二稿必需有相當統計資料爲根據，方可答復質詢，英國孟都斯特城人口七十餘萬人，進行都市計劃時，有統計圖表千五百餘張，調查人員四十餘人，本市人口達四百餘萬，若按照比例需用之統計資料圖表，極爲可觀，吾人雖不能希望如此，但對於主要者，決不可缺少，吾人所提出之清單，可謂爲最低限度所必需者，再本人以爲欲加緊調查統計工作，必需有專人負責赴各機關接洽，或逕派人抄錄，並與吾人隨時聯繫，至現有之資料，則尚不夠需用。

一　家庭狀況之調查，僅有平均數字或總數字均無用，吾人需要者，爲分區之各種大小戶口之統計。

二　工業調查，吾人需用者，非籠統數字，必需有分區分類統計。

三　交通方面，現僅有鐵路及輪渡兩項，尚缺電車及公共汽車等項。

四　公用事業，現僅有電氣一項。

楊蘊璞

一　交通及公用資料，即可收齊。

二　此後資料調查及統計工作，擬請王志超先生負責。

決　定（一）

資料調查統計工作，由王志超先生負責隨時與設計組陸組長取得聯繫。

姚世濂

一　關於工廠及交通兩項，現公用局正爲康威顧問團準備資料，對於本市工廠，若全部調查，自極繁重，故僅提出三十八廠，工人人數均在五百人以上者，交通運量，正商由各公共交通公司觀測，如此項資料，都市計劃可以適用者，不妨向之洽取，請王先生明晨來工務局設計處，以便介紹。

二　所須繪製或拍照之圖件，請楊先生儘早提出。

楊蘊璞

須繪製或拍照之圖件，即可提出。

主席

一　總圖二稿，必須於四月底前完成，因五月間參議會開會，對於本市都市計劃必將提出詢問。

二　本人以為二稿總圖不必多，能有土地使用及幹道系統兩種即可，但必須有足夠之支持資料及詳細說明，若各位能有餘時提出其他計劃圖表，當更美滿。

三　統計資料，應編訂成册，蕭慶雲先生由美來信，已在美代本會接洽參考資料，如本會需要美國方面任何參考資料，可由本會去信索取，至本會已有統計資料，可先整理一部份，於本月十日前寄蕭先生備用。

四　市府統計處張處長曾允供給資料，應與接洽。

五　關於收集資料，本人以為人口交通工業三項，似最重要，可派定三人分別担任，如不能調用人員，臨時僱員亦可，以半個月為調查時間，半個月為整理時間，臨時僱員之待遇，亦不妨用包辦制。

以上各項建議，乃在使設計組能於四月底前提出兩項總圖二稿，請陸先生及R. Paulick考慮之。

R. Paulick

關於計劃總圖，設計組已重予校訂，惟詳細修正，仍須等待資料，設計組並已在繪製新計劃與現在狀況之比照圖。

王志超

都市計劃在吾國尚屬創舉，作計劃自需統計資料但統計資料，須積長期之資料作成，而收集資料，亦非倉率可得，本人當盡力進行，惟辦事上困難之點，如人手不夠，交通工具缺乏，希望能代解決。

陸謙受

設計組對於需要之資料，已製有空白表格，共二十餘種，僅需將數字填入，當較便利。

決定(二)

一　人口方面資料，由楊蘊璞王志超兩先生向市府民政處張處長接洽。

二　工業方面資料，以向同業公會接洽為主。

三　交通方面資料，直接向各車公司接洽，並由姚組長介紹王先生向公用局接洽。

四　將設計組製定之表格，依照性質歸納為三大類，如人口與土地工業交通各指定一人担任，由工務局統計室設計處及本會設計組各調派一人，聽由王先生指揮工作。

楊蘊璞 工作人員出外接洽調查，必須顧及經濟時間及精力，如交通工具飲食等問題解決，方可進行迅速，再王先生現寄宿江灣復旦大學內，如晚間須配合陸先生工作，則返江灣極感不便。

主　席 工作人員出外接洽調查之交通工具，及王先生返江灣，利用工務局值班車，由楊先生向工務局總務室接洽。

上海市都市計劃委員會秘書處第十三次處務會議紀錄

時　間 三十七年六月五日

地　點 工務局會議室

出席者 趙祖康　鮑立克　姚世濂　林榮向　徐鑫堂　鍾耀華　陸筱丹　王正本　龐曾溎　宗少彧

主　席 趙祖康　紀　錄　龐曾溎

閘北西區

金經昌 報告閘北西區第二、四鄰里單位設計布置情形

依照鮑立克先生建議之四種房屋式樣其所佔土地面積如下：

A.屋寬四・二五公尺　屋深九公尺　應佔基地〇・一二畝

B.屋寬五・二五公尺　屋深九公尺　應佔基地〇・一五八畝

C.屋寬六・二五公尺　屋深九公尺　應佔基地〇・二〇六畝

D.屋寬七・二五公尺　屋深九公尺　應佔基地〇・二六一畝

聯合式住宅之段分，乃依照以上四種基地面積排列，最小地段（Lot）為〇・二二畝，假定每戶以征用五〇%為標準，則原有土地在〇・二四以上者，可得A種一坵，在〇・三一六以上者可得B種一坵，餘以類推，設計時嘗根據地籍圖之統計計算各種地段之數目，並儘量使重劃地段之地點，與原有土地相近，至原有面積在〇・二四以下者，計第二鄰里單位十三坵合一，五七五畝，第四鄰里單位五十三坵，合三，一八五〇畝，原有地主或須合併領地，故另劃出A.種若干坵，凡面積在

○・五二畝以上者，可各按其應得面積，具領數坵或領半散立式區之土地，又鮑立克先生之意見，公寓建築，目下不無困難，故在原定之公寓式地段，似以建造三層樓聯立式房屋，較爲合宜。

姚世濂　本人與地政局孫科長曾交換意見，地政局方面，希望最小地段面積，仍維持過去○・二○畝之決議，對於征用成數，則主張用累進計算方法，以減少小地主之損失，並達到「平均地權」之原則，後一意見，似亦頗具理由。

主席　一　爲儘量減少小地主之征用土地起見，並配合鮑立克先生建議之四種式樣，將原有土地，照面積分爲四級，本會之實施佈置草圖，可照以下假定辦法設計：

甲　原有面積在○・一二畝以下者，除去征用面積外，由市政府付價征購之，或由各地主自動歸併，至足以具領A種地段一坵爲止。

乙　原有面積自○・一二畝至○・二四畝者，准領A種地段一坵（○・一二畝），照征用成數計算後，其溢領之面積，應另付價或由各地主自動歸併，至足以具領A種地段一坵爲止。

丙　原有面積自○・二四畝至○・五二畝者，准照減成後之應得面積分別具領ABCD四種地段一坵，倘具領後餘留土地之面積，尚在各種地段百分之七十以上，者得再申請具領一坵，其溢領部份，應另付價，如餘留土地之面積，不及最小地段之百分之七十者，由市政府出價征購之。

丁　原有土地面積在○・五二以上者，准照減成後之應得面積具領ABCD四種地段數坵，或半散立式及公寓式之地段，再有餘留土地時，其付價具領或征購辦法如上條。

（根據以上原則，請林榮向先生向地政局調查各級土地之數目，以供金經昌先生重行設計。）

二　鮑立克先生之四種房屋式樣，應視爲本會提供最合於各種地段之理想設計。

三　經重劃後之地段，爲最小之買賣及租讓單位與建築基地單位，地主不得任意分劃。

四　爲管制閘北西區營建起見，由營造處及設計處會同擬定「閘北西區營建補充規則」，制定建築物在各種地坵上之房屋面積方向及比例等。

五　除商業地段外，各地主得在其已領得之地坵上建造其所需之房屋，但必須經工務局依據前條之「補充規則」，予以核定，其地段之合併應呈請地政局核定。

六　本會同人分別負責完成：（一）第二、四鄰里單位實施佈置草圖，（二）各種地段之面積數目表，（三）實施計劃之說明書，（四）「閘北西區營建補充規則，（五）建議房屋圖樣，（六）各項公共建設之概算，於本月十日上午邀請地政局祝局長俞處長會議，將本會建成區意見提供參考，俾作決定。

主席　建成區區劃問題

參照美國都市計劃之實施，除 Planning Committee 外，常設一 Board of Appeal 以仲裁覆議，對於Official Map及 Zonirg Map之異見或糾紛，使足以收相成相制之效，人民權利，且多得一重保障，但就中國情形欲邀集專家設此類似之獨立機構，殊非易事，自有關建成區區劃各草案送參議會後，各方對之頗多評議研討，而尤重於工廠區問題，以致遲未能決定，現參議會函請工廠設廠地址審核委員會研議中，故本席以爲卽以此一組織行使 Board of Appeal 對於工廠區劃之職權似無不可。

決議

一　將上述主席意見提交工廠設廠審核委員會，請在其組織法上說明該會得提出本市區劃圖有關工廠部份之修正案，請市政府轉徵都市計劃委員會之同意修改之。

二　參照各方意見，由本會分別呈函市政府公用局劃定最可能地區，趕速擴充水電設備，以應工業需要。

三　請工廠審查委員會於本月十五日召開會議，討論區劃問題各草案。

上海市都市計劃委員會秘書處第十四次處務會議紀錄

日期　三十七年六月十九日

地點　工務局會議室

出席者　趙祖康　鮑立克　姚世濂　王正本　林榮向　程世撫　鍾耀華　翁朝慶　陸筱丹
徐以枋（劉作霖代）

主席　趙祖康　紀錄　俞賢通

主席

一　建成區幹道道路系統，大致已經確定。

二　閘北南市二區之道路系統，須加確定，以備送請參議會審核。

一等支路如已決定，亦可同時送請參議會審核，幹道系統視區劃之佈置而決定，可參照實際情形而作若干伸縮，都市計劃之理想，不能太高，爲顧全現實需要，不得不降低若干標準，否則反成紙上計劃，而難付諸實行。

姚世濂　道路系統根據總圖幹道計劃圖，現有道路爲地方道路，南市閘北因原無道路，或已因戰事摧毀，宜趁此機會，重新計劃，重建閘北西區阻力甚大，尤以土地重劃爲最，與地政局商量結果，以土地征收問題麻煩，故須先有一整個道路系統計劃，送請中央核准，如經中央通過，以後行政方面手續當可簡便不少，但在目前祇有在不妨礙都市計劃總圖之原則下參照實際情形而加以計劃，先提出幹道系統，再提出分區計劃圖備案，並保留以後修改之權。

主　席　我國都市計劃尚在試驗研究中，即中央方面亦無確定之法則可爲繩準，如中央需官定地圖（Officiol Map），則計劃一1/500之地圖最少需時三、五年之久，總圖（Master Plan）則不能視作法律依據，幹道系統圖之比例爲1/2500亦不能作爲根據，故提出幹道及一等支路系統，以1/10,000之比例爲宜，僅定其路線方向，但以後不應有何重大修改，以備送呈參議會及中央。

鍾耀華　閘北區幹道無問題，一等支路在設計時已儘量利用原有道路。

翁朝慶　南市區須先決定區劃，然後方能確定支路，並作若干小節之修改。

決　議

一　完成閘北南市二區道路系統詳圖比例1/500。

二　建成區道路系統詳圖亦爲1/500比例。

三　整個道路系統計劃，設計時須與鮑立克先生取得聯繫。

四　龍華風景區由程世撫先生負責。

五　閘北西區道路系統，由金經昌先生負責設計。

建成區道路系統，由金經昌先生及陸筱丹先生負責設計。

南市道路系統由翁朝慶先生負責。

閘北道路系統由鍾耀華先生負責。

總圖組改由鮑立克先生負責主持，王正本先生予以協助，並注意調查工作。

分圖組組長將另派他員充任。

六 建成區主要道路設計之原則及區劃佈置原則，由鮑立克翁朝慶二先生分別擬具要點，提供下次會議討論。

上海市都市計劃委員會秘書處第十五次處務會議紀錄

日期 三十七年七月三日下午三時

地點 工務局會議室

出席者 趙祖康 韓布葛 王正平 鮑立克 程世撫 陸筱丹 姚世濂 鍾耀華 林榮向 金經昌
翁朝慶 龐曾溎

主席 趙祖康 紀錄 龐曾溎

主席

參議會第六次大會，已將本會所擬閘北西區第一步實施計劃幹道系統及工廠區等各案通過，故本會最近工作範圍及各同人工作，應如何分配，亟宜重行調整，並積極推進主要之工作，項目如下：

一 閘北西區第二第四兩鄰里單位以外之第二步實施計劃。

二 幹道系統之詳細設計。

三 各區1/2500之區劃圖（Zoning Map）。

姚世濂

江灣市中心區爲前市政府有計劃之設施，今雖一部份爲軍事機關佔用，而道路等每與過去計劃稍有變更之處，爲行政上需要亦應重加計劃又建成區之1/500幹路系統，測量工作大致可以告竣，希望在設計區劃圖時，同時即照參會已通過之幹道系統圖直接繪製1/500路浜圖，蓋此項路線，對於工務局道路處之征用路地及營造處頒發營造執照，均已迫不及待，能與區劃圖幷進，可收時效。

翁朝慶　區劃圖之設計是否能因實地情況或分區需要而將幹道路線可畧予變更，且其詳簡程度如何，應予規定，使負責設計者，有所遵循。

金經昌　道路系統爲區劃圖之重要項目，故全部道路系統之設計與各分區區劃圖不能脫節，與其由各同仁負責分區設計，似毋甯先合力設計全部道路系統，以免相互出入，或重複工作。

決　議

甲　工作分配

一　上海市一般問題之調查研究（人口土地使用工商業情況房屋狀況交通問題）——王正本

二　總圖修正1/25000——韓布葛

三　閘北西區第二步實施計劃——金經昌

四　幹道系統1/500路線圖——金經昌

五　分區區劃圖

一　南市及舊法租界——翁朝慶

二　閘北——鍾耀華　龐曾溎

三　黃浦長甯區——鮑立克

四　楊樹浦虹口區——龐曾溎

五　龍華風景區——程世撫

六　江灣——商請陳孚華先生主持

乙　設計程序

一　以上各分區區劃圖所應調查及表示項目，請鮑立克先生於最近擬定，交各負責設計同人。

二　道路斷面，應就實地情況分爲郊區中區鬧區三種，在不變更各路線已定功能之原則下，在郊區之道路，可以稍狹，假定爲以一次全部征用或保留，在中區道路最寬，在鬧區者稍狹，均假定分爲二期實施計劃。

三　各負責設計同仁於調查實地情況及確定路線時，應與金經昌先生取得聯絡共同研討。
四　先繪製1/2500區劃計劃圖，約計於三個月完成，以備與修正之總圖送呈中央備案，再據此繪製1/500路線圖然後再將其正確位置縮成1/2500，送呈中央及送參議會，以爲征地等之最後案件。

丙　會務

一　加強督促各職員工作。
二　設法添置交通工具，以利調查。
三　添用或向工務局調用人員，以加速進度。
四　每星期三下午集會交換技術意見，處務會議定每星期五舉行，討論業務問題。

上海市都市計劃委員會秘書處第十六次處務會議紀錄

日　期　三十七年七月九日下午三時
地　點　上海市工務局會議室
出席者　趙祖康　鮑立克　王正本　韓布葛　陸筱丹　顧培恂　姚世濂　林榮向　翁朝慶　龐曾溎
　　　　金經昌　陳孚華　陸謙受
主　席　趙祖康　　紀　錄　龐曾溎

鮑立克
報告1/2500分區計劃圖內應示之項目（另附）。

韓布葛
報告1/2500總圖應修正及增添之項目（另附）。

王正本
總圖似宜以極簡明扼要之方法表示。

翁朝慶
總圖爲都市發展之全貌，分區計劃圖既爲進一步之研究，似應注意中間單位及市鎮單位之如何產生及其相互關係，此外應作若干必要之計算，例如每單位中應建各式房屋之大約數目，以知可容之人口等。

陸謙受　區劃計劃（Zoning Map）爲引展總圖之計劃，二者均應各具有相當之伸縮性，當考慮到各分區內房屋之種類高度大小及人口密度等。

鮑立克　在分區計劃圖中除表示道路及分區範圍外，其餘公共設施之位置，如停車場車站消防隊學校亦均應列入。

主　席　總圖應示項目據Bassett研究不外下列七項要素：

一、道路　二、園場　三、公共建築地　四、公共保留地　五、區劃

六、公用事業線路　七、埠頭線與駁岸線

又參考洛杉磯都市計劃之組織，大致如下：

City planning Commission
- Plan Department
  - 1. Master plan Section
  - 2. Zoning plan Section — building zoning, land use zoning, traffic zoning, etc.
  - 3. Subdvision & Peanning Section
- Zoning Administrative Department

以上Zoning Plan Section之工作，大致相當於本會現擬製之各分區計劃圖，而Subdivision Section或可稱爲Redeselopment Plan，爲某一特定區域內之重建計劃，猶如本會之閘北西區計劃委員會，則必須有詳細正確一定之設計，本會各圖類之功能及工作階段，如何分工合作，尙望各同仁再事研究，提供下次會議決定。

金經昌　道路斷面交叉點式樣及曲線限度等，其首應解決之問題，厥爲計劃中之行車速度，希望能討論一標準。

陸筱丹　道路各項設計，與運量有關，運量與區劃有關，論定標準，似不能僅以車速爲唯一條件。

決　議　甲　工作

一 總圖及分區計劃圖應示項目，再請鮑立克先生參考以上各意見擬定。

二 道路設計標準，由金經昌陳孚華陸筱丹金其武四位研究。

以上二事，均須於下星期四分印各同仁，以備事前研究，再行討論。

三 王正本先生担任人口及土地使用狀之調查之研究，並由林榮向先生協助。

四 顧培恂先生担任調查研究房屋狀況工商業情況及交通狀況，並請金其武協助研究交通狀況。

五 關於本市各區劃問題，由陸筱丹先生負責注意。

六 下星期三開始路線查勘，商請工務局機料處加撥吉普車一輛，先行查勘高速道路線。

七 閘北分區計劃由鍾耀華龐曾溎二先生繼續完成。

乙 會務

函各校保送建築系及土木系畢業生，考錄繪圖或技術員五名。

二千五百分之一分區計劃圖應示之項目

三十七年七月九日

鮑立克

本市建成區道路系統之重新規劃與改善，應包括下列各點：

一 所有主要幹路及幹路，包括鄰里單位及中間單位內之重要之地方道路。

二 根據區劃計劃之標準，分別住宅區爲一等二等三等。

三 商業區分一等二等，附有停車場車間及其他必需之設備。

四 工業區分一等二等。

五 區劃計劃應決定並表明市區中心鎮單位中間單位及鄰里單位中心之地位及大小，此等中心，包括市行政及其他地點，如市政府警察局消防處自來水公司電力廠煤氣廠溝渠處理廠等。

六 區劃計劃亦應決定運輸地點，如鐵道車場車站碼頭海港倉庫區公共汽車站電車站飛行場等。

七 綠地與娛樂地，應指明用途公用或私用。

八 農業地區，包括農民之住所。

以上設計，並不包括鄰里單位之分區與街道之設計，僅表明街道之性質地位與寬度暨交叉處之地位與大小，街道之設計，應由工務局完成之。

二萬五仟分之一總圖應修正及增添之項目

三十七年七月九日　韓布葛

二萬五千分之一的總圖，應繪出本市之交通系統（主要道路幹路鐵道市區小鐵道水道飛機場）暨土地使用。訂正計劃圖，應包括所有最小之更改與增加，不必十分詳細，又應表明道路之型式（改訂之標準），鐵路軌數，高架部份橋梁，及其他建築，如屬可能，並包括須加改良之混雜使用土地與有助將來研究之事物，從整個區域觀點下，應使衝突之理想成爲和諧。

「增加者」——

地形方面　二萬五千分之一圖中（一九四六年修正），最大之缺點，厥爲濬浦局一九四八年四月之報告，未經修正，目前正好將最近關於浦江之資料加入該圖。

界限方面　市界不僅應確定最後擴展之疆界，且目前亦須照規定之地域劃出，警政區域亦應確立，唯此始可供給可靠之人口紀錄。

區域佈置方面　計劃應顧及各種佈置，如水上飛機場應處於區域以外。

「更改者」——

若干更改及修正，已見通過之工廠地帶及建成區道路方向一、除住宅區商業區工廠區外，更應表明混合區域（住宅與商業住宅與小型工廠或三等住宅區），根據已往虹橋及閘北西區計劃之經驗，現在可以重新考慮住宅區工業區綠地帶土地之分區（包括道路面積最好較原假定之8%增至10%至20%），若能將人口密度「淨數」提高至每公頃三百人至四百人，則較易規劃必需之住宅區。

「從前之佈置」——

在表示方面，似亦應考慮可能之改善，深色及粗線可用於重要事物，淡色及細線用於次要事物，比例尺應較精細實用，有縱橫格線圖可註以數字或字母，俾便利表明地位。雖然總圖係表示最後階段，但複製圖上以虛線表示將來發展及計劃路線，頗有助於計劃時間之研究。

上海市都市計劃委員會秘書處第十七次處務會議紀錄

日期　三十七年七月二十三日
地點　上海工務局會議室
出席者　趙祖康　鮑立克　王正本　陸聿貴　姚世濂　顧培恂　程世撫　金經昌　翁朝慶　金其武
林榮向　陸筱丹　韓布葛　龐曾漵　王志超　費霍
主席　趙祖康　紀錄　龐曾漵

宣讀第十六次會議紀錄

鮑立克
說明所擬「以後計劃之製圖標準」(附件),請詳加討論。

韓布葛
一　規定工廠區面積較總圖二稿原有者擴大,因此居住面積顯示不足,在修正中之總圖內,似應說明允許工業地帶內存在農業用地,而假定若干工業區之發展,預期至百分之四十至百分之五十,庶工業地與住宅地之比例得以相稱。
二　總圖之修正工作,擬將現在所有已知已定之點,予以修改。

鮑立克
此項總圖修正工作,可僅就市政會議及市參議會已通過修正各案,將原圖修改之。

翁朝慶
鮑立克先生所擬標準中謂在設計1/2500區劃圖,如有意見得更改總圖,而1/500之詳圖又不能更改1/10000之總圖,然則1/2500區劃圖與1/500詳圖,豈不將大有出入,似在程序上有先後不調之嫌。

鮑立克
1/2500區劃圖,能更改總圖者,祇在路線之確實方面與土地使用,1/10000 計劃總圖,係全市某一重建或新闢區域之計劃,1/500段分圖工作時,應不能變更其原則與分佈,當在計劃1/2500圖時,即作充分之研究與考慮。

陸筱丹
各類計劃圖之比例,繫於都市面積之大小及希望表示之精確程度及意義而定,據美國習慣,二十五萬人口以上城市之總圖，普通比例自1：2,500至1：5,000，區域計劃圖（Regional Plan）則自1：18,000至1：30,000，內政部都市計劃法規定總圖，市區現狀最小比例爲 1：25,000，故各類圖案之比例，可以權衡需要而決定之，重點猶在圖案中所應表示之意義，就上海論1：25,000之總圖，當能表示計劃之原則與意義，重建或新闢之分區，方需要1：25,000之計劃圖，表示區劃之地圖比例不必太大，1/500路線詳圖，似應由工務局繪製，蓋根據都市計劃委員會在立法及事實上，均無制定Officia l Map之權限也。

姚世濂

1/25,000 及 1/10,000 計劃總圖，不能在行政上發生效力，鮑立克先生報告中1/25,000圖，所應設計之項目至多，全市恐非短期能夠完成，應就可以發展及需要改建之區域，分別緩急着手，如南市閘北等，然1/10,000之建成區幹道系統，既已通過，卽應公佈全市1/2500道路系統圖，故現正進行中之1/2500設計，擬請先注意道路系統並包括一等支線，以利確定路線及訂界收讓等工作。

王正本

總圖所以示都市計劃之目標與綱領，事先似宜充分研究當地各項有關情形，以定區劃，而後根據總圖作分區設計，但不能有背於總圖所示之原則。

主　席

據孟鳩司德計劃報告計劃初步之調査工作，卽有九種不同類別不同比例之測量圖。

(1)Undeveloped Land Survey 1:2500

(2)Civic Survey 1:1250 Position, Size, Lines of Water, Sewers, Power, etc.

(3)Building Use Map For Particular Use

(4)Composed Map 6"=1Mile Population Density, etc.

(5)Life of Property——Draft of Redevelopment

(6)Age of Housing 6"=1 Mile

(7)Special Survey Map Indicating positions and uses of godowns, banks, offices, shops, land useful for shops, etc.

(8)Density of housing Indicating present density of residential houses,

(9)Regional Survey Map,

今本會勢不能作如此周詳之調查，但基本資料之搜集及調查統計工作，實不可忽視，至各圖類之計劃程序及內容，歸納各位意見，參酌歐美方法以及行政需要，可由三方面研究，（一）各圖之性質，（二）各圖之立法地位，（三）決定適當之比例及內容。

論性質鮑立克先生報告中之Plan B，本人以爲可稱爲區劃地圖，（Zoning Map）在工作中爲總圖及Redevelopment plan間之橋梁，並以之充分表示區劃之詳目，區劃問題，在都市計劃中與交通系統同樣重要，上海至少應做到土地使用區劃能予實行。

論立法院地位及程序應有一全市之計劃總圖，（Master plan）一全市之區劃圖（Zoning Map），初步首請市參議會審核計劃原則，並送呈中央備案，然後作最後之設計，成爲全市或分區之詳細設計圖。（Detailplan）卽鮑立克先生報告中之plan （及D

今上海市計劃及本會工作可用如下之比例圖

一 總圖 對外（公布或呈報備案） 1：25,000

二 區劃圖 工作圖（參考及存會備查） 1：10,000 ┐並行繪製
對外（公布或呈報備案） 1：10,000 ┘
（全市或分區）

三 計劃詳圖 工作圖（以資詳究實地情況） 1：2,500 ┐並行繪製
（包括區劃幹道及一等支路鄰里單位） 1：2,500 ┘

四 最後詳圖 （甲）根據計劃詳圖作更精確之定截並爲行政上之檔案 1：500 ┐隨時互相修正
（乙）公布或呈報備案（由1：500詳圖縮尺） 1：2,500 ┘

至各圖詳細內容希望各位再加研究留下次會議討論

金經昌

說明所擬幹路斷面之意義：

一 分開區市區郊區三種。

二 各幹路均不可避免卡車與小客車同時行駛，二者速度不同，故不論運量如何，快車道至少須有四車道，至欲在建成區以內開闢四車道以上之路面，幾爲不可能之事實，故三種斷面均用四車道，慢車道在現時可爲非機動車之用，將來卽

或非機動車漸被淘汰，可利用爲機動車停靠路邊房屋或支路出入之用，故亦屬必要。

鮑立克

郊區幹路斷面，人行道路面，應有一公尺半，慢車道路面似可減爲四公尺，而仍與快車道以分車帶隔離。

陸筱丹

市區之分車帶爲三公尺半，兩共七公尺，如爲停靠私人汽車之用，殊不經濟，因私人停車，將來可建汽車庫，如在慢車道邊選擇地點，似可較爲經濟，郊區汽車與人行道間，可設分車帶，又據陳孚華先生之意見，闢區分車帶，應爲五公寸或二公尺。

主席

關於幹道路面，快車道中間，似應有分車帶，並請各位注意下列四問題：

一 設計之車輛速度。

二 路外及路邊停車場。

三 郊區幹路斷面。

四 相對車道之分車帶。

主席

虹橋路至北新涇一帶，因事實需要，擬着手計劃發展，如何進行，下次會議再行切實討論。

計劃工作之製圖標準摘要

三十七年七月　鮑立克

欲使計劃工作易於施行起見，必須採用若干製圖標準，以表明各種計劃圖，以下所舉之摘要，爲討論標準之用。

計劃圖可照下列比例設計：

一 大上海都市計劃總圖1/25000比例尺。

二 計劃階段之本市建成區或新市區總圖1/100000比例尺。

三 建成區或新市區內各地區之重建計劃（Redevelopment plans）或計劃圖（Development plans）1/2500比例尺。

四 分區計劃圖1/500比例尺。

甲 總圖：（1：25,000）爲城市通盤遠大之發展計劃之設計圖，應包括建築物之一般發展情形與主要交通之發展情形，圖內應表明下列各項：

一 區劃：分爲住宅區，輕工業區，普通工業區，商業區，區域鎮市中心，綠地如公園及林園道路等。

除上述各區外，更須表明：特種住宅區，特種工業區，特種地區如教育，宗教，市政等地。

二 主要交通線：對都市或區域有重要性之幹道，（或次要幹路，若計劃圖（乙）中業已計劃者），鐵路線包括車場貨站與客運站。

港口區域包括各種性質之倉庫堆棧。

高速道路包括高架鐵路，地下道路及其他高速交通。

空運站包括陸運或水運。

乙 計劃階段之建成區及新建市區總圖（1：10,000）應表明現存及建議之：

一 一等住宅區，二等住宅區，特種工業區（危險及有礙公衆安甯衞生之工業），商業區，市區商店中心，鎮單位商店中心，行政中心及公共建築地帶，醫院，教育，宗教及其他地區綠地（公有地，私有地，運動場，公墓），農業地帶（園藝附有房屋，農作）。

二 交通線：主要幹路及幹路之方向及終點，鐵道，車場，貨站及客運站，高速道路系統（地下道路，高架道路等包括車站終點），電車及車站，公共汽車及無軌電車及車站，空運站港口區包括各種倉庫堆棧，碼頭及卸貨處，橋梁，隧道輪渡，平交或分層交叉，此項總圖表明設計鎮單位與中間單位之界線。

丙 重建計劃圖或計劃圖（1：2,500）應表明各區域新發展之一切詳細情形，以至小單位—鄰里單位。

另一計劃地區之詳細調查圖，表明：土地使用性質，房屋高度及面積，房屋性質與年齡，不規定使用之土地。

車輛密度，停車設備，裝卸設備。

凡可利用爲必要擴充之空地，應於計劃開始時予以利用。

計劃圖或新計劃圖之目的，係將遠大之策劃付諸實現此項計劃圖，除應表明1/10000圖中各點外，更應指出下列各細項：

凡1：10,000圖中不規定使用之各區而因特殊理由不能廢除者，應建議方法以減少其不規定使用之性質，此圖尚應表明下列各項之地位。

一 行政機關建築警察及消防建築，學校與操場，廟宇，教堂，醫院與衞生站，各種商店中心，公用事業（自來水，煤氣

，電力，溝渠等）路線及站。郵政，電話，電報等局，文化機構如圖書館，大會堂，戲院，電影院，遊憩及娛樂地區

二，詳細之交通運輸圖，除表明主要幹路及幹路之確切設計地位，路寬，交叉型式及計劃外，至少亦應指出劃分中間單位爲鄰里單位之道路系統，道路系統上，復須表明有軌電車無軌電車及公共汽車之停車處。

所有鐵路，市區鐵路，地下道路，或其他運輸工具，車站，車場總站等應於此階段設計其路線數目，長度，平台數目暨與他種運輸工具間之聯繫與所需之面積。

橋梁，隧道，輪渡等及其引道，或與其他交通工具聯繫之車站等，亦應表明。

丁 分區計劃（1:500）爲實施以上各圖之最後藍圖，此圖應於某一地區允許建築以前，繪製完成藉使紛亂之土地劃分成爲計劃需要之定型，在甚多情況下常爲縮小地主之土地，以一部份充作公共用途。

此圖應表明戶地之新地位，尺寸，界線，房屋型形，高度，面積及用途。

計劃圖如因特殊理由，亦可建議稍微改變總圖之土地使用及街道路線，至於詳細分項，則分區計劃圖不可更改1:2,500圖之原則與佈置。

分區計劃圖亦應提示各街道及各類房屋建築式樣之管理根據，同時應表明建築物之高度體積，外表，裝修，佈置兼街道花園等之佈置。

上海市都市計劃委員會秘書處第十八次處務會議紀錄

時間　三十七年七月三十日

地點　上海市工務局會議室

出席者　趙祖康　王正本　姚世濂　金其武　韓布葛　林榮向　程世撫　鍾耀華　費霍　陸筱丹　翁朝慶　金經昌　杜培基　顧培恂　王志超　陳孚華　吳文華　龐曾溎　黃潔　徐以枋　楊蘊璞

主席　趙祖康　　紀錄　龐曾溎

宣讀第十七次會議紀錄

修正　初步詳圖改爲計劃詳圖。

最後詳圖改爲實施詳圖。

主　席　一　全體人員工作分別：分調查，研究，計劃，保管，四項，業已規定（附表），望加強進行，並隨時互相取得聯繫。

二　嗣後各同仁所研究問題及計劃工作之進度，應提書面報告，必要時並繕寫分發。

金經昌　說明「規劃上海市建成區計劃路線之有關問題」，（如附件經討論修正見復）。

吳文華　參議會決議組織南市復興委員會案，應如何與都市計劃委員會連絡配合，請予討論。

徐以枋　該會爲一督促實施機構，應參考都市計劃之方案，但完全遵照都市計劃，恐非目前所許可。

姚世濂　座談會上各方意見，復興南市宗旨在利用地方財力，解決切要問題，恐不若都市計劃之遠大。

陸筱丹　都市計劃本非倉卒可就，如閘北西區迄今猶僅及第二、四兩鄰里單位，南市現狀尤爲複雜，實施方案，祇要不背本會計劃原則，對於地方有所改善，當可由市政府及地方人士合力進行之。

決　議

一　計劃總圖內容，以主席第十六次會議提出之七項要素爲基本，請韓布葛先生將鮑立克先生前次報告修正，說明各類圖案對於此七項要素應表示之程度，報告希力求簡明。

二　規劃建成區計劃路線之原則，（實施方法暫緩討論）。

一　在可能範圍內對於1/10000幹路系統圖，利用原有道路部份，以維持原有路線爲原則。

二　利用原有道路，如須拓寬時，以平均放寬爲原則。

三　原有道路，在經濟或技術條件下，必要時得酌量情形，將原路單面或不平均拓寬。

四　新闢路線，以經濟之節省及技術上之需要爲原則。

五　一等支路，以儘量維持原有道路及原計劃路線爲原則。

六　根據現代計劃原理及技術上之必要時，對於舊計劃路線可以取消加寬或減窄之。

七　凡原有道路不復爲新計劃之一等擴路，計視區圖及交通需要情形與幹道封閉。

三　關於區劃圖支路設計，請鮑立克先生金經昌先生擬具原則。

四　南市分區計劃，請杜培基先生與翁朝慶先生取得連絡。

五　南市復興委員會組織方案，請吳文華徐以枋姚世濂三先生擬具復，提下次會議討論。

六　各分區計劃，應注意鄰里中間市鎮單位之組合，道路面積及各區劃之比例。

七　下星期四翁朝慶先生報告南市分區計劃情形。

八　會務組通知各負責人員，擬具八、九、十三月工作進度計劃。

九　本會各項會議紀錄及調查資料，整理付梓。

上海市都市計劃委員會全體人員工作分配表

三十七年八月

工作項目		人員	協助人員	備註
一　調查	一　自然及工程調查	費霍		
	二　經濟及社會調查	楊蘊璞　王志超		
二　研究	一　人口及土地使用狀況研究	王正本	唐萃青　楊仲賢	兼及公用地保留研究
	二　房屋及埠際交通狀況研究	顧培恂	仝上	
	三　公用路線研究	林榮向		包括水電煤氣溝渠等線路及廠站地址
	四　道路及本地交通研究	金經昌　陳孚華　陸筱丹　王總善　金其武　郭增望		包括本地水陸交通
	五　總圖修正及總圖七要素之整個研究	韓布葛		(一)道路(二)園場(三)公共建築(四)共用保留地(五)區劃(六)公用線路(七)岸線
	六　園場研究	程世撫		

三　計劃

七　區劃研究　陸筱丹　黃潔

八　公共建築研究　汪定曾　張良皋

九　岸線研究　朱國洗　陸聿貴　嚴愷

一　中區黃浦長寧區劃支區計劃　鮑立克　程世撫　宗少彧　朱耀慈　包括本地水陸交通

二　中區滬南區劃支區計劃　翁朝慶　杜培基　顧漢民　傅志浩

三　中區閘北區劃支區計劃　鍾耀華　周鏡江　朱敏鈞

四　中區閘北西區區劃計劃　金經昌　周鏡江

五　楊樹浦區及中區虹口區支區區劃計劃　龐曾淮　俞賢通　楊志雄　吳信忠

六　龍華風景區計劃　程世撫　沈兆鈐

七　江灣區區劃計劃　陳孚華　金其武

八　總圖三稿及路綫規劃　鮑立克　金經昌　韓布葛

四　保管

一　保管圖表册籍　高天錫

二　保管圖書　方潤秋

規劃上海市建成區計劃路綫之有關問題

一　上海市建成區幹道系統計劃，路線在可能範圍內，以不更改爲原則。

二　擬先決定計劃道路系統建築之先後程序。

三　拓寬道路，以平均放寬爲原則。

理　由

一　地價昂貴——我國城市雖多，惟能適合於近代都市條件者甚少，故房地產之投資，均集中於此等大都市中，而其地價之昂，較諸其他城市相去奚啻天壤，故於拓寬道路時，宜平均寬放之，庶幾政府向兩旁業主徵收土地之時，較爲便利。

二　本市地產，亦係投資之一種，以利潤爲前提——拓寬道路，除市府負担一部份外，其餘費用，則由工程受益費方法收集工款，藉以償付徵收土地之地價及工程費用等，務使兩旁業主，利害均勻，法至善也，至若新闢之都市或新築之道路，因一旦道路貫通，地價驟漲，故業主亦樂於接受，本市建成區域道路闊度及設備，已至相當程度，若一旦放寬改善，則兩旁業主所能增收之房金，勢將不足以抵償建築費之利息，於投資者以利潤爲前提之原則下，業主必延遲翻造房屋之日期，誠足以影響計劃之實踐。

四　在經濟或技術原則之下，必要時得酌量情形將路面單面或不平均拓寬。

理由

一　經濟——如遇單面房屋大都爲高級或高大之永久性房屋，或房屋使用年齡未久，或勒令翻造時，將浪費物資過鉅，反之其對面房屋之建築及結構均屬平凡時，則應酌量情形，將路面單面或不平均拓寬。

二　技術——有因技術關係，無法平均拓寬者，例如兩段道路若平均拓放時，勢將無法啣接者。

五　道路以一次拓寬爲原則，在特殊情形下，得分期拓寬之，在第一次拓寬與最後拓寬之界線範圍內，或佈置花園或建築臨時房屋，其標準及高度應予以限制。

理由

道路拓寬，除必需者外，須俟業主翻造房屋時，逐戶收讓，惟需積年累月，始抵於成，故一次拓寬，實屬必要，然於全路房屋無法收讓時，爲避免瓶頸建築，在第一次拓寬與最後拓寬之界線範圍內，住房可佈置花園，商店建築臨時房屋，其建築標準及高度，在房屋建築規程內，另行規定。

六　瓶頸房屋規定先後次序，依次拆除，第一步至原規定計劃路線爲止，其第一步界線與界後邊界間之建築物標準及其高度，仍應照第四項條文予以限制。

辦法

將市區內交通要道車輛阻塞之兩旁瓶頸房屋，經市參議會及工務，警察，公用，地政各局，組織之改善瓶頸房屋委員會按其阻塞交通之嚴重性，由該會編列號數，呈府備案，逐一拆除，其貼補房客之費用，則由該委員會直接與房客洽商，經雙方同意後，由市府向市銀行借款，於三日內墊付，如按號次第拆除時，遇某號突受波折，則其毗連之後一號房屋，應暫緩繼續執行，該委員會得通知公用局，於該拆除發生問題之某號，在談判決裂之十日後，斷其水電，並請本市新聞界作輿論上之協助，務須俟該戶拆除之後，再行次第執行之。

七　瓶頸房屋市府取消其申請雜項執照權。

理由

瓶頸房屋十之八九，破壞不堪，住戶或有藉口油漆門面，加固房屋結構，以圖延長其房屋之年齡者，恐亦所難免，若取消其雜項執照權，同時並由工務公用兩局隨時指派高級人員作實地之查勘，考察其房屋本身之傾斜程度，屋面漏水是否影響走電，以作必要之取締。

八　主要道路兩旁房屋，應調查其使用年齡，逾齡房屋，應即勒令於規定期內翻造。

理由

逾齡房屋，非特影響市容，抑且危害市民及行人之安全，主要道路來往，行人較密，一旦塌毀，爲害尤甚，如能組織委員會專司其事，除謀公衆安全外，對於拓寬路面，實有莫大裨益。

九　查勘路線及計劃時，擬請注意事項：

甲　各測量隊負責測量人員，隨帶已測1/500路線地形圖及地形底圖，參加勘線工作。

乙　各設計同仁，於計劃路線時，請參考已測1/500路線地形圖。

丙　應補測地形部份，請各設計同仁隨時通知由測量隊，即行補測。

丁　請各設計同仁，於計劃1/500區劃計劃圖決定路線時，並在1/500路線之地形圖劃示路線。

上海市都市計劃委員會秘書處第十九次處務會議紀錄

時間　三十七年八月六日

地點　上海市工務局會議室

出席者　趙祖康　鮑立克　姚世濂　金經昌　王正本　陸聿貴　王志超　林榮向　陸筱丹　費霍
金其武　程世撫　顧培恂　韓布葛　汪定曾(宋學勤代)　張良皋　吳文華　龐曾溎　黄潔
鍾耀華(周鏡江代)

主席　趙祖康　　紀錄　龐曾溎

宣讀十八次會議紀錄

顧培恂

報告擬具「上海市房屋狀況調查繪圖工作概要。（如附件）

翁朝慶

報告「中區滬南支區計劃初步研究工作」。（另刊）

關於滬南支區計劃之討論

主　席

翁先生之報告，爲本會支區計劃之首次，十分重要，希望各同仁儘量發表意見，尤以翁先生提出未曾決定之各問題，請詳加討論研究。

吳文華

茲提出三點問題，（一）城廂區之舊道路系統在新計劃中，是否卽予廢棄，（二）綠地帶人口密度，每平方公里一萬人，如何容納，（三）日暉港處理辦法。

翁朝慶

關於日暉港問題，嘗與顧康樂先生交換意見，擬仍利用爲排洩汚水，惟肇嘉浜則擬將之塡塞。

程世撫

上海建成區內之綠地，少得可憐，加以人民之塞塡公浜，侵佔公地者，不一而足，市府各局對於綠地之執掌互分，故頗難統計，規劃，在擬新開發之區域，似應預先由市府收買，並多保留公共空地，雖未必能達到每千人四英畝之標準，於實施時，亦得有充分伸縮餘地，保留及計劃之綠地，兼作農業地者，如何利用以維持其地價，不致與非綠地懸殊太多，頗値得研究，在綠地中，每平方公里一萬人之密度，不免過高，日久玩生，勢必失去綠地之本質，普通應爲每平公里六百人，又園場綠地設計，地形預爲重要，而上海地勢平坦，一無邱壑，惟一可資利用之天然地形，爲原有河浜，故綠地規劃，似應注意及此。

韓布葛

翁先生意見，以爲南市現存之木材碼頭較易遷移，可發展爲住宅區，而以木材碼頭移至龍華，但龍華未必能全部容納，本地供應又屬必要，恐仍須保留一部於原處，各火油公司，擬在龍華建儲油庫，本人以爲儲油庫不若木材碼頭之重要，此項問題實應再作進一步之查勘研究。

浦東越江交通，用完備之輪渡設備，較爲切實合宜。

程先生提及在上海佈置園場缺少邱壑，可能之方法有二，開掘池沼，推成小山，或擇定地點，利用垃圾之推置。

王正本 南市支區計劃，按照警察局分區，包括第三、四、八全區及五、六、七各約半區，表依卅六年人口數爲準，三區爲廿萬餘，四區爲廿八萬餘，五區約爲三十六萬，六區約十六萬，七區十七萬餘，八區約九萬，按工商職業人數而分，三區商業佔28%，工佔19.5%，四區工商各佔19.5%，五區商店佔21.8%，工佔14%，六區商佔19.5%，工佔15.0%，七區商佔19.0%，工佔13.8%，八區商佔13.0%，工佔28.0%，由此可知工商職業分析與設計之重要性，又本區東向沿浦江至老城地帶，極爲繁榮，向西則漸次冷落，又就工作居住方便而言，老城與沿浦地帶，對一部份中下級市民而言，頗稱方便，惜過分集中，致漸結成貧民窟，故各區似應配合其職業趨勢與適宜密度，考本市除工商約佔三分之一外，三分之二人口，居家者多，此種情形似宜就其生活方式，以配合適宜之居住地段，以達到工作與居住需要之原則，均有其特性，故其密度亦不相同。

金經昌 幹路路線，在原則上，固以不更改既定路線爲宜，但在必要時，亦非絕對不可更改，南市支區中，更改部份在未研究前，不便妄加斷語，惟西藏南路之高速幹道之二十八公尺，不免過狹，不足爲高速幹道之用。

陸筱丹 支區計劃，係根據計劃總圖所示之意義而設計，惟南市部份在已通過之建成區營建區劃規則內，已將之包括，爲配合計劃及避免將來抵觸執行都市計劃及困難起見，應將現實環境，再行詳細研究，在南部人口較稀建築較少之一帶，方可作較理想之佈置，在建築及人口較多之地段，則可酌量情形，在不背都市計劃原則下，將實際環境之特質，另行佈置，以免實施時之困難。

黃　潔 今滬南支區計劃，以原定第三住宅區，改爲無烟工業區，但營建區劃規則中第三住宅區，得設立三十匹馬力以下而裝有鍋爐之工廠，是則二者不無出入，請予考慮。

朱學勤 文廟邑廟龍華沿浦一帶，望能多保留公有土地，舊城廟區之支路路線間距，似不必過於放大。

陸聿貴

沿浦一等住宅區之發展可能，似尚待研究。

鮑立克

計劃市鎮單位時，應注意一地之社會經濟有機體組合之關係，三等住宅區之存在，在上海情形下，實十分重要，每一市鎮單位之分界劃分，因不僅以面積及路線爲根據，應當在經濟及社會條件下，能自成一個社團，各具一活動中心，而中心之地位，當就已有之公共建築物擇定之，在新建區域之發展，應顧到居民工作及經濟上之趨向，幹路路線與整個系統有關，非滬南支區一隅之問題，故本人仍主張維持原定路線，如快速幹路B線，在鄰近中山路一段，因利用舊路而更改，但舊路並不很寬，未必值得保留，反使工廠區面積因而增加，幹路12線，擬循舊大木橋路，該路現狀，亦未見良好，捨棄損失並不嚴重，此外支路與幹路之交點，不應太多，原則上應儘量避免及限制入口。

主　席

關於本區南車站之範圍地點，請顧培恂先生研究，並參照上海市區鐵路計劃委員會歷次會議紀錄，溝渠及公用路線，請林榮向先生調查，如何將保留土地，收歸市有，爲一極重要之問題，道路面積之比例，是否適當，希予注意，至第三住宅區之存廢，營建區劃規則既已通過，未便更改，但如任令設置工廠，不免成爲一雜居區，應進一步規則，在此區內若干特定地段，得以設置工廠，而非廣泛任意地設立工廠。

韓布葛

上海根本無重工業可言，過去工廠以馬力及工人數分別，本人建議上海之工業，可分爲四類：（一）製造工業，（二）加工工業大都爲無烟設備者，（三）特種危險工業，（四）商場工業，似較合實情，而易於規劃限制之。

姚世濂

翁先生滬南支區計劃，爲經相當研究之結果，楚楚可觀，若干尚待修正之點，則希望容納各位意見，積極進行之。

決議事項

一　會議紀錄及調查資料之整理印刷事，請余綱復費霍兩先生負責。

二　下次會議由程世撫先生報告龍華風景區計劃。

三　工作分配表中增加總圖三稿及路線規劃一項，請鮑立克韓葛金經昌先生負責。

上海市房屋狀況調查繪圖工作概要

一　工作程序

都市計劃委員會，爲繪製全市房屋狀況詳圖，藉供路線計劃參考，其調查製圖之工作，分別先後如下：

甲　建成區沿幹道系統各線，共二十一路，長一九三·五公里。

乙　建成區沿高速幹道各線，共六路，長六二·四公里。

丙　黃浦區，法華區，滬南區，閘北區，引翔區等等。

二　工作範圍

調查幹道沿線之範圍，以自路線中心至兩旁各五十公尺止，調查高速幹道沿線之範圍，以自路線中心至兩旁各五十公尺止，分區調查，以完成全區面積爲範圍。

三　調查方法

暫派調查員一人至二人，每日按上定工作程序，依次調查之。

四　調查表格

調查員出發調查時，應按表格詳細塡寫，其有不明情形者，應就當地查詢之。（表格式樣附後）。

五　收集資料

在鬧市地段（前公共租界地段），其房屋狀況，早有測量，可向各有關局處收集之，不必外出調查。

六　房屋狀況

房屋狀況定下列四類：

甲　房屋使用，分A住宅，B商業，C工業，D綠地，E特用。

住宅分註中式或西式，散立式，聯立，商業分註寫字間，商店，游藝場，菜場等，工業分註何種工業，綠地分註花園，廣場，坟地等，特用分註機關，學校，醫院，廟堂，倉庫，油站，鐵路等。

乙　結構材料，分A全部鋼筋混凝土者，B混凝土磚木合建者，C磚木合建者，D木料建造者。

丙　高度層數，分單層，雙層，三層，四層……多層者。

丁　房屋年齡按建造之年份塡註之。

七　製圖方法

暫定繪圖員一人至二人，按調查表或收集資料繪製之。

八　建築圖例

建築圖例，用下列方法表示之。

甲　房屋使用圖例，以各種顏色表示之。

例如住宅爲黃，工業爲紅，綠地爲綠，商業爲藍，特用爲白。

乙　結構材料用投影之密度表示之。

例如全部鋼筋混凝土爲A，混凝土磚木合建者爲B，磚木合建爲C，木料建造爲D。

丙　高度層數以圈線表示之。

例如單層爲壹，雙層爲貳，三層爲叁，四層爲肆，多層爲伍。

丁　房屋年份以數字表示之。

例如X爲一九三二所建，Y爲一九四六所建，Z爲一八八九所建等。

九　混合圖例

甲表示一九三六年用鋼筋混凝土所建三層樓住宅。

十　圖樣縮尺

房屋狀況圖縮尺，暫定爲二千五百百之一。

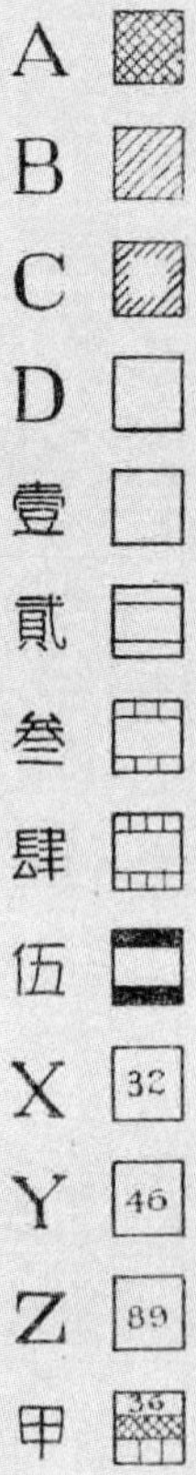

上海市都市計劃委員會房屋調查表　　　　區　　　　路

調查編號	地册編號	建築編號	使用情形					結構材料				層數	建造年份	設備情形	建築物		空地	附記
			A	B	C	D	E	A	B	C	D				面積 平方公尺	體積 立方公尺	面積 平方公尺	

調查員＿＿＿＿＿＿　　調查日期　　年　月　日

上海市都市計劃委員會秘書處第二十次會議紀錄

地點 上海市工務局會議室

時間 三十七年八月十三日

出席者 趙祖康 姚世濂 顧培恂 程世撫 陸筱丹 鮑立克 張良皋 翁朝慶 林榮向 陸聿貴 徐以枋（劉作霖代） 陳孚華（虞頌華代） 韓布葛 金其武 鍾耀華（周鏡江代） 龐曾溎 金經昌 王正本 費霍

主席 趙祖康 紀錄 龐曾溎

主席 此次本席赴京與內政部交換意見，建成區區劃圖可獲准備案，惟中央希望計劃總圖早日送呈審查，並須與國防機關取得聯絡。

金經昌 報告閘北西區碼頭倉庫區設計問題。

閘北西區之碼頭倉庫區，介於成都路橋及恆豐路橋之間，沿河一帶，但光復路爲通行交通之路線，如任令貨物自岸線橫越路面上卸，妨礙交通殊甚，經與鮑立克韓布葛兩先生研究，擬自成都路橋堍築路折入區內，再以約三%之斜坡，到達沿河所築與路同寬之平台，平台高出路面五公尺，成爲二層建築，如是車輛交通，得以無阻貨物上卸，則利用起重設備，自平台送入各倉庫，又倉庫建築，鮑立克先生建築目光，擬規定爲四層六層八層三種，並其佈置如圖示，此種方法是否完善，或有將交通及上卸貨物兼顧更好之解決辦法，請予討論。

韓布葛補充報告

平台毋須擴展至倉庫全部之長度，在倉庫未建築完成前，空地可利用爲露天堆置貨物之需，倉庫地段劃分，與岸線平行，最爲合宜，其大小根據普通一千噸之駁輪及內河船隻，長自四十至五十公尺，不致超過八十公尺，故倉庫段分長度，應自六十至八十公尺，平台最大裝卸量，約每年每公尺一千噸，則二百公尺長，一年裝卸量爲二十萬噸，假定用卡車之裝卸量，亦爲二十萬噸，共四十萬噸，裝卸等量，是總計此區內可供一年二十萬噸貨物之用，再假定貨物存儲期間爲半年，則本區倉庫儲貨之最大總量，須四十萬噸。

主　席　首應解答之問題，該處需要儲藏者為何類貨物，及其來蹤去向，經濟上問題解決後，方能在工程上謀取合理之解決，至倉庫建築標準，似不必限制過嚴。

韓布葛　該處需藏物品，雖未能有確實之調查估計，但平台建築，高出地面僅須四·五至五·○公尺，利用輕量吊車設備即可上卸裕如，而合宜於一般中等價值之貨物。

翁朝慶　平台工程，必然浩大，何不將光復路減窄，僅能作為倉庫上卸進出貨物，而將倉庫地位畧向南移，在區北餘留地位，作為通行交通路綫。

張良臬　本問題為一極饒興趣之交通問題，如以平台上卸貨物，必須機械設備，既用二層建築，何不將上層作為車道，而沿岸平地為貨物上卸，則倉庫建築，亦毋須特殊設計。

韓布葛　路綫繞道北行，加長甚多，與平台建築，何者經濟尚待詳計，且倉庫之北，原定為快速幹路，據鮑立克先生意見，初期應保留為綠地，至車道築於上層，荷重更大，長度又增加，且下層高度限制，不利於起重設備之運用。

姚世濂　本處之所以保留為碼頭倉庫區，有其歷史性，蓋抗戰前為米業木業及菜市場所在，由內地自蘇州河運抵上海後，大都在此堆置岸邊，即行轉送或暫時儲藏倉庫，因而阻塞交通，雖菜市場可計劃遷移至他處，但因有傳統習慣及貨物品類，高大之倉庫並不急切，平台建築亦太不經濟，初步似可利用保留之快速幹路綫，以為通行交通。

陸聿貴　此處到貨多係土產，存儲不久，應考慮其運卸費用負担，二層樓之倉庫，最為相宜，甚或多搭敞蓬，平台建築費及日後裝卸，均不合經濟條件。

林榮向

本問題應就蘇州河來去貨物量，統盤調查估計，以知其需要及本處可能之發展，如有完備之設計，既不妨礙交通，裝卸亦得利便，則未嘗不可將蘇州河東面各倉庫之業務移至此處，或為其他處所之範法。

程世撫　菜市場問題，在初稿擬訂時期，已經討論，由四鄉運抵上海之蔬菜，不惟因堆置沿岸阻塞交通，且因無保藏，腐爛損失不貲，故完備之冷藏設備等，實屬必要，本會一方為市民作周全之設計，一方應同時指導市民，如何利用而減少其損失。

費　霍　報告房屋調查及整理已有資料工作情況。

按顧培恂先生所擬房屋調查辦法，僅再度商酌擬改用1/500圖，幹幹路綫兩旁五十公尺亦不夠，如幹幹路綫兩旁調查至次一段落，（Block）約計須人工三〇四工，晒圖紙一百五十捲，其他尚有表格印費及交通費用等，故非短期有限人力所能完成，並須會款。

本會所有資料已分為人口教育倉庫碼頭交通工業雜項等，有自行調查者，有自其他機關索來之整套材料者，如即照原來付印，並不實用，擬將之整編一調查資料索引，以便同人查閱，並隨時將新資料補充。

王正本　關於工業分析，茲分為紡織染業機械工業化學工業及食品工業等四種，已着手將資料歸納分析。

姚世濂　關於房屋調查，都市計劃所需要者，不僅為沿綫部份，似應全盤調查。

龐曾湛　幹路路綫之設計，决不能坐待房屋調查之完成，而後着手，在不得已中，惟有參考本會已有及其他有關資料，偶有特殊問題，猶可實地勘察，房屋調查，應視為都市計劃基本工作之一種，非僅為目前設計，而調查能就全市作詳細有系統之調查，實為各種計劃之必要資料，在人力物力限制下，以較長時間完成之，並不失其意義，倘僅着眼於幹路沿綫之房屋調查，急求事功，待調查既畢，路綫設計仍未及將之利用，但部份不完全之資料，反使其價值因之減低，且本會宜應與工務局營造處取得聯絡，對於新建房屋，隨時紀錄，否則調查將永無章日。

主　席　關於各種調查資料之搜集，可先就下列對象，依此進行。

一 本會及工務局設計處已有材料。

二 工務局各處及市政府其他各局之資料。

三 上海市文獻館各圖書館各大學及學術團體。

四 市商會工業協會及各同業公會等。

五 經濟部工商輔導處及其他有關機關。

六 實地調查。

程世撫報告「上海市綠地系統計劃初步研究工作（另刊）

決議事項

一 本會工作地點不足，洽請工務局總務室設法。

二 總圖三稿請鮑立克韓布葛金經昌三先生即日進行，約於三星期內完成之，其說明請陸筱丹先生起草。

三 虹橋北新涇區計劃，應即進行，請姚組長擬派專人負責。

四 閘北西區碼頭倉庫區之佈置，於下星期四召集米業木業地貨業同業公會代表及公用局碼頭倉庫處地政局等會議，再行決定。

五 建成區營建區劃說明及閘北西區計劃說明，修改付印，以後本會各印刷品依次編號。

六 房屋調查先擇一幹路綫着手，視成績再定統盤進行辦法。

七 關於本市綠地問題。

一、建成區營建區劃規則綠地界綫，應即規定。

二、各支區計劃，應依照建成區綠地系統計劃。

三、研究全市綠地保留問題之必要與否，如屬必要，擬定保留辦法。

四、關於基地建築面積比例之管制，請營造法規標準修訂委員會從速擬定。

五、研究郊區綠地之保留問題。

八 下星期內龐曾漼先生報告楊樹浦區及虹口支區計劃。

上海市都市計劃委員會秘書處第二十一次處務會議紀錄

時　間　三十七年八月二十日三時半
地　點　上海市工務局會議室
出席者　趙祖康　姚世濂　楊蘊璞　余綱復　翁朝慶　徐以枋（劉作霖代）　劉作霖　林榮向　韓布葛
　　　　顧培恂　王正本　金其武　吳文華　陸筱丹　鍾耀華　程世撫　龐曾湛　俞賢通
主　席　趙祖康　紀　錄　俞賢通

宣讀第二十次會議紀錄

主　席

建成區內非工廠區已設工廠處理辦法，經與五十餘同業公會交換意見，反響良好，本會目前工作，不應專注意中區，總圖二稿中之其他地區，亦應着手計劃，如虹橋區及吳淞江灣區，應先計劃，以免聽其自然發展，既爲已成事實，再加計劃，則又將困難重重，如虹橋路，二稿原意爲上海通太湖流域之公園大道，工務局原意沿路二旁保留五百公尺，但查二稿已將之改綫，該處近來發展頗速，宜作計劃，準備其兩旁房屋建築，如何限制，綠地如何規劃，亟應確定，以免將來多所變更及困難，此外其他郊區重要幹道，亦須預作調查勘測。

本會除與工務局加強合作外，並應與公用局等密切連繫協同研究。

姚世濂

關於虹橋北新涇區計劃，因本會人員不足，現尚在準備地形圖等資料，不久即可完成，至虹橋路綠地規劃，已請程世撫先生開始研究中，閘北西區碼頭倉庫區之佈置，昨日會談會，各同業公會代表未曾出席，公用地政各局均派員參加，對於設計原則，咸表同意。

已公佈之工廠區，限於本市已接收區域，其他因有未定因素，難於確定區劃，如因吳淞港口計劃尚未決定，故蘊藻區中之工廠區，亦未能決定，至外圍各區之道路區劃等，二稿已有一大概之方向地位之決定，其界綫地點，並未完全確定。

韓布葛

在較重要地位之工業區，具有水陸交通便利者，應加以擴大，而在他處未爲參議會通過或地位較遜之工業區，不如撤去，以免全市皆為工業所散佈，並保持各區劃面積之平衡，各區面積，應於總圖上註明。

陸筱丹

上海市民經一二八，八一三兩次戰事經驗以後，一般趨勢，認為西區較為安全，戰前工務局越界築路，水電設備隨之，環境優良，地價昂貴，發展甚速，本會似應在該區先決定幹路之方向及區劃，再作詳細之計劃。

程世撫

商業區之幹道寬度為二八公尺，因兩旁多已成房屋，無從擴寬成林蔭大道，（Boulevard）郊區林蔭大道寬度，至少五四——五八公尺，方可種植行道樹四排，至於公園大道，（Parkway）則更寬，蓋其本身即為一帶狀公園，綠地之寬狹不必一定，但其內容究應如何佈置，以便沿途人民有所適從。

姚世濂

保留綠地中，似同時可為別墅區，並容許部份農業。

王正本

綠地帶在市區僅有隔離之作用，普通多利用作市民休憩之地，似不必有嚴格之規定。

顧培恂

房屋調查工作已完成四十處，其餘尚在繼續進中，漢口路十五號幹道沿綫之房屋調查工作，需二十天可完。

龐曾溎

報告楊樹浦區及中區虹口支區計劃初步研究工作，（另刊）

鍾耀華

楊樹浦區最早計劃時，並非為一種獨立區，而為中區之一部，故其各區劃區之面積，不能平衡，其中工廠區之工人，皆計劃居住於閘北及浦東區，故其道路系統方向，乃為配合此計劃而設計。

韓布葛

楊樹浦區為極佳之工業區，但其不必一定自容其工人人口，工廠區近自來水廠，將使水源染污，故應注意工廠之性質及其排水問題，支路之交叉點，應避免成銳角，本區沿浦江，應多設渡口，以便浦東浦東之連繫。

王正本

區劃計劃中，除規定工廠外，似尚應研究本區內宜於何類工業之發展，然後計劃可更健全，而有根據。

金經昌

按照都市計劃之程序，應（一）注意整個區域之河流系統及排水地位，（二）以不適於居住之處設立綠地帶，（三）區劃，（四）計劃道路系統。

今因程序矛盾，步驟倒置，處處遷就現實，故有此行不通之情形。

陸筱丹

楊樹浦區及虹口支區，與南市計劃之途徑方法，似完全不同，前者根據幹道系統及已決定之營建區劃圖，而後者則採取總圖二稿之方向與意義，在都市計劃委員會立場，不應顧慮營建區劃圖之約束而設計，此點應請注意者。

翁朝慶

報告中關於人口計算，假定密度，頗値得考慮，如工廠區每公頃工作人數六百人，據王正本先生晉告，柏林發展成熟之工業區，每公頃祇三百人，因假定之不同，則結論自成問題。

龐曾溎

報告中所述本區人口，不能自容，僅爲就區劃之平面圖，所指出需要研究之問題，且尙有種種假定，假定之準確性，影響所得結論，整個計劃之適當合理與否，尤不能僅以平面設計爲已足，法定之管制發展，實施之先後，均有關係，幹道系統與營建規則，旣爲立法文件於先，而着手計劃於後，自遵之進行，至所提問題，非不可補救或解決者，尙有待繼續研究耳又計劃中雖應遵從學理原則，但人民之經濟能力及心理習慣等趨向，似尤重要。

主席

歸納各位意見，可知尙待研究者如下：

一　計劃分區，最好能與警察分局互相配合。

二　路綫與人口之配合，宜加研究。

三　研究經濟趨勢之趨向。

四　調查研究河道計劃，完成河道現狀圖。

五　注意棚戶之調查及計劃。

六　研究電車存廢問題。

七　工廠對工人住家問題之解決，宜作規定。

八　工人社會之整個計劃。

九　工廠區中建築物所佔面積之百分率標準，應有規定，以防火災及空襲。

根據 Action for Cities 一書提示，為加速計劃之進行，有四點須加注意：

一　集中力量，以求主要問題之解決，以代散漫無章之設計，先決定若干根本主要原則，使工作有所依循，詳細細則，可留待以後再加研究。

二　收集之資料，應簡明而切實用，去蕪存菁，儘量利用現有資料及當地人民之判斷。

三　促使當地政府人民社團共同參加研究解決，不必事事由設計者親自為之。

四　組織設計工作，使收互輔相助之效。

都市計劃，應先以社會經濟為研究對象，然後再輔以實體計劃而完成之。一城市社會之實地計劃，其步驟如下：

一　計劃之區域，——包括市區範圍鄰近地區及有關地區。

二　理想之土地使用圖——為避免受現實之影響，應於事先繪就理想之土地使用圖。

三　現有之自然發展——現有土地使用圖，交通及公用系統圖。

四　將來發展趨向——研究其自然及人為趨勢。

五　城市之設計——調整理想及現實情形，而成一大概草圖，（即本會總圖初稿二稿）同時繪製總圖，分項研究草圖。

六　研究並試驗此計劃——觀其是否可行，有否遺漏。

七　有形發展之計劃及步驟——根據需求之緩急及經濟之裕拮，以定各種計劃實施之先後，完成總圖，（即如本會之分區計劃及修正中之總圖三稿）公用事業計劃及住屋問題之解決。

以上所論頗有裨於本會工作之參考，特提出希予注意。

決議

一　總圖十二計劃區，各區同時設計研究，吳淞港蘊藻區請工務局第一區工務管理處周處長書濤及陸聿貴先生負責，浦東區請工務局第六工務管理處朱處長慶玉負責，北新涇虹橋區請工務局第四工務管理處張處長佐周負責，龍華風景區請工務局第二工務管理處吳處長文華及程世撫先生負責。

二　工廠區劃確切界線畫1/2500圖，由工務局設計處負責。

三　建成區外幹路，虹橋測量定線工作，請工務局測量總隊積極進行。

四　建成區外幹道中山西路外圈綠地帶，應速規定，如何佈置，確定界線，由程世撫先生負責完成1/2500界線圖，中區之綠地，如何保留及計劃，可用一萬分之一圖計劃，以備於九月中參議會開會時提出。

五　請林榮向先生負責調查研究河道計劃，完成河道現狀圖。

六　棚戶之調查計劃，請工務局營造處進行，並供給本會資料。

七　下次會議請鍾耀華先生報告閘北區計劃。

上海市都市計劃委員會秘書處第二十二次處務會議紀錄

地點　上海市工務局會議室

時間　三十七年八月二十六日下午三時

出席者　趙祖康　鮑立克　陸筱丹　鍾耀華　朱慶玉　王世銳（孫國良代）　汪定曾（宋學勤代）　費霍
黃潔　王正本　陸聿貴　余綱復　程世撫　龐曾溎　余經昌　韓布葛　吳文華　林榮向
顧培恂　陳孚華

主席　趙祖康　紀錄　龐曾溎

宣讀第二十一次會議紀錄

姚世濂　自衆發堆棧發生巨禍後，行政上對於本市倉庫管制，亟須加強，公用局曾以主管當局之地位，在黃浦區劃定範圍，絕對不能設置危險品倉庫，然在範圍以外，未予置議，似此與議市計劃原則不符，故曾將此意提供該局參考，該局表示危險品之儲運限制，爲臨時性辦法，至本市永久性倉庫區，仍由本會規劃，並須與港務委員會會同研究，在原則上固當以建成區營建區劃規則爲依據，但其他包括之問題甚多。

一　危險品倉庫之登記及設備。

二　工廠自用倉庫之請照及管制。

三　第二第三住宅區及商業區，可否設置或建造堆棧。

四　非倉庫區已設倉庫，是否准予擴充問題。

本人以爲建成區營建區劃中，倉庫面積有限，倉庫問題，似與工廠問題相同，工務局方面，請發倉庫建築執照者，每星期均有數起，在行政上之處理原則，迫不及待，今日會前，請陸聿貴先生擬具辦法（如附表），係就每一建築地段，以百分率限制倉庫建築，尚望各位提供意見從長議處。

陸筱丹　關於建成區內二、三住宅區及第二商業區新建倉庫之處理辦法，就建成區營建區劃而論，實爲一臨時過渡性之區劃辦法，其規定既允許若干工廠工場商業之存在，必須附設堆棧，建成區內工廠工場，性類不同，或工人多而材料少，或材料多而工人多，其所需倉庫之容量，亦因時而異，現本會對於非工廠區工廠及倉庫之種類大小，僅有一模糊觀念，而乏精確統計，似應就所有資料調查，參酌需要，然後釐訂限度，至工廠之需要堆棧，往往不必在同一區內，規劃倉庫地點及建築，並須顧到不妨礙交通居住等條件。

陸聿貴　倉庫營建處之限制，僅及全市局部範圍，即失去一致性，如作硬性規定，行政上又不易執行，經詳細調查研究後，恐失時效，故應即定原則，規定市民營建之限度，本人所擬辦法，係就倉庫分類及營建區劃分類而約計，其在每建築地段之百分率限度，爲時匆促，或未盡善。

主　席　倉庫營建問題之限度，非常急迫，本會應即確定管制之方法及原則，送請市政會議及港務委員會通過執行，然後再作細目規劃，但原則却不能時作更張。

林榮向　倉庫問題，應就營業性倉庫與非營業性倉庫分別考慮，凡銀行押品堆棧及專營倉庫業務者，爲營業倉庫，凡工廠堆存原料成品者或商店存貨處所，當以非營業性倉庫論。

顧培恂　工廠倉庫大多數與廠房在一起，爲避免危險，似應先調查化學原料之倉庫，餘可從緩。

主　席　爲使問題簡化，本會今日應首先決定倉庫之營建規則，對於危險品與非危險品之儲運管制，屬公用局及消防處職掌，可從長研究後，提供有關方面參考。

鮑立克

如住宅區及商業區得任意設建倉庫，將使營建規則之精神全部破壞，且本人在各次報告中，均強調上海交通擁擠之原因，貨品沿路上卸，實佔重要地位，尤應注意，玆就陸聿貴先生所擬表內之數字，建議修改如下：（一）第一第二住宅區及第一商業區完全不准設立，（二）第三住宅區得設建工廠商店自備倉庫，以百分之二至三爲限，（三）第二商業區及工廠區不得設軍用倉庫，其餘各類倉庫之百分率，以一五%至二〇%爲限，（四）軍用倉庫，得設於油池區內，（五）鐵路區不得設軍用倉庫，餘類倉庫之百分率，須視該區內有無足量面積而定。

韓布葛

中區內絕對禁建倉庫，似不可能，一因旣成事實之不能取締，二因商業貨品存儲之需要，但巨大倉庫，則不相宜，對於小型堆棧，可查勘其建築情形及有無保險等。

宋學勤

倉庫問題，應顧到工商需要及業務方便，然後加強建築管理，本市對於倉庫使用，尙無限制，市民往往於建屋後，變更其請照時所稱用途，南京建築規則，對於倉庫建築完工後，須另發使用執照，足資參考。

余綱復

倉庫在上海實爲一重要業務，必擇水陸交通便利之處，過去釐訂建成區營建區劃規則之時，僅側重輪運有關地帶，而並未視倉庫爲一單獨業務，故僅有倉庫碼頭區，而無倉庫區，例如蘇州河，卽未規劃在內，事實上却爲重要倉庫地段，致倉庫面積不敷需要，營建隨成問題。

王正本

查本市已有倉庫之分佈，多在黃浦江沿岸，楊樹浦一帶，蘇州河西岸，外灘中心商業區，與舊城沿浦江地帶，就工廠本身而言，自應有其堆存貨品之倉庫，又如民生食品，亦應按其來源水路或陸路，設方便之總倉庫數處於各區內適宜地點，亦宜分設小型倉庫或堆棧以便儲藏供應市民之用，關於純粹營業性質之倉庫，尤以商業中心區之倉庫，妨礙市區交通，自應受相當限制與管理，他如危險品之倉庫，於規定特殊地點與建築物外，更宜注意與管理。

黃　潔

工廠自備倉庫，祇可視爲工廠之一部份，且常因製造或營業需要而變更用途，此類營建管制，可照非工廠區之工廠建築同樣處理。

孫國良　倉庫營建之應予限制，不外影響交通儲存危險品及土地使用之不恰當三項，可由此三點着眼規劃之。

主　席　倉庫分類：

一　就經營性質，可分爲營業性及非營業性。

二　就存儲品類言，可分爲危險及易燃品及普通二種。

三　就存儲量大小言，大者統稱倉庫，小者常稱堆棧以及小至商店之儲藏室。

四　就建築地點言，可分爲附設於工廠商店內者，及專用倉庫。

似可據此分類以確定倉庫營建之管理辦法。

（討論結束決議見後）

鍾耀華　報告中區閘北支區計劃初步研究工作。

姚世濂　鍾先生自始卽參予本會總圖計劃工作，故對於本市都市計劃之原則，充分認識，閘北支區計劃，自更能駕輕熟慮，與總圖相配合，報告中提示閘北尙未全面發展，則尤爲新都市建設之良好對象

決　議

一　關於倉庫營建管理，本會確定原則如下：

一　營業倉庫，祇准設立於倉庫碼頭區內，如經研究，認爲建成區營建區劃規則所規定範圍不敷需要時，可予修正添加。

二　自用倉庫得設於第二商業區及工業區內，或附設於各住宅區及第二商業區已有工場及商店之自有範圍以內。

三　非附設於工場或商店範圍內之自用倉庫，以營業倉庫論。

四　非倉庫碼頭區之已設倉庫，暫得在原有基地範圍內擴充，但不得增購基地擴充建築。

五　關於倉庫建築，依照建築規則辦理。

六　關於倉庫使用證之發給及危險易燃物品之儲運管制，另行研究，提供執行機關參考。

二　下次會議請鮑立克先生報告總圖修正工作。

陸聿貴先生建議

上海市建成區各種准設倉庫面積限度表

建成區	專用倉庫	工廠自備倉庫	商店自備倉庫	銀行倉庫	軍用倉庫	總面積百分數
第一住宅區	—	—	—	—	—	各種倉庫均不准設立
第二住宅區	五	五	五	—	—	准設小型倉庫佔地面積不得超過全面積　一五%
第三住宅區	一〇	一〇	一〇	一〇	—	,,　四〇%
第一商業區	—	五	一〇	五	—	,,　二〇%
第二商業區	一〇	五	二〇	一〇	五	,,　五〇%
工業區	五	二〇	五	五	五	,,　四〇%
油池區	二〇	—	—	—	—	,,　二〇%
倉庫碼頭區	三〇	—	一五	四〇	一五	,,　一〇〇%
鐵路區	二〇	五	五	二〇	一〇	,,　六〇%
綠地	—	—	—	—	—	—

說明：（一）限度面積照每一營造區段（Block）總面積之百分率表示之

（二）限度面積包括舊建倉庫面積在內舊建倉庫面積已超過限度者不得另建新倉庫

（三）准設倉庫絕對應有防火設備

（四）准設倉庫應沿八公尺寬以上之公路建築之

（五）准設倉庫之建築均應依據上海市建築規則辦理

陸聿貴建議　三十七年八月廿六日

上海市都市計劃委員會祕書處第二十三次處務會議紀錄

時間　三十七年九月二日下午三時

地點　上海市工務局會議室

出席者　趙祖康　鮑立克　王正本　林榮向　陸筱丹　費　霍　金經昌（周鏡江代）　翁朝慶　韓布葛
陸聿貴　陳孚華（虞頌華代）　姚世濂　程世撫　張良皋　楊蘊璞（陳雨霖代）　鍾耀華　吳文華

主席　趙祖康　　紀錄　張迺華

姚世濂　請鮑立克先生報告修正總圖二稿意見。

鮑立克　報告內容見後。

韓布葛　報告修正總圖二稿內容見後。

王正本　報告人口分佈情形，根據上月警察局調查，本市人口增加，以第十四區為最快，自第一區至第二十區人口發展之情形，可分五個時期，第一時期為上海舊城時期，人口總數約三萬人，密度每公頃為一百四十人，第二時期為租界成立初期，人口約六萬人，密度每公頃一百十五人，第三時期為租界發展時期，本市面積二十六平方公里，有人口四十六萬人，密度每公頃為一百七十二人，第四時期自一九一四年至一九二五年，面積三十五平方公里，人口一百十萬，密度每公頃三百十八人，第五時期一九三七年至一九四七年，建成區內面積八五·七九平方公里，人口三百七十三萬，密度每公頃四百三十五人，綜計第一至第二十區內，以第一至第五區人口最密，五區面積共計十三公方公里，人口總數一百十萬人，密度達每公頃八百十八人，十三、十四、十五、三區面積八·九平方公里，人口五十六萬人，密度每公頃六百三十八人，六至十三區面積三十三平方公里，人口一百四十三萬密度每公頃四百三十八人，十七至二十區面積二八平方公里，人口六十三萬人，密度二百二十八人，以上為人口發展及分佈情形，若以三十六年底人口總數為基數，以百分之二或百分之三之增加率計算，則二十五年後本市人口將達七百萬人。

主　席　總圖二稿經修正後，將進行編製三稿，鮑立克及諸位先生之提議，可為重要之根據，鮑立克先生所報告二稿中對道路鐵路飛機場及聯運車站等之修正，此次在京得悉鐵路方面何家灣眞如支線，業已修築完成，聯合車站已由交通部開始設計，預算須款美金一千二百萬元，共分三區階段施工，預計十四年成功，至於飛機場之遷移，最好先得中央之允許，因事關軍事國防，處理不得不愼重，再者三稿草成計劃後，在未正式送呈中央時，應送交內政部都市計劃研究會，作爲參考之資料。

陸筱丹　二稿內關於人口問題，乃是以計劃時期五十年爲對象，市界內祇可容納七百萬人，以爲目前人口增加之趨勢，此數恐嫌不足，本人以爲目前人口特然增加之原因，實由於國內政治經濟環境之不穩定，或卽環境穩定以後，一部份人口仍將滯留上海，如鮑立克先生之意，欲維持原稿設計土地及人口比例數字不變，則必須將各區域內設計人口密度增加，否則影響整個總圖設計工作至大。

主　席　照目前情形推想，卽使時局平定後，本市人口不一定爲減少，因旅居本市之外鄉人，一部分因生活方式已有基礎，不便再行變更，一部份因安於都市物質文明之享受，不願回至簡陋之鄉村，是故以後中區之人口，仍將繼續增加，設計對象之七百萬人，似應提高，中區及郊區之設計密度，亦應同時增加，又鮑立克先生所提出之棚戶問題，甚爲重要，本席之意，最好模仿英國陋巷區之設置，劃定某塊土地指定爲外來之難民蓬戶居留之地，該區應設有工廠水陸交通，使棚戶獲得謀生之道，如此中區人口劇增之現象，似可減少。

王正本　據研究結果，北新涇區作爲此種土地較爲適宜，該區有河流工廠，接近鐵路，設計人口爲二十萬至三十萬，不妨以工業性質爲基礎，試辦如上之棚戶區。

翁朝慶　棚戶區之設，既須替居住者謀求生之道，則不應離都市太遠，使工作不便，本席提議以南市十六鋪一帶劃作棚戶區，既有交通之便，又近都市，易於謀生。

林榮向　棚戶區之位置，在目前情形下，不妨較近都市，俟郊區設計完善後，再行遷移。

陸筱丹　難民問題，個人意見認爲甚難解决，主要原因爲難民一經脫離都市，卽無謀生之道。

主　席　難民一經進入市區，若責令遷移，很難實現，最近政府有將難民移往江西之說，此事恐難成功。

程世撫　本市難民露宿街頭者甚多，大都求生乏術，死亡率甚高，是故處置問題，應作永久之計。

主　席　二稿內容，人口問題應專篇討論，難民問題亦應注意，十二分區面積人口密度之數字，尤須確定，土地使用應明確劃分，總圖二稿工作者，原有鮑立克韓布葛金經昌三先生，現三稿工作曾請王正本程世撫陸筱丹三先生參加。

陸筱丹　國防部現擬在江灣場中路附近，征用土地達九百畝地之兵舍，在總圖規劃爲農業地帶，此事應加注意。

主　席　此事將予參慮，又中區內支區與支區間之「鎮單位」，三稿設計時應明確加以劃分。

陸筱丹　關於中區區劃情形，現擬分別繪製水電煤氣地形交通經濟及社會一般調查圖，資料正在搜集中，各圖製成後，對目前中區之現狀，即可有較具體之認識。

主　席　閘北區計劃，請鍾耀華先生作一書面報告，又三稿起草時，宜用結論式筆法，不必採用二稿討論式之文辭，舊城市之改造置於最後一章，中區道路系統如何實行，應當論及。

姚世濂　資料不足時，設計方法，由理想接近事實，此爲過去之現象，若資料充足時，設計工作應從事實接近理想，關於道路系統方面，設計處測量工作，業已完竣，僅待各區計劃者，將建議之路線劃上，過去規定三個月內（即至九月底爲止），各區應將1/2500圖完成，但現在該圖尙未完成，又晒印圖紙需款二十四億，爲數甚巨，須設計節省。

主　席　最近參議會需要本市計劃之道路系統，以便市民建築，是故製圖工作，應加速完成，關於1/2500圖担任者，應於九月底趕成，除金經昌先生負責外，希望其餘人員加以協助，關於 1/500圖，應從速劃線，完成道路系統，黃浦長甯區，請道路處劉作霖先生協助，海港鐵路車場方面之資料，請王正本先生整理，又以後處務會議，應令所經考試來會之大學畢業生列席旁聽，增加智識，並應多讀書籍，兩星期作讀書報告一次，關於都市計劃方面之名詞，請王正本韓布葛二先生於二星期內，翻德文資料，每一名詞，予以定義，以供工程師學會提出討論。

散會

總圖二稿之修正

卅七年九月二日

鮑立克

總圖二稿必須加以修正之理由。

一　幹路及高速道路系統之變動：

初稿及二稿內，建成區道路系統，經詳細研究後，覺幹路及次幹路有減少之必要，因此市區與郊區間交通系統，亦須重行計劃。

二　鐵路計劃之變動：

鐵路計劃經小組委員會決議，有所變動，本人提議立幹道A與C兩線交叉處建造聯合車站，當局意謂此項措施，將使建南車站之議，完全廢棄，鐵路當局要求最近進行下列三項措施：

一　在新劃港口區，建立鐵路碼頭，本人認為此種措施確為新港建造之良好肇始。

二　在真如與麥根路貨車站間，建造五公里長八百公尺闊之調查場，以為京滬滬杭兩線之用。

三　在市區之南，龍華機場之東，浦江旁建造鐵路碼頭，與滬杭綫聯繫。

三　飛行基地之變動：

參議會曾提議關於本市飛機場之若干改變。

一　閘北飛機場應向北移，以綠地帶與都市隔開。

二　在長江中保留水上機場之用地及一切與交通工具間之聯繫。

國防部曾建議保留虹橋，江灣與大場之機場作為軍用，事實上此種措施，極不合理，因其能於戰時對城市造成莫大之危險，妨礙城市之發展，促成畸形之狀態，閘北飛機場與東面江灣機場，北面大場機場之民軍混合使用，對兩者均感不便。

本人曾以此問題詢及兩位美國籍軍事專家，據云，軍用機場欲使其發揮最大的效能，必須離開城市外圍二十里。

四　市政會議與參議會通過之建成區暫行區劃圖，在建成區內因注意工廠，故工業區與住宅區面積之比例，已有若干變動。

再者浦東廣大之地區，前曾劃爲住宅區者，業已規劃爲工業區，此種更改，使大部份工業活動重心，集於都市中區，不良計劃之促成，係過份遷就私人利益及不正確觀念所致，在將來需費大量金錢，以改正現在錯誤所造成之事實。

本人區域計劃報告曾說明，約一百萬市民必須經過各種區域以到達彼等之工作地點，設若浦東地方不劃爲住宅區，而改爲工業區，則其處境更爲惡劣，是故二稿中使大部份在建成區工作之市民，能在浦東方面就近覓得居住，通過之過渡區劃計劃，實足造成極不良之情形，市民必須從遙遠之地域，至中心區或浦東工作。

因此總圖二稿之修正，在各新計劃市區應減少工業區，在某種情形下取消工業區之設立，市民每日必須至工業區工作，故計劃中應考慮此高速交通系統。

五

較密之人口：暫行區劃計劃最大之影響，厥爲本市人口之迅速增加，一九四五年底工人人口估計當不超出四百萬，而本年八月警局調查之結果，本市人口，竟已達六百萬人之巨，雖然過去或係警局方面調查工作之有遺漏，但因內戰而逃亡之難民實爲人口迅速增加之主要原因，初稿及二稿均估計一九七〇年人口將達七百萬人，而內戰若仍繼續，明年人口數或將到達九百萬或一千萬人。

此種人口之迅速增加，使總圖之實施與新市區之興達，並擴充上海市區範圍，如總圖所建議者，確屬急切需要，新增之人口，更應另行劃地居住，不使加重現有之惡劣狀態，有一緊急措施極應實行者，卽在新區域劃地以供難民建造簡陋之蓬戶，不容彼等在現在城市中，鐵路土堤，河浜兩岸，或空地上，建造足以破壞周圍環境之建築，本人深信，總圖之修正，應設法具體解決人口問題暨難民問題，「蘇丹」落伍之社會水準與中國目前情形相似，而一九四七年其城市計劃法規包含若干優良原則，有足以答解吾人之問題者，除去土地使用外，區劃規則，並包括依照建築材料或建築型式之劃區，高等建築限用磚、石木、水泥等物，第四級規定爲泥砌磚屋，第五級爲草棚——蘇丹土着部落之典型房屋——所有建築劃在指定的區域，最可注意者，爲興造第四第五級房屋時，土人可從政府方面取得土地，而政府復可以土地徵用權取回該塊土地，土人所能領用土地之最小面積爲二百平方公尺或二千二百平方呎（三分之一畝），土地之所有權仍屬於政府，當公共事業需要時，政府有權責令居住者遷讓，居住者每月須付費用，並可在分配而得之土地上限定面積內，自由興建，但不能私自將土地轉讓他人，居住者若抵觸法令時，則被剝奪居住權，以上各種與目前本市居民侵佔公有或私人權益之現象相較，該項辦法，頗合理想。

在總圖擬定之區域內，若將人口較前估計提高，則有兩種情形可能發生。

一　維持各區人口密度，每公頃一百人不變，而將新市區之區域增加。

二　增加人口密度而維持區域面積不變。

最好的解決方法，爲保持新市區的地位大小，而將住宅區人口密度提高至每公頃二百五十人，因外圍工業區密度希望減少，故住宅區密度可能增加，以前區劃計劃擬定建成區人口爲二百七十萬，二稿內增加一百五十萬，則在擬定區域內估計能合理的容納九百五十萬到一千萬人，若人口再有超溢，則使用小型衞星城鎮以區域系統式環繞上海。

建成區之重新計劃：

六　計劃單位——從西方國家之經驗，得知社會之存在，必賴乎各單位之組織完整，此種單位之形成，乃爲近代計劃之目的，無論蘇聯，美國，德國或英國，都有一種趨勢，傾向於在城市社會中組織一種社會經濟單位，其形質均符合各該國家經濟之發展和政治上的特性。

吾人設計工作注重於建立適合本市及中國性之城市社會，總圖計劃及根據組成大都會之部分單位系統而完成，每一單位兼担雙重任務：

第一、各種鄰里單位，中間單位，鎮單位和市區單位，均爲城市結構之因素，聯合而形成都市區域之骨幹。

第二、利用機動車輛之運輸，各單位在城市經濟社會生活上，佔有重要之地位。

一九四七年紐約出版「牛津大學雜誌」所載狄金森著"City Regionalism"一文謂：「目前最基本之改變，厥爲使城市之功用，由綜合性而改爲特殊性」。

一九三一年麥康齊克R. T. Mc. Kanzic著「都市社會」"The Metropolitan"「近代都市社會不似一般無機動交通之社會，係從以特殊功用劃分區域之方法中組織各單位，而不採用集中式和綜合功用之構造」。

近代設計不應如曩昔以市政府或市長辦公處等地爲城市中心，使所有道路集中該地，而應計劃獨立或半獨立式之單位，充分自足，近代都市計劃不以單個房屋爲城市設計之組織，而以小型經濟社會單位，作爲城市之細胞，譬如擁有四千或六千人之鄰里單位等。

道路系統——建成區新道路系統之設計中有一顯著之缺點，即若幹道已變爲城市中之障礙，雖然就「交通尚未機動化」一點而論，原設計之幹道似爲合理，然幹道之功用，在目前已非專爲聯接房屋與房屋間之交通，而爲廣大區域或含有各種特性單位間之連繫。

七　鎮單位如何形成：

此項問題在吾人討論鎮單位之定義時，已經遇及，鎮單位是一個平衡的社會經濟單位，充分自足，同時亦成爲一個管理單位，居民數目爲十五萬至二十萬人，鎭單位在社會及經濟上之平衡，不應偏重於某種工業或商業之繁盛，而應容有各種工商業之活動，以應付嚴重之經濟危機。

若在本市考慮鎭單位之組織，應注意兩點：

（一）地理方面——每城市之發展，均有其本身之歷史，習俗，地形，天然地理疆域，較有經驗之計劃者，很易自地圖上發現此種地域，地理學者，稱之爲「天然地域」，除由歷史及習俗產生外，亦可受街道，地方交通，及日常頻繁規律活動之影響，或爲城市中特殊功用之結構。

（二）社會方面——係關於人羣集合及其在城市中之聯繫，無論個人或團體皆傾向於「物以類聚」一途，市民選擇居所時，皆考慮自己之境遇與自己所能担負之房屋型式並遊樂場所及食物店鋪，以是社會及經濟單位之功用，其主要之因素爲：工作、職業、商業、住屋、國籍和種族、宗教、道德、語言、而最主要者則爲收入之水準。

八

分析之程序：世界各國已採用科學化之分析程序，以重新計劃現有城市，玆可簡畧說明如下：

（一）土地使用圖——詳細表明房屋之種類，功用，年齡，建築型式，高度。

（二）土地使用總圖——根前圖製成，表明房屋沿街綫及其主要用途。

（三）表示全城市主要土地使用之分圖。

（四）表示社會經濟構造之分圖。

一、人口密度，二、收入水準，三、國籍及省籍之分析，四、犯罪者之比例，五、衞生狀況，六、國家性與地方性之社會職業情形。

如將此圖與（二）（三）圖相較，則與（四）圖將大致相稱，而成一自然之界綫，此種辦法所得者，其所包面積至少，實不足以成一市鎭單位，至於如何規劃，則端視計劃者之如何設計，本人以爲上海情形，市鎭單位人口應以自十五萬至二十萬爲宜。

此種分析實爲發展將來本市各新計劃之市鎭之基礎，蓋其表示地方性質經濟及社會之現象也。

總圖二稿修正草圖之說明

三十七年九月二日　韓布葛

總圖之設計，乃融合都市計劃之較理想原則所作成，而吾人今後之工作，應更傾向實踐，俾使理想之實現，不致成爲冒險，故應採取一種折衷辦法，避免錯誤之原理，似屬需要，易言之，不可將理想定之過高。

修正時，吾人應注意不使錯誤存在，自開始計劃即比較多注意於本市舊中心區，並曾在一萬分之一及二千五百分之一圖上修正改善，而都市外區區域面積甚廣則僅有少數交通路綫，目前有關於後者之資料及調查增多，吾人當可着手較有系統之工作矣。

最先應加考慮者，厥爲地形，排水，給水，本市地勢平坦，雨量達每公頃每秒鐘一百公升之多，因此排水極感困難，潮水及地下水之移動上下及進出，亦有關連，而「逕流」（Run-off）僅能在「遮蔽條例」（Coverage Rules）（包括道路，路面情形）範圍內有所管制，但戰時在本市建成區內，上述條例已被忽畧，積雪問題當屬次要，氣候及土壤構造對排水問題，則極有影響，至於給水問題，黃浦江在一般情形下頗嫌過遠，而蘇州河又污穢不堪，是故如現存小河系統，對排水給水問題頗屬需要，尤其以工廠爲甚，處理地面「逕流」，似以避免用唧水站爲合，埋水管坡度雖少於〇・一%者，其長度應不超過三公里，因此排水溝渠之距離，不能超出四公里現在則爲一公里至二公里，此項水源亦可充作洗濯及消防之用，此外尚應有一航運系統，每河距離五公里至七公里，其斷面應較目前河流斷面爲大，俾能通航一百噸至二百噸之船隻，而目前四十噸之船隻已屬罕見，蘇州河之船隻限制爲二十噸，除河流外，亦應有一運河系統與大運河連接，能航行六百噸至一千噸船隻，此問題與區域有關而非上海市之直接問題，蘇州河之污穢可用處理污水方法改善之，清潔之河流應與湖泊相連，綠地之設立，可先擇底窪地與水道連接，河中之污泥經挖掘後填至兩岸土地或公路以修整地形上之缺點，歐洲許多低地城市及近海平原，係建立於由人工築成的土堆上，上海整個地區逐漸下沉，可以此法補救。

欲整理總圖內各區域，吾人可更改區域之面積及人口之密度，而後者更因區域現在之發展情形而趨於複雜，短時期內減少已經居住區域內之居民，固屬不可能，則吾人僅能使密度平衡，維持平均數低於每公頃三百人。

下表中（總圖二稿原以每公頃二五〇人爲計算標準）假定中區每公頃八百人，楊樹浦區每公頃六百人，近工業區每公頃二百五十人其他每公頃二百人

分區	面積方公里	密度每平方公里人數	人口以百萬爲單位
一	二五	二〇〇〇〇	〇・五〇
二	一三	二五〇〇〇	〇・三三
三	三六	八〇〇〇〇	二・八八
四	一二	六〇〇〇〇	〇・七二

五	三七	二〇〇〇〇	〇・七四
六	二九	二〇〇〇〇	〇・五八
七	二三	二五〇〇〇	〇・五八
八	三二	二五〇〇〇	〇・八〇
九	三〇	二五〇〇〇	〇・七五
十	三二	二〇〇〇〇	〇・六四
十一	二一	二〇〇〇〇	〇・四二
十二	二四	二〇〇〇〇	〇・六〇
共計	三一四		九・五三

以上平均數恰低於每公頃三百人，第二第四區面積特小，可以合併使楊樹浦區在接近之江灣區內得到住宅地帶。

以上密度頗接近各區之設計數字。

一等住宅區每公頃三百人，二等住宅區每公頃四百四十人，三等住宅區每公頃五百人，建成區中心之道路，應與區域內之重要地點聯繫，故交通應予考慮，原有區域計劃，因尚未詳細計劃，就理論言區域應擴展至甯波，杭州，蘇州（南京）及三角地之北部，但自目前伸展至乍浦、青浦、浦東已屬足夠，不論基本條件是否足夠，交通計劃圖，雖疑點仍多，目前似應開始試行設計，浦東區及閔行區向北之道路地位年累加修改，彭浦區「編配車場」（Classification Yard）上之交叉道路使之減少，以便利大場飛機場向西南擴展，雖另一水上飛機場正擬計劃，但尚未確定。

在多種情形下，應將道路計劃展至市界之外，甚至界外含有明確土地使用之地區，亦可予以指出之，惟行政上有不能直接實施之困難存在年。

上海市都市計劃委員會秘書處臨時處務會議紀錄

時間　三十六年八月十五日下午三時

地點　上海市工務局局長室

出席者　趙祖康　陸謙受　姚世濂　金經昌　陸筱丹　韓布葛　朱國洗　龐曾溎

主　席　趙祖康　紀　錄　龐曾溎

主　席　施孔懷先生之沿浦兩岸佈置草圖，經上次技術委員會討論後，已經修正，今天請各位再就其計劃，對於港口區域問題，加以討論，昨日公用局亦召集會議討論港口碼頭，本人曾提出：（一）碼頭沿岸保留地帶伸入三百公尺，應視實際需要而定，（二）駁岸綫（Bulk-Head Lines），須由港務機構與市政府會商決，（三）港務計劃應依據都市計劃委員會之計劃總圖。

朱國洗　昨日公用局之會議，決定在永久港務機構成立後，首先接管現在已有港口碼頭倉庫區域，分別予以保養維持或改善，然後擬具將來港口計劃圖，凡有新建碼頭區域需用土地，當向市政府請求保留，或有舊碼頭失去效用而在取締之列者，擬亦隨時報請市政府關爲其他用途。

韓布葛　據本人研究濬浦局所刊行國聯專家一九三二年及濬浦局顧問工程師一九二四年兩報告，前者所主張在虬江碼頭南北兩面之挖入式碼頭地位，（亦卽施先生計劃草圖中所示）實宜於作爲都市計劃之工業區域，因此項碼頭式樣，不便於鐵道聯運之布置，如設在碼頭鋪設鐵道，徒然使岸綫以內之地區，因鐵道交叉而與市中心交通感覺不便，故不如劃爲工廠區，則該地自成區域，並無妨礙，至後者，主要建議將上海港口，築於儘可能距離上海較近之地，其宗旨實與都市計劃委員會總圖之吳淞挖入式碼頭，意義相吻合。

主　席　關於此兩項計劃比較之理由，請韓先生另作一書面意見，以備研究。

陸謙受　今日鮑立克先生未曾到會，本人代表申述其意見，鮑先生以爲一般人均誤認現在上海港口之缺點，在於碼頭長度及碼頭機械化設備不足，故紛紛主張增加碼頭改進設備，實則問題不在碼頭長度，今日上海最嚴重問題，在船舶進口後之停留時間，（Turning time）太久太不經濟，故須從碼頭之質着眼，而不在量之多寡，如利用挖入式，機械集中，管理便利，效率可以增加，而碼頭需要長度反而減少。

本人負責設計工作，惟就所知以貢獻意見，在行政上之能否推進，是爲另一事，最近總圖設計方面，對於浦東工業區已進行修正，而對於港口區，本人仍主維持總圖二稿原則。

韓布葛 對於現在已有碼頭，吾人不能否定，故在都市計劃碼頭區以外而現存之碼頭，祇可暫准存在。

朱國洗 中正路以南之碼頭，似可留爲客運碼頭，因其與市中心交通，最爲便利。

決　議

根據參議會決議及各方意見，確定碼頭倉庫區域原則三點：

一　碼頭倉庫區域，應集中於數點。

二　暫時利用現有碼頭及其他擴充岸綫凡擴充岸綫，必與都市計劃相符合。

三　利用已有碼頭，而此項碼頭不在都市計劃規定之碼頭倉庫區者，不能增加擴充，僅能作爲臨時碼頭，依據以上三原則，對於現狀，擬定具體辦法如下：

一　吳淞口至殷行路，仍爲計劃中之集中碼頭區。

二　虬江碼頭予以保留，得適應目前需要，加以改善。

三　中新七廠至蘇州河，作爲臨時碼頭區。

四　新開河至江海南關，作爲臨時碼頭區。

五　日暉港碼頭，照都市計劃原理。

六　自高橋港口至浦東電氣公司，作爲軍用碼頭。（浦東）

七　自西溝起至三井碼頭，自陸家浜至上南鉄路，除工廠使用碼頭外，作爲臨時碼頭。（浦東）

上海市都市計劃委員會秘書處業務檢討會議紀錄

時　間　三十六年十一月二十二、三、四日上午九時至十二時下午三時至五時

地　點　上海市工務局會議室

出席者　趙祖康　鮑立克　程世撫　鍾耀華　金經昌　金其武　宗少彧　黃　潔　陸聿貴　汪定曾

上海市都市計劃委員會祕書處處務會議紀錄

龐曾湛　俞賢通　陸筱丹　章𤊹　楊蘊璞　王志超　陳孚華　徐鑫堂　王金鰲　周書濤
陸謙受　林榮向　姚世濂　費霍　余綱復　張萬久　黃傑　吳之翰　宋學勤　李國豪
楊迺駿

主席　趙祖康　紀錄　余綱復　費霍　龐曾湛

第一日會議

主席　此次舉行本會祕書處業務檢討會議，希望將過去工作作一綜合之整理與檢討，并討論今後工作之推進，本人以爲工作之具體對象，當仍以幹道系統，工廠區域及閘北西區計劃三項，爲最重要，而工作之討論研究，又可分爲計劃，法規及行政三方面，茲依照會務組所擬程序，逐一討論。

費霍　宣讀上海港口問題研究報告。（另刊）

決議　原稿請余綱復先生再加整理，（一）應添入挖入式碼頭之面積，（二）報告中所列油池專業碼頭岸綫，約佔永久性碼頭全長三分之一，港口計劃標準之擬定，第五節中每年每呎五百噸之標準，是否已包括油量噸位在內，應予查明，以資正確。

余綱復　宣讀兩路局所擬之上海市區鐵路路點改善計劃報告及上海市鉄路建設計劃委員會第三次會議紀錄。

金經昌　報告最近幹道系統設計概要。

一　擬在西藏路新民路口，設立市區高速道及鉄路之聯合車站。

二　直達幹道，四綫起迄如下：

一、吳淞——楊樹浦——北站——閘北西區——北新涇。

二、南翔區——西藏路——過浦江——接浦東幹道。

三、蘊藻區——江灣區——中山路——龍華——塘灣區——閔行區。

四、南站——龍華區。

三　建成區輔助幹道共十九條。（詳圖）

決　議

直達幹道之設計原則：

一　高速交通，應兼顧客運及貨運之需要。

二　因樽節汽油，大量客運利用高速電車或市區鉄路，貨運則因路綫起迄不一，仍應有汽車道之設備。

三　高速電車及汽油是否在同一道路行駛，抑分二層建築，以及地下車道之可能性，另設研究小組，請楊迺駿李國豪陳孚華張萬久鮑立克五君共同研究。

四　如設立聯合車站北站，地位應有變動，一綫幹道並須佔用現有車站土地，本會設計圖完成，先洽鉄路局地政局徵求同意，並會商如何交換土地，本再作最後決定，（張萬久先生表示聯合車站之設計原則，路局當能同意。）

五　輔助幹道之斷面標準，最大寬度暫定四十六公尺，最小暫定二七・五公尺。

第二日會議

關於閘北西區計劃。

金經昌

報告因整個幹道系統變更計劃，閘北西區道路系統與以前提經市政會議通過之計劃不同之點。

汪定曾　鮑立克

說明聯立式房屋設計意義。

宗少彧

宣讀所擬上海市建成區營建區劃規則草案。

陸筱丹

宣讀所擬上海市閘北西區營建區劃規則草案。

決　議

一　道路系統，依據現在設計，繪製正式圖樣，俟鉄路局同意後，提市政會議。

二　直達幹道，如暫時尚不能建築，所需路綫及廣場基地，應先保留。

三　在車站土地未能利用及直達幹道未興築前，地方道路之設計，儘量顧及與幹道路綫之聯繫。

四　閘北西區作爲重新規劃區域，不受上海市建成區營建區劃規則之影響，營建區劃規則各條款之修正意見，由陸筱丹君負責整理，備提都市計劃委員會聯席會議之商決。

五　營建區劃規則中所列各項營建標準，由汪定曾鮑立克會商決定。

六　各類房屋設計圖樣，仍請汪定曾鮑立克繼續進行，並附說明以備參考。

七　進行程序——閘北西區計劃實施要綱，各項計劃圖（附說明書）及營建區劃規則，由各負責人於十二月一日完成，十一月二日召集都市計劃委員會聯席會議商決後，再行提交十二月五日之市政會議。

第三日會議

工務局與都市計劃有關之一般問題。

姚世濂　說明上海市建成區營建區劃暫行規則各條款及區劃圖。

黃　潔　報告所擬工廠分類表。

決　議

一　關於建成區分區辦法，採取下列原則：

一、儘量以總圖二稿爲依據，並依疏散工廠至四郊爲目標。

二、參考土地使用現狀圖及現在地價圖。

三、將標準較現狀畧予提高。

四、如在規定區域內不應設建之工廠，而目前已存在者，爲顧及行政上困難計，得將遷出限期，酌予延長，但原則上，不能降低區劃之標準。

二　關於區劃規則及區劃圖之修正意見。

一、取銷雜居區增列鉄路區，綠地帶及油池區。

二、分區界綫重加研究，在一區內，可並列各種不同性質之區域。

三、規則條款及區劃圖，請姚處長負責整理，備提都市計劃委員會聯席會議商討。

三　關於工廠分類辦法。

原擬大型工廠一與普通工廠二，併稱為普通工廠，其標準定為馬力二十四以上及工人數三十人以上。
原擬之三類，改稱為商業工場，其餘仍依次編列，由黃潔先生重予整理。

四　其他。

一、市區內園林大道，由程世撫鮑立克兩先生會商研究後，提出討論。

二、輔助幹道兩旁，准否開設商店問題，由陸筱丹林榮向兩先生究研後，提出討論。

三、輔助幹道十九綫，請金經昌先生將所經路綫列表，提下次會議討論。

四、廣告牌管制辦法，由營造處另訂，不必併入區劃規則中討論。

上海市都市計劃委員會委員名單

職別	姓名
市長兼主任委員	吳國楨
當然委員兼執行秘書	趙祖康
聘任委員	李慶麐　吳蘊初　陳伯莊　汪禧成　施孔懷　薛次莘　關頌聲　范文照　陸謙受　李馥孫　梅貽琳　奚玉書　王志莘　徐國懋　錢乃信　王兆荃　趙棣華　項昌權　顧毓琇　谷春帆
當然委員	沈宗濂　李熙謀　俞叔平　田永謙　祝平　趙曾珏　張維　吳開先

上海市都市計劃委員會秘書處聯席會議紀錄

上海市都市計劃委員會祕書處第四次聯席會議紀錄

時　間　三十六年五月二十四日上午九時

地　點　上海市工務局會議室

出席者　吳國楨（趙祖康代）　趙祖康　黃伯樵　Richard Paulick　陸謙受　鍾耀華　陸筱丹　徐肇霖
吳益銘　吳之翰　姚世濂　陳孚華　張萬久　費　霍　金經昌　侯彧華　錢乃信　吳錦慶
汪定曾　江祖歧　田永謙　伍康成　施孔懷　朱國洸　程世撫　林安邦　張　維　俞煥文
祝　平　李劍華　余綱復　趙曾玨　王繩善

主　席　吳市長（趙祖康代）　紀　錄　費　霍　余綱復

今日爲都市計劃委員會第四次聯席會議，同時請參議會方面代表以及與都市計劃最有關係的鐵路局濬浦局主管參加，茲均承於百忙之中，抽暇到會，十分感激，市長本擬於開會時來致訓話，因事不能趕到，惟市長嘗與本人談到本市不能無都市計劃，且現有兩個重要問題，必須待都市計劃從速決定，一爲交通方面的道路系統問題，一爲工廠區問題，關於第一點，以前上海的道路系統有許多地方，須待整理修正，八年戰事以後，不少的房屋及道路都已破壞，現在確是重新規劃的好機會，所以對於營造，除黃浦區外，都是發臨時執照，但不能長久如此，雖然市民還能體諒，但政府總感到十分抱歉，市長希望早點規定道路系統，以便核發正式執照，第二點是工業區，以前公共租界沒有限制，上海市政府有工廠設廠地址之規定，法租界也有小規模的規定，但從整個都市發展來說，應該從新規定，工務局曾根據以往之規定，目前情形及都市計劃總圖初稿，擬定本市管理工廠設廠地址暫行通則，呈送市府，已經市政會議通過，函送市參議會，經市參議會第二屆大會，組織專門委員會審查，大約在第三屆大會時，卽可有決定，因爲這兩個原因，市長希望都市計劃總圖二稿，趕快決定，送市參議會，有了總圖，多少能有根據些，可以說，這是今日開會的用意，市長原擬召開本會第三次大會，但因參議會三屆大會開會在卽，而討論時，以各組負責人之意見最關重要，故召開聯席會議，希望各位不吝指教，有糾正的儘量糾正，總須有一結論，卽將各位修正意見，連同總圖二稿，一併送至市參議會，請作一原則上之決定後，送還市政府再根據修正計劃。

在去年十一月七日，本會第二次大會前後，本會各組曾舉行分組會議及聯席會議，市政府各局局長，都參加討論，主要的是關於都市計劃基本原則各項問題，其中以經濟交通區劃最重要，茲將會議要點提出一談：

本市二十五年後人口，各方面對於七百萬人數字，都很滿意。

本市港口，每年進出噸位，估計在二十五年後，即一九七一年時，海洋及江輪各約爲三千萬噸，加內河及駁船噸位，總數共約爲七千五百萬至八千萬噸，至分類估計，當時係決定請施委員供給答案。

由進出口噸位，論到總共需要的岸綫長度，當時係決定請施委員及公用局宋科長供給答案。

至於港口，原則爲確定港口之地位，按照其使用性質，分別集中於若干區，並於第二次大會中議決，「其與鐵路終點連接者，以準備採用挖入式爲原則」，但對於港口之集中或分散，尤以利用黃浦兩岸問題，各方面意見尚未一致，鐵路客運總站，暫時維持北站，各方面都可同意，至於確定地址，本人可向各位特別提出報告者，爲交通部會同本市各有關機關組織之「上海市區鐵路建設計劃委員會」，人選均已推定（以吳益銘先生爲主任委員），即將成立。

關於土地使用方面，爭執最多的，是楊樹浦與浦東如何利用問題，楊樹浦在總圖二稿內，已有修正，至於浦東問題，在本會第二及第三次聯席會議討論時，衛生局則贊成浦東爲住宅區，地政局祝局長亦以爲計劃應稍偏重理想，財政局也贊成原來的計劃，不同的意見，則以公用局趙局長提出者，最有價值，以爲計劃應顧到當地環境特性，浦東有其有利條件及浦西浦東應平衡發展，工務局一部份同人，亦同意此種意見，越江工程委員會 Cortit 先生，亦主張顧到現狀，故本人以爲今日討論之範圍，大致還仍爲港口鐵路及浦東等問題，在市政府立場，對於各位攷究來此共同討論，非常感謝，希望得一結論，請各位不吝指教，關於總圖二稿，已由設計組各位編有書面報告，不過因時間不及，未能先送各位研究，此點本人特提出向各位道歉，報告書甚長，恐各位不能詳細讀閱，現請陸先生予以說明。

陸謙受　主席，諸位先生，今日能有機會將同人之工作，貢獻於諸位之前，同人等感到無限欣幸，現在社會在動盪，人心徬徨，一般人祇求生活，市長對於都市計劃很熱心，但是這幾日的事情太多，還要以都市計劃去煩他，於心似覺太說不過去，但是譬如家庭教育，在生活不安定時，對於子女教育是沒有心情的，但幼而不教，則將貽害將來，都市也是如此，計劃的不好，將是社會很大的負担。

在報告之前，有幾點須提出向各位說明：同人在工作之際，常與各方面保持聯繫，有很多人以爲同人計劃太重理想，不合實際，但同人在開始時，即顧到事實，同人有很好的原理，而在不適合事實時，每多犧牲原理，有人說同人計劃太歐美化，專步歐美專家的後塵，實則同人並沒有跟着人家後面跑，科學是沒有國際界綫的，當然可以說受到些影響，但如說同人沒有顧到事實，是不能承認的，同人也並沒有完全採用歐美的標準，此點在說明土地使用時，可以見到，再如計劃中之道路系統，也沒有採用歐美的標準。

同人總圖二稿，是由初稿來的，所以有許多地方，在二稿報告書內，沒有重複說明，同人在初稿時，已與各位交換不少意見，擬請各位在研究二稿時，同時參閱初稿，現在本人的說明，因時間限制，也僅能將幾個主要問題，提出來：一、人口，二、土地使用，三、道路系統，四、港口，五、鐵路，六、水道系統，七、飛機場。

一、人口——研究都市計劃，除自然環境外，第二個要點就是人口，沒有土地，當然根本人會有都市，但先有土地，沒有人口，也就不成其為都市，所以談到都市計劃，必須先把人口問題解決，本市人口在二十五年後，將達到七百萬數字，大家都同意，同人研究之結果，也是如此，我們的國家，在走上工業化大道的起點，我們的政府，也在極力推行工業化政策，一個國家，在工業化進程中，人口增加，是必然的趨勢，都市人口增加非常快，農村則減少，在歐洲是四倍，在美洲是八倍，近點來看亞洲，如蘇聯自一九〇〇年至一九三四年，人口增加了五五・六%，而農村只增加二〇%，都市卻增加到四〇〇%，如研究都市人口增加的過程，則自一九〇〇年至一九二二年，增加了五〇%，第一個五年計劃實施後，始扶搖直上，而達到如上的最高峯，在一九三九年，人口的分配，為農村六七・二%，都市三二・八%，日本從一九〇九年至一九三九年，全國的人口增加了五四%，在一九一〇年，農村人口佔五四・四%，都市佔四九・六%，但在一九三五年，農村人口下降至三五・五%，都市人口增加至六四・五%，再來看德國，自一八〇〇年至一九三〇年，都市人口增加了二十四倍，農村人口幾乎沒有變動，是故上海市人口的增加，是勢所必然，二十五年後至七百萬，五十年後至一千五百萬，我們對於如此龐大的增加，必需要有準備，並非同人希望其如此，這是事實上必然的趨勢。

二、土地使用——都市計劃最主要的目標，是提高市民生活水準，最低的條件要：一、有相當大的面積，二、劃分為各種單位，三、加以組織，纔能得到希望的結果，目前的情形，是非常壞，中區七十五平方公里內，有三百萬人口，擁擠的情形，可以想見，這是土地使用未能達到理想的功能，並且工廠與住宅混在一起，無法分出工業區，商業區和住宅區，過去的建築，沒有計劃，有已三、五十年的，很危險，尚不能拆除，還要增加人口來住，可以說上海是世界上最醜惡城市中的一個，沒有舊式都市之美麗，又無現代都市之設備，同人的計劃，是針對此種弊病，對症下藥，（一）土地使用分類，（二）疏散辦法，（三）區劃制度，（四）普遍減低人口密度，根據以上各種研究之結果，發現吾國與外國的情形不同，在歐美劃分單位很小，每個區域人口在一萬五千至二萬伍千，且常有三四千人的區域，我國在工業化的過程中，是要生產設備交通人口集中，同人以工業發展來計劃的單位，不能如歐美一樣，却須在五十萬人左右。

人口密度，在初稿時，所定的三種標準，是每平方公里五千人，七千五百人，一萬人，最近經詳細研究後，認爲每平方公里一萬人，最爲合宜，故在二稿中，對於人口密度標準，略有變更，（一）中區每平方公里最高四萬九千七百人，中級三萬三千六百人，再次二萬四千七百人。

土地使用相互的關係，在配合上之條件爲：一、居住地至工作地之路程爲三十分鐘步行距離，二、居住地至學校路程爲十五分鐘步行距離，三、居住地至日用品商店路程，不過十分鐘步行距離，四、居住地至娛樂地，不過三十分鐘步行距離，五、居住地至行政機關，不過四十五分鐘步行距離，六、工業區與住宅區之位置，須避免住宅區受鬧聲臭味煤烟及其他有害事物之騷擾。

計劃中每一單位，均用大量綠地帶包圍，以限制其發展，保護其衛生環境，每一小單位，約四千人，以一小學校爲中心，有日用品供用商業，幾個小單位組成一中級單位，人口一方四千至一萬八千，用輔助幹道環繞，比小單位設備較多，並有初級中學和電影院各一所，合十個至十二個中級單位，爲一市鎮單位，人口約十六萬至十八萬，合幾個市鎮單位爲一市區單位，人口徊乎五十萬至一百萬之間，可以說全部計劃爲有機體的，互相維持密切關係。

工業區之劃分，以顧及各種工業之特性及原料供應與成品輸出爲根據，每區工業設計，以經濟平衡發展爲原則。

三、道路系統——同人曾以很多時間研究本市交通擁擠原因，發現有幾個問題，在美國平均每三·五人有一輛車，上海每一百八十人有一輛車，如欲達到美國的情形，則上海的車輛，要增加五十倍，照理上海的交通情形，應該較美國爲好，但實際極爲惡劣，上海交通擁擠的情形，決非車輛太多，同人分析的結果，有下列數種：

甲、駕駛人技術不佳或不守規則。

乙、現有道路系統不好與交叉點太多，設計惡劣，歐美道路之設計，原照馬車標準，上海中區有若干道路僅能容人力車通過。

丙、土地使用不妥，交通集中，一切運輸，大半須經過中區。

丁、各種車輛速度差異，將速度分類，上海不同速度車輛，計十二種，而同類車輛行駛亦有緩急，若再研究，至少有十八種速度。

以上各種問題，並不是僅僅放寬馬路，可以解決的，即或能較目前狀況可以改善點，也是臨時的，將來仍不免要擁擠，放寬馬路，不是同時放寬，結果還是有許多瓶頸，放寬馬路的費用太大，再則本市近年來最重要的道路放寬，是南京西路（跑馬廳附近一段），增加的寬度，都給停車佔去了，餘下的，祇能在每方面通過一行汽車，而行人跨過道路，要走一較廣闢而沒有保障的距離，故以爲局部放寬道路辦法，可以解決交通問題，是一種錯覺，同人建議一種新的道路系統，來解決這個問題，包括直通幹道，完全爲機動車行駛，輔助幹道，有公共交通並容納人力車，因恐在最近之將來不能完全淘汰人力車，但係分道行駛，地方路利用現有道路，同人認爲新道路系統，爲最經濟，祇須有限之直通幹路輔助幹路即可解決交通問題，至於地方路利用現有道路，可以無須放寬。

建議之直通幹路共七條：

甲、由吳淞港經虬江碼頭，楊樹浦，北站，而至虹橋。

乙、自法租界外灘起，經南市，環龍路，復興路，虹橋路，而達青浦，此路預備爲林蔭大道，以通太湖（擬建議之國家公園）。

丙、埋吳淞港經江灣，虹口，外灘，南市南站，而達松江，閔行各區。

丁、由肇嘉浜經善鐘路，普陀路，而達蘊藻浜。（肇嘉浜附近擬建運煤港。）

戊、由南站經西藏路，北站至大場。

己、由吳淞港經中山路至江灣。（繞越路綫）

庚、由吳淞港及蘊藻浜經大場，虹橋及松江外圍，而達閔行。（繞越路綫）

在每一交通範圍，同人均已考慮停車地位，在中區確很困難，從地價而言，實太不經濟，最近統計，每日中區停放的車輛，約有四千輛汽車，每輛所佔停放面積，約爲三十一平方公尺，約共需二〇七畝，所以同人建議採用多層汽車庫，約八層，則每車所佔的地面積，可以減爲四·五平方尺，但應由市府來辦，可以收費，以能應付投資利息和維持費爲原則，如是有利的業務商人，亦願投資。

四、港口——有人主張應儘量利用天然資產之黃浦，有人主張應顧到現在的情形，先儘量沿浦江發展，將來不敷時，再遷往吳淞，同人則認爲沿江發展，（一）必將引起交通集中，中區更加擁擠混亂，（二）現代化機械設備，普遍裝置太不經濟，（三）碼頭分散，管理困難，現在的理論是面的，（Port Area）而不是點的，將許多碼頭配合在一處，很爲經濟，同人建議在吳淞建一現代化碼頭，（區域計劃內，同人曾建議以乍浦作爲海洋船舶港，則將來吳淞可作爲內江及沿海船舶港），佔地約三〇平方公里，利用蘊藻浜開寬挖深，（圖上所表示者，僅在表示採用挖入式），用鐵路連繫，管理極爲便利，同人並未放棄利用浦江，如漁業港，虬江碼頭作爲工業碼頭，龍華附近有煤業碼頭，閔行工業區有工業碼頭，浦東有油池碼頭，蓋利用浦江，須在有利無害上發展之。

有人主張發展浦東爲工業區碼頭區，同人研究之結果，認爲不相宜，蓋如此勢將各種交通伸延至浦東，橋樑隧道頗不經濟，交通將集中沿江數點，就造橋言，如造高橋，橋空約一九〇呎，引橋頗成問題，且妨礙中區交通，如用活動孔低橋，則橋上及浦江交通，均發生問題，同人在設計時，毫無成見，經研究後，認爲發展浦東爲工業區，就整個言，極不相宜，而不能得到好的結果，若發展浦東爲住宅區及農業區，可以解決中區擁擠問題，兩岸間之交通，用新式輪渡卽可解決，都市人口極衆，若就近有農產品供給，對於市民生活很有裨益。

五、鐵路——近年來，有許多專家認爲鐵路的時代已成過去，有人主張用新式的公路，來代替鐵路運輸，但最近十五年，美國鐵路運輸又重新抬頭了，大量運輸還是經濟，一列車可抵一個數千噸船的運量，鐵路已在改良，用油或電力，必有很大的前途，同人認爲鐵路在本市二十五年之發展中，將是很重要的。

建議在市區內，加修鐵路新綫：一、自吳淞經蘊藻浜至南翔連接京滬綫，二、自北站經虹橋至靑浦以達太湖，三、自南站經閔行松江連接滬杭綫，此外建議市鎭鐵路，以解決較遠的大量運輸，市鎭鐵路連接每個市鎭單位，與遠程鐵路打成一片，市鎭鐵路系統，共有六條：一、自吳淞港經江灣虬江碼頭楊樹浦北站至普陀路虹橋，二、自吳淞鎭經江灣閘北外灘南市南站龍華至松江，三、自蘊藻浜經大場機場普陀路善鐘路至龍華港，四、自北站經中山路龍華機場浦南閔行至松江，五、自南市經外灘環龍路陰山路至中山路，六、自南翔經北站西藏路南站至川沙南匯。

同人計劃的車站，有北站南站及吳淞站，吳淞站爲便利不至上海之客貨，並計劃設主要貨運終點站於南翔松江，在崐山設一貨車總場，除大站外，尙有很多小站，貨站客站分開，以免耗費時間，並減輕大站之負担。

六、水道系統——（一）蘇州河裁灣取直後，對於沿河工業，必極便利，同時並建議在新河道旁建倉庫區，（二）蘊藻浜接通蘇州河，（三）其他河道能利用者，儘量利用。

七、飛機場——本市現有飛機場共四處，爲龍華江灣大場虹橋，同人建議保留龍華大場兩處，作爲國際標準機場，龍華機場在現在擴充範圍之外，更予擴充，作爲國內航空總站，與高速運輸系統連繫，大場飛機場向南擴充，成爲六公里乘七公里面積，作爲國際航綫中心，與鐵路公路水道連繫。

總上各點，二稿與初稿確有很大分別，其與地方情形不能配合之處，在二稿中均已糾正，楊樹浦及其西北各有一工業地帶，閔行方面添設一港埠，中區方面向北增加發展，道路系統亦有很大差異，同人對此極爲審愼，係將房屋現狀，在很大地圖上予以研究，每個交叉點都詳細考慮過，將來更詳細的研究，當更有改進，各位爲各部份之主管，必能給予很好的指教，此外尙有附帶報告的，是建成區內直通幹道及市區內鐵路是高架的，使與低層交通隔離，本市因地質關係，地下車道造價太貴，維持困難。

主　席

頃陸先生對總圖之說明，頗爲詳細，各位對於設計，在原理上或實施上，如認爲有問題，請不吝指教，在市府的立場，希望今日討論能有結論，可以送請參議會參考。

黃伯樵

第二稿確較第一稿進步，尤其在物質條件不夠的環境中作成，很不容易，本人有一點須提出，即大場飛機場，可否與當局商量遷移，吾人不能不想到戰事，如發生戰事，大場恐不能避免，再以後航空將有很大發展，不如移至浦東，該處空曠地價甚廉，很好發展。

錢乃信

計劃如何實施，也是計劃的一部份，人力物力財力等都得要考慮到，本人認爲應在計劃內補充如現在計劃中的分區，如何實現，有消極的和積極的，消極的辦法，可以限制營造，積極的辦法，是建立交通動力等，將來採取何種法定手續，手續既定，將如何實施，如公用事業，需費很大，是否由政府辦，抑由商人辦，因爲開始時，很可能虧本，港埠建設也是如此。

都市人口之增加，固無可否認，農村人口移至都市，在歐美是自由的，蘇聯情形不同，有很多都市是平地建設起來的，本人認爲人口增加，可以人力限制，如限制動力和工廠，所以人口的增加，不一定是自然的。

徐肇霖

油池地點，集中一處，很危險，似可分散，多加地點。

吳益銘

港口如能照計劃實現，在鐵路方面極爲歡迎，計劃中遠程鐵路綫及市區鐵路綫，是以廿五年爲對象，交通部京滬區，當前改善工作，則是在最近幾年要實現的，但兩者應該配合，此一問題，擬當待上海市區鐵路建設計劃委員會詳細研究。

侯彧華

一、計劃中關於鐵路分爲至國內各地的，市內較遠程的及港口的三種，本人很贊成。

二、現在走私很嚴重，港口集中，本人以爲有此需要，管理可以便利，不過建築費很大，六七萬萬美元，就目前財力看來不易實現，希望分期實施。

三、關於市外鐵路，路局另有意見提出上海市區鐵路建設計劃委員會，至於計劃中之在崐山設編配場，本人以爲機車往返太遠。
四、閔行設港埠，是否有此需要。
五、吳淞站可否遷近市區。
六、浦東交通，單用輪渡，恐不夠應付，可否在外灘公園附近築一隧道，黃浦上淤日暉港以南造一橋。

李劍華
一、上海都市計劃，若不考慮全國建設計劃，恐怕很多地方成問題。
二、上海人口的增加，以往是因爲內戰與租界的關係，若全國和平，則人口不會再同樣的增加，本人以爲人口問題，應從社會科學上去看。
三、規定若干地方爲工廠區域，對於工廠如何遷移及工廠運輸問題，應該考慮，上海應設若干工廠，何種工廠，都該研究。

主席
一、關於人口問題，已有很多的究究。
二、本市都市計劃，應配合全國建設計劃，在初稿時業已談到。
以上兩點，請參閱總圖報告書及會議紀錄。

趙曾珏
一、港口設計與交通組所提出及各前進委員之意見相合，本人認爲很適當。
二、楊樹浦一部份劃爲工業區，事實上有此需要。
三、閔行以前無工業，完全因缺乏電力關係，若電力解決，實爲一理想工業區。
四、軍用碼頭，陸先生未提及，軍用碼頭事實上有此需要，雖可稍遠，但必須有規定地點。
五、軍用飛機場，最好遷移遠些，如黃先生所提出的，遷至浦東。
六、龍華飛機場太小，確宜擴充。
七、浦東區計劃，仍宜加以考慮，本人認爲最好能有一輕工業區，及一碼頭倉庫區，浦東腹地頗廣大，可發展，在江之兩岸不平均發展，似不公平。

八、交通方面，陸先生曾提到上海每一八〇人有一車，但有很多小車僅坐一二人，本人主張大量運輸，發展公共交通，汽車需用油，中國不產油，小車可以限制，而需要的是大家可以坐到車。

九、高架車道，亦有缺點，本人則贊成地下車道，至於地下水的問題，爲技術問題，可以設法解決。

十、總圖二稿，就大體說，較初稿令人滿意。

吳錦慶

一、大場飛機場既爲國際飛機場，有否考慮到水上飛機，如有水上飛機，則在地點上須有變更。

二、港埠設計，挖入式費用甚大，對於上海潮水之漲落，是否考慮，本人認爲港埠設計形式，應用經驗決定。

伍康成

一、上海都市計劃，應該在貿易經濟工業發展前題下來計劃。

二、計劃需要質有彈性，以便實施時，能有修正餘地。

三、計劃實施的費用很大，將來市財政收入，恐怕有限，中央之補助，也不會多，上海市都市建設，在財政上應予考慮，政府要負担若干，本人以爲政府做的愈少愈好，人民做的愈外愈好，就是說，凡是人民不能辦的，始由政府投資。

施孔懷

一、在第二次大會時，曾決定以準備採用挖入式爲原則，計劃中作爲挖入式當無問題。

二、港口地點是否合宜，似尚可考慮，以前外籍專家之研究，以爲在蘊藻浜附近建築碼頭，不甚相宜，該處適在江流外灣，流速最大。

三、二稿報告書謂將來浦江改窄，可以拓寬新土地，還可以收到其他的效果，自然加深，本人對此有點意見，中國治河是築堤縮水，流速可以冲刷河身，但黃浦與黃河不同，黃浦是潮水河道，河寬潮水進來多，退潮時自動疏深，如河身縮窄，潮水進來的少，退潮時刷底力小，再流流速，亦妨礙航行。

四、關於黃浦建築碼頭形式，曾函詢各輪船公司意見，得到的答復，（中國輪船公司答復者不多）都以平行式碼頭，輪船停靠離開便利，並希望在沿浦有岸綫時，建造平行式碼頭。

五、陸先生說，沿浦築碼頭使交通集中，本人可以提出，由陸地轉運的貨，都是用船駁到麥根路車站，其餘用駁船的多，用卡車的很少，因爲卡車運費高。

六、碼頭用機械化設備，平行式與挖入式在使用上不知有何分別。

七、就航運及經濟方面，均希望深水碼頭沿浦建築，準備將來岸綫不夠用時，當然要保留地點，專家的意見，以爲一千呎就夠了，若用挖入式，需三千呎，濬浦局亦希望如此。

張　維

一、中央造船廠圈用地，係自炮台灣至蘊藻浜，是否對計劃有妨礙。

二、平時須想到戰時，不知國防方面對都市的看法如何。

三、垃圾的清除，如何處理，最關重要，如垃圾之出路，垃圾碼頭，垃圾倉庫等，希望在計劃內連帶考慮。

四、地下交通，希望仍加考慮。

五、上下水道，似應與道路計劃同時顧及，並在水電破壞時，如何準備。

六、至於衛生事務所醫院等之配合，似尙屬次要問題。

七、實行計劃，似可利用外資。

祝　平

一、討論初稿時，曾討論區域計劃，今日未見提出，本人以爲區域計劃之基本原則，要先有決定。

二、都市性質，在計劃之前，應有決定，計劃始有目標。

三、上次聯席會議時，本人不贊成以浦東作爲工業區，因交通費用很大，上海可以向西南發展，何必用很多錢來建越江交通。

四、設計者似乎很考慮土地法令之便利，本人可以保證法令上有根據。

五、本人主張遠處着眼，近處着手，目標確定後，如五年計劃等，也要確定。

田永謙

本市財政狀況，經常維持，已感不足，對於實施計劃，如有餘力，自可進行，但仍須中央補助。

主　席

歸納各位意見：

一、二稿較初稿具體而合理。

二、鐵路方面，鐵路局對於建成區部份同意，至少對北站是同意的。

三、港口方面，儘量利用平行式，準備採用挖入式。

四、浦東問題，尚未一致。
五、法令方面，至少在道路系統及區劃方面確定之。
六、土地政策，在法令方面有根據。
七、財政：(一)善於利用土地政策，(二)如何利用外資及民力，(三)升科。
其他問題，可由設計組再加研究，如大場飛機場，油池，高速道結構方式，大橋及隧道，軍用碼頭，水上機場，垃圾問題，國防問題、短期計劃及施局長寶貴意見。
現請各位對浦東問題再作一結論。

趙曾珏 本人對浦東問題，擬補充如次：工業含義很廣，重工業上海不相宜，家庭工業亦屬於輕工業，浦東有輕工業之條件，就近可以供給原料，工價地價低廉，水運便利，浦東有兩條小規模鐵路綫，本市碼頭倉庫三分之二在浦東，自陸家嘴至白蓮涇有深水岸綫，如有工業，則造橋投資有辦法，事實上浦東已有工廠，至於電力，亦已有計劃，故本人以為浦東可以側重農業區住宅區，但不必限制其輕工業。

祝平 趙局長說，應該平均發展一點，本人不甚同意，計劃為決定將來發展之方向，如家庭工業農業工業，當然不必限制，但須避免大量運輸之工業，本人與趙局長之意見，在大原則上可以說是相同的，但是在確定方向上，本人認為須如此。

趙曾珏 電話公司極願在浦東設一廠，因地價低交通方便，電話機廠是輕工業，因為限制不能設廠，吾人應予便利，至少有一區可設廠。

施孔懷 本人擬提出一折中辦法：範圍四千呎至五千呎，深水作為碼頭區，淺水作為工業區，其餘作為農業區住宅區。據本人所知，江南電力局，耀華玻璃廠二家，即擬在楊思設廠，耀華玻璃廠，則係在浦西找不到相當地點。

王繩善 本市區在浦東方面佔地太小，所以覺得不甚平衡發展，若是浦東面積與浦西相仿，我想必會計劃平衡發展的，可否由市府向中央請求擴大市區，包括南匯川沙後，整個設計就不致有偏重了。

主　席　康威博士返國時，市長與之談話之間，本人覺市長之意（雖未明言），若浦東完全作爲農業區住宅區，事實上恐有困難，前此工務局所擬的「上海市管理工廠設廠地址暫行通則」，經市府通過送參議會後，參會專門委員會審查的結果，對於浦東工業，尚擬增加，所以本人以爲須照施先生提出之折中辦法，保留一部份作爲工業區，作爲今日討論浦東問題之結論。

決　議　浦東問題採用施先生所提折中辦法，作爲結論，請吳之翰Paulick金經昌三先生將今日討論各種意見作一歸納，附總圖二稿一併送市府轉送市府轉送市參議會。

主　席　今日原擬請各位討論工務局所擬「修正本市幹道系統圖」及「上海市管理工廠設廠地址暫行通則」，現各位對於都市計劃總圖二稿並無若何不滿，則本市道路系統當俟參議會將總圖二稿審定原則送還市府後，再行修正，至於管理工廠設廠地址暫行通則，將由市參議會第三屆大會決定，擬請市參議會於審查總圖二稿時，再予考慮以使能與都市計劃配合。

上海市都市計劃委員會秘書處第四次聯席會議對於都市計劃總圖二稿修正意見節略

（甲）關於港埠者

一、各方面大致贊同將港埠採用適當方式，（挖入式或平行式）而集中於數點，惟在最近將來，得儘量利用已建成沿浦之碼頭如遇增設或擴充碼頭之必要時，則宜就指定之地點建築之。

二、各港埠之地帶，尚須詳加研究，且建議增設軍用碼頭。

（乙）關於飛機場者

三、大場國際飛機場之地位，將再加考慮，使離中區較遠，或加綠地帶使與市區隔離。

四、擬於國際飛機場附近，設一水上飛機場，其地點似仍以寶山之西北，沿長江南岸爲宜。

（丙）關於鐵道車站者

五、顧及兩路局最近鐵路終點計劃草案，似急需與交通部及上海市政府共同組織之上海市區鐵路建設計劃委員會會商，俾鐵路建設與整個都市計劃相適應。

六、都市鐵道系統與遠程鐵道系統，儘可能範圍，使之各別劃分。

（丁）關於道路者

七、直通幹道採用高架式或改用挖入式，須就技術方面及本市情形，再加考慮後決定之。

八、工務局所擬之修正幹道系統圖，須再加訂正，使與都市計劃二稿相配合。

（戊）關於浦東發展者

九、浦東方面，可設輕工業區，但以按其性質無論現在及將來，均無需鐵道交通者為宜，並就通航之內河口，增設若干碼頭，以利該項工業之發展。

（己）關於工業區者

十、上海市管理工廠設廠地址暫行通則，最近已由市參議會作相當之決定，似須再按都市計劃二稿，加以審核使相配合。

上都市都市計劃委員會秘書處第五次聯席會議紀錄

時　間　三十六年七月十一日下午三時

地　點　上海市工務局會議室

出席者　俞叔平（陸　俠代）　黃伯樵　周書濤　程世撫　陸筱丹　張　維（江世澄代）　吳之翰　汪定曾　金經昌　鍾耀華　姚世濂　Richard Paulick　趙祖康　田永謙（伍康成代）　朱國洗　呂季方　侯彧華（張雲鶴代）　陸謙受　徐天錫　趙曾珏（黃維敬代）　費　霍　宗少彧　周鏡江　余綱復

主　席　趙祖康　紀　錄　費　霍　余綱復　周鏡江

主席

今日聯席會議，為討論閘北西區計劃，在討論之前，本人有兩點提出，向各位報告，（一）都市計劃總圖二稿，承各方面協助完成，已提出市參議會研究，加以修正，大家均希望早有決定，惟都市計劃工作甚繁，困難重重，多數人士，以為不妨選擇若干地區，先行試辦，此在歐美各國，固有先例，大陸報亦載有此種意見，現本會閘北西區計劃，卽係此意，（二）本會在組織方面，擬增加委員數人，祕書處下，則分設總圖設計組，分圖設計組及會務組等三組，業經今晨市政會議修正通過，希望下星期起，卽照新組織進行工作，總設計組，仍請陸謙受Paulick兩先生主持，分圖設計組，請姚世濂金經昌兩先生主持，會務組請姚世濂陸筱丹兩先生主持，如此組織，可以加強工作之進行，今日討論之閘北西區計劃，卽係分圖設計組之工作，其內容請姚組長報告，請各位不吝指教。

姚世濂

閘北西區，爲本市受戰害最烈地區之一，該區戰前原爲繁盛之工商業區，戰時幾整個破壞，存餘之房屋甚少，敵人佔據時，爲軍事管理區，大統路西圍有鐵絲網，勝利後，仍由軍事方面就原地堆存物資，現已可能遷出，本年四月間，本人曾隨同趙局長前往視察，區內已有不少棚戶，嗣經呈奉市府核准，就西藏北路以西鐵路以南蘇州河以北二千餘畝地面，先行計劃，由各局派員在都市計劃委員會下成立閘北西區計劃委員會，籌劃進行，本年五月，原已根據工務局幹道系統完成初步設計，但在本年六月，本市都市計劃總圖二稿脫稿後，祕書處第四次聯席會議議決，工務局幹道系統應配合總圖二稿修正，故復根據決議重予設計，該區確應從速計劃修復，以疏散中區一部份人口，配合工務局設施解決中區交通問題，使自新民路向西車輛，無庸經過中區，實頗有價值，並擬仿照前市中心區辦法，進行土地重劃，此次計劃之進行，得Paulick先生之幫助很多，深爲感謝，設計方面，如何配合都市計劃，擬請Paulick先生說明，鄰里單位之佈置，則請金經昌先生說明。

R. Paulick

閘北西區計劃範圍，佔地共一・四平方公里，將有西藏路成都路及恆豐路等三橋與蘇州河南溝通，確爲一極重要區域，戰時遭受重大破壞，故目前需重新計劃，在車站附近有兩個新地區，卽鐵路局是要求之客車擴充車場及汽車修理廠，在西南有兩個港，係爲避免蘇州河船隻擁擠及起卸貨物便利而設，南北主要交通道路，爲中正北二路成都路西藏路之延長綫，東西則爲新民路經廣肇路接滬西之長壽路。

爲避免車輛擁擠，整個區域，完全根據總圖，以鄰里單位爲設計對象，計劃分爲七個單位，每一單位包括公共建築綠面積及商店中心。

根據計劃總圖，自楊樹浦西向三主要幹道，經過區域內之路線，在未實行前，計劃中作爲綠地帶，俾保留地面，以備將來需用。

全區房屋之佈置，皆爲朝南方向，並以能享受最多陽光爲原則，至於其餘詳細情形，將由金先生爲諸位介紹。

經金昌

計劃內容，業經姚世濂及Paulick兩先生說明很多，本人現擬就數字方面，予以補充此次計劃範圍，爲西藏北路以西，蘇州河與京滬鐵路之間，總面積共一·四三平方公里，據六月間之人口調查，該區內共七八，五〇〇人，每公頃平均爲五四六人，較理想之人口密度，高出甚多，戰爭破壞之後，存餘之房屋甚少，計劃內對於有價值之房屋，如麵粉廠四行倉庫及其他倉庫，加以保留，其餘棚戶及年齡甚大之房屋，均不予保留。

在都市計劃之立場，人口密度，以不超過每公頃二〇〇至二五〇人爲原則，但閘北西區之地價頗貴，本人以爲不妨畧予提高。

房屋之佈置，其相互距離，以在冬季陽光最短時期，均能享受數小時陽光爲原則，房屋之方向，除公共建築外，均爲南向或東南向，全區共劃爲（一）七個鄰里單位共面積一一四·六八公頃，（二）蘇州河船港及貨棧倉庫區，爲改善蘇州河客通，希望船舶均能停入船塢，倉庫除保留者外，均集中船塢附近，以上共面積一九八公頃，（三）京滬鐵路北站擴充客車場五公頃，（四）京滬鐵路上海汽車修理廠五·一公頃，計七七市畝，查京滬鐵路局原要求劃給一四〇畝，作爲汽車三〇〇輛停車場，三〇畝爲辦公室，四〇畝爲員工宿舍，但因地面有限，僅能劃出七七市畝，不過員工宿舍可以包括在鄰里單位內，以上四項共總面積一四三·七八公頃，其中包括道路面積三七·三二公頃，約佔全面積二六%，設計內僅計劃有輔助幹道及地方道路，因主要幹道一時不易實現，故對於都市計劃總圖之主要幹道路線，保留爲綠地帶，以備將來應用，輔助幹道寬四六公尺，地方道路隔離鄰里單位者、寬二〇公尺，鄰里單位內者，寬十公尺，查該區內原規定之道路系統所佔面積約共三四公頃，長約二一，九〇〇公尺，寬度自九·一至二四·四公尺不等，約佔全面積二四%，此次計劃內道路面積，若以西藏北路之輔助幹道中心線計算，佔全面積約二五%，與原規劃相差無幾，但長度較減，似比較合理。

關於鄰里單位房屋之種類，共分二層樓房，四層樓房，四層樓房較高標準及散立式四種，至於公共建築，因時間關係，尚未詳細計劃分配。

各鄰里單位之佈置概況，已列有詳表，請各位參閱，其中第五鄰里單位人口密度特高，而圖上佈置反較疏散，係因四層房屋較多之故。

主席

此次閘北西區計劃，設計時本人亦嘗提供意見，以爲（一）道路面積較原規劃之道路面積相差無幾，而長度較短頗爲合理，（二）人口密度標準不能太高，因目前該區已有七萬餘人口，計劃僅能容納三萬餘人，將來剩餘人口如何遷出，尙屬一社會問題，故設計之人口密度為二萬餘人，比較尚近乎事實（該區居民一半係流動性），現請各位就技術經費及如何遷出剩餘人口等問題，提出意見。

伍康成

經費問題，希望將來在進行土地劃分時再討論。

張雲鵬

鐵路局方面員工需要住宅者，共八千餘家，希望在鐵路以北，能有土地五百餘畝，最少亦需四百畝，其餘該與侯副局長商議後，再用書面提出。

周書濤

一、蘇州河上宜增加數座橋梁，以利交通，如西藏路成都路之間，即可增加一座。

二、成都路向北延長之路線，不知是否與滬錫路及滬太路啣接，如此可使滬太滬錫間交通，更為簡捷。

金經昌

一、由成都路向北延長之路線，與滬錫路連接，但不與滬太路連接，因滬太路路線，妨礙都市計劃總圖內飛機場地位，或須改線。

二、西藏路成都路間原為烏鎮橋橋址，建築地方路之橋梁，當屬可能。

R. Paulick

一、蘇州河上建築過多橋梁，反將使交通系統混亂，如西藏路成都路間建築行人或人力車橋梁則可，否則快速車將採取捷徑，經由地方路以達輔助幹道，轉擾亂交通。

二、計劃中之道路面積，較原有規劃之道路面積，超出數僅為全區面積百分之一，長度較短，係因原有道路距離太近，不甚合理之故。

程世撫

可否將沿蘇州河綠地帶沿河延長，作為遊憩之地。

吳之翰

一、計劃中佈置房屋之方向，甚為合理，因均為南向或東南向。

二、道路面積向可以用人口來比較，歐洲普通為每人五至六平方公尺，計劃內超過十至十一平方公尺，則將來市民負担之道路建設費及保養費較多，補救之方法，可將房屋改爲三層建築，此就建築方面言，亦最爲經濟。

三、橋梁方面，目前恆豐橋之寬度，僅十八公尺，而路寬爲四十六公尺，相差甚多，似須設法補救，將來成都路等橋建築似宜與路寬配合。

汪定曾

一、第五及第六鄰里單位，過於接近鐵路車場，似不宜作爲住宅區，（如計劃總圖定爲住宅區，當另有佈置又當別論）。

二、四層房屋，大約係鋼骨水泥公寓式建築，若接近車場，恐不易受居民歡迎，三層房屋因習俗及經濟關係，常有分租情形，結果必極雜亂，故建築型式，仍值得考慮。

陸筱丹

照圖上看，似爲住宅區，則靠近鐵路之鄰里單位，宜比較疏散，其餘單位住宅可以較密。

鍾耀華

一、保留作爲主要幹道之綠地帶，寬窄不一，是否圖上有誤。

二、該區內現有人口爲七萬餘人，計劃僅許容納三萬餘人，若鐵路員工住入，則須遷出之人口更多，此點似宜注意。

金經昌

保留之綠地帶，最少均有五十公尺，圖上並無錯誤。

徐天錫

一、綠地帶之分配，很合理想，綠地如何分佈，是否計及，可否培植森林。

二、高架路不能種植行道樹。

三、住宅與鐵路可用樹木隔離。

陸謙受

都市計劃總圖完成後，當然須做詳細計劃，趙局長急於詳圖之設計，此種情形，實堪欽佩，此次閘北西區計劃圖，本人未參加，但經手設計人，已費去不少考慮，且係配合總圖，則一切佈置，當甚合理，本人以爲從總圖至詳圖以至實施，其間有非常不同之處，總圖可以簡畧，蓋在設計詳圖或實施時，可以修正，詳圖則不同，必需考慮當地實際情形，如：

一、如何疏散人口問題，必須予以解決，現有人口爲七萬餘人，計劃僅許容納三萬餘人，則過剩人口，必須設法安置。

二、房屋種類問題，必須適合國情，需要不同，則設備與佈置不同，希望特別予以注意，應以居住者爲對象，屬於何種階級，需要如何，故須根據生活情形考慮條件，再分佈於鄰里單位內。

三、詳圖不能如總圖，對於經濟問題必須想到，不單是想到，並須由專家定出方案。

四、實施時必需配合營造法規，現完善之營造法規，尙未釐訂，將來必須一新的法規，以配合實施。

五、對於修造最多之房屋，尙應有建築形式之管制（Architectural Control），而惟有實地試驗，始能得到效果。

R. Paulick

一、西藏北路及中正北二路橋堍之交叉口，必須增大，但成都路者，可以仍舊。

二、經濟方面，鐵路局似宜担負相當數額。

主　席　（一）計劃與總圖二稿，尙稱配合，（二）技術方面，各位頗爲贊同，（三）計劃與鐵路水道尙稱配合，（四）各位提供之意見，設計者必願採納，加以研究，（五）剩餘人口問題，該處蘇北人頗多，江淮同鄉會同意在柳營路造屋遷移，或由政府辦理，成爲閘北平民村，可容納一部份，故可以局部解決，（六）經費問題，如陸先生所說，確值得注意，本人以爲財源問題，可用土地重劃方法來解決。

上海市都市計劃委員會秘書處第六次聯席會議紀錄

時　間　三十六年九月十六日下午四時半

地　點　上海市工務局第三三五室

出席者　趙祖康　黃伯樵　祝　平　侯彧華　陸謙受　陳占祥　葉傳禹（社會局）　姚世濂　金經昌
韓布葛　呂季方　鍾耀華　程世撫　江祖岐　陸筱丹　鮑立克　陳孚華　朱國洸　何德孚
趙曾珏（王慶孫代）　汪定曾　盧賓侯

主　席　趙祖康　紀　錄　余綱復　費　霍

主　席　今天祕書處召開聯席會議，邀請各位主管長官及專家蒞會，討論者有兩項問題：

一、工廠區分佈地點，並請附帶討論非工廠區工廠管理方法。

二、急待決定之建成區幹道系統。

關於第一項，叠經本府有關機關，如社會局公用局地政局工務局等詳細討論，並已送上海市參議會，將於本月十八日由參議會都市計劃審查委員會決定，提出四次大會，所以今天本會應作最後之討論，將祕書處所擬之工廠設備地址，分區圖及管理規則，予以修訂，其意義甚爲重要，請各位各抒所見，盡量提出，以資遵照修正。

關於第二項之建成區幹道系統，因係市民申請營造每日遇到之實際問題，必須早爲規劃決定，庶工務局核發營造執照時，有所依循，現已大致計劃完成，請各位發表意見，再作完美之修正。

除上述二問題有待硏討外，最近都市計劃委員會工作，已獲有若干之結論，順便報告如下：

一、港埠選擇及岸線施用問題，本會設計組主張在蘊藻浜，濬浦局施副局長主張在虬江碼頭及復興島附近，雖有爭辯，各有利弊，現經各港口專家並與前本市市中心區計劃主持人沈市長及鄭權伯諸先生研究，大致贊成採用蘊藻浜，並希望先做模型研究其帶沙量及河床淤積冲刷之程度，對於港口有如何實際之影響。

二、鐵路問題，業由有關機關允予依照都市計劃總圖考慮計劃。

三、虹橋飛機場問題，接奉行政院令，應予保留，現已提請參議會討論中。

姚世濂

上海市工廠設廠地址分區圖，係根據都市計劃總圖及市參議會第三次大會提示之意見修訂，其原則如下：（一）按照市參議會及各方意見，在浦東增設工廠區。（二）按照市參議會意見，決定本市新道路系統，應配合都市計劃總圖修正分區圖，並與新道路系統配合，以主要幹道爲區域幹線。（三）本市未接收區域之工廠區，暫不規定。

關於本市幹道系統，因港埠機場及鐵路路線猶未決定，故建成區外之幹道，甚難決定，本人希望全部計劃，於本年底以前完成，並請先將建成區內幹道系統決定，庶工務局可根據趕測路線地形，製成分區道路系統圖及五百分一路線圖，以供發照訂界之依據。

工廠設廠地區，除二、七兩區，均已將道路系統決定，俾便實測。

韓布葛

希望各區均有專名，不用數字代表，庶易認識。

陳占祥

一、管理規則第一條交字欠當，擬請修改。

二、第五條所述範圍似覺廣汎，應予嚴格限制。
三、某種工業，設在某區，似應規定，如在九、十等區設立有臭味之工廠，即屬不合，且於市民健康有礙。
四、八、九兩區如何連絡，交通應予注意，如僅賴船隻，似不經濟。

陸謙受

都市計劃委員會設計組，原不主張在浦東設工廠區，但因接受各方之意見，故勉爲設立，亦僅限於輕工業，可不需要鐵路運輸者，將來對於某種工廠設於某一區，自應嚴格規定，以免造成混亂局面。

黃伯樵

管理規則，交字方面須加考慮修改，管理兩字似可改爲監理兩字，較爲適當，英國煙草公司改爲英美煙草公司，第三、四條內關於各區之說明，不易明瞭，不如附一簡圖，較爲醒目。

盧賓侯

工業區分類，確甚需要，惟每種工業，須有二區以上之選擇，使工廠得以自由發展，各種工業間之如何配合，亦應注意，浦東沿浦工業區，使碼頭隔絕，似有考慮之處。
上海目前各工業，大概均屬於輕工業，在浦東方面造船工業，發展甚速，應予注意，洋涇鎮目下已成爲工廠住宅區，所以工業區似可展至該鎮附近，請各位考慮。

汪定曾

工務局營造處現在研究各工廠之如何分類，目前計分四大類：（一）大型工業；（二）普通工業；（三）家庭工業；（四）特種工業。

主　席

歸納各位意見，玆得結論如下：
一、市界問題，仍按照市參議會之決議，依民國十六年之界限。
二、工廠區內水電問題，請公用局代表向趙局長提出，請予注意，作有步驟之配合發展。
三、管理規則，交字方面之修正，交都市計劃委員會祕書處照本日各位意見，研究修正。
四、第四條第十款可另列一條，加以充份說明。
五、第二條內補充說明工廠之定義。

六、第四、五條，於各區界域說明外，須另加說明，係包括某幾種工廠，儘可能想到者先註入。
七、浦東方面因風向關係，對於多烟工廠，應予剔除。
八、八、九兩區似可多劃分若干區，中隔綠地帶，以利居民衛生。
九、送達參議會時，在說明內，註明工廠區內不准建築工人或職員宿舍，工廠與住宿應予隔離。
十、本日討論時間已久，關於建成區幹道系統，俟下次會議再行詳細討論。

上海市都市計劃委員會秘書處第七次聯席會議紀錄

時　間　三十六年十月二十九日下午四時半

地　點　上海市工務局會議室（三五五室）

出席者　趙祖康　施孔懷　邵福旿　吳益銘　陸聿貴　王心淵　徐善祥　趙　驊　韓布葛　姚世濂
張　維（江世澄代）　楊迺駿　江祖歧　盧賓侯　Richard Paulick　鍾耀華　金經昌　吳之翰
薛卓斌　費　霍　余綱復　龐曾湝

主　席　趙祖康　紀　錄　費　霍　龐曾湝　余綱復

宣讀都市計劃委員會研究港口問題簡要報告。

韓布葛　說明吳淞港口計劃初步研究工作。

主　席　韓布葛先生對於吳淞港口計劃之研究，因時間不充分，現僅能有初步報告，惟仍請各位就韓先生所提出之數點，發表意見。

邵福旿　港口地點，自以選擇水深或陸地低處以減少挖方為最經濟，上海均屬平地，故以愈近河口愈好，至是否宜在蘊藻浜或新開港，則須俟詳細研究後，始能提供意見，韓先生計劃內頗值研究者，為港口之深度，本人對於最近造船情形，不甚詳悉，惟知世界船隻百分之八十，吃水深度均較三〇呎為低，其吃水特深者，為數並不多，普通船塢能有三〇呎，已稱滿意，再有數個四〇呎或一個五〇呎者，應夠應付。

陸聿貴

一、吾人須先明瞭政府之計劃，卽乍浦是否將築港，如乍浦將築港，則上海將爲次要港。

二、復興島地位雖較深入浦江，但爲深水地帶，淤積亦少，吳淞方面築港困難很多，如用地困難，淤積很大。

王心淵

關於淤積問題，想濬浦局當有統計，吳淞方面淤積，確很大，欲藉蘊藻浜水流冲刷，恐不可靠，須用模型試驗。

楊迺駿

上海之商業吞吐，自須依賴有完備之港口，惟因神灘之存在，若不好好處理，則不論採用任何挖入式碼頭，港務終受限制，一九三六年爲上海進出口最多之一年，此年亦爲濬浦局挖浚神灘最有效之一年，以後卽因戰事停頓，神灘之處理，相當困難，以前租界並無遠久計劃，僅用一二條船挖浚，以應商業上之需要，惟隨挖隨積，實無濟於事，蓋長江上游冲下之泥沙很大，每年淤積約二至三呎，而新挖處更多，希望各位於討論本市港口計劃時，先注意神灘之處理。

盧賓侯

挖浚神灘工作，以前聽說已很成功，現據楊先生以說，仍很困難，此點擬請施局長予以說明，神灘之主要成因，爲揚子江出口太寬，若出海口不改善，則神灘之處理，確有困難。

就上海港口而言，本人以爲整個港務：（一）應配合都市發展計劃，（二）應有航船靠岸及上下貨物之便利，（三）須減少浦江全線淤泥挖浚之負担，（四）關於淤積問題，蘊藻浜及復興島可作一比較，（五）吳淞蘊藻浜開港，或祇能解决本市港務之一部份，（六）就經濟問題而言，吳淞蘊藻浜土地甚廉，鐵路連繫便利，位置很相宜。

薛卓斌

本人對於韓先生之計劃，因事先未能有詳細研究，故現在祇能概括提出幾點：

（一）關於浦江碼頭計劃，已經各方面多年之研究，國際專家於一九二一及一九三二年，曾二度提出報告，濬浦局施副局長及各工程師最近研究之結果，一致認爲宜儘先利用浦江岸線，候發展至最大限度時，然後考慮作挖入式碼頭，因此爲最經濟之辦法，（二）吳淞挖入式港，土方工程數量甚巨，（三）港塢內易於淤積，經常維持四十呎深度，甚爲困難，（四）吳淞港位於浦江出口，在河道凹處，該地段原爲最佳之沿岸深水碼頭地帶，挖入式碼頭，似可另覓適當地點。

至於防止神灘，有築堤及挖土兩種辦法，築堤需款甚巨，故採用挖土辦法，濬浦局在一九三五至一九三六年兩年中，將全長二十英哩之沙灘中之三英哩，自一八呎開深至二十七呎，以後因戰事停頓，致又淤積，此係工作停頓之關係，並非計劃不合。

施孔懷

本人於表示個人意見之前，願就韓先生報告提出數點：

（一）韓先生報告內謂浦東浦西兩岸面臨深水之岸線，幾均已築成碼頭，然實際情形並不如此，浦西方面自下港界線至蘊藻浜有五〇〇〇呎，自蘊藻浜至閘北水電廠一〇，〇〇〇呎，浦東方面高橋以下六〇〇〇呎，高橋至東溝九六〇〇呎，均尚未利用。

（二）最近在美國舉行之國際航政會議，決定船舶吃水深度爲十五公尺，約合四十九英呎，紐約港爲四十五呎，「伊利沙白皇后號」在最大載重時，吃水四十一呎。

（三）報告內謂港岸水位，應較最低水位高出四·五公尺，似尚不夠，應高出最低水位一九至二十呎。

（四）上海每年煤斤一項，到埠數量，即有三百萬噸，故散裝貨較普通貨爲多。

（五）棉花輸入，亦有自印度及美國運來者。

（六）上海情形與鹿特丹不同，而與紐約相似，鹿特丹完全爲一轉口港埠，而上海有工業，歷年統計，約百分之六十進口貨，消耗於上海及其附近。

至於吳淞港計劃，本人以爲：

（一）港塢入口寬度三二〇公尺，約合一〇〇〇英呎（蘇州河進口亦爲一千尺寬），新闢港塢可能變更黃浦江水流。

（二）港塢內船隻進出時，與浦江內船隻航行有礙。

（三）港口計劃，似應先考慮航行問題，然後使鐵路公路計劃與港口配合，本人主張儘先利用沿浦岸線。

韓布葛

（一）乍浦築港與吳淞開港，功能目的不同，不能並論。

（二）復興島情形，今日與一九三二年大不相同，沿岸內部，已有工廠及住宅，鐵路交通，顯較困難。

（三）挖浚黃浦與挖浚一港塢相較，並不經濟。

（四）淤積及妨礙浦江船隻問題，可用模型試驗，作進一步研究。

（五）煤斤之起卸方法，須單獨研究，似無關港塢本身問題。

Richard Paulick　吾人現考慮者，爲上海日後整個之發展計劃，客貨運輸，亦以達到最終目的地之經濟便利爲條件，故不僅水運，其他運輸，亦同樣重要，船隻在上海港口，躭擱之時間，與貨物起卸費用，爲世界最多最昂之處，故爲經濟起見，吳淞港計劃，實屬需要，尤其在今後二十五年，中國工業化以後，施先生所謂百分之六十貨物，消耗於上海附近地帶，及散裝多於普通貨之情形，必大改變，貨物運往內地之比例及普通貨物數量，必致增加，故港口亦應據此計劃，吳淞築港與鐵路運輸之聯繫，可不妨礙上海整個道路計劃。

施孔懷　（一）本人並非謂航行爲港口計劃之僅有問題，而係謂航行乃首要問題。

（二）本人不贊同吳淞港塢計劃，並非放棄吳淞岸線，仍須利用築沿浦碼頭。

（三）貨物起卸費用，較船運費用爲貴，不獨爲上海一地之現象。

（四）將來內地貨運，可經由南方之粵漢鐵路或北方之新港，以逕達漢口及其他各地。

邵福旿　港口計劃，常有兩派意見，一派主張就已有設備，加以改善發展，另一派主張整個重新規劃樹立，各有利弊，此一問題之決定，關係甚巨，得視政府之政策而定。

主　席　關於挖入式港塢，以前決定是可以採用的，惟地點由於經濟及技術問題，未能決定，本人前時赴南京，亦曾與各方面討論，認爲兩種意見都值得研究，最妥當的辦法是：（一）兩地都予保留，（二）做模型試驗。現時間已遲，不能繼續討論，惟各位對於港口佈置地位及韓布葛先生計劃所提出之許多意見，約可歸納爲下列六項，擬仍請韓先生調查研究：

一、船塢之維持費用。

二、淤積問題。

三、船隻進出船塢之航行問題。（二、三兩項用模型試驗）。

四、神灘及乍浦港與上海港之關係。

五、鐵路連繫問題。

六、商業及工業發展前途之進一步研究。

上海市都市計劃委員會秘書處第八次聯席會議紀錄

時　間　三十六年十二月九日下午四時

地　點　上海市工務局會議室

出席者　趙祖康　陳福海　張萬久（何家瑚代）　伍康成　呂季方　吳錦慶　高步青（楊啓雄代）　王慕韓
姚世濂　王子楊　呂道元（孫圖衎代）　施孔懷　陸　俠（葉世藩代）　翁朝慶　許興漢　沈寶夔
韋雲青　王治平　程世撫　陸筱丹　龐曾湛　林榮向　Richard Paulick　祝　平（王慕韓代）
江祖歧　周泗安（李宜機代）　楊蘊璞　鍾耀華　費　霍　余綱復

主　席　趙局長祖康　紀　錄　余綱復　費　霍

主　席

今日會議，爲請各位討論有關閘北西區計劃之各項問題，查閘北西區計劃草案，業經提經第八十八次市政會議通過幹道及一等支路並土地重劃原則，關於土地重劃部份，第九十八次市政會議已通過地政局提出之土地重劃辦法，故目前已由行政問題，進至實施之技術問題階段，本會分圖設計組，在進行詳細計劃時，發現兩點：（一）以爲火車站最好能移至新民路西藏路口，做一聯合車站，蓋假定將來上海有兩條高速道，一經西藏路向南，一經天目路新民路向西，但須收用一塊土地，作車站及場地，同時鐵路方面亦須讓出一塊土地，作道路基地，以上各點鐵路局均表示同意，不過要求圈內土地約五〇〇畝左右，或一個鄰里單位土地，作建築職員宿舍之用，並表示房屋建築，可以很快完成，標準亦可提高，（二）由於都市計劃總圖幹道系統已有修正及聯合車站之佈置，閘北西區道路系統亦有修改之必要。

此外本會會務組尙擬有閘北西區營建區劃規則草案，今日擬提出討論，地政局擬定之閘北西區土地重劃辦法，已經市政會議通過，其要點則擬請王處長慕韓報告。

以上各項，均請各位切實指教。

陳福海

上星期趙局長曾帶同專家來鐵路局商議，聯合車站問題，鐵路局意見，可歸納爲下列三點：（一）儘量不動原有建築物，

（二）鐵路局客運總車站計劃，以五百輛客車爲目標，故爲將來五十年計劃恐保留之車站地位仍不夠用，希望市政府供給確實圖樣，再作計劃配合，（三）鐵路局向銀行借款，比較容易，希望市政府能劃給荒地一塊，由鐵路局建築職員宿舍，明年卽可造好，其他一切，均追隨市政府進行。

王慕韓

閘北西區土地重劃辦法，經第九十八次市政會議通過後，已送地政部，上項辦法，僅爲土地重劃之綱要，主要者仍爲土地重劃計劃書及重劃地圖，此兩項須根據道路系統，聞趙局長云道路系統已有變動，故現尙等待道路系統確定，始能作成，送地政部俟核定後，卽可開始進行。

土地重劃辦法之原則爲：（一）土地重劃後，仍發還原業主，（二）公共用地，照比例扣除（或按地價比例），（三）重劃費由業主共同負担，（四）其他重劃之技術及法律方面，均根據地政法令辦理。

王子揚

關於閘北西區計劃委員會會議，參議會代表巳參加多次，在技術方面，一步步做去，可謂巳離事實漸近，頃聞鐵路局陳副局長談及要求劃給一地建築職員宿舍，地政局王處長談及土地重劃計劃書及圖尙須等待道路系統之確定，本人感覺閘北西區計劃，自開始至今，巳有數月，雖巳漸近事實，若照手續辦下去，不知等到何時始實行，該區土地大部份均爲私有，目前土地使用，均予停止，使守法者不能營建，而棚戶日漸增多，此種現象，極爲不妥，故希望：（一）採取捷徑，早日實現計劃，陳局長希望先劃一地予以實施，本人頗爲贊成，先擇一、二個鄰里單位實施，（二）將來營建，不宜太多限制，因爲實現計劃，必須取得人民合作，始能事半功倍，若規則太繁，恐成功很慢。

金經昌

說明修正閘北西區道路系統之原因，在新民路西藏路口，設置聯合車站之需要及車站附近高速道之佈置，並報告修正後之閘北西區範圍及土地使用情形。

陸筱丹

宣讀閘北西區營建區劃規則草案。

主　席

今日希望各位討論決定者，爲下列數項：

一、閘北西區計劃範圍。

二、閘北區西道路系統。

三、閘北西區營建區劃規則草案。（技術及行政方面的）

四、閘北西區土地重劃辦法。

五、實施計劃時之棚戶遷讓問題。

六、鐵路局要求劃給一個鄰里單位建造職員宿舍問題。

討論閘北西區範圍。

議　決　照分圖設計組修正圖通過。

討論閘北西區道路系統。

議　決　照分圖設計組修正之道路系統通過。

討論閘北西區營建區劃規則草案。

議　決　修正通過。

第五條（卽修正之第四條）修正爲「本區內道路系統，由工務局根據上海市都市計劃總圖規劃，呈由市政府轉呈行政院備案公佈施行，所有民國十八年六月上海市政府所公佈關於本區之道路系統，應予廢止」。

第六條（卽修正之第五條）修正爲「本區內各項公有之公共使用所需要之土地，經劃定後，其地價由市政府補償之）。

第十一條「隨時呈准市工務局核定之」修正爲「隨特呈准工務局地政局核定之」。

第十一條內（三）删除，卽倂入修正之第七條之（一）。

第十二條（卽修正之第九條）內「並應呈准市工務局核定之」修正爲「並應呈准工務局地政局核定之」。

第十四條（卽修正之第十一條之（一））修正爲「散立式住宅，每幢基地面積，不得超過二市畝或小於○・五市畝」，修正之十一條（二）爲「半散立式住宅，每幢基地面積，不得超過二市畝或小於○・四市畝」。

第十五條（卽修正之第十一條之（三））修正爲「聯立式住宅，每幢基地面積不得小於○・二市畝」。

討論閘北西區土地重劃辦法。

議　決　無修正通過。

討論實施計劃時之棚戶遷移問題。

議　決　柳營路及市政會議通過之平民新邨處五地址，呈請市政府准由閘北西區棚戶儘先遷住。

討論鐵路局要求劃給一個鄰里單位建造職員宿舍問題。

議　決　計劃實施時，再行洽辦。

陳福海　提請將閘北西區計劃初稿內汽車修理廠地位，保留作為鐵路局擴充客車場之用。

議　決　由鐵路局擬具計劃與本會分圖設計組會同研究後，再行決定。

王子揚　提議討論：

一、實施時期。

二、擇定一二個鄰里單位，先行辦理作為示範。

三、主持實施計劃之機構。

議　決

一、修正閘北西區計劃圖，限本星期五提出市政會議並送地政局。

二、在閘北西區計劃委員會下組織實施研究小組，請地政局呂處長道元，工務局周處長書濤，參議會王參議員子揚，警察局閘北分局周處長泗安，閘北區區公所王區長治平五人，為實施研究小組委員，並請王子揚先生担任召集人，研究迅速實施之方案（包括遷移棚戶問題）。

上海市都市計劃委員會秘書處技術委員會會議紀錄

上海市都市計劃委員會秘書處技術委員會第一次會議紀錄

日期　三十六年八月五日下午五時

地點　上海市工務局會議室

出席者　趙祖康　程世撫　鄭觀宣　廿少明　鮑立克　陸筱丹　鍾耀華　吳之翰　姚世濂　金經昌

陸謙受

主席　趙祖康　紀錄　陸筱丹

主席　此次爲本會祕書處技術委員會第一次會議，對於本會此後工作，應如何推進，總圖組分圖組應如何取得連繫，以及各個將題應如何指定負責人負担任研究，請各位發表意見，現先請姚兼組長宣讀技術委員會簡章。

姚世濂　宣讀技術委員會簡章。

議決　技術委員會簡章第四條內修正爲：（一）關於都市計劃設計事項之審議，（二）關於都市計劃設計專題之研究，將原有第五條改作第四條之（六）爲關於祕書處各組間擬議而未能解決事項之研討。

陸謙受　技術委員會之任務，應爲都市計劃已成工作之批評及審核暨專題束究。

姚世濂　一切批評最好用書面提出。

主席　現在進行工作，以道路系統之決定及工廠區分佈爲最重要，將來更有閘北西區之詳細設計及龍華風景區之設計，現請陸組長報告總圖修正之進行情形。

陸謙受

市參議會意見，對總圖應重行研究之要點計有：（一）工業區之分佈，（二）浦江交通修橋抑修隧道，（三）大場機場應否遠離市區，（四）應加設水上飛機場，（五）區域內是否應有海軍根據地，所有各點，現正加緊研究中。

主　席　九月初市參議會開會，本會應採何種態度。

姚世濂　分圖組設計，當根據總圖意義進行，以求配合，過去工務局所擬道路系統及工廠區之設計佈置，均在總圖二稿完成以前，故與總圖甚有出入，刻正會同進行修訂，港務委員會及市區鉄路建設委員會，對於港區區域及鐵路終點暨路線，已開始規劃，應如何配合，密切合作。

主　席　七月六日曾函濬浦局請送關於上海港口及碼頭倉庫區計劃大綱，經施副局長來函提出三項原則：（一）因自然之理非人力所能強制，上海港口浦江兩岸似應均予使用，（二）應儘量利用兩岸深水岸線建設碼頭，不敷時再在適當地點建築挖入式碼頭，自當先予保留碼頭倉庫，（三）選擇挖入式碼頭，應就實際潮流情形，以利航行，此五點希望大家研究。

鮑立克　根據施函，僅注意浦江航行，而對於港口碼頭之如何佈置，與其他鐵路公路之運輸如何取得聯絡，及港口之管理，均未論及。

陸謙受　都市計劃委員會總圖設計時，願與各方取得技術之聯絡合作，素無成見，惟施函中謂港口碼頭之發展，非人力所能強制一點，殊未見合理，譬如人身生毒瘤，而任其自然發展，必滋成大害。

姚世濂　施君正準備浦江碼頭現狀圖及今後計劃圖，盼能供給參考。

吳之翰　港口計劃，是否可如鐵路計劃，組織一計劃委員會，由各方參加討論，施局長對於本會二十五年及五十年計劃，完全不能同意，但若同時考慮近期計劃及五年或十年計劃，則意見似可接近，一切工程建設，除考慮初步建設經費外，並需研究長期整理費是否合算經濟。

議　決　由本會函施局長及鐵路計劃委員會吳主任委員益銘，請其在下星期二參加討論，八月二十日以前，由總圖設計組根據市參議會決議，將二稿研究修訂完成，大場江灣飛機場問題，請市府函國防部解決。

主　席　現更有一問題，請各位發表意見，即總圖是否應予以通過，抑爲彈性的通過幾個原則。

陸謙受　總圖應有法律之依據，但應有彈性修訂之性質。

主　席　似應通過總圖之內容及主要原則，總圖則爲附件，一切實施工作，俟正式詳圖（Official Map）通過後，實施較妥，道路系統工廠區均需市參議會通過。

鮑立克　綠地帶亦應由市參議會通過。

陸筱丹　本會對外工作，除一切圖表文字外，模型工作，亦頗重要，是否應即製作模型。

議　決　由總圖組及分圖組視經費許可情形，先行分別製總圖及閘北西區模型。

陸謙受　已請鍾耀華先生研究：（一）各項運輸工具之比較研究，（二）飛機場距離市區之研究，（三）高架路及下穿路之比較等。

議　決　（一）（二）（三）項由鍾耀華先生分別同本局胡沛泉先生陳孚華先生研究，其他（四）港口問題由韓布葛先生研究，（五）道路系統由姚世濂先生研究，（六）公共建設由鄭觀宣先生王大閎先生及黃作燊先生研究。

上海市都市計劃委員會秘書處技術委員會第二次會議紀錄

日　期　三十六年八月十二日下午四時

地　點　上海市工務局會議室

出席者　趙祖康　施孔懷　吳𨈇銘　程世撫　吳錦慶　黃作燊　王大閎　鍾耀華　張俊堃　韓布葛
金經昌　甘少明　陸筱丹　白蘭德　姚世濂　陸謙受　鮑立克　龐曾溎

主　席　趙祖康　　紀　錄　龐曾溎

主　席

今日爲本會技術委員會第二次會議，主要議題在討論都市計劃總圖二稿，關於倉庫碼頭及鐵路終點兩項問題，上次參議會大會關於都市計劃委員會之決議，曾對總圖二稿提出修正原則數點，本會自當遵照決議將二稿加以修正，俾在九月間開會之參議會中提供討論，又上海港務整理委員會規定港區區域，亦極盼能與本會意見相配合，因以上兩原因，本會八月五日第一次會議時，決議請濬浦局施副局長及上海市區鐵道委員會主任委員吳𨈇銘先生出席本會，希望各位同人於聆取施吳兩先生報告後，充分討論對於碼頭倉庫之意見，取得一致之結論，於八月十四日送交港務整理委員會總圖設計組及分圖設計組，一方面於八月二十日以前，完成倉庫碼頭及鐵路終點之修正工作，夫倉庫碼頭鐵路及飛機場，實爲上海三大問題，如能有合理之決定，則都市計劃亦可迎刃而解，現在請施先生報告。

施孔懷

黃浦江岸綫

一、自上海港下界線至蘊藻浜一一、四〇五呎（內約八〇〇〇呎可用，除中央造船廠三〇〇〇呎外，尚餘五〇〇〇呎）。

二、自蘊藻浜（不包括蘊藻浜在內）至殷行路口一二、三七〇呎（內鐵路局及濬浦局已用二千餘呎，尚餘一萬呎）。

三、自殷行路至新開港三、四〇〇呎。

四、自新開港至虬江一七、四四五呎（除虬江口下游三千呎外，餘係淺灘，內中信局已建虬江碼頭一千二百呎）。

五、自虬江經新運河至申新七廠二七、〇〇〇呎，係屬工業港區，所有上海電力公司上海自來水公司上海煤氣公司英聯造船廠均在此段之內（自虬江沿浦至定海橋一二八〇〇呎）。

六、自黃浦碼頭至蘇州河八九四〇呎，爲優良碼頭區域。

七、外灘公園岸綫長七〇〇呎，自北京路外灘市輪渡碼頭至董家渡一一、六二〇呎，現爲船舶區域。

八、自董家渡至日暉港北汊口一四、三三〇呎，現爲工業區域，南市自來水廠法商自來水廠江南造船所均在此段之內。

九、自日暉港北支至北票碼頭三八二五呎。

十、自北票碼頭至張家塘一四、四一五呎，除龍華飛機場一部份岸線外，餘爲工業區，上海水泥廠卽在此段之內。

以上浦西岸線，除防浪堤三二五〇呎外，共一二七〇二〇呎。

一、自上海港下界線至老航道口一四、一〇〇呎，水淺尚未開發。

二、自老航道口至高橋港一八二八〇呎，現定爲油池區域，上半水深業已使用。

三、自高橋至東溝一五、六九五呎，尚未開發。

四、自東溝至洋涇港一六一八〇呎，業已部份使用。

五、自洋涇至三井碼頭一〇、四三〇呎，爲深水船舶區。

六、自三井碼頭至怡和碼頭八〇〇五呎，爲工業區。

七、自怡和碼頭至中華碼頭二三、五二五呎，爲深水船舶區。

八、自中華碼頭至鰻鯉嘴一九、〇五〇呎，尚未開發。

以上浦東岸線共一二六、四五五呎。

從上述數字而論，可知浦江兩岸未經使用之岸線，幾達半數，尤以虬江碼頭以下，未經開發者爲多。

黃浦江爲本市重要水道，運輸便利，無論開辦工廠或經營碼頭倉庫事業，均欲利用浦江岸線，此爲自然之趨勢，違反此自然趨勢，則對於計劃之施行，必不便利，紐約倫敦利物浦等都市，情形皆然，故吾人應注意及之。

本人主張一、先建沿浦碼頭，俟必要時再建築挖入式碼頭，但二、經費需有來源，三、地點必需適當，以免發生船隻碰撞情事，妨礙全港航務，根據以上三點，本人擬有計劃草案（如圖），浦西自下港界線至蘊藻浜可有五千呎岸線，上面已經述過，自蘊藻浜至殷行路口一二，三〇七呎，可作深水船舶區域，殷行路一事，唯一缺點，軍工路離濬浦線太近，將來須向內伸展。

計劃中之挖入式碼頭，在新開港至定海橋之間，碼頭長度共五九五〇〇呎（包括虬江碼頭二、〇〇呎在內），在一九二一年時，濬浦局已有此計劃，至蘊藻浜建築挖入式碼頭，以前國聯專家曾反對此議，因方向須予考慮，新開港至虬江之間，雖爲淺水地段，與蘊藻浜相同，均須挖泥，但方向順適。

計劃中之挖入式碼頭內側，爲小船碼頭，不包括在五九、五〇〇呎內。

浦東方面自高橋港至東溝一段，深水岸線一萬五千呎，可作船舶區。

浦東浦西方面，除現有碼頭四〇、〇〇〇呎外，計可增加：

（吳淞）（蘊一新）

59,500—2500（虬江碼頭）+5000+12,000+15,000（高橋至東溝）=89,000呎

以每年每呎裝卸貨五〇〇噸計算，計爲四四、五〇〇、〇〇〇噸，則港口船舶噸位爲 44,500,000×3=133,500,000 噸。

主　席　施先生對於上海港口之現狀及將來計劃，既作此詳盡之報告，昨日曾邀約公用局趙局長京滬區鐵路局候副局長暨施先生等舉行港口問題座談會，本人願就昨日座談會經過，補充報告數點如下：（一）都市計劃委員會方面對於港口問題，似未能與濬浦局之計劃完全一致，蓋充分利用黃浦岸線，比較現實，而都市計劃之挖入式碼頭，比較理想，港務整理委員會方面之意見，却與濬浦局比較接近，（二）根據施先生報告之數字，即不將復興島挖入式碼頭計入，沿浦碼頭長度已達八萬呎，以每年每呎能起卸貨五百噸計，年可起卸貨物四千萬噸，再以上海貨噸與船噸一比三之比例計算，上海港口每年尚能容納一億二千萬噸出進船舶淨噸位，都市計劃委員會估計未來廿五年內上海進出口船舶淨噸位爲七千五百至八千萬噸，據此核計，則即使不利用浦東岸線，碼頭亦足以應付未來之發展，故昨日之座談會中，嘗作非正式決定四項：（一）浦西自吳淞島起至張華浜作爲海洋輪船碼頭，（二）楊樹浦至蘇州河間作爲沿海船舶及內河輪船碼頭，（三）蘇州河至董家渡間之岸線儘量劃爲綠地帶及市內公共水上交通碼頭（今天施先生提供意見，以蘇州河至中正中路間之三千二百呎作爲綠地帶），（四）浦東方面自怡和船塢至陸家浜間作爲綠地帶區域或工廠區（今天施先生則聲明可自怡和碼頭至東昌路劃爲綠地帶區域），依據上述沿浦兩岸均予利用，現已超過進出口船舶淨噸位八千噸之容量，是否可以儘先利用浦西岸線，以應付廿五年內之估計，茲將問題歸納四點，請各位討論：

一、現在計劃是否仍以八千萬船噸之數字爲對象。

二、如船噸估計數字確定後，抑浦東西並行發展，抑儘先利用浦西岸線之問題。

三、自楊樹浦以南岸線碼頭，是否須考慮其逐漸取締之問題。

四、與建挖入式碼頭之時期問題。

鮑立克

濬浦局與都市計劃方面意見不同之點，技術問題實爲次要，而焦點在於經濟問題，吾人不能僅就航行問題討論港口，而必須以經濟點爲出發，港口之作用，不僅在自船舶卸貨至倉庫，或自倉庫裝至船舶，貨物集散，又必賴鐵路公路內河等其他交通設施之聯繫，故須考慮及整個貨運之經濟，以確定港口性質，都市計劃委員會與濬浦局港口計劃之不同，不在其碼頭長度或容量諸技術點，據本人所知，戰前上海港口効率每呎每年裝卸貨物爲二五〇噸，由聯總所得數字，則目前情況猶遠遜於此，自舊金山至上海之航程，平均約二星期，而貨物在上海裝卸所需時間，達十天至十四天之久，每一萬噸船在港口停留一天，即須多耗法幣一億元，此項無形損失，即增加於貨物成本，從而亦即中國人民之負担，都市計劃委員會在吳淞挖入式碼頭之計劃，即所以使貨運能與公路鐵道相連繫，以減少船舶在滬停留時期，而減輕其成本，即或碼頭費用較高，船公司必樂於接受，碼頭之投資當可償得也。

施孔懷

對於鮑先生之意見，本人願先提出答案：（一）論建築港口，雖沿浦式較爲便宜，而未必經濟一點，本人已爲上卸貨物之經濟與否，在於機械設備，沿浦式亦可利用機械及鐵道，而使効率增加，至上卸貨物噸位之估計，據濬浦局一九二四年統計，每呎碼頭每年上卸貨物平均爲二八五噸，如有機械化配合以後，則每呎每年五百噸之估計，必可達到，如政府能投資於挖入式碼頭之開闢，本人亦不堅持反對。

主席

現在最困難之問題，即政府尙無力投資於挖入式碼頭。

韓布葛

吾人研究任何問題，似當同時考慮其相反方面，上海港口之商業，可能因倉庫碼頭設備欠佳，起卸貨物延時過久諸節，而逐漸減退，促使貿易漸移至香港或他處，此實上海港口之危機，碼頭機械設備，固不因式樣而異，但貨物不僅自碼頭進入倉庫或自倉庫裝載上船，尙賴其他設備以分運之，則沿浦式即比較困難與不經濟，並將妨礙市內交通，故未來改良之碼頭及機械化設施，因向吳淞發展，而留浦江岸線爲市民公共之用途，在究用何種碼頭未予決定前，大量機械化設備之投資，必需審愼行之，毋甯先投資增加港口之容量，蓋一切機械之使用壽限，亦不過二十五年也，至主席所提浦東浦西問題，似可訂定規章，將貨物分類，凡非上海市內消費或不經浦西轉運之貨物，可限其存儲浦東倉庫，使儘量避免浦西方面之市內交通，再施先生曾向船員引港人調查，對於碼頭式樣意見之統計，本人以爲足反映眞實需要，蓋彼等個人均極願滯留上海者，而忽畧於貨物上卸之時間及經濟諸端，如試一調查船公司方面之意見，則必異是，照航行條件，莫不盼望航線兩端能有相等之設備，則一切管理，最爲便利，故必先考慮如舊金山等處之港口狀況。

陸謙受

施先生沿浦式碼頭之建議，自値得吾人尊重，技術上効率諸問題，當可以數字比較，而不致成爲問題，爭執要點，總圖設計組韓布葛先生，正作此研究，日後可供各位參考，惟本人以爲都市計劃者，與港口專家，各具相異之觀點，黃浦如儘量發展，以應港口之需要，就都市計劃之目光衡之，似過分偏重於航行方面而忽畧都市其他方面之發展，卽如施先生所論及効率問題，每年上卸貨物之噸數，僅限於貨物自碼頭至倉庫，然自倉庫再至其他目的地之問題，均未予考慮，故碼頭以外之「效率」如是否影響交通或都市區劃等等卽易忽畧，故本人對於完全利用黃浦岸線闢爲港口，未便苟同而有考慮餘地也。

主　席

本會意見，須於八月十五日送達港務整理委員會，行政與設計，須互相配合，仍希各位就本人歸納四點，集中討論，茲因時間限制，請吳益銘先生先報告上海市區鐵路計劃委員會最近之意見。

吳益銘

上海市區鐵路計劃委員會方面，最近決定，將現有北站西站南站分別擴充，該項原則，參議亦有同樣決議，至擴充程度，已請京滬區鐵路局侯副局長，將一九一五至一九三五年歷年運輸紀錄，詳加統計，繪製曲線，此項材料，不久可供鐵路計劃委員會之研究，大致估計在最近二十五年內，一年貨運總量須至一千萬噸，客車每日須七十五對，方足應付，故問題仍重在客運，至北站與港口聯繫問題，是否自何家灣接軌至眞茹，則尙待碼頭地位之決定。

主　席

今天時間已遲，關於港口碼頭問題，本會意見須於八月十五日送達港務整理委員會，各位有其他意見，希於時前送交祕書處，以便參考後擬具報告。

上海市都市計劃委員會秘書處技術委員會第二次會議紀錄

日　期　三十六年八月十九日下午四時

地點　上海市工務局三五五室

出席者　韓布葛　陸筱丹　吳之翰　金經昌　鍾耀華　姚世濂　趙祖康　程世撫　盧賓候　陸謙受
　　　　龐曾溎

主席　趙祖康　紀錄　龐曾溎

決議

修正八月十五日臨時處務會議決議如下：

（一）吳淞港至殷行路，仍爲計劃中之集中碼頭區。

（二）虬江碼頭，予以保留，並得適應目前需要，加以改善。

（三）申新七廠至蘇州河外白渡橋，作爲臨時碼頭。

（四）新開河程江海南關，作爲臨時碼頭。

（五）日暉港碼頭，照都市計劃原稿，爲集中碼頭。

（六）閔行專業碼頭，照都市計劃二稿，爲集中碼頭區。

（七）浦東之高橋沙，作爲油池區專業碼頭。

（八）浦東自高橋港口至浦東電氣公司，作爲軍用碼頭。

（九）浦東自東溝起至陸家嘴東之三井碼頭，除規定一部份爲工廠碼頭外，現有碼頭，得作爲臨時碼頭。

（十）浦東陸家浜起至上南鐵路，除規定一部份爲工廠碼頭外，現有碼頭，得作爲臨時碼頭。

主席

參議會開會在卽，總圖工作，請各位加緊進行。

陸謙受

設計組方面已依照參議會原則，在浦東增加輕工業區，大場飛機場略加北移，惟道路系統過份遷就現實情形，則路線必彎折太甚，如過於理想，則又極難實施，究竟採取如何折中之原則，殊值得考慮。

陸筱丹

現有設計工作，均根據地圖及搜集之統計材料，但有時必須實際勘察，甚或將現狀照相，本會是否可添置交通工具，以利工作。

決　議
設法予以交通便利。

陸筱丹
為編寫參議會之都市計劃簡要報告，深感初二兩稿資料不夠充分，希各方多供具體資料，以便編入。

姚世濂
道路系統工廠區劃及閘北西區方面，現有資料尚可供給。

主　席
道路系統與區劃為本會主要工作，希各位從速進行，關於集中碼頭地點之理由，各位如有書面意見，請於本星期五前送交總圖組彙集研究，最近哈佛 Gropias 教授來函，對於初稿之意見，請總圖組研究擬復。

上海市都市計劃委員會秘書處技術委員會第四次會議紀錄

日　期　三十六年九月二日
地　點　上海市工務局會議室
出席者　趙祖康　鮑立克　金經昌　黃作燊　張俊堃　鄭觀宣　陸謙受　韓布葛　姚世濂　程世撫
陸筱丹　吳錦慶　吳之翰　廿少明　鍾耀華
主　席　趙祖康　紀　錄　龐曾湝

宣讀第三次會議紀錄

報告事項

姚世濂
（一）公用局上星期召開之港務整理委員會，由陸筱丹先生代表出席，關於如永久臨時及專業碼頭區，該會已同意照本會第三次會議決議，分別規定之。
（二）市參議會都市計劃審查委員會，八月三十日會議，本人代表列席，該會擬將前工務局所送設廠區域予以通過，經本人聲明都市計劃委員會已照第二次參議會大會意見各點將二稿修正中，如一、浦東增設工廠區，二、工廠區與交通系統密切相關，故必須與新幹道系統同時決定，三、以前工廠區僅及於已接收地區，現在應包括全部地區，作整個規定，請暫予保留，茲該會定本月十八日再行會議，本會之道路系統及工廠區，似應及時送該會審查。

（三）虹橋飛機場交通部不主張取消，公用局曾請地政教育工務各局會商，工務局由章熥鍾耀華兩君出席，教育局對於文化區並不堅持，地政局則主張將征用民地發還原主，未得定議，茲定本星期六前各局將意見送公用復，送請市政府核奪。

討論事項

陸謙受

總圖設計組最近二星期工作進行，未能盡合理想，蓋一部仍職員尚須求學，非全日到公，以致效率較差，總圖組對市參議會二次大會修正及建議諸點，如龍華風景區鐵路線大場飛機場移離市區較遠地點等，在原則上大致可以接受，並非短期間可能完成，故本月二十二日參議大會開幕，都市計劃委員會採取態度，是否可送一報告書，而不復將「二稿」修正為「三稿」，俟若干基本材料具備，能作正確決定後，再定為總圖三稿。

主　席

Master Plan一義，似釋為「總案」較「總圖」更為恰當，故本屆參議會大會，本會可根據其修正意見，送一總案之說明，而總圖乃為總案之附件，惟工廠區域與道路系統，則亟須決定，否則行政上將無所適從。

姚世濂

完備之道路系統，須根據五百分之一地形訂立路界，全市遼廣，且建成區域新訂路線，必須顧及原有建築物，決非現有人力物力短期內可以辦到。

決　議

（一）先照二稿製成中山路以內市中心區一萬分之一之幹道系統圖，於路線等級方向，作必要之決定，由鮑立克金經昌陸筱丹三位負責，於本月十日以前完成，先提請市政會議通過後，轉送市參議會，其餘完備之道路系統，定期分區完成。

（二）全市工廠區，請鮑立克金經昌陸筱丹三位同時完成之，並定本月十五日下午四時，由本會函請公用社會兩局商決後，備文送市議參會。

（三）本屆市參議會開幕，本會所應提請審查者，須包括下列各項：一、根據上次參議會決議二稿修正意見之工作經過，二、幹道系統，三、工廠區，四、碼頭區及鐵路，五、閘北西區計劃。

（四）韓布葛先生之吳淞碼頭計劃草圖，由韓布葛吳之翰鮑立克金經昌陸筱丹諸先生，再作進一步之研究。

上海市都市計劃委員會秘書處技術委員會第五次會議紀錄

日期 三十六年九月九日

地點 上海市工務局會議室

出席者 趙祖康 甘少明 吳錦慶 陸筱丹 程世撫 韓布葛 姚世濂 陳占祥 黃作燊 盧賓侯

張俊堃 鍾耀華 鮑立克 金經昌 陸謙受

主席 趙祖康 紀錄 龐曾溎

討論非計劃中之工廠區域已設工廠，或請永擴展之處理問題。

決議

一、幹道系統圖，工業區域圖，鐵路終點圖，及港埠岸線圖，應由本會擬定後，提請市政府及市參議會通過，成爲公開之法律文件，計劃總案仍保持其彈性作用，而爲一切設施之參考文件。

二、關於已設工廠而其地點不在上述規定工廠區者，在計劃實施過程期間之取締問題，由各委員研究過渡處理辦法。

關於總圖二稿擬定全市之十二分區，浦南及松江兩區其名稱與地點不甚相稱，應否更改案。

決議

三、浦南區改爲塘灣區，松江區改爲新橋區。

上海市都市計劃委員會秘書處技術委員會第六次會議紀錄

日期 三十六年十月八日

地點 工務局會議室

出席者 趙祖康 金經昌 姚世濂 陳占祥 鍾耀華 陸筱丹 林榮向 費霍 鮑立克 韓布葛

列席者 楊蘊璞

主　席　趙祖康　　紀　錄　宗少彧

報告事項

姚世濂

（一）幹道系統修正計劃，業由金經昌陳占祥兩先生正在計劃進行中。

（二）工廠調查，已將黃浦區東區滬南閘北滬西等區，次第完成，惟閘北滬南兩區，尚擬加以補充，刻正進行調查舊法界及蘇州河一帶工廠區，關於工廠分類，暫依營造處編製之工廠分類初稿辦理，目前散佈黃浦區里衖內之小型工廠，擬參照即將刊出之上海行名圖，進行調查，較爲便利。

（三）閘北西區模型，現正開始進行，惟十月十日應邀參加中國技術協會模型展覽，以時間促迫，恐難照辦，閘北西區道路系統及鄰里單位計劃，已由鮑立克金經昌兩先生會商修改，擬請加以決定，以便配合工務局道路處計劃，路基工程，又該區建設實施大綱及土地重劃辦法，希望早日決定，以期配合行政設施。

（四）港口計劃初步研究，業由韓布葛先生擬具報告，並由主席攜京徵取專家意見，以便由韓君繼續研究，並可提出希望有所指示，鐵路計劃委員會根據研究鐵路路線計劃。

討論事項

主　席

此次會議，應行討論之較重要事項，爲幹道系統之修正，及有關工廠區港口等應行決定事項，茲擬報告者，本市港口本席曾洽商水利部須技監及渠港司楊司長及港口專家多人，彼等意見大多主張利用蘊藻浜，幹道之修正請陳占祥先生闡述報告之。

陳占祥

目前正進行之幹道修正計劃，與前有計劃畧呈不同，其中幹道部份，除僅保留自龍華北來沿鐵路東向經虹口繞前市中區外圍而達吳淞港之幹道外，現有建成區內，別無主要幹道之計劃佈置，該幹道寬度，僅容四車道，行車速率爲每小時三十，，全路畧形S曲線，爲本市主要運輸交通之大動脈，且將上海境區劃成兩中心區，一爲現有建成區，一爲前市中心地帶哩至於將來建成區之中心，可建於跑馬廳或舊城址之圓形民國路，前者主要意義爲減少黃浦中區擁擠之交通，後者則因該地多屬中式建築，將來殊可表揚中國建築之風格，至於北站南站間應取聯繫一則，似無重大必要性，故高速寬大等型之道路，似屬糜費，該項S形幹道之主要功用，爲適應大量之客貨運輸需要，至於與建成區次要道路之連接，多採平交式，次要道路則以輔佐發揮短程交通運輸之功效，此外西部郊區如大場眞茹等區之幹道佈置，尚在研究中。

鮑立克　前計劃修正幹道系統中之幹道標準，爲四機動車道，二高速電車道，且與普通（Service Road）架空隔離，其與幹道或輔助幹道之交叉處，多採（Clover Leaf）立體式交叉，其間連繫，則用引道式，輔助幹道之交口，則多用廣場，行車速度爲每小時一百公里，預計將來上海人口七百五十萬中之百分六十，爲定向之經常流動量，該項流動量中之百分二十，爲乘用公共交通工具者，爲數約九十萬，此項流動量之運輸，倘無標準較高之道路系統，殊難適應需要。

主　席　請陳占祥鮑立克兩先生各就所擬計劃，核計各項主要交通情况中，所需時間及便利等之要點。關於港口之計劃，請韓布葛先生賡續研究港口設備詳細佈置，如鐵路終點水陸聯運以及其他有關技術等之計劃。

韓布葛　港口之詳細佈置，業在繼續進行，惟目前甚需要各種貨物進出口之重量數字等統計資料，以及中央造船公司及鐵路等主管機關所需之土地面積，俾可依據爲計劃參考資料，此外尚有吳淞鎮現有房屋，因建港而產生之遷徙及改造等問題，亦望市府預爲注意，並研究之。

主　席　爲集思廣益愼審計，該有港口之鐵路及造船廠面積佈置等問題，將邀請京滬各主管專家洽議之。

楊蘊璞　統計室前代辦都市計劃委員會所需統計資料，業已完成六集，約三百餘統計表，現統計室因人員名額限制，而發生工作支配等困難，故該項統計工作，可否交由都市計劃委員會會務組辦理之。

姚世濂　統計資料之收集，仍宜加強進行，故統計室發生之困難，前曾洽商人事室，增添名額，惟無結果，統計人員需保留，似可暫由設計處餘額補充。

陸筱丹　統計室以往供給資料，往往供非所需，希望今後調查統計所需資料，擬由本會總圖分圖兩組提出範圍，商請統計室協助辦理之。

林榮向
關於土地重劃研究工作，曾於留京時徵詢地政部人士意見，經允予協同進行研究諸事宜，並曾供給地政法規等資料，此外地政研究所土地重劃之資料，均可供給參考。

金經昌
恆豐橋頭倉庫，因係永久性建築物，故擬予以保留，前計劃經過該建築物道路，則擬向北移。

上海市都市計劃委員會秘書處技術委員會第七次會議紀錄

日　期　三十六年十月十六日

地　點　工務局會議室

出席者　趙祖康　金經昌　姚世濂　鍾耀華　鮑立克　陸筱丹　盧賓候　程世撫

主　席　趙祖康　紀　錄　宗少彧

宣讀第七次會議紀錄

主　席
今天會議討論主題爲幹道系統計劃，陳占祥先生因事赴京未克出席，暫請金經昌先生代爲報告陳先生之計劃意見。

金經昌
本席承陳占祥先生囑託，轉達報告所擬計劃意見如下，都市計劃總圖二稿所示道路系統及其他各重要計劃措施，似太偏重於高速幹道，然目前上海交通的紊亂，是否僅係純粹之交通問題所產生者，確待詳愼思考，問題之重心所在，似與社會經濟狀況業已發生密切的關係，蓋土地不經濟的使用，即是經濟水準低落的發現，今天上海市區中之里衖，鮮有不是住宅行號工廠棧房相混而居者，此種情況，爲目前世界各大都市中所僅見，是以欲使上海市道路系統能作有效的適應需要，即應有一有効的，能適應上海情況的都市計劃道路系統，乃其計劃中之一部份，是故道路計劃，亦宜配合使用合理的計劃，予以佈置爲原則。

倘使中區用做行政商業，則該區無關行政商業的機構及一部份居民，必需遷移，且須徹底實行，否則交通問題，仍然不得解決。

過去都市計劃工作，似太偏重高速交通，然在高速交通工一切交通設施，須均變成機械化，俾使車輛行駛至最高速度，而無危險，是以建築該項道路的意義，爲提高行車速度及維持行車安全，在適應長途交通上，意義較大，此都市與郊外市鎮間之連繫等計劃，二稿所示之直達道路，卽屬此種性質，該種計劃設施，以高架方法，使不影響兩旁商店的繁榮，可謂合理，設若僅爲解决交通爲矢的，倘無經濟困難等阻礙時，使用高架電車，未始不是好辦法，然目前上海交通擁擠之成因，是否僅起因單純之交通問題，吾人甚易回答爲不是，倘爲預計五十年後之需要而設置，則五十年後之需要，能否因此設置而解决，誠有待於將來事實之證明。

高架幹路行車最高速率爲六十哩，然當車輛駛近交叉口時，則將減至十五哩，這速度之驟減，無法免除因停駛而發生之混亂與擁擠，且幹道聯接於輔助幹道，輔助幹道除担負本身交通運量外，還承接一部份之幹道運量，則輔助幹道由上下乘客及來往車輛交織而成之交通情形，概可想見，且高架路交叉處之引道，需長三百餘公尺，儘管技術無問題，然購地拆屋費用浩大，經濟環境能否准許，殊宜愼重考慮，吾人估計，由吳淞及其他郊區市鎮到達中區外圍利用高架路需時十分鐘，設其抵達中山路後改行輔助幹道，其平均速率爲二十哩計算，則較高架路直達市中心僅多需時十分鐘，消耗於赴目的地的廿分鐘概爲各都市設計所通用，本席據此建設性之批評，遂另擬有道路計劃，然須附帶聲明要點有三，第一該項另擬之道路計劃，係根據另一不同認識之表示，第二兩年來都市計劃研究工作中，相信已有此計劃，第三僅據短時期中之考慮製此道路計劃，不適之處在所難免，其中第一點尤屬重要，蓋本席認爲長途交通之標準，不宜使用於市內，其主要理由，爲幹道的目的爲安全與速度，市內交通則是安全與流暢無阻，都市計劃二稿所示高架幹路，其中有二，一爲行車速率增高，二爲大量運輸，本席認爲應視作二件事，卽以乘客而論，市民雖乘高速道路直達市中心，然仍須循行輔助幹道赴目的地，且大量運輸之乘客，上下其車站處之安全與轉運，均易發生困難，本席所擬系統，幹路位置祇在郊外，大致沿現中山路在市西部繞成半圓，東向楊樹浦循黃浦江方向又繞成半圓，恰如一例S形，都市計劃二稿所示，郊外六大主要幹路，均可連接於倒S路上，市區內的佈置，則盡是輔助幹道，除自楊樹浦碼頭到滬西工業區，另有兩條輔助幹道，大致與計劃二稿相同，此外尚有不同之一點，卽南站北站間之連繫，因無必需而未加連繫，大量運輸之方式，二稿所用高架電車路綫，本席無異議，惟確實路綫，殊應愼審研究，譬如房屋調查，以及今後郊外衞生市鎮計劃等，過去工作率皆近似大綱的編製，今後的工作，似應積極展開分圖計劃的工作，緣可因分圖產生之困難，藉以更正總圖計劃之根據，本席以爲今後主要工作，應着重下列數項：（一）市中區之改造，（二）南市舊城區之改造，（三）跑馬廳之使用，（四）北站附近之設計，（五）一個典型工廠區之設計，（六）一個典型里街之改造，（七）海港設計，（八）一個典型衞星市鎮之設計，（九）滬南建設計劃，（十）正進行中之閘北西區計劃，其中（一）（二）（三）（四）項涉及立法，（五）（六）（八）項是合理之標準，（七）項是將來必需要的，（九）（十）兩項是比較可能實現的，前有之上海現狀調查圖，比例爲二萬五千分一，殊嫌太小，不足適應設計需要，本席甚願依據卽將出版之上海市行號路綫圖，另製一詳細之現狀圖，該地圖採用China Land Survey co. 的地契圖，其比例較前大十哲，卽二千五百分一，俾使計劃各項易於接近事實。

盧賓侯

本席以爲陳先生所擬幹道系統，比較切乎實際，蓋都市計劃二稿所示高速幹道，穿過中區，或將增加輔助幹道之交通負担，又幹道穿入市區之交叉處，佔地幾近二百餘畝，將來實現時，或將發生許多經濟困難，且陳先生所擬之輔助幹道，業已佈滿中區，交通需要想不致成問題。

主　席

吾人於從事都市計劃時，當以適應需要及考慮環境經濟能力爲前提，都市計劃二稿，爲二年來許多專家精心研究之心得，與陳先生數星期之研究心得，當不無異，陳先生計劃之高速幹道，較二稿爲少，土地問題較簡單，經濟的困難亦較少。

鍾耀華

二圖較顯著之分別，除陳君草圖中幹道不進入中區，陳君草圖中輔助幹道亦較少，乍視之下，陳君草圖似比較易於實行，然在進一步研究之後，倘發覺輔助幹道仍宜加多時，則此惟一優點，亦必失去，中區西藏路至外灘，土地使用雜亂，欲求任何有效之改善，不必要人口及不適合事業之遷出，在所必然，中區今日無目的之交通，自可減少，但陳君與二稿皆假定中區用作商業中心區，則將來我國第一個大商埠之商業中心區，每日與城市其他部份之交通，當然可觀，由此觀之，幹道直達中心區之緣境，及輔助幹道數量問題，都有影響，總之二稿費時年餘完成，欲使任何草圖達到同樣之精細程度，亦須經過相當時間之研究。

陸筱丹

陳先生及計劃初稿二稿之收獲，因爲極爲寶貴，然吾人在研究都市內道路系統之如何佈置，似應考慮並假定郊區中區之人口分佈情形，各郊區人貨需要進入中區者，究有若干，所採用之交通工具爲何種，所需要之運輸之時間爲若干，高速運輸綫與市內道路之交點，以何處爲最適宜，交叉之方式如何，凡此種種皆爲設計市內道路斷面最重要之張本，細察所擬各道路系統，對此種問題，均無肯定數字，足資爲設計之依據，又吾人現所擬者，爲五十年計劃，吾人似應同時研究此種道路系統在五十年內是否可以逐步實現，亦卽市民經濟財力是否可以負担，俾可分期實施，否則計劃雖佳，不能與事實相配合，則計劃僅係一種空洞渺茫之意見而已，對此二點均有再詳加考慮研究之必要。

金經昌　都市計劃二稿以及陳先生擬具之道路系統，本席均曾參加計劃工作，惟覺中區內高架幹道不平交設備，殊深困難，且不平交叉口設備，需費十倍以上於圓形廣場之造價，是故不平交路口設備殊覺不適宜於中區。

主　席　可否將陳先生之原則意見修正二稿，以便互相配合，倘依陳先生之原則修正二稿，或將發生許多實際之困難問題，可否將二稿中之一部份道路，以不違反陳先生原則中之優點，進行計劃之。

鍾耀華　二稿經過相當研究，由無數草圖中脫胎而成，其每一路綫之取捨，皆有相當之理由，不妨利用而盡量採納陳君草圖中之優點，俾Master Plan得早日完成。

姚世濂　陳先生之原則，似偏重於中區之成份多，吾人從事研究都市計劃，應注意各方面之事實及需要，深望陳先生仍考慮都市計劃二稿之心得，並望能兼顧技術及行政諸困難情形下，進行計劃。

主　席　依照各位討論的意見，都市計劃二稿大致可不更改，惟越江之交通，是否應爲高速路，是否仍沿成都路南下，尚請各位繼續研究，至於中區設備不平交叉路口一則，價昂鉅恐難實現，都市計劃二稿，中區內高速幹道稍多，可否能再減至爲東西方向一幹道，南北方向一幹道，且該幹道標準爲僅行駛電車不行汽車，請諸位繼續研究之。

上海市都市計劃委員會秘書處技術委員會第八次會議紀錄

日　期　三十六年十月二十八日

地　點　上海市工務局會議室

出席者　趙祖康　黃作燊　林榮向　鄭觀宣　陸筱丹　金經昌　姚世濂　王大閎　鮑立克　韓布葛
吳錦慶　程世撫　鍾耀華　陸謙受　盧賓候　白蘭德

主席　趙祖康　　紀錄　龐曾溎

主席

本會工作，在技術方面，如道路系統港埠問題工廠區劃及鐵路等，經本會同人之研究，及與各有關方面之商討，大致均能逐步解決，本人殊感實施時之法律與行政問題，却不足跟隨技術之進行，如都市計劃法區劃法令，土地管理規則等，必須加以研究或譯述，然後擬訂各項則法，又如土地重劃時之逾額徵收辦法，均極須提供市政府或內政部參考頒布，使都市計劃易於推行，希望各位於此有興趣者，從事研究。

姚世濂

關於徵收土地，爲地政局職掌，然其目標重在土地行政與清理地權問題，與都市計劃中之土地問題，目的似有不同，本席嘗與地政局方面有所洽談，頗同意如閘北西區最近之土地重劃時，地政局之行政能與本會計劃相配合。

金經昌

報告最近擬具道路系統概畧。

最近中區道路系統計劃與二稿原圖畧有更正，其目的在使穿入中區之高速道路減少，而希望不損其功能，附圖所示，將原擬六條直達幹道加以減縮，必要時並將市鎮鐵路與高速汽車路分開，二者所經路綫如下：

高速汽車路路線：

一、自吳淞起，經江灣，沿閘北之北，經中山北路，中山西路，接滬杭公路。

二、自吳淞起，經虬江碼頭，楊樹浦，閘北西區，渡蘇州河，沿康定路向西，往蘇州路北新涇。

三、自錫滬公路，經閘北，過鐵路，沿西藏路往南至黃浦江邊，與浦東高速汽車路相聯接。

四、沿中山南路，龍華路，東接西藏路，西接中山西路（此綫或有改用徐家匯路可能）。

市鎮鐵路路綫：

一、自吳淞起，經江灣，閘北，宋公園路，過鐵路，沿西藏路往南，渡浦接浦東市鎮鐵路。

二、自吳淞起，經虬江碼頭，楊樹浦，閘北西區，渡蘇州河，沿康定路向西往蘇州河，北新涇。

三、沿京滬鐵路綫，西藏路，滬杭鐵路往南。

主席

關於道路系統，經多次討論，各方面意見可分三種：（一）最保守者，以爲高架道路儘量避免進入中區，而僅在中區外圍闢 By pass，（二）折衷辦法，高架道路可以進入中區，但須減少，其中又有主張高速道路僅供電車或僅供汽車行駛，或二種併行等意見，（三）最理想之主張，即維持二稿原設計。

本人與市政府及參議會各方之商討，大致以爲計劃不宜過於理想，上次座談會後，又與鮑立克先生研究參酌上海實際情形，以爲高速道路，完全不入市區，恐不能應付集體運輸，至高架車，僅有電車，則工商業之貨物運輸，仍不便利，故今所擬道路系統，高架車道仍擬入中區，但儘量使路綫減少，電車汽車仍擬同時並用。

陸謙受

都市計劃，必先有事實之根據，兩年前因上海調查統計資料之缺乏，工作上乃因果並進，實非得已，即先作若干假定與理想，爲計劃之出發點，然後設法證實此假定或理想之眞實性，然迄至現階段，已不能再據此假定與理想，而計劃到了必須證實之地步，否則實不足取信人民，實施並發生困難，故關於各處地價房屋年齡，必及時詳細調查，然後能有所比較，而計劃可有所本。

韓布葛

確定計劃，不僅當視實際之「需要」，並當視實際之「可能性」，例如道路分佈較疏，於實際需要或感欠缺，但於實際之經濟觀點角度衡量之，或較爲適當。

鮑立克

調查統計工作，不限於過去與現在，並須顧及將來發展，故調查統計，非計劃之最終資料，又須作將來之估計，且政治影響，尤爲不定之因素。

主　席

都市發展之背景，不外物質的，經濟的與社會的三種，對於物質背景的調查，請工務局設計處，積極進行測量工作，經濟及社會背景，如上海將來工業發展與人口之情況，貨物進出量，以及市民生活習慣等，本會茲乏經濟研究人才，請會務組盡力向有關方面收集資料，並須作顧將來市能之發展。

盧賓候

設計之優劣，厥惟經濟問題，征地若干，拆屋若干，反爲次要，我人應埠據經濟觀點，計算究竟土地費用建築費用若干，而計劃實施後能爲公衆節省若干消耗，通盤比較，而決定最後之取舍。

鮑立克

本席對於本道路系統計劃，曾就行車時間，路綫長短，油量消耗等詳細計算，所可能節省之費用，大約此項計劃完成後五年內，市民全部所得利益，即可將建築費用收回。

姚世濂 報告非計劃中工廠區，如南市滬西楊樹浦最近工廠調查概況。

決議

(一)關於道路系統者，請鮑立克陸謙受陳占祥金經昌繼續完成中區以外之計劃。

(二)關於都市計劃法規者，請林榮向先生根據土地法及內政部都市計劃法並參照所譯美國法式，擬具各種法則及土地餘額徵收辦法，必要時請市政府呈內政部採擇施行。

(三)關於調查方面者，請工務局設計處加緊測量工作，尤須注重於永久性房屋之地點，最近兩年內起建之工廠學校及公共建築等，應向營造處調查發照存卷，補給於二千五百分之一地形圖上，以爲道路系統詳圖設計之張本。

(四)關於工廠區者，原有工廠而不在計劃中之工廠區者設法令之遷移。

一、滬西區工廠遷移至北新涇或普渡區。

二、閘北工廠移至普渡區或黃浦區東區。

三、楊樹浦西區一帶工廠移至東區或復興島一帶。

四、南市及「舊法租界」交界一帶工廠移至南市區沿浦地段。

上列遷往地點，請公用局開放電水路綫。

五、關於幹道兩旁應否保留空地，其寬度若干，應予決定，並函復公用局建議高壓電力網距離路邊之寬度。

上海市都市計劃委員會秘書處技術委員會第九次會議紀錄

時間 三十六年十二月十八日下午四時

地點 工務局會議室

出席者 趙祖康 鮑立克 金經昌 姚世濂 汪定曾 翁朝慶 黃潔 程世撫 宗少彧 林榮向 陸筱丹 鍾耀華 吳之翰 龐曾溎

主席 趙祖康 紀錄 龐曾溎

決議

（一）建成區營建區劃圖，除設計處原擬草圖外，請鮑立克先生及黃潔先生另擬一區劃圖，以資比較研究，本月二十二日上午十時，再行召開技術委員會決定。

（二）建成區營建區劃暫行規則草案，由工務局局務會議修正，再提市政會議。

（三）一萬分之一減道系統路綫圖，儘年內完成，並須包括浦東大道以西之幹道路綫，繼即設計幹道斷面標準圖，在各分區詳細設計時，儘量避免修正原擬幹道路綫，各幹道所經地段，請工務局測量總隊繪製地面及地下之1/500詳圖，以憑參考。

上海市都市計劃委員會秘書處技術委員會第十次會議紀錄

日期　三十六年十二月二十二日上午十時

地點　工務局會議室

出席者　趙祖康　鮑立克　鍾耀華　黃潔　陸筱丹　盧賓侯　翁朝慶　姚世濂　汪定曾（黃潔代）

金經昌　林榮向　宗少彧　龐曾溎

主席　趙祖康　紀錄　龐曾溎

黃潔宗少彧鮑立克三先生，分別報告所擬建成區區劃草圖。

決議

（一）關於工廠區者。

第一工廠區（康定路以北）依照設計處建議，惟須保留相當綠地

第二工廠區（楊樹浦）依照鮑立克先生建議，劃出一部份爲住宅區。

第三工廠區在第一住宅區之西，增加輕工業地段，並在斜土路一帶，參酌實地情形規劃。

第三住宅區（南市）。

（二）商業區及商店區地段。

依照設計處及鮑立克先生之建議修正。

（三）關於住宅區設立工廠之限制

第一住宅區不得設立任何工廠（無馬力）。

第二住宅區得設立特定工廠及二匹馬力以下之工場，並在營建規則中，規定予以相當限制，或劃定其設廠地點及範圍。

第三住宅區內得設立二十四馬力以下之工廠，並特定不准設立之工廠性質類別。

各住宅區之等級，應詳加考慮，再作決定。

（四）根據以上各節原則，重行繪製區劃草圖，並修改建成區營建規則，再行邀請工聯會等有關團體代表，舉行聯席會議決定之。

技術委員會簡章

第一條　本委員會隸屬於都市計劃委員會祕書處。

第二條　本委員會以都市計劃委員會執行祕書爲主席，執行祕書缺席時，由出席會員中互推一人爲臨時主席。

第三條　本委員會以左列各項人員爲委員：

（一）都市計劃委員會祕書處各組正副組長。

（二）都市計劃委員會執行祕書指定有關機構之技術人員。

（三）都市計劃委員會聘任之各技術人員。

第四條　本委員會之任務如次：

（一）關於都市計劃總圖設計事項之研討。

（二）關於都市計劃分圖設計中分區分期計劃之研討。

（三）關於都市計劃各項法規之研究。

（四）關於都市計劃調查統計資料之彙集及研究。

（五）關於都市計劃各項標準之研究。

第五條　都市計劃委員會祕書處各組間擬議事項未能解決者，得提由本委員會研討核定之。

第六條　本委員會每星期開會一次，其日期由主席定之。

第七條　本委員會委員爲無給職，聘任委員得酌支車馬費。

第八條　本簡章自呈奉核准之日施行。

上海市都市計劃委員會祕書處技術委員會委員名單

主　席　趙祖康

委　員　鮑立克　陸謙受　吳之翰　陳占祥　姚世濂　汪定曾　朱皆平　吳錦慶　盧賓侯　陸筱丹
鍾耀華　金經昌　翁朝慶　程世撫　陳孚華　張佐周　王正本　顧培恂　韓布葛　林榮向
龐曾溎　劉作霖　黃作燊　甘少明　張俊堃　鄭觀宣　王大閎　白蘭德

上海市都市計劃委員會祕書處技術委員會座談會紀錄

日　期　三十六年十月二十一日

地　點　上海市工務局會議室

出席者　趙祖康　姚世濂　鮑立克　趙福基　汪定曾　陳占祥　陸謙受　陸筱丹　吳之翰　呂季方
王世銳　陳孚華　周書濤　朱國洸　鍾耀華　金經昌

主　席　趙祖康　紀　錄　龐曾溎

宣讀鮑立克先生擬具之「上海市幹道系統計劃說明」，及第八次會議陳占祥先生對於幹道系統之報告意見。

主　席　都市計劃總圖，經本會同人之努力，漸臻成熟，根據此原則而擬之幹道系統，建成區內有高架幹道之交叉點凡九，如高架幹道上電車汽車並行，交叉點當採用Clover Leaf式，則每一交叉點佔地一六〇畝，全部共需徵地達一五〇〇畝之巨，近據陳占祥先生之研究，如高架幹道避免在建成區通過，而僅闢輔助幹道，則交叉點採環形廣場已足，建築經費較爲節省，每處需地僅二十畝，似較切近事實，雖然爲大上海未來遠大計劃，上述一千五百畝徵地，似不爲過，但此厥爲一政策問題，亦即實現計劃之決心與可能性問題，本席與市政府及參議會方面商討，大都均以計劃能稍接近現實爲善，今天請各位於聆取陳鮑兩先生報告後，各抒高見，歸納討論建成區幹道系統之原則：（一）高架幹道是否應穿入建成區域，（二）如採用高架式幹道，是否汽車電車必須並行，而如何將陳先生新擬系統與二稿原則相配合。

陳占祥

上海都市計劃，乃根據二十五年後之需要爲對象，同時以五十年後之準備爲原則，原擬幹道系統，對於全市交通問題，作整個解決，涵義至深，本席參加工作，時僅月餘，細審二稿，既以二十五年爲對象，似不得不考慮現實，而將水準減低，站擬一建成區之幹道系統草圖與二稿原來設計，主要分異點，卽利用建成區外圍之中山路，闢爲一倒S形之幹道（或稱By pass）取消建成區之高架幹道，減少(Clover Leaf 式交叉點，以免徵用廣大土地，俾易實現，凡他區進入中區之交通，可自By pass 轉入輔助幹道，然後再入地方道路，漸次疏散，有如細篩之過濾，至路綫佈置，與原來二稿稍有出入之處，則並無一定成見，因在此短促時間中，尙未及作周密充份之設計，技術上問題，當可隨時加以修正也。

總之本席所擬幹道系統，係採用另一種之設計方式，且認爲較爲「節約」。

鮑立克

總圖二稿之幹道系統，與陳先生所擬草圖，似不能相提比較，蓋前者着眼點，重在市民集體運輸，而後者僅爲一中區道路系統，在最近二十年來，各國交通專家，幾皆公認此二問題，已不能個別解決，必須相互連繫，有集體運輸系統，始可簡化交通問題，二稿不僅考慮建成區之交通，而對計劃中之十二分區，港埠碼頭等，作整個配合，故分全市道路，爲幹道，輔助幹道，地方道路三大類，今日交通擁擠原因，既在車輛混雜，與交點太多，故二稿主張採用高架幹道，所以吸收交通容量，固不僅在節省時間而已也，故我人必須想像大上海計劃實施以後之最大需要，所擬交通路綫已爲最小之設計以之計劃總圖，而計劃實施期間，則選擇緩急，各部份之發展情況，次第進行之，及陳君草圖中，由兩綫歸倂一綫，同至楊樹浦，不免仍發生擁擠現象，以爲將來北站擴充範圍至廣，爲避免擴充後，在幹道內圈土地之浪費，故將其By pass 南移，然計劃二稿中，則主張以吳淞爲上海鐵路總站，將來北站麥根路間之機車場，且須遷移，北站僅爲通過之客運總站，其擴充範圍，不致太大，此點亦似無必要矣。

吳之翰

陳先生之道路系統，顧到實情，原則上實與二稿並無衝突，五十年後之遠大計劃，理想固屬完善，或因經費浩大，或因上海進步不夠，而難期實施，故本人以爲陳君之草圖，可視爲完成二稿過程中之分期圖，加以研究，都市計劃實現中，行政困難隨時可以發生，本必須有分期計劃，分期收地之辦法也。

陳孚華

本席嘗對高架路加以研究，以爲高架路爲解決市區交通擁擠之唯一方法，而惟有自動車輛適用於高架路，電車似不相宜，解決集體運輸而增加公共客車，至高架路之交义點，不必定用Clover Leaf，可用Separate Turning Lane方法，一良好之設計，車輛到達交义點時之速度，既不必減低，佔地亦不致太大。

王世銳

高架路不失爲直達運輸之良好方法，但似以之作近郊幹綫爲上，不必羼入市區。

周書濤

計劃首重實現，故本席頗贊同吳之翰先生分期進行之建議，陳君計劃對於楊樹浦一帶運輸路綫，通入市區，似尙感不足。

朱國洗

中區今已密集不堪，爲便利交通，商業中心必須疏散，卽較西之住宅區亦然，本市中區道路系統，僅就舊路加寬，不能容納大量交通，故擬向高空發展，但既以集體運輸爲對象，高架路上行駛公共汽車或電車，皆非善策，唯一辦法卽建築地下車道，或以爲上海土壤質劣而不可行，本席以爲在地下挖掘取土，而代以隧道管子，管子本身，加上車輛乘客重量之總和，較取出土壤之重量猶輕，則卽無下沉之虞，反須考慮其將否上浮，此外卽地下水之問題，地下水可以空氣壓縮法(Compressed air)及冰凍方法(Freezing)，使不妨礙隧道之建築，雖然地下車道之建築費用較貴，但比諸高架車須加上拆屋收地等費，不至相去太遠，應可考慮。

陸謙受

都市計劃，不外原則與技術二大問題，原則問題，亦卽爲政策的問題，所謂總圖不當僅着眼中區，更不僅爲一交通問題而已，我人應依據其他部份土地運用之發展，以設計道路，而後可以適應需要，過去都市計劃工作，將全市分爲十二個區，何處爲工業區，何處爲商業區，何處爲住宅區，又在二十五年中上海之工商業，將發展至如何程度，根據此原則爲遵循，而有二稿之成果，如我人以爲過去之原則(或政策)爲合理，則一切技術上問題，不難探討迎刃而解，若以此原則爲不然，則一切皆將推翻，故必須肯定原則，否則任何設計，徒托空言，主席及各位鄭重考慮，當機立斷者也。

陳占祥

抑有進者，二稿之道路系統，爲區域至區域系統，而今陳君所擬草圖，似已爲近今都市計劃者所放棄，認爲不合經濟與不能發揮集體運輸之効能，此種道型，在英國早已推行，根據經驗，仍不足以解決交通擁擠之困難。

本席所擬道路系統草圖，實爲達到總圖二稿之中間計劃，故水準較低，似易實行，又全面計劃，必與分圖設計相配合，因在分圖設計工作中，發現困難，而作此建議，初意不在變更二稿原則，且期能配合二稿也。

鮑立克

若干行政上困難，常因缺乏遠見與準備所致，故計劃必對將來土地使用，預爲規劃，然後視必要與可能實現之，二稿之計劃實爲最低之需要，而非最高之要求。

主席

今天歸納各位意見，所得簡單結論如下：

（一）高速路綫經過市區似屬可行。

（二）高速路綫中，電車汽車單獨使用或並用，尚待研究，但並不鼓勵增加私人車輛之發達。

（三）高架車道交叉點，可不用Clover Leaf式。

（四）地下車道之可能性須同時研究。

上海市都市計劃委員會閘北西區計劃委員會會議紀錄

上海市都市計劃委員會閘北西區計劃委員會第一次會議紀錄

時　間　三十六年七月二十三日下午四時

地　點　上海市工務局會議室

出席者　趙祖康　楊錫齡　陸　俠　曾廣樑　汪定曾　陳則大　許興漢　沈寶夔　周書濤　姚世濂

列席者　張天中　陸筱丹　金經昌　王治平　余綱復

主　席　趙祖康　　紀　錄　余綱復

主席致辭（見附錄）

主席介紹出席列席人員

討論事項

第一案：本會辦事細則請討論案。

決　議　修正通過

第二條「主席除開會時任主席外並主持會內一切經常事務」，修正爲「主任委員除開會時任主席外並主持會內一切經常事務」。

第五條「本會辦事處附設於都市計劃委員會內，會議時間及地點由主席先期通知」，修正爲「本會辦事處附設於都市計劃委員會內，會議時間及地點由主任委員先期通知」。

原第八條改爲第九條。

增列第八條「本會會議時，如有必要，得請有關機關團體派員列席」。

第二案：本會進行事項請討論案。

決　議　與第三案併案討論。

第三案：閘北西區計劃草圖請討論案。

決　議
關於計劃方面。
一、幹路及一等支路通過，二等支路恐詳細計劃時尙有變動，暫不決定。
二、劃分爲七個鄰里單位，原則通過。
三、土地使用比例道路佔全區面積二五%（與原有道路系統面積相差無幾），綠面積及公共建築以二〇%爲度，於土地重劃時劃出（商店在外）。
四、以每個鄰里單位五千人爲對象，請有關各局提出關於工務，公用，衞生，教育，社會，警察，民政，財政之設施設備方案及有關資料，於一星期內送工務局設計處轉本會。
五、一部份設備建築費由土地重劃籌劃財源。
六、房屋型式請工務局營造處設計。
關於工作進行方面。
一、土地重劃請曾委員廣樑王委員慕韓擬定計劃。
二、棚戶取締請汪委員定曾陸委員俠擬定辦法。
三、詳細計劃由分圖設計組參照各方面意見繼續進行。
第四案：據勤康，復興，公記，福森等木行呈請開放鐵絲網返還土地如何辦理請討論案。
決　議
俟進行土地重劃時再辦。
其他決議
一、秣陵路十八間房屋一案，請工務局查明後照市府禁建區之決定辦理。
二、閘北西區計劃草圖晒印後，隨同紀錄分送各委員。
三、第二次會議於八月六日舉行。
附錄主席致辭
今日爲本會第一次會議，承各位蒞臨，深爲愉快，本會組織規程，已經市政會議通過，委員人選，亦經市府分別聘派共十七位，多爲各局有關部份主管，故本會工作之進行，必能確實迅速，至於委員人數，如各位認爲尙須增加，可以提出呈請聘派，是否須增設業主方面委員亦可討論，計劃方面技術與土地均極重要，財源之籌劃，可以用土地重劃辦法局部解決，如恆豐橋在決定建築時，閘北西區地價業已上漲，請各位不要以爲實施之希望很少，只須大家努力，決可辦到，本會計劃如經決定，即呈市府轉市參議會經審定後，即將付諸實施，請各位多多提出意見。

上海市都市計劃委員會閘北西區計劃委員會第二次會議紀錄

時間　三十六年八月十三日下午五時

地點　上海市工務局會議室

出席者　趙祖康　王慕韓　曾廣樑　韋雲青　姚世濂　周書濤　王子揚　汪定曾　陸俠（陳華煥代）

許興漢　沈寶夔

列席者　金經昌　王治平　張天中　余綱復

主席　趙祖康　紀錄　余綱復

主席致詞（畧）

宣讀第一次會議紀錄。

全體無修正。

工作報告（見附錄）。

討論事項

第一案：閘北西區整理計劃，業經開始，該區內擬由工務局暫停發給營造執照，幷由地政局暫停土地轉移及保留土地征收，以便計劃實施，請討論案。

決議

修正通過

原案修正爲「閘北西區整理計劃業經開始，該區內擬由工務局暫停發給營業執照至本年年底爲止，並由地政局保留土地征收三年，以便計劃實施，請工務地政兩局提市府會議核定」。

第二案：閘北西區共和新路以南鐵絲網區域內粮秣倉庫，據報業已遷移，該區域內違章建築，應如何切實取締，請討論案。

本案臨時撤銷。

原因「以據姚委員世濂報告該區內粮秣倉庫，僅部隊調防並未遷移」。

第三案：閘北西區道路系統，業經決定，擬請由地政局擬具該區土地重劃原則，以利進行，請討論案。

決議

土地重劃原則。

一、全部征收，發給證書，經扣除土地重劃費及受益費或復興費（包括棚戶遷費）重劃後，由原業主優先承購。

二、土地作價以米爲標準。

三、土地分等，由業主比照其原有土地等級，優先承購。

四、土地重劃分大戶中戶小戶，惟小戶須加入地產公司營建，以免妨礙整個建築計劃。

請曾委員廣樑王委員慕韓擬具土地重劃辦法，提出下次會議討論，并由姚委員世濂於會前先行洽商。

其他決議

一、整個計劃之實施，以第二、三、四鄰里單位爲第一期，第一、五、六、七鄰里單位爲第二期。

二、第三次會議於八月二十六日（星期二）下午四時舉行。

附錄姚委員世濂報告

一、幹路及一等支路系統前經本會第一次會議通過後，提出市政會議，經市府參事室召開各局處會同審查，認爲需要，已提經上星期五市政會議通過，送請市參議會審核矣。

二、楊錫齡及伍康成兩委員因事不能出席本次會議，已有來函請假。

三、衛生局對於閘北西區衛生設施，已來信提出，民政處來函以爲鄰里單位人口五千人，依據保甲編制，恰爲一保擬請改名模範保，警察局閘北分局已來函提出警察機關配備表，工務局第一區工務管理處來函請保留工段辦事處及工場基地五畝以上，各項均已送分圖設計組參考。

四、工務局道路處提出恆豐橋橋堍路基須提高，請保留基地，擬請工務局第一區工務管理處提出需要之面積

五、秣陵路江淮同鄉會建築房屋事，已據工務局來函稱，除已動工之十八間准發臨時執照外，其餘已由警察局制止。

上海市都市計劃委員會閘北西區計劃委員會第三次會議紀錄

時　間　三十六年八月二十八日下午四時

地　點　上海市工務局會議室

出席者　趙祖康　楊錫齡　陸　俠（葉世藩代）　汪定曾　姚世濂　許與漢　沈寶夔　王慕韓　曾廣樑　王子揚　韋雲清

列席者　應志春（李立機代）　陸筱丹　金經昌　余綱復

主　席　趙祖康　紀　錄　余綱復

宣讀第二次會議紀錄。

無修正通過。

報告事項

王委員慕韓

閘北西區土地重劃辦法，尚在起草，須下星期內始可完竣，今日提出者，爲地政署頒佈之土地重劃辦法，擬請各先位予研究。

姚委員世濂

閘北西區計劃幹路及一等支路並土地重劃辦法，業經市參議會都市計劃審查委員會於本星期二審查通過。

討論事項

第一案：關於開放閘北鐵絲網提請討論案（上海港口司令部代電及工務局公函）。

決　議

照第一次會議第四案決議辦理。

第二案：關於開放閘北漢中路等處交通提請討論案（公用局公函）。

決　議

一、請工務局對於幹路及一等支路訂立路界，於本年九月底前完竣。

二、如工務局測量人員不敷支配，請呈請市府增加。
三、請工務局於本年十一月起開辦幹路及一等支路路基工程。
四、俟路基工程完成後，即請公用局埋設電桿。

第三案：關於鐵絲網內，業主聲請圍建竹笆，提請討論案（業主聲請）。

決　議　暫緩辦理。

第四案：關於土地重劃辦法，請研究討論案（地政署頒佈之土地重劃辦法）。

決　議　請王委員慕韓曾委員廣樑參照本次會議討論結果，擬具閘北西區土地重劃辦法，提出下次會議討論。

附錄討論結果
一、以二至三分土地為最小面積單位，其以下者，採用「地政局土地共有人」證明書辦法。
二、重劃後之道路公園及其他公共用地與土地總面積之比例，照都市計劃法辦理。
三、法定地價以米價作參考，每月調整一次。

其他決議
下次會議於九月四日下午四時舉行。

上海市都市計劃委員會閘北西區計劃委員會第四次會議紀錄

時　間　三十六年九月四日下午四時
地　點　上海市工務局會議室
出席者　王慕韓　伍康成　陸俠（葉世藩代）　周書濤　奚玉書　楊錫齡　許輿漢　王子揚　曾廣樑
姚世濂　沈寶夔（許輿漢代）
列席者　應志春（李立機代）　陳占祥　陸筱丹　金經昌　余綱復
主　席　趙祖康（姚世濂代）　紀　錄　余綱復

姚世濂

趙局長因赴浦東視察海塘，不及趕回主持本會開會，囑由本人代理並向各位表示歉忱，今日會議擬請各位討論者，爲曾委員廣樑及王委員慕韓擬具之「上海市閘北西區重劃辦法草案」，此項草案係已經九月三日地政局第三十一次局務會議修正通過者，在討論草案之前，各位對於上次會議紀錄有無修正。

宣讀第三次會議紀錄

修正通過。

原紀錄第二案第四項決議，修正爲「俟路基工程進行至相當程度後，即請公用局埋設電桿」。

論討「閘北西區土地重劃辦法草案」

王慕韓

解釋草案內容並說明，在政府原已有土地法及土地法施行法之頒佈，前地政署以爲關於土地重劃部份，尚不夠詳盡，另釐訂土地重劃辦法，經行政院通過公佈施行，本市閘北西區土地重劃辦法草案，係根據地政署公佈之辦法，參照本市實際情形編訂者，其中（一）關於最小面積單位規定爲〇·二市畝，上次會議討論結果爲二至三分，（二）關於道路公園及其他公共用地與土地總面積之比例，上次會議結論照都市計劃法辦理，故草案第九條未規定數字，（三）草案第十三條關於補償費之計算，上次會議結果係「法定單價以米價作參考每月調整一次」，惟在政府立場，不能作如是之規定，故仍用法定地價。

奚玉書

一、草案之第五條係根據地政署辦法第九條，此種規定似過於嚴格，等於絕對限制所有權人異議，本人以爲至多規定爲十分之二。

二、草案第七條對於本區土地重劃之最小面積單位，規定爲〇·二市畝，所謂重劃之小面積單位，不知係指重劃前抑重劃後之最小面積單位，如係指重劃以前者，最好規定爲〇·三市畝。

三、草案第八條「廢置」兩字宜改爲「收購」。

四、草案第十三條關於補償費之計算一點，吾人均知法定地價遠較實在地價爲低，在閘北西區約爲一與四、五之比，本人以爲可規定「照法定地價加倍或三倍爲計算標準」，以免業主損失太多。

王慕韓

本人以爲修正政府法令，最好由民意機關建議，不如在市府送參議會審查時，由參議會建議修正。

曾廣樑

修正之條文，若僅係由地政署擬訂而經行政院通過者，則修正手續尚爲簡易，若牽涉土地法及土地法施行法，則須經過立法院，比較困難。

伍康成

地方公佈之辦法，不能與中央法令抵觸，現地政署已有土地重劃辦法，在地方僅能有實施細則之類，予以補充，若有因實際情形不能實施中央法令之處，而須另訂辦法代替，似可先行請示補救辦法，如草案之第五第九等條。

許與漢

關於草案第五條之解釋，本人以爲並非指全部重劃土地之所有權人而言，而係指與一部份重劃土地有共同關係之所有權人而言。

姚世濂

一、關於草案第五條，許先生之解釋亦屬不能，似可向地政署請求解釋。

二、草案第八條「廢置」兩字恐係土地法內名詞，是否可改爲「收購」，請曾王兩委員考慮之。

三、按照都市計劃法，道路至少爲全面積百分之二十，公園至少爲全面積百分之二十（不包括公共建築），故閘北西區計劃內道路公園及公用面積，擬定爲全面積百分之四十五，似尚合理。

四、草案第十三條，奚先生建議補償費以法定地價一倍或三倍爲計算標準，本人以爲照目前法定地價與實在地價之比，自較合理，但將來情形如何，不得而知，故最好能有一兼顧政府立場之合理規定。

王慕韓

一、伍先生提到的實施細則問題，本人很爲同意，不過此次閘北西區土地重劃辦法草案之擬訂，係爲配合計劃及本市情形，將來還要有一實施細則。

二、最小面積單位之規定，係爲重劃土地時一種標準，不論〇・二或〇・三市畝，祇能有一個數字。

三、「廢置」爲土地法內之名詞，並非「收購」，亦無廢止產權之意，在重劃土地辦法以發還產權土地爲原則，不過不一定分配原有土地。

陳占祥

一、草案第二條，僅有重劃地之四至界址，最好加入「以詳圖爲準」字樣，較切實際。

二、關於草案第三條，本人以爲土地重劃計劃書及重劃地圖，應由都市計劃委員會根據地政局土地重劃辦法製訂，方可切合都市計劃之需要，如南京下關由地政局計劃並在進行之土地重劃，即不能與都市計劃配合。

三、草案第四條關於重劃土地，並應於事先通知業主。

姚世濂

一、陳占祥先生爲內政部營建司技術室副主任，此次來滬係由本市都市計劃委員會借調，協助策劃本市都市計劃之進行，陳先生爲都市計劃專家，所提出關於草案第三條之建議，自有見地，本人以爲草案第三條，不妨由地政局與本會會商修訂之，再內政部爲都市計劃主管部，將來本市都市計劃須經內政部核定，故土地重劃計劃書及重劃地圖，若由市府同時轉咨內政部，對於本市都市計劃之進行，當可節省輾轉手續，並獲得幫助。

陸筱丹

最小面積單位，必須能適應房屋建築，現閘北西區計劃，關於房屋建築型式，長度，寬度，間尚在商討，則最小面積單位，尚不能作決定。

許興漢

第一次會議時，會決定公用衞生等設備建築費，由土地重劃籌劃財源，現土地重劃辦法草案，僅提及重劃費及賠償費，且並非全部征收，而係將原有土地經重劃後除去道路公園公共用地重行分配與土地所有權人，則將來公用等設備費，如何籌劃，亦應討論。

伍康成

一、本人以爲地方辦法與中央法令抵觸，必不能獲得通過，土地重劃辦法，在地政署既已有規定，則此次草案名稱最好避去沿用「土地重劃辦法」字樣，而草案內容對於在地政署土地重劃辦法內已有規定者，槪去不提，以備將來伸縮，至於辦法既係爲實施都市計劃之用，則名稱是否可用「實施都市計劃重劃土地辦法」，請各位斟酌。

二、草案第三條可分爲數條，詳細規定。

議　決

本案請姚委員會委員王委員歸納今日討論意見，分別請示趙局長祝局長後會商修正後，提市府會議或再開會討論。

本次會議紀錄，於星期六趕印完成，分送各委員，如有意見，請於下星期二前，通知本會，以便歸納採用。

上海市都市計劃委員會閘北西區計劃委員會第五次會議紀錄

時間　三十六年九月十一日下午四時

地點　上海市工務局會議室

出席者　趙祖康　楊錫齡　陸俠（葉世蕃代）　王慕韓（陳葆鑾代）　曾廣樑　周書濤　伍康成　姚世濂

王子揚　許輿漢　沈寶夔（許輿漢代）　奚玉書（顧培恂代）

列席者　陳占祥　王治平（周啓平代）　應志春（李宜機代）　陸筱丹　金經昌　顧培恂　余綱復

主席　趙祖康　紀錄　余綱復

宣讀第四次會議紀錄

無修正通過。

報告事項

姚世濂

本人於上次會議後，即將會議情形報告趙局長，經歸納各位討論「閘北西區土地重劃辦法」草案意見，在今日會議擬提請討論者，爲下列數項：

一、爲規定各主管機關工作，並配合計劃進行起見，已由陳占祥君擬具閘北西區建設實施計劃大綱草案，提請各位討論；本人擬補充說明者，爲大綱草案第四條，僅列舉有關實施建設比較重要之工作，其他如社會事業等，未詳列，第十，條所謂實施程序，係爲配合各方面工作，規定實施程序。

二、上次討論重劃辦法草案，未獲結論之三點，（甲）關於草案第五條土地所有權人及其所佔面積比較之規定，（乙）關於草案第七條最小面積單位之規定，（丙）關於草案第十三條補償金計算標準之規定。

三、公用局提出關於公用建設費之財源問題。

討論事項

討論閘北西區建設實施計劃大綱草案。

議決

原則通過詳細，條文會同地政局修正。

摘錄討論意見：

（一）關於第四條有關各局工作之實施，如係單獨進行，其相互連繫工作，亦極爲重要，似應有配合計劃。（王子揚）

（二）第十一及十二兩條關於非法營造之規定，雖在顧到實在情形，有此需要，但不宜列入實施大綱，可另行規定，以資補救。（王子揚）

（三）第八及第九兩條與地政局業務有關，文字方面暫予保留，候請示祝局長後決定。（曾廣樑）

（四）第十一及第十二兩條，「關於補償費之財源數額，似亦應予以考慮。（伍康成）

（五）依照計劃，公園及公共建築用地約三百畝，按目前規定地價計算，已需一百億，應如何籌劃補償，亦須顧及。（曾廣樑）

（六）閘北西區計劃，如付實施，地價必增，則土地增值稅可以用作建設費，在土地重劃時，是否可按增值情形，扣除公用土地後，發還業主，於法是否可行。（王子揚）

（七）除征用公園及公用土地外，在外國有逾額征用辦法，但不論若干，均須給費，在吾國是否可行及是否可以逾額征用之土地出售，作爲建設費之處，在法律方面，仍須請專家研究。（趙祖康）

（八）土地重劃費及工程受益費，在法令方面有根據征收，至其餘建設費，本人以爲在草案第八條之規定下，可以籌劃財源。（姚世濂）

討論土地重劃辦法草案，上次會議未得結論各點：

議　決

一、姚委員提議修正第三及第十等條暫行保留，候曾委員請示祝局長後再行決定。

二、草案第五條維持原條文（因地方政府所定辦法，不能與中央法令抵觸，奚委員意見所有權人數及其所佔面積至多規定爲十分之二一層，僅可由民意機關建議）。

三、關於第七條最小面積單位暫定爲〇•二市畝，請工務局營造處擬定房屋設計，提下次會議討論。

四、第十三條修正爲「重劃土地之相互補償，一律以地政局重估之法定地價爲計算標準，其差額以現金淸償之」。

附錄姚委員提議修正條文：

第三條擬修正爲「本區內之土地由地政局依照上海市都市計劃委員會閘北西區計劃委員會所規定之分區使用及道路系統製

定重劃計劃書及重劃地圖，呈由市政府轉咨地政部核定之」。
第十條擬修訂爲「重劃後之土地除公共用地應按各宗土地原來之面積或地價比例扣除外，應仍分配於原所有權人，但其地位得由地政局按本區詳細計劃變更之」。

上海市都市計劃委員會閘北西區計劃委員會第六次會議紀錄

時　間　三十六年十月十四日下午四時半

地　點　上海市工務局會議室

出席者　趙祖康　陸　俠（何賢弼代）　張振遠　周書濤　許興漢　沈寶夔　韋雲青　王慕韓　曾廣樑　姚世濂　汪定曾　王子揚

列席者　呂道元　陳占祥　金經昌　周泗安　呂季方　余綱復

主　席　趙祖康　　　**紀　錄**　余綱復

宣讀第五次會議紀錄

無修正通過。

討論事項

（一）繼續討論土地重劃辦法草案。

姚世濂　關於土地重劃辦法草案第三及第十條之修正案，在上次會議時，係決定暫行保留，候曾委員請示祝局長後再行決定，擬請曾委員報告。

曾廣樑　土地重劃辦法草案卽將提出市政會議，關於姚委員提擬修正之第三及第十兩條，業經祝局長重予修正如后：

第三條改爲「本區內之土地，由地政局參照上海市都市計劃委員會閘北西區計劃委員會所規定之分區使用及道路系統製定重劃計劃書及重劃地圖，呈由市政府轉咨地政部核定之」。

第十條改爲「重劃後之土地，除公共用地應照各宗土地原來之面積或地價比例扣除外，應仍分配於原所有權人，但其地位得由地政局按實際情形變更，其辦法另定之」。

（二）繼續討論閘北西區建設實施計劃大綱草案。

議　決　修正通過。

（三）討論工務局營造處所擬房屋設計標準圖。

議　決　仍請工務局營造處會同分圖設計組根據下列數點重予研究：

一、房屋設計以公教人員店員及小店主爲對象。

二、房屋間之距離可以酌量減少。

三、聯立式房屋寬度可在四·五至五·五公尺之間，公寓式房屋寬度可在六至九·五公尺之間。

四、公寓式房屋考慮採用 Maisonette 式。

上海市都市計劃委員會閘北西區計劃委員會第七次會議紀錄

時　間　三十七年二月七日下午三時

地　點　工務局會議室

出席者　趙祖康　韋雲青　陸　俠（蔣忠法代）　周書濤（陸士岩代）　楊錫齡　呂道元（孫圖銜代）　王子揚　許興漢　沈寶夔　姚世濂

列席者　宋學勤（楊謀代）　姚振波　王治平　金經昌　余綱復

主　席　趙祖康　紀　錄　余綱復

主　席　今日爲閘北西區計劃委員會第七次會議，擬報告工作進行情形，困難案件處理經過，及請各位討論臨時提案，查閘北西區計劃開始時，各方面均認爲可以辦到，現計劃業已提出，內政部對此亦甚注意，目前困難之處，乃鐵絲網外已有不少房屋興建，必須嚴格禁止，再港口司令部亦催促接收鐵絲網內空地，地政局於本月二日曾邀請有關機關商定辦法三點，已經市政會議修正通過，詳細情形擬請姚世濂先生報告。

姚世濂

閘北西區計劃已於去年十二月十二日第一〇五次市政會議通過分區使用圖修正道路系統及營建區劃規則，送市參議會，經特種委員會審查原則通過，並建議改重劃爲征收，原業主有優先申請領購之權，俟經該會通知再與地政局洽商進行。都市計劃委員會第八次聯席會議決定組織之閘北西區實施研究小組委員會，業已成立，並已開會兩次，第一次會議決議二點：（一）關於棚戶事項，由閘北警察分局會同工務局第一區工務管理處各級人員隨時商洽立施拆禁行動，（二）基本工作應促早日完成，先擇恆豐路及共和路以南鐵絲網附近之小區域，在不妨礙整個計劃原則下，設法以示範方式逐步實施，第二次會議決議四點：（一）各個鄰里單位分期分區實施，第一期第二、四區，第二期第一、三區，第三期第五、六、七區，（二）凡勝利以後無照之建築物，一概不予補償，（三）公共使用之土地，不給價征收，工程受益費亦不向業主征收，所有重劃經費，概由市府負担，但建築物之拆遷補償費，仍照規定發給，（四）搬遷後不使用之土地，由小組會建設，閘北西區計劃委員會函知警察總局增派部隊駐防閘北西區，執行取締違章建築及警衛事務，關於第三點，關係市政府政策問題，短期內可望決定，因征收工程受益費係包括工程費基地費兩項，關於第四點，地政局已提請市府會議決定二點：（一）閘北鐵絲網及網內空地先由警察局派警暫行看守，同時通告各業主憑合法產權證向地政局登記以便清理，（二）該處原有之鐵絲網及木樁向軍事機關暫爲借用，俟閘北西區土地重劃工作實施時，再行交還，（三）各機關請求保留之房屋，係屬民產，如需繼續使用，應由各該機關提請行政院清理中央機關在滬使用敵僞圈佔民地審議委員會核議，此三點業經市政會議修正通過，通知各有關機關辦理。

中央市場一案，趙局長以閘北西區計劃委員會之立場，不主張重建，經市府參事室召集審查會討論後，決定在該場另租土地手續辦妥前，准就原址搭蓋草棚。

工作方面，（一）土地重劃正由地政局積極進行，擬請孫圖衔先生報告，（二）閘北西區 1/500 道路路綫圖業已完成，即可訂界一、二、三、四區，地形測量亦已完竣，如分期實施，則二、四區或一、三區先可開始，（四）公共建築已在設計，將請各機關會同討論。

孫圖衔

地政局對於閘北西區土地重劃工作總計劃已完成百分之八十，希望於本月十五日前送出，至實施方面尚須待道路中綫訂定後，始能開始經界測量。

辦理接收鐵絲網內空地一案，不僅港口司令部部份尚有聯合勤務總司令部部份，故地政局所提出之三條辦法，亦同樣適用於聯合勤務總司令部部份。

討論臨時提案。

工務局移來閘北共和路梅園路口違章建築房屋二十餘幢一案，據業主呈請並章參議員雲青來函，請予變通辦理，具結於必要時限期遷拆，准予臨時搭蓋，暫緩拆遷一案請討論。

議決

一、俟本會計劃實施時，再行核辦。

二、本會實施工作，應加速進行。

上海市都市計劃委員會閘北西區計劃委員會第八次會議紀錄

時間　三十七年五月四日下午二時

地點　上海市工務局會議室（三五五室）

出席者　趙祖康　韋雲青　伍康成　汪定曾（宋學勤代）　許興漢　徐以枋（郭增望代）　王子揚　姚世濂

列席者　談鑑如　孫圖銜　陳調甫　林榮向　姚振波　顧正方　陳福海（何家瑚代）　R. Paulick
陸筱丹　王治平　李兆林　項本傑　金經昌　余綱復

主席　趙祖康　紀錄　余綱復

主席：今日爲閘北西區計劃委員會第八次會議，并邀請業主聯合會籌備會代表參加，提供意見，查上月十四日在閘北西區營建問題座談會所獲結論，希望放領地比例，能酌增至五○%以上，但經緊縮計算之結果，如聯合車站及客車場用地列入重劃，則放領地成數減少，如不列入重劃之內，放領地成數可增多，詳見印發之土地使用分配表（一）（二），請各位參閱討論決定，再關於聯合車站計劃，交通部俞部長及鐵路局陳局長均表示「原則贊同」，本人因須隨市長視察體育場工程，請姚處長代爲主持並請各位討論。

姚世濂

本月內恆豐橋卽將通車，故閘北西區計劃，宜趕速進行，有關各項問題，必須有所決定，以便擬定方案，呈府轉送參議會決定，今日會議，擬請討論者兩項：（一）聯合車站及客車場用地，是否列入重劃土地，（二）業主聯合會籌備會開會決定請公告本計劃辦理經過，關於第一項土地使用分配表各項數字均係假定性質，蓋因時間關係，尚未能與地政局洽商，表內所列面積均係自1/2500圖內量得者，如用1/500圖，恐數字尚稍有出入，第二第四兩鄰里單位各項工程概算，亦僅爲擬供各位研究參考者，如工程標準改變，概算當亦可增減，再公用局代表許先生向本人提及路燈等事業費尚未列入，應提出預算，以供研討，今日會議如對於放領地比例決定，乃可研究製訂實施方案，幷與金融界接洽投資。

何家瑚

聯合車站詳細計劃，尙未確定，故用地恐尙有增減，至於土地是否征收或併入重劃，須俟報告陳局長後，始能提出意見。

王子揚

本人曾與若干業主交換意見，均希望計劃早日實現，能多領回土地，如鐵路用地加入重劃，則領回成數減少，趙局長今晨電話囑代邀聯合車站基地業主參加，今日會議本人曾與業主數人接洽，均稱未悉詳情不便參加，本人以爲交通事業，原可征用土地，現閘北西區業主希望能多領回土地，自不希望車站用地加入重劃。

許興漢

車站基地方面之業主，亦可提出異議，蓋同在一個計劃內，待遇不能不同。

孫圖銜

行政院核定之辦法「公用土地平均由土地所有權人負担，應先提經市參議會通過，似應先獲悉業主方面之意見，本人以爲公告計劃俟與業主聯合會商得結果後，再作決定。

姚世濂

一、計劃之實施，原可照參議會建議全部征收，照標準地價，需款亦祗三千餘億元，但趙局長希望能多顧到業主方面利益。

二、工程受益費，係就全部面積分攤，鐵路用地，亦須攤到，在路局立場，如不加入重劃，則原須分攤之工程受益費，儘可用以征購用地。

林榮向

本人以爲可以分開，蓋聯合車站不知何時實施，將來征用土地，地主方面可以要求增給地價，以往鐵路築路，征地亦有此種情形。

王治平

兩處業主利益不同，現閘北西區業主，總希望能多領回土地。

項本傑

一、兩處情形不同，閘北西區以往受破壞最甚，勝利後政府保障業主法令亦未能切實執行，在業主方面損失甚大，希望車站用地與西區劃開分爲兩部份。

二、道路基地可以向業主分攤，但建築費應由政府發行公債或向銀行借款，在將來稅收內償還。

章雲青

本人對此項意見表示贊同，蓋二處情形確不相同，而閘北西區業主均希望多領回些土地。

議決

一、大部份業主希望增加放領地成數，達到五〇%以上，至聯合車站及客車場用地征收辦法，由市府各局會商決定。

二、請市府公告閘北西區計劃經過。

上海市都市計劃委員會閘北西區計劃委員會第九次會議紀錄

時間　三十七年六月十日上午十時

地點　市府大廈三五五室

出席者　趙祖康（王繩善代）　楊錫齡　陸俠（蔣忠法代）　呂道元（孫圖衔代）　徐以枋（劉作霖代）　姚世濂　章雲青

列席者　孫圖衔　R. Paulick　金經昌　陸筱丹　章燨　余綱復

主席　趙祖康（王繩善代）　紀錄　余綱復

主席

趙局長患牙疾業已數日，今日不克出席，囑代爲主持會議，本人今晨曾往晤祝局長，祝局長因事亦不克出席，但蒙提供意見，現閘北西區計劃已進入實施階段，趙局長對此非常熱心，並希望解決有關土地諸問題，用會議方式，以資集思廣益，都市計劃委員會，則係專爲設計工作，以供各局之參考，今日會議爲請各位討論第一期實施計劃，雖趙局長祝局長均不克出席，但意見相同，即土地問題，宜通盤計劃，對於大小地主利益，均予顧到，在此原則下，都市計劃委員會設計分圖，但擬定之最小建築單位爲○·一二市畝，查閘北西區計劃二四兩鄰里單位，佔地共僅五百餘市畝，如交通大學，聖約翰大學，即各佔地數百畝，而吾人已屢經開會商討，尙未完全決定，市民方面，則已鵠候甚久，不能行使產權，故吾人必須從速商討決定，俾可早付實施。

姚世濂

今日提出討論之閘北西區第一期實施計劃草案，係根據各方面會商之結果擬定，擬連同實施計劃圖送請地政局規劃土地重劃者。本人擬特予說明者，爲實施計劃草案第四項「戶地劃分建議」，係根據本會第八次會議決議第一點，「大部份業主希望增加放領地成數，達到五○%以上」，查地政局擬訂之土地重劃辦法，最小單位面積爲○·二市畝，但亦有人提出「式樣須要多點」，有若干專家則認爲應使○·四以下之業主亦可領還土地，故實施計劃草案內建議四種聯立式房屋式樣，最小單位面積爲○·一二市畝，此點與地政局擬提高對小戶地施領成數用意相同，惟最小單位面積改小，比較實際，同時放領成數，大小戶地一律，與參議會意見相符，且較公允，此外須附帶報告，即實施計劃圖之規劃，係隨時商洽地政局孫科長辦理者，目前閘北西區計劃，在設計方面，可謂已至最後階段，請各位討論決定，早付實施。

決　議

候孫圖衔先生將閘北西區第一期實施計劃草案及圖帶回，請示祝局長後，再行討論決定。

閘北西區計劃委員會組織規程

第一條　上海市政府爲規劃閘北西區建設，使成本市都市計劃示範區域起見，設立閘北西區計劃委員會（以下簡稱本會）隸屬於上海市都市計劃委員會。

第二條　本會委員定額十五人至二十一人，由市長聘派之，以工務局局長爲主任委員。

第三條　本會之任務如左：

（一）關於閘北西區建設之統籌規劃事項。

（二）關於配合都市計劃之土地重劃等計劃審議事項。

（三）關於工務公用衛生教育社會實施之審議及協助事項。
（四）關於各種公共營造之審定事項。
（五）關於建築管理之計劃審議事項。

第四條　本會會議議決事項經由都市計劃委員會轉呈市長核定後，分交各主管局執行。

第五條　本會整理議案，搜集材料，繪製圖表及辦理其他事務，得由都市計劃委員會酌調員司担任之。

第六條　本會每二星期舉行常會一次，於必要時得由主任委員召集臨時會議。

第七條　本會委員均無給職。

第八條　本會辦事細則另定之。

第九條　本規程由市政府公佈之日施行。

閘北西區計劃委員會辦事細則

第一條　本細則依據本會組織規程第八條訂定之。

第二條　主任委員除開會時任主席外，並主持會內一切經常事務。

第三條　開會時主席因事缺席，由到會委員臨時推定之。

第四條　本會之辦公時間與都市計劃委員會同。

第五條　本會辦事處附設於都市計劃委員會內，會議時間及地點，由主任委員先期通告。

第六條　委員提案如須書面說明者，應於會期前送交主席。

第七條　會議時以委員過半之出席爲法定人數，以出席委員過半數之通過爲可決。

第八條　本會會議時，如有必要得邀請有關機關團體派員列席。

第九條　本細則經本會通過後施行，如有未盡事宜，由本會議決修正之。

閘北西區計劃委員會委員名單

趙祖康	主任委員	工務局
奚玉書	委員	參議會
韋雲青	委員	參議會
王子揚	委員	參議會
陳則大	委員	民政局
曾廣樑	委員	地政局
王慕韓	委員	地政局
呂道元	委員	地政局
許興漢	委員	公用局
沈寶夔	委員	公用局
陸俠	委員	警察局
伍康成	委員	財政局
張振遠	委員	社會局
黎樹仁	委員	衛生局
陳選善	委員	教育局
徐以枋	委員	工務局
呂季方	委員	工務局
姚世濂	委員	工務局
汪定曾	委員	工務局
周書濤	委員	工務局

閘北西區拆除鐵絲網及整理路綫座談會紀錄

日期　三十六年四月二十八日下午三時

地　點　上海市工務局會議室（市府大廈三五五室）

出席者　李立初（上海港口司令部工程處）　徐　靜（上海港口司令部工程處）

賴澄清（聯勤總部第七糧庫）　葉　堅（上海市政府民政處）

王治平（上海市閘北區區公所）　陸　俠（上海市警察局）

趙祖康（上海市工務局）　姚世濂（上海市工務局）

周書濤（上海市工務局）　金經昌（上海市工務局）

姚鴻達（上海市工務局）　余綱復（上海市工務局）

干　覺（聯勤總部儲運局）　穆士海（閘北區區民代表會）

張綏祿（業主代表）　李森市（業主代表）

胡伯琴（上海市地政局）

主　席　趙祖康　紀　錄　余綱復

主　席　今日請各位來此開會，係爲商討拆除閘北西區鐵絲網以後之各項問題，本人於上星期三曾偕同王區長及業主代表，前往該地視察，軍事方面物資已在遷移，鐵絲網亦開始拆除，除已向市長報告外，並在市政會議提議組設閘北西區計劃委員會，主要目的，爲經過此會與地方民衆合作，以完成該地區復興建設，並保障地主權益，此案業經市政會議決定，在本市都市計劃委員會下，成立閘北西區計劃委員會，惟組織亦須相當時間，茲提前召開座談會，旨在說明市府方面之用意，並明瞭民衆方面意見及有關各單位之困難，本人以爲最好能先定立路界，清理地權，因希望大家合作，不使再有違章建築，請各位發表意見。

王治平　去年二月，閘北區區民代表大會，曾呈准市府組織拆除鐵絲網委員會，當時錢市長曾允拆除鐵絲網，惟以後各機關不獨未見遷讓，且圈用空地反見增加，最近半月以來，各機關物資大部份已運走，空出地方很多，在地方上，則認爲房屋雖燬，應有存餘磚瓦，業被不肖軍人賣去，並有勾結地痞流氓，佔地搭屋情形，確有切身痛苦，故希望大家集中力量，團結起來，以維護權益，趙局長頃提出市府將組織計劃委員會，希望各單位將堆存物資集中，讓出空地，以便訂立路界，清理產權，如各單位有困難，則請提出商討，俾可使此一計劃，能早日實現。

張綏祿　地主方面，已組織聯誼會（已呈請社會局備案），擬暫緩拆除鐵絲網，並先辦理業主登記，請地政局清丈後，發還原業主管業。

于　覺　該地區最早係由特派員接管，以後移歸補給司令部，本處因堆存物資，曾呈准撥用一部份，在共和路部份，曾由人民代表請予開放（代表是否合法不得而知），金陵路部份開放，則係由警備司令部派員通知，惟本處未奉命令遷讓，故動機及處理均不在本處，不能負責，至謂有不肖軍人賣出磚瓦及勾結佔地搭屋，則在該地單位甚多，究竟如何，不得而知，如業主聯誼會能指出，自可送請法辦，關於今後設施問題，似與本處無關，本處亦無與地方取得聯繫之需要，本處於奉到命令準備遷讓時，當通知工務局接收空地。

賴澄清　本庫現僅餘少數軍米未處理，故僅恆豐路一帶尚未開放，再在本庫鐵絲網範圍內，並無出賣磚瓦及搭蓋房屋之事，本庫暫時尚須保留一小範圍，此外均可開放。

李立初　本處奉令結束，拆除鐵絲網，除第七糧庫者外，儲運處非港口司令部直屬單位，僅能通知上項命令，限期二星期呈復，現尚餘一星期，如趙局長有所決定，當依據呈報，至於業主產權問題，與本處無涉。

主　席　請各位決定如何集中物資，讓出空地。

決　定　一、聯勤總部儲運處物資儘量集中於共和路以北，廣肇路以南，華康路以東，華盛路以西地域內，並設法儘速遷去。

二、聯勤總庫第七糧庫集中一小範圍內，並於一星期內遷去。

三、善後救濟總署，由王區長催促集中，並速遷去。

于　覺　此項決定，本人尚須回處報告，但可儘量設法集中於指定之地點內，遷移時原有鐵絲網須一併拆去，因目前物資缺乏，須作重新圈地之用，再讓出之空地，僅能交行政機關接收，不能直接交給業主。

主　席　請各位決定空地移交接管辦法，在地主方面，希望由聯誼會接收，在各單位則希望交行政機關接收。

決　定　一、各單位移出之空地，由閘北西區計劃委員會先行接收。

二、拆除鐵絲網時間，各單位與工務局取得聯繫。

三、補圍之鐵絲網，除由工務局供給外，不足之數，由業主自辦。

四、由警察局加派警察巡廻，防止違法建築。

主　席　請各位決定路線訂界及地權清丈辦法。

陸　俠　似宜逐步清丈，逐步拆除鐵絲網，以減少困難。

胡伯琴　關於地權之清丈辦法，擬由工務地政兩局會商後決定。

主　席　本人對於清丈地權，畧有意見，以爲該地區內，原有土地經界已難訂明，且都市計劃對於道路系統，已有修正，不若趁此機會，進行土地重劃，即於閘北西區計劃委員會，所擬進行計劃之二千五百畝圍地內，除道路公共建築佔用者外，按照各業主原有土地面積，比例重新劃分，未知業主方面有何意見。

張綏祿　李森甫　贊同土地重劃。

決　定　依照閘北西區道路系統計劃，進行土地重劃。

閘北西區計劃營建問題座談會紀錄

上海市都市計劃委員會閘北西區計劃委員會會議紀錄

時間　三十七年四月十四下午三時

地點　九江路一〇二號第二〇七室

出席者　趙祖康　姚根德（許文達代）　陳明曙　陳調甫　項本傑　王治平（陳蒼龍代）　呂道元　孫圖衔
周永生　談鑑如　孫慕德　顧正方　王子揚　金西厓　李兆林　吳芝庭　韋雲清（韋麟春代）
張克臣（張永生代）　張繼光（王子揚代）　姚世濂　金經昌　陸筱丹　Richard Paulick　余綱復

主席　趙祖康　紀錄　余綱復

主席

諸位先生今日爲閘北西區復興計劃舉行座談會，本市都市計劃委員會於三十五年八月成立，由市長兼主任委員，執行祕書則由本人兼任，其重要工作之一，即閘北西區復興計劃，蓋閘北西區戰時受破壞甚烈，曩時八百孤軍困守該處，留有光榮之歷史，故選擇該區推行都市計劃，關於技術設計土地重劃辦法及與鐵路局商洽設立聯合總站（市區高速車與火車之聯合總站）計劃，已呈送中央並送參議會，參議會業於第五次大會審查，原則通過，並建議改土地重劃爲征收，原業主應有優先申領之權，內政部於本年三月召開審核上海市閘北西區分區使用計劃會議，地政部交通部及本市市政府均派員出席討論，決議事項兼側重實施問題，今日請各位討論者，亦即實施問題，玆先將計劃要點報告如后：（一）道路系統包括高速道幹路及支路，（二）鄰里單位係根據人口統計，學齡兒童及實施保甲制度計劃，使工程設施與社會制度發生關係，（三）土地使用問題對於業主利益有關，查閘北西區計劃面積共二四九二畝，除原有道路面積三五一畝外，共戶地二一四一畝，內「增加」道路基路（六〇七畝）公共建築地及綠地（三二七畝）聯合車站及鐵路客車場（三五八畝）共佔四三·七%，擬設法減至四〇%，其餘六〇%，擬由原業主優先比例承領，但公共工程設施後，土地可以增值，而工程建築費之籌措，則擬與銀行合作，於六〇%土地內劃出一部份約一六三%，作爲運用資金，故業主共實領四三·七%，此辦法與業主地權有關，中央雖可同意，但須先經參議會通過，故擬與各位商談後，再提出參議會。

此外尚須聲明者：爲（一）在業主優先承領之四·三七%土地內，地政局主張土地少者承領之比例須畧高，其理由擬由地政局呂處長予以說明，（二）工程受益費據工務局之估計，業主尚須担任一部份，（三）拆遷房屋補償費，工務局估計按全部征收（每畝三億元）地價二〇%計算，約一二八四億元，是否可行，亦請各位討論，（四）中央開會決議本計劃應分期分區實行。

項本傑

閘北西區土地被非法營建侵佔，政府並無辦法取締，此在地主損失已甚大，今復興計劃，僅擬發還四三・七%，尚須負担支路工程受益費，拆移房屋補助費，則地主實太吃虧。

主席　政府對於閘北西區地主產權之維護，已盡很大力量，否則恐情形更爲惡劣，至土地使用問題，自可從長討論，各位如有辦法，祇要辦得通，當可接受。

王子揚　一、參議會對於工務局提出之澈底計劃，甚爲擁護，惟自開始至今，已有一年，若不實現，地主之損失更重，參議會之建議，改土地重劃爲征收，意即簡捷手續，希望早日實現計劃。

二、經費方面，在市財政預算很緊縮之際，若希望提早實現計劃，地主自須負担一部份，但土地增值稅，希望用在建築上。

三、在地主方面，總希望能多領回點土地，本人以爲路局用地還可多負担些工程受益費。

項本傑　如閘北西區土地，現值每畝六億元，增值後每畝爲十億元計算，則築路陰溝電燈等費，應由市府墊出，將來在增值稅內償還，業主祇能承認道路等基地費，須領回六〇%。

談鑑如　非法建築物拆遷費，業主不能負担，因政府應根據法令強制遷讓。

王子揚　拆遷費係平均負担，並不限於有非法建築物之土地。

呂道元　原辦法爲土地重劃，後改爲征收，重劃與征收均爲整理土地之方法，征收係由政府全部價購，業主並無主權，重劃則除去公共用地外，照地價比例分攤發原業主，政府無庸給款，但目前政府財政困難，無力建設，同時該區情形複雜，破壞過甚，恐業主亦難辨別原來經界，再重劃因清丈關係，須費時甚久，故在南京開會之結果，議決由政府不出價征收，整理後仍分配原業主，公共建築費亦祇有從土地中設法，因此種征收重劃辦法，於法令無根據，故請各位來此會商，所謂四〇%，由業主承領，僅係一種擬議，尚須附帶申明者：（一）征收重劃辦法並非照各業主原有土地面積比例發還，而係照地價比例發還，（二）鄰里單位計劃，最小建築面積爲〇・二畝，故不足〇・二畝者，亦須分配〇・二畝，故大業主比較吃虧。依本人看法，擺在各位眼前者，有兩條路可循，抑希望早點建設，還是等待慢慢實施，如各位認爲上項辦法不妥，而政府無財力征收，即能征收，照地政局規定價格給價，業主亦太吃虧，則不妨照現在地價，由政府用土地債劵征收，業主亦可用土地債劵優先承領土地，政府可運用土地以資建設，但政府放領土地時，價値必增，同時土地債劵之償還，爲期恐將在十五年至二十年之間，此在業主亦甚吃虧，本人以爲該區目前因土地多被非法建築侵佔，以致業主無從行使產權，地價甚低，若能從速拆遷棚戶，整個規劃建設，土地都可以移轉，地價提高，即收回〇・四%，似可仍合算，以上僅爲本人意見，提供各位參考。

李兆林　以往租界建設，係逐步改進，經百年來之努力，始有今日情況，故本人以爲設施計劃標準，不妨減低，以減少業主負担，增加發還成數。

項本傑　計劃方面，實施經費須完全由地主負担，增值稅則由政府收入，頗不合理，目前業主困難者甚多，無力建築，則建造房屋費應由政府貸款。

主　席　如將來有投資銀團組織，可向之貸款或以土地參加建設。

陳調甫　本人以爲學校應先建築，蓋不願遷居該區者，多因子弟入學不便。

孫圖銜　根據地政局之統計，該區〇・四畝以下之業主，共五五五坵，〇・四至二畝之業主，共六〇〇坵，二畝至五畝之業主，共二三二坵，五畝以上之業主，共八三坵，以上共一四六一坵。

陳蒼龍　一、業主來區公所登記者，並不踴躍。

二、該區已有業主聯誼會之組織。

決　議

一、放領土地比例，酌增自五〇%至六〇%，依地值比例計算。
二、工程受益費之分攤，鐵路局須比較增多，同時減低工程設施標準。
三、第二及第四鄰里單位先行建設。
四、拆遷房屋補助費，可發給（符合計劃標準之合法房屋不拆）。
五、請王子揚，韋雲青，王治平，項本傑，談鑑如，陳調甫，李兆林，周永生，顧正方，諸位先生籌備組織業主代表會，
並請王子揚先生召集。

上海市都市計劃總圖三稿初期草案說明

本說明書係於一九四九年上海解放前由前都市計劃委員會編撰，爲保存資料，特予刊印。以供參考。

上海市人民政府工務局

一九五〇年七月

目錄

（一）引言
（二）區劃
（三）交通
（四）討論
書後

上海市都市計劃總圖三稿初期草案說明

(一) 引言

在過去的一百年中，上海從一個古舊的縣城，發展而成爲今日擁有六百萬人口的大都市。以人口計算，列爲世界第四個大城。今日所謂的上海市，有八百九十三平方公里的面積。然而稱爲市區的部份，僅佔五十六平方公里。其中三十六平方公里，是以前的租界。這號稱六百萬人口的都市，實際上多數人口就擁在這三十六平方里當中。在這小範圍裏，擁了這許多人口，居住怎能不擠？交通怎能不亂？何況社會和經濟，發展都不正常，市民的健康與道德都受着嚴重的影響。

不平等條約開闢了上海兩租界，因爲以往國人仰仗外人的心理，在年年不靖的形勢和國人技術低落的環境裏，黃浦灘就成爲華東重要的貿易中心。全部投資灌注在這彈丸之地，不但全市的工商居住，都擠在這裏，因爲投機容易，更招來無數不事生產的人口。今天上海人煙稠密的地區，人口密度，達每公頃四千五百人左右。今天上海市市區部份平均人口，亦達每公頃六百四十人。和大倫敦計劃所擬的最高密度每公頃三五五人，相去甚遠。

在本市迅速長成時期，因爲行政機構的不統一，一個轄區的設施，非但不和鄰區配合，有時反相互妨害，以互爭「繁榮」。即租界當時本區的設施，全取決於洋商和少數人的利益。所以碼頭、倉庫、工、商和居住的分配，道路的開闢，全然是沒有合理的計劃的。

上海既已形成這種不合理的「繁榮」，土地便成爲投機的對象。即使有良好的市政設施，不是受到私人利益的衝突，就是被投機利用，所得的效果，可以和原來目的完全相反。

上海的畸形「繁榮」，正是經濟衰落的表示，正當投資，既不能獲得合理的利潤，股票金銀外幣，便成爲游資賭博的對象了。正當的職業工作者，生活反捉襟見肘，上海便成了冒險家的樂園。這種精神人力的浪費，是國家嚴重的損失。

貨幣貶值，造成普遍的囤貨。弄堂堆棧，增加了房屋恐慌和交通紊亂。

所以談到本市都市計劃不是市政方面，片面的改良所能奏效。整個社會和經濟的組織，都非澈底革新不可。

（二）區劃

甲　原則

區劃根據下列諸點擬定

一　本市工商業發展趨勢將由落後半封建狀態逐漸改變成近代化企業。

二　工業化過程中本市生產事業人員之百分比增加，寄生剝削階級及投機商人將遭淘汰，負販手工業工人減少，效率較高的集體企業增加。窰礦從業人員將漸減少。公共服務人員增加。

三　舊市區不斷向外擴展，則阻礙合理的重建，增加交通困難，造成城市衰落的主要原因。所以設計中之中區予以一定的範圍限制擴展。除經濟中心行政中心及一部份工業以外，港口及一切不必要在中區之工業皆應移到新計劃區，中區除與區內各種事業有關者外，過剩人口應遷出中區，以建設新計劃區。

四　新計劃區中假定工作人員全數居住本區以內，該區居民一切日常生活需要均能在區內求得，與中區及鄰區間均用綠地隔離，而特新交通系統作緊密的聯繫。

五　新計劃區發展係純粹城市性質，各區間有隔離綠地農地，不要不經濟不生產的「郊區」。

乙　設計標準

回顧過去從業人口的趨勢可以推測一九七〇年各項職業人口所佔百分比。按一九四六年統計全部有職業人口是百分之五六・二，參照工業化國家城市有職業人口之百分比估計一九七〇年將增加到百分之六〇。

第一表說明估計將來職業人口比例和各類土地使用分配第三項是按職業分類分別估計各業所佔百分比，第五第六兩項有幾種職業人數必須集中在中區工作，但另幾種分散在新計劃區。工作和居住區的範圍參照本市情形和環境限制擬定標準，所以中區建成部份的標準暫時只好低於新計劃區，但是要避免以往缺陷。第一表中工作面積不能求得總和因丙種住宅區和工業混合使用。

第二表說明中區區劃狀況，因事實所限僅作和緩有限度的變動。關於新計劃區的區劃，可按地形和將來社會經濟發展擬定較高標準。

第三表依據各業薪級人數的居住情形加以分析，來定居住與工作地區的面積。在新計劃區內外的綠地標準高於中區建成部份，在新計劃區中增列丁種住宅，在永久建築暫時不易辦到時，專供臨時居住現在與未來的移動人口。所以建議營造合理的臨時棚屋，但嚴格注意區內衛生和消防設施。第三表所列人口數字是五、九六九、三〇一約為六、〇〇〇、〇〇〇、關於土地面積分配，可看第四表。

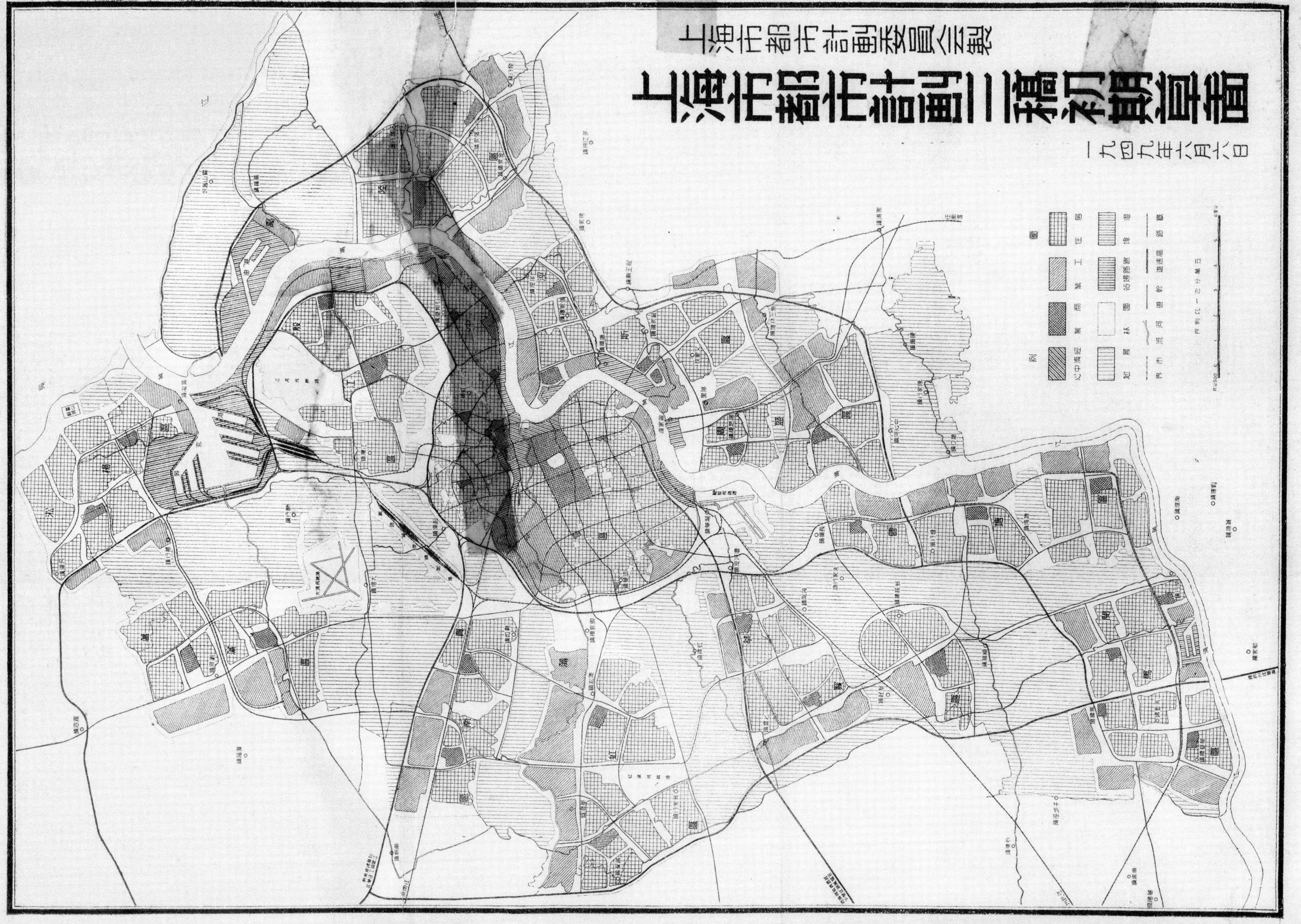
上海市都市計劃委員会製
上海市都市計劃三稿初期草圖
一九四九年六月六日

上海市將來職業人口比例及土地使用分配估計表

第一表

	1	2	3	4	5	6		7		8		9	10	11	12	13	14	15
	職業種類	上海市 1946	大上海 1970	區別	職業人口	前項分析		中區		新計劃區		農地	中區標準	需要面積	新計劃區標準	需要面積	農地標準	需要面積
		%	%		人	%	人	%	人	%	人	人		KM²		KM²		KM²
一	農業	7.36	2.50	農地	138,000							138,000					每人5市畝 1500市畝≒1KM²	460.00
二	窰礦★	0.54	0.50	農地	27,600							27,600					每人2市畝	36.80
三	製造工業	30.20	35.00	工業區	1,932,000	66.7	製造工業 1,288,000	20	257,600	80	1,030,400		每公頃500人，外加道路及曠地100%	10.30	每公頃300人，外加道路及曠地100%	68.70		
四	店鋪作坊			混合區（丙種住宅區）		33.3	店鋪作坊 644,000	33.3	214,667	66.7	429,333		每戶二人，每公頃100戶外加道路曠地50%	16.10	每戶二人，每公頃100戶外加道路曠地50%	32.20		
五	貿易金融	36.06	25.0	商業區	1,380,000	20	貿易金融 276,000	90	248,400	10	27,600		每人10m² 房屋佔基地50%〔平均六層，下二層附設零售商，歸（六）項計算〕加道路曠地50%	1.86	每人15m² 房屋基地25%〔平均四層，以二層附設零售商店，歸(六)項計算〕加道路曠地66.7%	1.38		
六	零售商			第一、二商業區，新商業，新住宅區		80	零售商 1,104,000	40	441,600	60	662,400		每人10m² 房屋佔基地50%〔除（五）項二層面積，商店區平均一層半〕加道路曠地50%	6.35	每人15m² 房屋佔基地25%〔除（五）項二層面積，商店區平均一層半〕加道路曠地66.7%	$\frac{42.32}{3}=14.10$	}	附註：⅓商店在商業區，⅔在鄰里中心。
七	交通、運輸	7.30	12.00	港口，鐵路，公路，航空場站	662,400			30	198,720	70	463,680		商業區佔⅓，標準同（五）項，交通場站佔⅔，每公頃300人	0.50 4.42	交通場站每公頃 150人	30.92		
八	公衆服務	6.80	8.00	工業區 商業區	441,600			40	176,640	60	264,960		每公頃300人	5.88	每公頃300人	8.83		
九	自由職業	3.76	5.00	商業區 住宅區	276,000			40	110,400	60	165,600		標準同(五)項 {第一商業區佔½ 第二商業區佔½	0.42 0.42	標準同（五）項商業區	8.28		
十	人事服務	5.86	10.00	住宅區 商業區	552,000			33.3	184,000	66.7	368,000							
十一	其他	2.12	2.00		110,400			40	44,160	60	66,240							
十二	合計	100	100		5,520,000				1,876,187		3,478,213	165,600		46.25		154.41		496.80

★包括陶瓷，磚瓦，土石，手工業等。

第二表　　中區區劃表

區別	面積（平方公里）分計	面積（平方公里）合計	居民（人）	毛密度（每公頃人數）
工業區 製造工業 公衆服務	 10.30 5.88	16.18		
交通運輸		4.42		
第一商業區 商業 交通運輸 自由職業 （以上第一商業區中附有零售商室內面積1,240,000平方公尺）	 1.86 0.50 0.42	2.78		
第二商業區 零售商店 （以上第二商業區中附有自由職業室內面積420,000平方公尺及住宅113,390家，共600967人）		6.77	600,967	900
丙種住宅區 商店及手工業		16.10	751,331	480
甲種住宅區		10.88	326,400	300
乙種住宅區		29.00	1,276,000	440
共計		86.13	2,954,698	

第三表

新計劃區區劃表

人口分配

職業	有職業人數（佔總人口60%）	就業者與家屬人數	居住區之分佈					總計
			甲種住宅區	乙種住宅區	丙種住宅區	丁種住宅區	第二商業區	
製造工業	1,030,400	1,717,333	5% 85,866	70% 1,202,134		25% 429,333		1,717,333
店舖作坊	429,333	715,555	5% 35,777	15% 107,333	60% 429,335	10% 71,555	10% 71,555	715,555
貿易金融	27,600	46,000	30% 13,800	40% 18,400			30% 13,800	46,000
零售商店	662,400	1,104,000	5% 55,200	30% 331,200	26.7% 294,400	5% 55,200	33.3% 368,000	1,104,000
交通運輸	463,680	772,800	3% 23,184	50% 386,400		27% 208,656	20% 154,560	772,800
公衆服務	264,960	441,600	2% 8,832	70% 309,120		28% 123,648		441,600
自由職業	165,600	276,000	20% 55,200	30% 82,800			50% 138,000	276,000
人事服務	368,000	613,333		10% 61,333	10% 61,333	10% 61,333		★ 183,999
其他	66,240	110,400	20% 22,080	10% 22,080	10% 22,080	20% 22,080	20% 22,080	110,400
中區過剩人口	103,368	172,280	30% 51,684	50% 86,140			20% 34,456	172,280
總計	3,581,581	5,969,301	6.4% 351,623	47.0% 2,606,940	14.5% 807,148	17.6% 971,805	14.5% 802,451	5,539,967

★ 其餘百分之七十住在工作地點。

第四表　**新計劃區區劃表**　面積分配

區別	人口 %	人口 人數	毛密度 每公頃人數	面積 平方公里	淨密度 每公頃人數	道路及綠地 合計 %	道路及綠地 合計 平方公里	道路 %	道路 平方公里	公共綠他 %	公共綠他 平方公里	公私建築 合計 %	公私建築 合計 平方公里	建築地面分配 系數	建築地面分配 最大建築面積%	建築地面分配 最少綠地%	建築面積 平方公里	私有綠地 平方公里
甲種住宅	6.4	384,000	150	25.60	300	50	12.80	20	5.12	30	7.68	50	12.80	3	20	80	2.56	10.24
乙種住宅	47.0	2,820,000	250	112.80	417	40	45.12	20	22.56	20	22.56	60	67.68	6	30	70	20.30	47.38
丙種住宅	14.5	870,000	400	21.75	600	33.3	7.25	20	4.35	13.3	2.90	66.7	14.50	8	40	60	5.80	8.70
丁種住宅	17.6	1,056,000	880	12.00	1,100	20	2.40	20	2.40			80	9.60	4	40	60	3.84	5.76
商業	14.5	870,000	525	16.60	920	42.5	7.06	22.5	3.74	20	3.32	57.5	9.54	10	25	75	2.38	7.16
工業				68.70		50	34.35	25	17.18	25	17.17	50	34.35	14	70	30	24.05	10.30
公衆服務				8.83		50	4.41	25	2.21	25	2.20	50	4.42	14	70	30	3.09	1.33
交通運輸				30.92		25	7.73	25	7.73			75	23.19	14	70	30	16.23	6.96
總計		6,000,000		297.20			121.12		65.29		55.83		176.08				78.25	97.83

區域計劃，建築法規，以及區鎮中級鄰里各單位的構成，都爲人民着想，普遍提高合理的生活程度，同時每日往來於工作、求學、購物和居住地點間距離，限制在步程以內，可以節省不少寶貴時間和精力；並且避免繁複的交通系統。房屋問題在本圖上已提高綠地標準，做到隔離各區與工作居住地點。已往租界時期的里衖建築和造滿房屋的段落，極不合理。應當依據人類對於光線空氣綠地的基本需要，去改訂新的標準。關於新計劃區住屋標準請看第五表

第五表　新計劃住屋面積分配表

甲　甲種住宅鄰里單位　容納人口　四〇五〇人

總面積　二六・七公頃

住宅　一三・五五公頃　最大建築面積是百分之二十或二・六七公頃。
道路　五・三四公頃
公共綠地　八・〇一公頃
毛密度　每公頃　一五〇人
淨密度　每公頃　三〇〇人

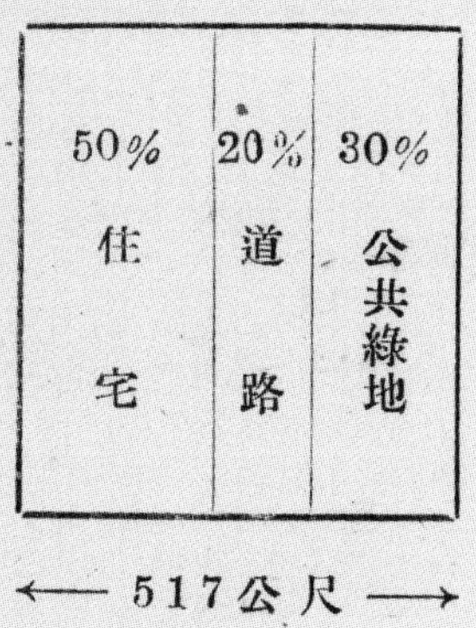

甲$_2$　甲種住宅第一類

層數	係數	建築面積	室內面積	每家150m²	每人25m²	毛密度
1	2	2000m²	2000m²	13家	78人	39人
2	3	1500	3000	20	120	60
3	3.3	1100	3300	22	132	66
4	3.6	900	3600	24	144	72
5	3.9	780	3900	26	156	78
6	4.2	700	4200	28	168	84
7	4.5	650	4500	30	180	90
8	4.8	600	4800	32	192	96
9	5.1	567	5100	34	204	102
10	5.4	540	5400	36	216	108

甲$_3$　　甲種住宅第二類

層數	係數	建築面積	室內面積	每家 100m²	每人 20m²	毛密度
1	2	2000m²	2000m²	20家	100人	50人
2	4	2000	4000	40	200	100
3	4.4	1467	4400	44	220	110
4	4.8	1200	4800	48	240	120
5	5.2	1040	5200	52	260	130
6	5.6	933	5600	56	280	140
7	6.0	857	6000	60	300	150
8	6.4	800	6400	64	320	160
9	6.8	755	6800	68	340	170
10	7.2	720	7200	72	360	180

乙$_1$　　乙種住宅鄰里單位

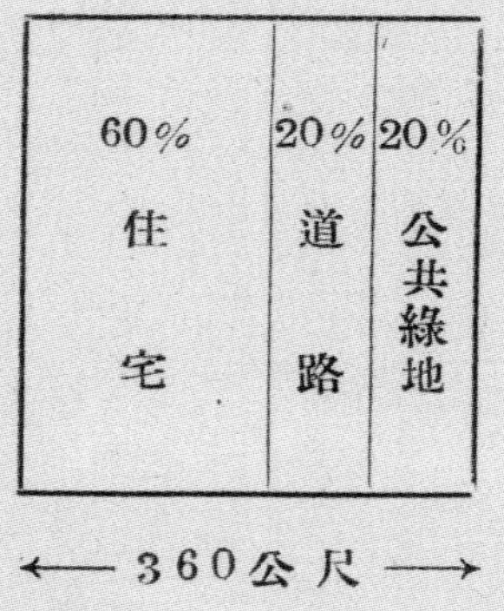

人口　4000人

面積　13.34公頃

乙$_2$　　乙種住宅第一、二、三類

	層數	係數	建築百分比	室內面積	每家70m²	每家5.3人	毛密度
第一類	2	6	30%	6000m²	86家	455人	273人
第二類	2	7	35%	7000	100	530	318
第三類	2	8	40%	8000	114	610	366

乙$_3$　　乙種住宅三類　　每公頃准許建築面積和人口密度

層數	係數	建築%	室內面積	建築面積	每家80m²	淨密度
2	6	30	6000m²	3000m²	75家	397
3	9	30	9000	3000	112.5	599
4	12	30	12000	3000	150	795
5	13.2	30	13200	2640	165	874
6	13.2	30	13200	2200	165	874
7	14.4	36	14400	2057	180	954
8	14.4	36	14400	1800	180	954
9	15	40	15000	1667	187	1060
10	16	40	16000	1600	200	1060

每家平均5.3人

丙$_1$　　丙種住宅鄰里單位

66.7%	20%	13.3%
住宅	道路	公共綠地

←316公尺→

人口　4000人

面積　10公頃

丙$_2$　　丙種房屋計分兩層　建築百分比　30%

每公頃建築面積　　3000平方公尺

室內面積　　6000平方公尺

密度　　397人或75所80平方公尺房屋

如建築百分比爲40%

建築面積　　4000平方公尺

室內面積　　8000平方公尺

每公頃容納四行3.66公尺寬的房屋計 $4\times\frac{100}{3.66}=110$所

密度—每公頃583人或110所72平方公尺的房屋

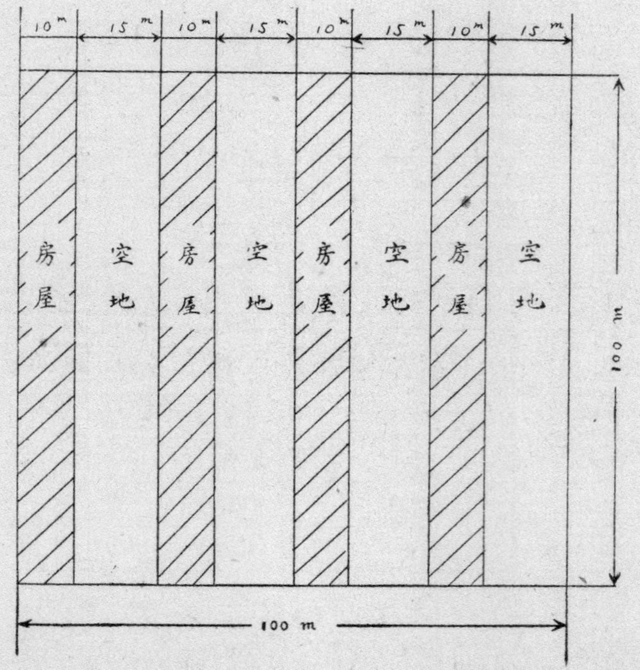

丁　　丁種住宅　　每公頃包含18所　540 平方公尺房屋

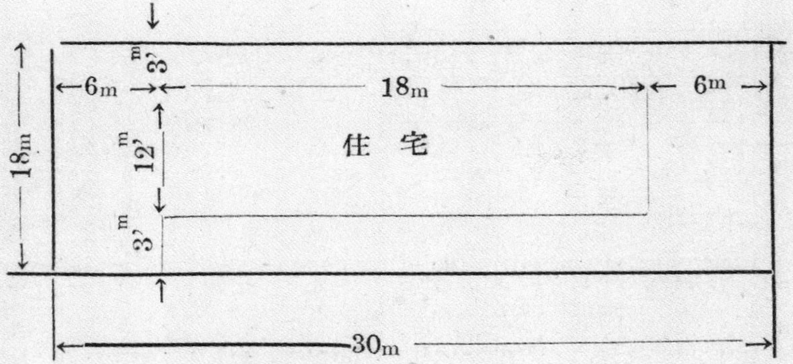

道路　20%
每家　平均6人
淨密度　1100人 / 每公頃
毛密度　888人 / 每公頃

戊　　商業區
房屋共六層
兩層爲辦公室　　四層爲居住
建築係數　10

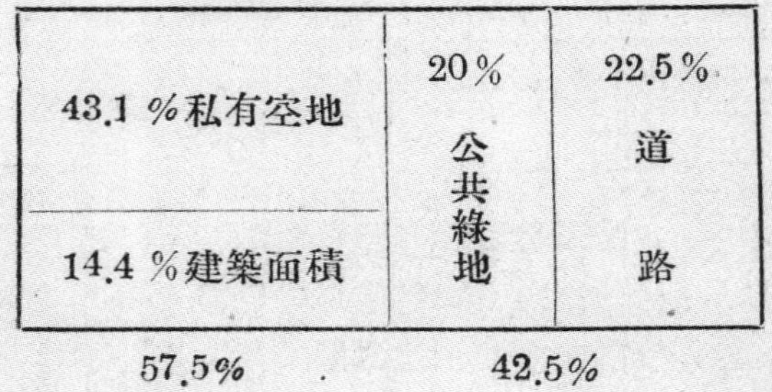

己　　工業區
房屋兩層
建築係數　14

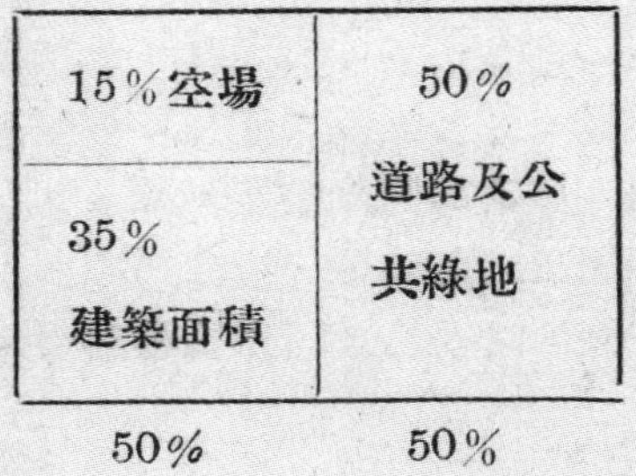

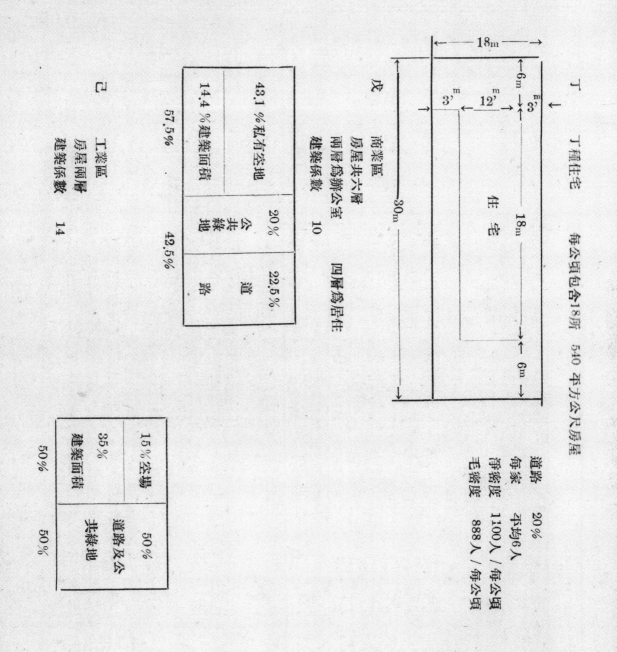

丙　設計內容

本圖在舊市區外圍規劃一個環區的綠地，阻止宅繼續向外擴展。綠地所環繞的面積爲八六平方公里土地即是計劃中的中區。中區設計人口暫定爲三，〇〇〇，〇〇〇人。按居住與混合居住之商業區面積約六五平方公里，所以居住毛密度爲每公頃四六〇人。倘將環區綠地半數併入中區面積計算爲九六平方公里，則平均毛密度爲每公頃三二〇人，關於詳細區劃尙待進一步之硏討。

本圖共設十一個新計劃區，分置在未作城市發展的地面。彼此間用綠地隔離。二稿在浦東僅設少數住宅區，純爲解決中區過剩人口的居住問題，還有很大地面沒有利用。本圖中除了高橋油港附近不適城市發展外，都設計了完整區鎭。二稿中計劃區有些寬度超出了適當距離，本圖測量改善此點，並且對於地形配合又經過一番攷慮。

居住與商業面積（其中爲混合居住性質）共二〇二平方公里和工業面積八〇平方公里，對比約爲二・五比一。其目的在使新工業區工作人員全部居住在同一鎭內以減少區與區間的交通，所有日常生活需要皆可在本區內獲得，所以同中區往來的交通也可減少到最低限度。十一個新計劃區裏土地使用分配詳見第六表——新計劃區土地使用表。

第六表　新計劃區土地使用表

區　名	居住面積	商業面積	工業面積	交通面積	城鎭面積	綠　地	總　面　積
淞　楊	14.7km²	0.6km²	3.8km²	19.0km²	38.1km²	18.1km²	56.2km²
蘊　藻	15.8	1.6	6.4	8.7	29.8	15.0	44.2
殷　江	17.6	1.1	8.1	8.3	35.1	16.6	51.7
眞　南	11.8	0.9	5.2	2.1	20.0	11.7	31.7
蒲　虹	19.9	1.0	10.5	2.2	33.6	23.9	57.5
莘　寶	20.5	1.2	8.0	3.0	32.7	21.5	54.2
曹　塘	20.9	1.5	8.6		31.0	8.5	39.5
閔　馬	20.0	1.3	8.1	1.5	30.9	20.0	50.9
高　陸	15.8	0.4	6.8	6.0	29.0	13.2	42.2
涇　斯	18.8	1.3	8.6	2.9	31.6	19.3	50.9
周　盛	14.6	0.8	5.9	0.8	22.1	20.0	42.3
	190.4	11.7	80.0	51.8	333.9	188.0	521.9

總圖初二兩稿訂定土地使用標準爲城鎮面積佔百分之六十，空地面積（包含綠地農地水道）佔百分之四十，本圖各區所分配面積依下式計算。

城鎮面積	平方公里	空地面積	平方公里
中區	86	環中區綠地	19
11新計劃	282	環11新區綠地	188
1/2交通面積	26	1/2交通面積	26
		農地	300
		主要水道	50
	394		583

城鎮面積三九四平方公里僅佔百分之四十，而空地面積則佔百分之六十，比較以前兩稿更有顯著進步。其中交通面積一項，內有機場應列入綠地，同時鐵路車場港口多係曠地，所以在利用面積內僅列半數。

人口　中區限制三、〇〇〇、〇〇〇人，已在前節說明。新計劃區內的平均毛密度每公頃三〇〇人，農地人口密度每公頃五人，又綠地已有人口暫不遷徙及留在農地中小鎮如大場、高橋、周家橋、漕河涇、顓橋、閔行等皆限制其發展。兩項人口佔計作五〇、〇〇〇人總和是九、二七三、人。如下表

第七表　　人口容量估計表

中區人口	3,000,000人
新計劃區人口	6,030,000
農地人口	160,000
綠地內及留在農地裏的小鎮人口	50,000
全市　總人口	9,240,000

住

全市平均毛密度	每公頃	95人
中區平均毛密度	每公頃	350
新計劃區平均毛密度	每公頃	116
新計劃區居住毛密度	每公頃	300人

丁　綠地系統與農地曠地之分佈

全市中區大部份已成都市，由於畸形發展，人口擁擠。倘以四百萬人計算每千人享用公園地面僅〇・二二公頃，換言之，每公頃使用人數是四萬五千人（約合每市畝三千人），和大倫敦計劃中每千人四英畝（約一・六公頃）的最低綠地標準比較，尚且相差甚遠。中區人口密集，改善困難，所以先在新計劃區設計合理的標準。主要的原則是規定環區綠地，限制中區再向外發展，再按照全市人口的工作居住地面需要，分配在十一個新計劃區，新區分置在廣大的農地中，並且用綠地包圍，以明界限，而防止無限度發展。本圖所示的工作、居住面積約為總面積百分之四十，其餘百分之六十是綠地農地曠地，土地分配的比例，頗合乎設計的初衷。空地面積是五八三平方公里，其中三百平方公里是農地，七十六平方里是水道與一半交通面積，其餘的二〇七平方公里是綠地，分佈在區鎮鄰里之間，防止它們連成一片，作整塊的密集發展。綠地中除有幹道通過外，可設計馳徑、車徑、行徑，供市民騎馬騎自行車遠足或散步之用，又可以設置運動場、公墓和佔地較廣的公園，甚至於學校、療養院等。但是如此廣大面積同時不作生產利用，似乎不經濟，再因本市地勢平坦，河浜縱橫，幾乎沒有荒廢土地，並且樹木稀少，柴炭來源缺乏，倘綠地中廣植薪炭樹木，對於市民的健康和經濟利用同時兼顧。至於農地的利用須先考慮本市之衆多人口，主要食糧的供應，絕對無法改進到自給程度，所以市內農地應注重新鮮副食品（如蔬菜鮮蛋牛乳等）的生產，減少對外地輸入的依賴。

在城鎮發展面積（四二九平方公里）以內，另有六八・八平方公里的公共綠地。按照舊有成規，綠地系統是根據從居住地點到公園運動場所的有效步程半徑個別分置市內，但如果有些市民對於公園不感覺興趣每日數過其門而不入，這種系統未免失去效用而且公園中花草維持的費用極高，對於公共綠地的使用不是最合理的辦法。本圖設計，假定除了具有歷史性的園林古跡，或正式競賽場所應當保留完整的大塊土地，其他的綠地作為所有建築物的背景，換言之，所有建業物都建立在綠的環境中。鄰里以內的房屋聚集在幾處，彼此間自然形成了寬窄不一的帶狀綠地，與區鎮鄰里間綠地成整個系統。在較寬地點，設置遊憩運動場地，居民往返工作、購物、上學、必經過綠地，避免穿過鬧市，在兒童可到處找到正常娛樂的地點，泯除了犯罪根源。

第八表　綠地面積

城鎮面積	平方公里	區內綠地	環區鎮綠地		其他	
中區	86	(8.8)方公里	環中區	19.0方公里	農地	300.0方公里
十一新區	334	(60.0)	環區鎮	188.0	水道	50.0
	420	(68.8)		207.0	1/2新區交通	26.0
1/2 新區交通	—26	275.8				
	394			207.0		376.0

綠地	275.8	平方公里	=	28%
農地水道等	376.0	,,	=	38.5%
	651.8	,,	=	66.5%

第九表　綠　地　標　準

		面積　平方公里	設計標準　每千人/公頃
全市人口	9,273,000人	綠地　275.8	3
	仝上	綠地空地　651.8	7
中區人口	3,000,000人	區內　8.8+1/2環中區9.0	0.6
十一個新區	6,063,000	區內　60.0+1/2環中區10.0+環十一新區188.0	4.3

(三) 交通

在本市都市計劃許多問題中，交通計劃，是最爲繁複而急需解決的一個問題。本市位置是長江流域對外運輸的樞紐，本市交通系統關係全國二分之一人口的經濟命脈，所以本市交通系統的設計，應極端審慎。

本市現有碼頭、車站、公路、機場等等多係逐漸形成，缺少通盤計劃，尤其不注意與土地使用的配合。以致交通系統中的各個項目和土地使用，互相妨礙發展，所以運輸效能非常低落。

一方面雖然有不少機動車輛在行駛，可是許多用人力推挽的車輛仍然擠滿了上海的市街。這種運輸方式阻塞交通，還不要緊，因此而糜費許多時間和人力物力，在增加生產聲中，確是非常嚴重的問題。本市今日所謂的工廠，多數是些因簡就陋的工場，散佈在本市許多里衖的角落裏，生產既不能現代化，自然也不用現代化的運輸工具了。里衖間的住宅裏，不僅開工廠工場，還有不少給投機者做「地下倉庫」來囤積許多貨物。這都是造成這類不經濟運輸方式的原因。假使我們能肅清「地下倉庫」，能幇助弄堂工廠遷往適合工廠生存的工業區，使許多弄堂工廠逐漸發展成爲現代化的工業，他們再也不需要人力推動的車輛來作他們的運輸工具了。所以改良本市交通的計劃，不僅是選擇港口、車站、公路、機場等等本身的位置就够的，同時還要改進本市區劃，以減少不必要的交通，要和本市將來社會和經濟的發展有密切的配合，纔能根決許多交通病源。

甲　港口

大上海區域的重要性，前面已經講過。聯合上海市附近乍浦港及其他次要港口使大上海區域發展成長江口的大商港區域，在上海都市計劃總圖初稿中已經有過建議。可是現在所謂的上海港口，僅是沿黃浦江分佈的許多碼頭。岸線深淺不一，汙積泥沙，有一月幾達三十公分的，因此非不斷疏濬，卽難應用。大多數碼頭毫無機械設備，平均效能每公尺每年僅六百噸。碼頭産權，私有居多，管理和改進，都不是容易的事。浦西碼頭緊接市區，人烟稠密，鐵路不能通達。碼頭倉庫間往來車輛，也造成中區交通擁擠重要原因之一。「浦東碼頭，裝卸貨物，多需轉駛西岸，運輸費用，有時竟因此增高百分之六十至百分之一百。如此運輸方式，使精力時間，都蒙巨大的損失。爲了避免上述缺陷，本圖建議將本市主要港口集中吳淞蘊藻浜口，其他港埠碼頭，處於輔助地位。這些新建議的港口位置不僅對黃浦江是最適當的地點，在整個交通系統中，對於鐵路，公路，內河水道等等的銜接，工商業區的連繫都非常合理便利。爲適合各種不同件裝和散裝貨物的裝卸，應在將來的新港口，配合以現代化的裝卸機械和新式倉庫。上海港口將來在客貨數量工作人力方面，要成爲本市交通和運輸的基本中心。

吳淞港爲本市計劃中的主要港口，包括張華浜及計劃中的市有碼頭在內。其中一部需要時可劃爲自由港，全港建築完成，佔地十九平方公里，每年吞吐量可達一萬萬總噸。

油港設在浦東高橋沙。供儲油及油輪停泊。一部份爲錬油工業區。全港設備應注意防火安全，遇有災害，可不任其蔓延。

虬江碼頭現有相當設備，將來可供其鄰近的工業區使用。復興島魚市場魚船，可在虬江以南停泊。

日暉港鐵路碼頭：原有日暉港鐵路貨站，曾有擴充計劃。將來該處可爲燃煤及木料的主要水陸轉運站。少數油公司擬儲燃油於此，作本市燃油轉運站。不過地點是否適宜（緊接龍華機場），在都市計劃觀點，仍有商榷的必要。

閔行港爲內河水道運輸的要點，同時是具有工業性的地方性港埠。內河水道需要保留的碼頭地位，本圖暫不論及。

造船工業保留地帶：建造和修理船舶，是上海基本工業之一。沿浦原有及計劃中的船廠地位，均劃爲工業區，供造船工業的發展

乙　內河水道

上海港口在世界上所以有特出的重要地位，因爲它有許多優良的水道和廣大的腹地和它相連接。長江和它無數的支流以外，有運河以及很多的湖泊可供運輸的使用。可惜歷年以來，本市多數水道，疏於整理，沙泥汙積，卽能通航，很少能通過二十噸以上的船隻。此種小船運輸極不經濟。本圖繪示水道，需作有系統的疏濬，使各區，尤其工業區相互間有適當的聯繫，和黃浦江港口相通連。這些水道的疏濬標準，以能通航四百噸的船隻爲目的，將來工業原料，油煤燃料，可以利用水道運輸，節省費用，可達最低廉的程度。

丙　鐵路

本市現有鐵路水陸聯運的，祇張華浜鐵路碼頭，日暉港鐵路碼頭和麥根路貨站三處。本市將來鐵路系統計劃，和內河水道一樣，着重在各新計劃港口的聯繫，計劃中的鐵路貨車編配場，應和新計劃的吳淞新港口有密切的配合。原建議設在京滬綫眞如附近，牽制區劃很多。本圖建議本市鐵路貨車編配場設在何家灣眞如間新鐵路綫上，既能接近港口，又不妨礙區劃，在兩路車輛和吳淞新港的連絡上也

是很適宜的地點。京滬滬杭線將來改建雙軌，本市貨車編配場完成，兩路貨運的效能，一定有長足的進步。

本市將來客運，以北站爲總站。鐵路方面曾同意擴充北站改建場站於浙江路西藏路之間北站出入口，由寶山路移至西藏路，減少旅客穿過中區商業地帶所造成的擁擠。計劃中的本市高速電車，將來亦以此爲中心，與北站配合成爲聯合車站，是本市將來遠近程交通的中點。

本市各新計劃區，尤其是工業區，都有鐵路連接。交通往來，原料供應，和成品輸出，皆非常便捷。

丁　道路系統

本圖所示大約九百平方公里的上海市，只有中區八十六平方公里的地區有建成的道路。中區以外，除了幾條不很完整的公路以外，簡直只有崎嶇的小道了。中區雖然有很多的道路，可是寬窄不整，路口太多，了無系統可尋。加以商業密集，人口雜亂，交通管制困難，行人車輛不守秩序。隨處停車，妨礙行車流暢。遍地攤販，行人插足困難。從外灘到西藏路，不過兩公里路程，有時汽車要走半小時以上，消耗汽油，浪費時間，車輛肇禍以外，這都是無形的損失。

對於交通，我們有兩個需要的條件，就是安全和流暢，尤其是安全第一。我們新的道路系統，不是隨便放寬幾條道路就行的。我們要將道路的性質，分別清楚。認清每一條道路的任務，再來設計每一條道路。道路有兩種不同的任務。一種的任務是交通。爲交通而設計的道路，車輛在上面要能安全而很迅速的通過，好像火車在鐵軌上行駛一樣，不受到任何阻礙。另一種的任務是供工商業和居民的活動。這種道路上，行人很多，急駛車輛，不許到這裏來危害安全。在設計方面，前者要求其平直通達，後者却要其偏處通道之外，行車速度，要有嚴格的限制，如此市民纔可以得到居得清靜，行得安全的保障，可以出入從容，不受交通的威脅。

根據前面所說的需要，我們要有新的道路系統來適應新上海將來的交通。本圖將全市道路，作以下的分類：

一、高速幹道 ⎫
二、幹　道 ⎬ 交通性質
三、輔助幹道 ⎭
四、支路 ⎫ 工業
五、小路 ⎭ 商業 性質
　　　　　 居住

工廠、商店、住宅、園林的出入口，應設在支路和小路上。這樣，交通不受行人的阻擾，行人不受交通的威脅。車輛可以急馳，行人可從容緩步。使市民能以輕快安靜的心情，進行日常生活，這就是新道路系統的目的。

本圖所示僅前三種交通性質的道路。支路小路的設計，在將來繪製詳圖時，纔能表示出來。

第一種：高速幹道，聯繫全市各重要交通點。並與市外各重要公路相銜接。相與銜接的各重要公路，將來應照高速幹道同一標準設計。高速幹道是效能最高的道路，將來建設全國性的高速幹道網，在遼闊的中國，很有這種必要。高速幹道設計行車時速達一百六十公里。高速幹道上無平面交叉。出入口有一定限制，並祇與城市中的幹道相連接。高速幹道之選線儘量配合周圍地形和風景，弧度宜婉轉流利，避免穿過密集地區。初期設計寬度，可以在二三十公尺之間，但保留寬度，至少應為二百公尺，以資佈置園林綠帶與沿線地區隔別，並供將來發展。

本圖建議高速幹道甲、乙、丙、丁、戊、己、六線：

甲線：經嘉定、太倉、常熟，江陰、往鎮江。渡江沿運河往華北。鎮江往西至南京。市區部份，長約十五公里。

乙線：沿中山南路經七寶、嘉興、吳興、廣德、宣城往蕪湖。沿長江往華中。市區部份，長約十五公里。

丙線：在嘉定與甲線銜接，經羅店、月浦、吳淞港口、殷江區、中區之西、往南在馬橋鎮與戊線相會合。市區部份，長約五十公里。

丁線：環繞殷江區，在吳淞港口之南與丙線相銜接經軍工路，虬江碼頭，楊樹浦之北，在鐵路貨車編配場之南，再和丙綫相會合。全綫長約二十一公里。

戊線：在南翔之東和甲線相銜接，經眞南、蒲虹、莘寶、閔馬各新計劃區、往南經金山、乍浦、往杭州華南。市區部份，長約三十七公里

己綫：以吳淞港口對江為起點，經浦東各區之東，朝西渡浦江，在曹行鎮之北和丙線相會合。全線長約四十五公里。

高速幹道在市區部份，全長約一百八十公里。

第二種：幹道，聯繫全市各區及附近城鎮。設計行車時速達一百公里。幹道和高速幹道的銜接，作分層交接。幹道交叉點的設計，要有充分的交織長度。非機動車和行人沿幹道行動，應另設非機動車道及行人道。公共車輛車站，應加設停車道，以不妨礙行動車輛。行人穿越幹道最好利用地道或天橋，使行人和行車，兩不相犯。幹道保留寬度，除利用原有道路不能合乎理想以外，均留一百公尺。

第三種：輔助幹道，它的設計標準和幹道大致相同。支路，小路上的交通，應儘量避免和幹道相通。最好經過輔助幹道而達到幹道。所以輔助幹道實際上的行車時速，要減低很多。

上海現在車輛的種類實在太多，這也是交通不能流暢的原故。我們將來要逐步減少人力車輛及其他不合理的交通工具，而鼓勵公共機動車輛的發展，這樣纔合乎大家的需要而十分經濟。

上面所舉的幹道和輔助幹道的標準，在中區限於既成的事實不容易完全達到。在這種情形之下，我們不得不把標準減低很多。不過新道路系統完成的時候，全市任何二點之間的行程，所需時間當在半小時左右。在九百平方公里的範圍內如能達到這種效果，是所我們希望的。

戊　飛機場

本市現有大場、龍華、虹橋、江灣四個機場

大場機場爲將來國際航綫及國內遠程航綫的主要起落站。本圖建議在圖示機場範圍內設四十五度大型飛機跑道四條。跑道方向適合本市全年百分之九十以上的風向。將來在全國性或區域性機場系統中，上海如被列爲國際航綫中心站，運量可能超出單跑道的容量。大場機場東面和南面約九平方公里的餘地，足供將來擴展之用。

龍華機場將來亦供國際航綫及國內航綫之用。該機場之地位，北接中區，東濱黃浦江，西靠滬杭鐵路綫，除西南可以增設六十度跑道一條外，不擬再求發展。

虹橋機場，及江灣機場，因限於四周環境，將來僅保留爲次要機場。

市內及附近短程飛機起落，可在各區綠帶中設置小型機場。

水上飛機載重量可較大，對於貨運的用途，將來一定很有發展。黃浦江和長江，因其船隻往來，潮汐漲落，水流波動，不適於水上飛機的起落。澱山湖的條件或較佳，可能是水上飛機場比較適宜的地點。

(四) 討論

本圖到現在計劃階段，祇能作爲三稿的初期草案。許多問題，猶待商討。

一、一個都市的經濟發展趨勢，是要和國家計劃以及區域計劃相配合。上海市應該發展那幾種工業，工業的數量應該多少，在沒有國家計劃和區域計劃可爲依據以前，根據幾個不完全的統計數字，去推測將來，不一定是正確的。

二、本圖區劃界限和道路選綫的擬定，限於事實困難，多不獲實地勘測，大部份參照美空軍航攝照片，既失時效又不完全。

三、本圖各項面積數字，都由二萬五千分之一上海市全圖量得，和實際有相當出入。

四、中區限於既成事實，區劃、道路、綠地等等設計標準，難合計劃原則。新計劃各區能發展至相當程度時，中區人口，才可望做到合理的疏散。到那時候，中區要澈底重新規劃起來。

五、建設初期、房屋、道路、公用設備，應配合國民經濟，先求簡單實用，以期普及改善效果。一方面使得將來改進比較容易。

六、新計劃區的發展應由政府領導，集合私人投資綜合設計施工，作集體建設。房屋居室面積，應依照區內生產居民的家庭人數和職業上的個別需要作公平的分配。房屋的建築，家庭的裝飾，可以有華貴和簡樸的分別，而人類基本生活的需要如空氣日光居室面積的分配，應該平等。私人個別建造，祇擁有財力的人，有移往新計劃區的機會，技術生產的人，仍然沒有力量得到合理的居住，甚至根本無法到此新計劃區來，這樣的新計劃區沒有新的生產力量，不能有健全的發展，原有的貧街陋巷，將要永遠存在，工作地點和居住地點，將因都市的發展，愈來愈遠。於是增加交通困難，消耗往返精力，大有違背都市計劃的原意。

七、在目前極度房荒中，棚屋仍有繼續建造的需要。爲了不使他對於全市發生不良的影響，應劃定臨時地區，由政府管制，建造合理的臨時棚屋。計劃中的丁種住宅區，即爲解決棚戶問題而擬定。

八、三稿初期工作已告一段落，在作進一步研討時應當注意

1. 實測準確地形圖。

2. 搜集有實用的統計數字——最好由工作人員主持調查。

3. 工作人員應當保持密切連繫，最好能經常在一處工作。有關技術觀點，須經討論攷慮後共同決定。——因區劃，交通，綠地和人口、工商業等等都有密切關係，如分頭進行有不容易互相配合之苦。同時也限制了各單獨負責人的眼光而使他們容易固執已見。

書後

上海都市計劃總圖自一九四七年五月完成二稿以後，曾經開過很多次會議來商討。幷徵詢各方意見。兩年來個別進行中的研究工作，雖有相當成果，但因缺乏連繫，總圖設計工作逐陷於停頓狀態。今年三月二十三日執行秘書趙祖康先生責成筆者四人從速設計繪製總圖三稿。於五月二十四日完成至現在階段。本市解放後，即開始草擬說明。本圖能克服許多困難進行至現在階段，端賴姚世濂組長熱心協助和鼓勵。本圖港口地位，河流系統參照韓布葛林榮向兩君建議，人口數字，參照吳之翰王正本兩君的先後估計。公共建築方面，曾徵詢顧培恂君意見，繪圖計算方面，承高言潔，張迺華，沈兆鈐，金則芳，唐暢園，吳信忠諸君熱心幫忙，謹一併表示謝意，本圖匆促繪製，缺點甚多，作爲定稿，尚待改進。

鮑立克　鍾耀華

程世撫　金經昌

一九四九年六月六日於上海

图书在版编目（CIP）数据

大上海都市计划：影印版．下册 / 上海市城市规划设计研究院编．-- 上海：同济大学出版社，2014.5
ISBN 978-7-5608-5363-5

Ⅰ．①大… Ⅱ．①上… Ⅲ．①城市规划－史料－上海市－民国 Ⅳ．① TU984.251

中国版本图书馆 CIP 数据核字（2014）第 031323 号

下册 影印版

大上海都市计划

GREATER SHANGHAI PLAN

(ORIGINAL EDITION)

上海市城市规划设计研究院　编
Shanghai Urban Planning & Design Research Institute

出 品 人　支文军
策　　划　江　岱
责任编辑　江　岱　　助理编辑　罗　璇
责任校对　徐春莲　　装帧设计　张　微

出版发行　同济大学出版社 www.tongjipress.com.cn
（地址：上海四平路 1239 号　邮编：200092　电话：021-65985622）
经　　销　全国各地新华书店
印　　刷　上海雅昌彩色印刷有限公司
开　　本　889mm×1194mm　1/16
印　　张　33　插页 6 页
印　　数　1—4 100
字　　数　1 056 000
版　　次　2014 年 5 月第 1 版　　2014 年 5 月第 1 次印刷
书　　号　978-7-5608-5363-5
定　　价　960.00 元（上、下册）